DISKUSSIONSTAGUNG DER SEKTION FUR KRISTALLKUNDE
DER DEUTSCHEN MINERALOGISCHEN GESELLSCHAFT
AM 1./2. MAI 1951 IN FRANKFURT/M.

ZUR
STRUKTUR UND MATERIE DER FESTKÖRPER

MIT 95 TEXTABBILDUNGEN

SPRINGER-VERLAG BERLIN HEIDELBERG GMBH
1952

URSPRÜNGLICH ERSCHIENEN BEI SPRINGER-VERLAG OHG. BERLIN,
GÖTTINGEN AND HEIDELBERG 1952

ISBN 978-3-662-27919-9 ISBN 978-3-662-29427-7 (eBook)
DOI 10.1007/978-3-662-29427-7

Begrüßungsansprache des Sektionsleiters H. O'DANIEL, Frankfurt/M.

Der Einladung zu dieser Diskussionstagung haben Sie bereits entnehmen können, welche Überlegungen uns dazu veranlaßten, Sie zusammenzurufen. Es ist die Absicht, mit den Ihnen aus dem Programm bekannten Vorträgen nach Möglichkeit einen weiten Rahmen allgemein kristallographischer Forschung auf Gebieten der Kristallgeometrie, Kristallphysik und Kristallchemie abzustecken. Wir wollen deren derzeitigen Stand aufzuzeigen, durch die Diskussionen, zu denen beizutragen ich Sie auffordere, diesen Rahmen an verschiedenen Stellen zu füllen und durch den gewonnenen Überblick Hinweise für das weitere Arbeiten zu gewinnen versuchen.

Die Kristallographie ist von ihren Anfängen an verankert in der Mineralogie. Die Mineralogen bearbeiteten an Hand der natürlichen Untersuchungsobjekte, der Mineralien, diesen Wissenszweig und stellten ihn soweit auch erschöpfend dar, als dies auf Grund der Anschauung einer kontinuierlichen Materie möglich war. Diese Kristallographie hat dann, nicht zuletzt nach 1912, eine wesentliche Ausweitung ihres Arbeitsgebietes erfahren, so daß mit dem Namen Kristallo*graphie* die heutige Lage bei weitem nicht mehr erschöpfend gekennzeichnet ist. Schon im Jahre 1921 hat PAUL NIGGLI dem Rechnung tragen zu müssen geglaubt, als er bei Übernahme der Redaktion GROTHs „Zeitschrift für Kristallographie und Mineralogie" in „Zeitschrift für Kristallographie (Kristallgeometrie, Kristallphysik, Kristallchemie)" umbenannte, in einer Zeit, in der durch den VON LAUEschen Beweis der regelmäßigen Diskontinuität der kristallisierten Materie evident war, daß die Ziele neu gesteckt werden konnten und mußten. Bis heute haben sich in zunehmendem Maße also auch die Mathematik, die Physik und die Chemie einerseits dem Gebiete zugewandt, soweit sie sich mit dem Kristall beschäftigen; andererseits sind die wissenschaftlichen Ergebnisse für die Mineralogie und Kristallographie in kaum vorstellbarer Weise gefördert worden durch geometrische, physikalische und chemische Überlegungen. — Daß unserer Meinung nach, wenn wir vom regelmäßigen Diskontinuum sprechen, auch eine Diskussion der Vorordnung nicht fehlen sollte, beweist, daß wir Herrn SMEKAL um seinen Vortrag baten. Und wie weit wir uns in der Zwischenzeit vom „Ideal"-Kristall entfernt haben, mögen einige andere Vorträge zeigen. Das Schwergewicht der Forschung liegt heute, außer auf der Strukturuntersuchung als solcher, auf einer sinnvollen Deutung der „Unordnung" und der sich daraus ergebenden wissenschaftlich und technisch so hochbedeutsamen Erscheinungen und Eigenschaften der kristallisierten Materie. Der Umstand, daß unser bisher wichtigstes Hilfsmittel, die Röntgenstrahlanalyse, in ihren anfänglichen Arbeitsmethoden eine weitgehende Mittelung über alle Unordnung hinweg vornimmt, hat zunächst die Bedeutung dieser Unordnung nicht in ihrer vollen Tragweite erkennen lassen. Erst die verfeinerten Methoden haben uns in die Lage versetzt, hier mit Aussicht auf Erfolg weiter vorzudringen.

Es ist unserem Erachten nach infolgedessen ein dringendes Anliegen, zu den Gesprächen über den Kristall die Mineralogen, Physikochemiker, Physiker und Chemiker zusammenzuführen und durch gemeinsames Bemühen unser Wissen über den Bau und die Eigenschaften der Stoffe zu mehren. Daß diese Überzeugung zutrifft, beweist heute die Anwesenheit einer so großen Zahl von Vertretern dieser Disziplinen, die ich hiermit herzlich begrüße ebenso wie meine Mineralogen-Kollegen. — Die Lage wird ferner verdeutlicht durch die Namen der Vortragenden und die von ihnen gewählten Themen. Hier habe ich diesen Kollegen für die Übernahme ihrer Referate in besonderer Weise zu danken, vor allem unseren Kollegen aus Berlin, Graz und Zürich.

Weil sie meint, der Notwendigkeit einer Intensivierung des Kontaktes der sich mit dem Kristall beschäftigenden Wissenschafter Ausdruck verleihen zu müssen, hat die Deutsche Mineralogische Gesellschaft auf ihrer Herbsttagung 1950 in Göttingen eine „Sektion für Kristallkunde" gegründet. Diese Meinung durch unser Zusammensein in ihrer Berechtigung zu bestätigen, erschien mir in einem Augenblicke besonders glücklich, da Ende Juni in Stockholm der zweite Kongreß der International Union of Crystallography zusammentreten wird, die damit ihrerseits der Dringlichkeit eines Kontaktes der verschiedenen exakten Disziplinen Rechnung trägt. Hierzu einen Beitrag zu liefern, ist in unabdingbarer Weise ebenso die Aufgabe einer deutschen wissenschaftlichen Gesellschaft. Die Förderung der Aufgabe liegt u. a. auch in

Ihren Händen, und je mehr es uns gelingt, uns im Rahmen dieser „Sektion für Kristallkunde" zusammenzufinden, einen um so größeren Nutzen, glaube ich, dürfen wir uns von unseren künftigen Arbeiten versprechen. Durch die Vorträge und vor allem durch die Diskussionen eine Koordinierung unserer Absichten nach Möglichkeit zu versuchen, war der Grund, weshalb wir Sie zusammenbaten. Künftig, so meine ich, sollten wir solche Diskussionstagungen zusammenlegen mit der Hauptversammlung unserer Gesellschaft, jeweils im September eines Jahres.

Wie notwendig gemeinsames Arbeiten und Planen sind, mag Ihnen das Beispiel zeigen, daß Herr VON LAUE vor einiger Zeit an die Sektion mit dem Vorschlag herantrat, eine Neuauflage des „Lehrbuches der Kristallphysik" von W. VOIGT vorzubereiten, eines Buches, das, im Jahre 1910 erschienen, einer dringenden Überarbeitung und Ergänzung bedarf; hierbei werden sich sicherlich die Bemühungen mehrerer Fachkollegen vereinigen müssen. Wir werden über diesen Plan in einer besonderen Sitzung zu sprechen haben[1].

Erlauben Sie mir schließlich noch einige grundsätzliche Worte: Getrieben von Neugier, dieser letzten Triebfeder alles wissenschaftlichen Forschens, versuchen wir, mehr und mehr vorzuschreiten in unseren Erkenntnissen. Die Wahrheit *ganz* je zu erreichen, wer möchte sich dessen vermessen? Doch wir stehen im Dienste dieser Aufgabe, die uns als Beruf gestellt ist. Wir unterziehen uns ihr in dem Bewußtsein unserer Beschränkung und daher mit Bescheidung. Dies ist der Geist und die Haltung, in denen wir Wissenschaft treiben und die wir weiterzureichen haben. Mag es auch auf lange Strecken ein herber Dienst sein — bisweilen werden wir dann belohnt für unsere Zähigkeit, für unsere Ausdauer und für unseren Fleiß, nicht selten einer von uns zuerst für das Mühen vieler. Dies sind dann die glückhaften Augenblicke unseres Lebens, die uns um nichts in der Welt feil sind. Das gemeinsame Bemühen um das Verschieben der Grenzen und damit um eine Vertiefung unserer Erkenntnis zu unserer Freude ist ein hohes Ideal unserer Arbeit. Lassen Sie mich unser Zusammensein unter dieses Ideal und unter diesen Geist des wissenschaftlichen Forschens und Suchens von heute stellen.

---

[1] In dieser Sitzung hat Herr C. HERMANN (Marburg) es übernommen, sich um die Zusammenarbeit einiger Kollegen bei dieser Neuauflage zu bemühen.

Für den Herausgeber ist es eine angenehme Pflicht, den Kollegen, die einen Vortrag übernahmen und diesen zum Druck zur Verfügung stellten, zugleich im Namen der Deutschen Mineralogischen Gesellschaft zu danken für die damit verbundene Mühe und Arbeit.

In gleicher Weise ist dem Springer-Verlag zu danken für die sorgfältige Betreuung und Ausstattung des Buches.

H. O'Daniel.

Inhaltsverzeichnis.

Die phänomenologische Symmetrielehre in ihrer Anwendung auf den strukturell definierten Krystall-, Fourier- und Pattersonraum.

Von

P. NIGGLI, Zürich.

Mit 7 Textabbildungen.

Zwischen Krystallographie und phänomenologischer Symmetrielehre, die beide zum Mineralogieunterricht gehören, und den von der theoretischen und praktischen Krystallstrukturforschung benötigten geometrischen Darstellungen besteht z. Z. nicht der wünschbare enge Kontakt. Einerseits wird oft die Krystallographie traditionell noch so behandelt, wie das *vor* den Entdeckungen der Röntgeninterferenzen an Krystallen und der Symmetriegesetze von Normalschwingungen üblich war, andererseits ist (bei dem hervorragenden Anteil der Physiker an der Entwicklung der Strukturerforschung und Spektroskopie) die Tatsache nicht voll ausgenutzt worden, daß sich durch krystallographische Methoden viele Darstellungen vereinfachen und ergänzen lassen.

Das Ziel meiner Bemühungen ist folgendes:

1. Die Grundlagen der Krystallsymmetrielehre sollten in einer Weise vermittelt werden, die den Zugang zur Symmetrielehre der Teilchenverbände und ihrer Schwingungen sowie zur Krystallstrukturlehre erleichtert.

2. Bei tabellarischen, für die Anwendung notwendigen Darstellungen von Schwingungssystemen und Raumgruppen sind bewährte Methoden der Krystallographie mitzubenützen.

Folgendes sind einzelne Thesen, die ich verfechten möchte:

a) Die bereinigten SCHOENFLIES*schen Symbole*, die sich jederzeit auf nichtkrystallographische Punktgruppen erweitern lassen, sollen allgemein zu den im Krystallographieunterricht benutzten *Kurzsymbolen* werden.

b) *Explizite Symmetriedarstellungen*, die alle Operationen enthalten, die von einem Element zu gleichwertigen führen, sind absolut notwendig und bereits in der Krystallographie als *Cyclenformeln* der Krystallklassen einzuführen.

c) Die *Symmetriesätze* sind so zu formulieren, daß ihre Erweiterung für Schwingungs- oder Raumsysteme leicht überblickbar wird.

d) Wie in der Mathematik soll die (durch Symmetrieoperationen II. Art erweiterte) *Vierergruppe* zum Grundelement der Darstellung und der Charakterentafeln werden.

e) Die Zusammenfassung gleichwertiger Elemente zu „*Formen*“ und die *Formenlehre* als Ganzes sind wichtigste Hilfsmittel für alle Berechnungen. Gerade diesem Teil der Symmetrielehre muß daher in der vorbereitenden phänomenologischen Krystallographie größte Sorgfalt zuteil werden.

a) Die Erfahrung zeigt, daß sich bei sachgemäßer Ableitung der SCHOENFLIES*schen Symbole* die Gesamtbedeutung dieser Symmetriebezeichnungen sehr rasch einprägt. Sie ist auch von den Physikern übernommen worden. So gehören zur Grundsymmetrie D_{4h} 10 Schwingungsklassen, die oft als $D_{4h}(A_{1g})$, $D_{4h}(A_{1u})$, $D_{4h}(A_{2g})$, $D_{4h}(A_{2u})$, $D_{4h}(B_{1g})$, $D_{4h}(B_{1u})$, $D_{4h}(B_{2g})$, $D_{4h}(B_{2u})$, $D_{4h}(E_g)$, $D_{4h}(E_u)$ bezeichnet werden. Die zur Punktsymmetrie D_{4h} isomorphen 16 Raumgruppen $D_{4h}(P)$ und 4 Raumgruppen $D_{4h}(I)$ sind von 1—16 bzw. 17—20 numeriert, nötigenfalls kann man sie durch die HERMANN-MAUGUIN-Abkürzungen präzisieren, also z. B. statt $D_{4h}^{4}(P)$ schreiben: $D_{4h}(P\,4/nnc)$. Die Beziehungen der verschiedenen Symmetrien zueinander sind in SCHOENFLIES-Symbolen sehr übersichtlich, so daß z. B. sofort verständlich wird, daß D_8 die enantiomorphe Klasse des (nicht mehr krystallographischen) octagonalen Systems darstellt. Alle anderen Kurzbezeichnungen von Symmetriegruppen sollten (um unnötige Belastung zu vermeiden) verschwinden, wobei jedoch noch abzuklären ist, ob man statt $D_{\frac{n}{2}d}$ nicht zweckmäßiger S_{nv} schreibt.

b) Jede rechnerische Auswertung benötigt *explizite Darstellungen* der Symmetrieverhältnisse, wobei es unerläßlich ist, alle — nicht nur die minimal notwendigen — Operationen anzugeben, d. h. alle Operationen, die von einem Element zu seinen gleichwertigen führen. Nur so sind *Rechnungen* (wie z. B. Isomerenberechnungen, Aufgaben der Spektroskopie und der Krystallstrukturlehre) durchführbar, und nur so werden die Beziehungen zwischen Punkt-, Schwingungs- und Raumsymmetrie mathematisch erfaßbar. Zudem lernt der

Studierende verstehen, wie jeder gleichwertige Punkt durch Deckoperationen mit dem Ausgangspunkt verbunden ist.

Die anderswo (*1*) erläuterten Formeln zerlegen (nach POLYA) die Deckoperationen in Cyclen mit dem Cyclenzeiger n, wobei n die Zahl nacheinander auszuführender Deckoperationen gleicher Art ist, bis sich wieder Identität einstellt. f_n sind reine Drehoperationen entsprechend n-zähligen Gyren (f_1 ist der Grenzfall der unmittelbaren Identität), s_n entspricht einer Drehinversion (mit s_2 als Grenzfall der Spiegelung), s'_n ist eine Drehspiegelung (mit dem Grenzfall s'_2 der Inversion). Ist nur der Cyclenzeiger von Bedeutung, will man also zwischen f_n, s_n und s'_n nicht unterscheiden, so schreibt man F_n für alle Operationen mit gleichem n. Ist die Gesamtzahl der verschiedenen F_n von an sich unterscheidbaren Symmetrieformeln die gleiche (wobei es sich das eine Mal um s_n, das andere Mal um s'_n oder f_n handeln kann), so gehören diese Symmetrieformeln einer *isocyclischen Gruppe* an. Hinsichtlich der allgemeinen Symmetrieformel zerfallen die 32 Krystallklassen in nur 18 in Tab. 1 dargestellte verschiedene isocyclische Gruppen.

Tabelle 1. *Die 18 isocyclischen krystallographischen Punktgruppen mit ihren allgemeinen Symbolen.*

C_1: $f_1 \quad (F_1)$
C_i, C_2, C_s: $f_1 + F_2 \quad (F_1 + F_2)$
C_{2h}, C_{2v}, D_2: $f_1 + f_2 + F_2 + F_2 \quad (F_1 + 3\,F_2)$
D_{2h}: $f_1 + f_2 + f_2 + f_2 + s'_2 + s_2 + s_2 + s_2 \quad (F_1 + 7\,F_2)$

C_4, S_4: $f_1 + f_2 + 2\,F_4 \quad (F_1 + F_2 + 2\,F_4)$
C_{4h}: $f_1 + f_2 + 2\,f_4 + s'_2 + s_2 + 2\,s_4 \quad (F_1 + 3\,F_2 + 4\,F_4)$
C_{4v}, D_4, D_{2d}: $f_1 + f_2 + 2\,F_4 + 2\,F_2 + 2\,F_2 \quad (F_1 + 5\,F_2 + 2\,F_4)$
D_{4h}: $f_1 + f_2 + 2\,f_4 + 2\,f_2 + 2\,f_2 + s'_2 + s_2 + 2\,s_4 + 2\,s_2 + 2\,s_2$
$(F_1 + 11\,F_2 + 4\,F_4)$

C_3: $f_1 + 2\,f_3 \quad (F_1 + 2\,F_3)$
C_6, C_{3i}, C_{3h}: $f_1 + 2\,f_3 + F_2 + 2\,F_6 \quad (F_1 + F_2 + 2\,F_3 + 2\,F_6)$
C_{3v}, D_3: $f_1 + 2\,f_3 + 3\,F_2 \quad (F_1 + 3\,F_2 + 2\,F_3)$
C_{6h}: $f_1 + 2\,f_3 + f_2 + 2\,f_6 + 2\,s_6 + 2\,s'_6 + s_2 + s_2 \quad (F_1 + 3\,F_2 + 2\,F_3 + 6\,F_6)$
$C_{6v}, D_6, D_{3d}, D_{3h}$: $f_1 + 2\,f_3 + F_2 + 2\,F_6 + 3\,F_2 + 3\,F_2$
$(F_1 + 7\,F_2 + 2\,F_3 + 2\,F_6)$
D_{6h}: $f_1 + 2\,f_3 + f_2 + 2\,f_6 + 3\,f_2 + 3\,f_2 + s'_2 + 2\,s_6 + s_2 + 2\,s_6 + 3\,s_2 + 3\,s_2$
$(F_1 + 15\,F_2 + 2\,F_3 + 6\,F_6)$

T: $f_1 + 8\,f_3 + 3\,f_2 \quad (F_1 + 3\,F_2 + 8\,F_3)$
T_h: $f_1 + 8\,f_3 + 3\,f_2 + s'_2 + 8\,s'_6 + 3\,s_2 \quad (F_1 + 7\,F_2 + 8\,F_3 + 8\,F_6)$
T_d, O: $f_1 + 8\,f_3 + 6\,F_4 + 3\,f_2 + 6\,F_2 \quad (F_1 + 9\,F_2 + 8\,F_3 + 6\,F_4)$
O_h: $f_1 + 8\,f_3 + 3\,f_2 + 6\,f_4 + 6\,f_2 + s'_2 + 8\,s'_6 + 3\,s_2 + 6\,s_4 + 6\,s_2$
$(F_1 + 19\,F_2 + 8\,F_3 + 12\,F_4 + 8\,F_6)$

Tabelle 2. *Symmetrieformeln von 4 tetragonalen Klassen.*

C_{4h}	1 ◆ ⊥ 1 *SE* + *Z* $1 f_1 + 1 f_2 + 2 f_4 + 2 s_4 + 1 s_2 + 1 s_2$	(8 Op. in 6 Gliedern)
C_{4v}	1 ◆ + 2 *SE* + 2 *SE* $1 f_1 + 1 f_2 + 2 f_4 + 2 s_2 + 2 s_2$	(8 Op. in 5 Gliedern)
D_4	1 ◆ + 2 ⬮ + 2 ⬮ $1 f_1 + 1 f_2 + 2 f_4 + 2 f_2 + 2 f_2$	(8 Op. in 5 Gliedern)
D_{2d}	1 ◈ + 2 ⬮ + 2 *SE* $1 f_1 + 1 f_2 + 2 s_4 + 2 f_2 + 2 s_2$	(8 Op. in 5 Gliedern)

In Tab. 2 sind in gewöhnlicher und in expliziter Schreibweise (der Cyclenformeln) die Symmetrien C_{4h}, C_{4v}, D_4, D_{2d} alle mit 8 Operationen (somit von der Ordnung 8) dargestellt, wobei die gleichwertigen (Drehungen gleicher Art mit verschiedenem Drehsinn, gleichwertige Gyren, Gyroiden oder Spiegelebenen) zu Gruppen zusammengefaßt wurden.

Aus den neuartigen Cyclenformeln mit ihren leicht überblickbaren Gesetzmäßigkeiten geht unmittelbar hervor, was für die Symmetrie der Schwingungstypen von fundamentaler Bedeutung ist, daß C_{4v}, D_4, D_{2d} *isocyclisch* sind (1 Einercyclus, 5 Zweiercyclen, 2 Vierercyclen). Außerdem ist aus ihnen deutlich ersichtlich, daß jede vierzählige Achse in sich eine zweizählige enthält, die in tetragonalen Raumgruppen für sich auftreten kann und daß in Raumgruppen C_{4h} und D_{4h} nach Tetragyroiden und Tetragyroidpunkten entsprechend s_4 (das stets mit ◆ + Z verbunden ist) Umschau gehalten werden muß. In den Schwingungsklassen hat man für die Glieder dieser Cyclenformeln einzeln den Charakter anzugeben, erhält also für C_{4v}, D_4, D_{2d} fünferlei, für C_{4h} sechserlei Kennzeichengrößen bzw. fünfgliedrige oder sechsgliedrige Charakterentafeln. Wie man alle Aufgaben der Formenspezialisierung, der Vieldeutigkeit, der Substitutions- und Isomerenberechnung usw. mit Hilfe der Cyclenformeln (und nur mit deren Hilfe) lösen kann, ist andernorts dargetan worden (*2*).

c) Die Formulierung von *Symmetriesätzen* wollen wir mit übereinstimmender Symbolisierung der Deckoperationen verbinden, weil dadurch der Zusammenhang wesentlich deutlicher wird.

Jeder n-zähligen Gyre einer Punktsymmetrie sind (*3*) sowohl in den *Schwingungssystemen* als in den *Raumsystemen* n verschiedene n-zählige Achsen isomorph. Symmetrieebenen treten in zwei prinzipiell verschiedenen Arten (Spiegelebene, Antispiegelebene oder Spiegelebene, Gleitspiegelebene) auf, wobei in den Raumsystemen, soweit nicht vertauschbar, noch verschiedene Gleitrichtungen in Frage kommen. Mit ihnen (und den Richtungen der Translationskomponenten) stehen in den Raumsystemen die Entfernungen verschiedener Symmetrieelemente voneinander in enger Beziehung. In Schwingungssystemen gehören zur Inversion das Symmetriezentrum und das Antisymmetriezentrum, in Raumsystemen tritt die Inversion immer als Symmetriezentrum auf, jedoch in bestimmter verschiedener Lage zu anderen Symmetrieelementen. Gleiches gilt in Raumsystemen für die Gyroiden, während diese sich in Schwingungssystemen wie die Gyren differenzieren. Die zu einem f_n isomorphen Schraubenachsen der Raumgruppensymmetrie werden seit langer Zeit durch verschiedene Symbole charakterisiert, denen man außerdem ganz bestimmte Bezeichnungen f_n zuordnet. Ganz analog kann man die mit einer n-zähligen Achse verträglichen verschiedenen Schwingungstypen als zugehörig zu verschiedenen einander isomorphen *Schwingungsachsen* ansehen und für diese eindeutige Symbole und Bezeichnungen aufstellen. Das Grundsymbol einer n-zähligen Achse ist auch hier das regelmäßige n-Eck. Verlaufen die Schwingungsvektoren von den Ecken des n-Ecks symmetrisch ins Innere, so werden sie nicht angegeben, wohl aber, wenn sie nach außen strahlen. Nennt man die Normalschwingungsachse entsprechend der Drehungsachse immer f_{n_0} bzw. s_{n_0} oder s'_{n_0}, so wird die Spiegelung zu s_{2_0}, die Inversion zu s'_{2_0}, die Antispiegelung zu s_{2_1} entsprechend der Gleitspiegelung, und die Anti-Inversion zu s'_{2_1}. Man erhält für Punktgruppen, Schwingungssysteme und Raumsysteme die sehr übersichtliche Darstellung der Tab. 3.

Manche Beziehungen sind schon aus ihr ersichtlich. Aus den Symboldarstellungen sind bereits Symmetriegesetze erkennbar, z. B.: Mit f_{4_0}, f_{6_0}, f_{4_2}, f_{6_2} und f_{6_4} ist stets f_{2_0}, mit f_{4_1}, f_{4_3}, f_{6_3}, f_{6_1} und f_{6_5} ist stets f_{2_1} verbunden. Zu f_{6_0}, f_{6_3} gehört f_{3_0}, zu f_{6_2} und f_{6_5} gehört f_{3_2} und zu f_{6_4} und f_{6_1} gehört f_{3_1}. s'_{6_1}, s'_{6_3}, s'_{6_5} der Schwingungssysteme sind mit Symmetriezentrum s'_{2_0} ebenso unverträglich wie s_{6_1}, s_{6_3}, s_{6_5} mit Spiegelebene s_{2_0} senkrecht zur Achse. f_{3_1} und f_{3_2}, f_{4_1} und f_{4_3}, f_{6_1} und f_{6_5} bzw. f_{6_2} und f_{6_4} treten kombiniert mit s'_2 oder mit s_2 nur als Doppelaggregat auf. Ob in Raumsystemen dies überhaupt zulässig ist, hängt von den Beziehungen der Symmetrieelemente zueinander ab. In Symmetrien, welche

Tabelle 3. *Symbole der Grundoperationen.*

Punktgruppen	Schwingungssysteme	Raumsysteme
f_1 (Ident.)	f_1	f_1 + Translationsgruppe, z. B. *P*, *C* (*A*, *B*), *I*, *F*, *H*, *R*
s_2 (*SE*)	s_{20} (*SE*), s_{21} (*ASE*)	s_{20} (*SE*), s_{21} (*GSE*) $\frac{a}{2}, \frac{b}{2}, \frac{c}{2}; \frac{a,b}{q}, \frac{b,c}{q}, \frac{a,c}{q}; \frac{a,b,c}{q}$ (mit $\pm$ bei Komb.)
s'_2 (*SZ*)	s'_{20} (*Z*), s'_{21} (*AZ*)	s'_2 (*Z*) in $\frac{a}{4}, \frac{b}{4}, \frac{c}{4}; \frac{a,b}{2q}, \frac{b,c}{2q}, \frac{a,c}{2q}; \frac{a,b,c}{2q}$ ($\pm$ der Koordinatenwerte)
f_2	f_{20} f_{21}	f_{20} f_{21}
f_3	f_{30} f_{31} f_{32}	f_{30} f_{31} f_{32}
f_4	f_{40} f_{42} f_{41} f_{43}	f_{40} f_{42} f_{41} f_{43}
f_6	f_{60} f_{63} f_{62} f_{64} f_{61} f_{65}	f_{60} f_{63} f_{62} f_{64} f_{61} f_{65}
s_4	s_{40} s_{42} s_{41} s_{43}	stets als s_{40} } (selbständig oder unselbständig)
s'_6	s'_{60} s'_{63} s'_{62} s'_{64} s'_{61} s'_{65}	stets als s'_{60} } (selbständig oder unselbständig)
s_6	s_{60} s_{63} s_{62} s_{64} s_{61} s_{65}	stets als s_{60} } (selbständig oder unselbständig)

Tabelle 4. *1. Symmetriesatz.*

Punktgruppen	Schwingungssysteme	Raumsysteme
Von den zu F_2 gehörigen Symmetrieelementen $f_2 \perp s_2, s'_2$ bedingen zwei das dritte. Resultat: $1\,f_1 + 1\,f_2 + 1\,s_2 + 1\,s'_2 = C_{2h}$	Von den $3\,F_2$ sind keines oder 2 vom Typus F_{2_1}. Resultat: 4 Schwingungsklassen für C_{2h}, nämlich: $1\,f_1 + 1\,f_{2_0} + 1\,s_{2_0} + 1\,s'_{2_0} = A_g$ $1\,f_1 + 1\,f_{2_0} + 1\,s_{2_1} + 1\,s'_{2_1} = A_u$ $1\,f_1 + 1\,f_{2_1} + 1\,s_{2_1} + 1\,s'_{2_0} = B_g$ $1\,f_1 + 1\,f_{2_1} + 1\,s_{2_0} + 1\,s'_{2_1} = B_u$	Z vom Schnittpunkt f_2 mit s_2 um halbe Schraubungskomponente + halbe Gleitkomponente entfernt. Achse in c, Gleitrichtung als a wählbar: $1\,f_1 + 1\,f_{2_0} + 1\,s_{2_0} + 1\,s'_2\,(Z \text{ in } 0) = C_{2h}^1$ $1\,f_1 + 1\,f_{2_0} + 1\,s_{2_1}\left(\frac{a}{2}\right) + 1\,s'_2\left(Z \text{ in } \frac{a}{4}\right) = C_{2h}^4$ $1\,f_1 + 1\,f_{2_1} + 1\,s_{2_0} + 1\,s_2\left(Z \text{ in } \frac{c}{4}\right) = C_{2h}^2$ $1\,f_1 + 1\,f_{2_1} + 1\,s_{2_1}\left(\frac{a}{2}\right) + 1\,s'_2\left(Z \text{ in } \frac{a+c}{4}\right) = C_{2h}^5$ Zu diesen 4 C_{2h} (P) noch mehrfachprimitive: Zelle als I wählbar, erzeugt f_{2_1} neben f_{2_0}, ferner $s_{2_1}\left(\frac{a+b}{2}\right)$ in $\frac{c}{4}$ neben s_{2_0}, oder $s_{2_1}\left(\frac{b}{2}\right)$ neben $s_{2_1}\left(\frac{a}{2}\right)$ um $\frac{c}{4}$ davon entfernt. Daraus C_{2h}^3, C_{2h}^6.

Tabelle 5. *2. Symmetriesatz.*

Punktgruppen	Schwingungssysteme	Raumsysteme
$f_2 \parallel s_2$ erzeugt weiteres $s_2 \parallel f_2$ und $\perp$ erstem s_2. Resultat: $1\,f_1 + 1\,f_2 + 1\,s_2 + 1\,s_2 = C_{2v}$	Von den $3\,F_2$ keines oder 2 vom Typus F_{2_1}. Das ergibt 4 Schwingungsklassen C_{2v}: $1\,f_1 + 1\,f_{2_0} + 1\,s_{2_0} + 1\,s_{2_0} = A_1$ $1\,f_1 + 1\,f_{2_0} + 1\,s_{2_1} + 1\,s_{2_1} = A_2$ $1\,f_1 + 1\,f_{2_1} + 1\,s_{2_0} + 1\,s_{2_1} = B_1$ $1\,f_1 + 1\,f_{2_1} + 1\,s_{2_1} + 1\,s_{2_0} = B_2$	2-zählige Achse von der Schnittlinie der Symmetrieebenen um halbe Gleitkomponenten entfernt; Schraubungskomponente = Differenz der Gleitkomponenten in Achsenrichtung (z. B. c-Richtung). Daraus 10 verschiedene $C_{2v}\,(P)$: ● + $\lvert 0, 0 \rvert$ (C_{2v}^1) $\left\lvert 0, \frac{a}{2} \text{ oder } \frac{b}{2} \right\rvert$ (C_{2v}^4) $\left\lvert \frac{a}{2}, \frac{b}{2} \right\rvert$ (C_{2v}^8) $\left\lvert \frac{c}{2}, \frac{c}{2} \right\rvert$ (C_{2v}^3) $\left\lvert \frac{a+c}{2}, \frac{b+c}{2} \right\rvert$ (C_{2v}^{10}) $\left\lvert \frac{c}{2}, \frac{a+c}{2} \text{ oder } \frac{b+c}{2} \right\rvert$ (C_{2v}^6) $= 6$ ʃ + $\left\lvert 0, \frac{c}{2} \right\rvert$ (C_{2v}^2) $\left\lvert 0, \frac{a+c}{2} \text{ oder } \frac{b+c}{2} \right\rvert$ (C_{2v}^7) $\left\lvert \frac{a}{2} \text{ oder } \frac{b}{2}, \frac{c}{2} \right\rvert$ (C_{2v}^5) $\left\lvert \frac{a}{2} \text{ oder } \frac{b}{2}, \frac{b+c}{2} \text{ oder } \frac{a+c}{2} \right\rvert$ (C_{2v}^9) $= 4$ Dazu 12 C_{2v} mit nichtprimitivem Parallelepiped, total 22.

Tabelle 6. *3. Symmetriesatz.*

Punktgruppen	Schwingungssysteme	Raumsysteme
Aus D_2 entsteht durch Hinzufügen eines $Z\,D_{2h}$: $(f_1 + f_2 + f_2 + f_2)(f_1 + s'_2)$ $= f_1 + f_2 + f_2 + f_2 +$ $+ s'_2 + s_2 + s_2 + s_2$ wegen $f_2 s'_2 = s_2$.	In D_2 von den $3\,f_2$ keines oder $2\,f_{21}$: 4 Klassen D_2: $1\,f_1 + 1\,f_{20} + 1\,f_{20} + 1\,f_{20} = A$ $1\,f_1 + 1\,f_{20} + 1\,f_{21} + 1\,f_{21} = B_1$ $1\,f_1 + 1\,f_{21} + 1\,f_{20} + 1\,f_{21} = B_2$ $1\,f_1 + 1\,f_{21} + 1\,f_{21} + 1\,f_{20} = B_3$ 4 g-Klassen D_{2h} durch Multiplikation mit $(f_1 + s'_{20})$, 4 u-Klassen mit $(f_1 + s'_{21})$ nach $f_1\,s'_{20} = s'_{20}$; $f_1\,s'_{21} = s'_{21}$; $f_{20}\,s'_{20} = s_{20}$; $f_{20}\,s'_{21} = s_{21}$; $f_{21}\,s'_{20} = s'_{21}$; und $f_{21}\,s'_{21} = s_{20}$. Total 8 Klassen.	Charakter der Achsen voneinander unabhängig; im Raum vertauschbar. $4\,D_2\,(P)$: $1\,f_1 + 1\,f_{20} + 1\,f_{20} + 1\,f_{20} = D_2^1$ (alle f_{20}) $1\,f_1 + 1\,f_{20} + 1\,f_{20} + 1\,f_{21} = D_2^2$ (ein f_{21}) $1\,f_1 + 1\,f_{20} + 1\,f_{21} + 1\,f_{21} = D_2^3$ (zwei f_{21}) $1\,f_1 + 1\,f_{21} + 1\,f_{21} + 1\,f_{21} = D_2^4$ (alle f_{21}) Dazu Z in 000, $\frac{1}{4}00$, $\frac{1}{4}\frac{1}{4}0$, $\frac{1}{4}\frac{1}{4}\frac{1}{4}$: 16 $D_{2h}\,(P)$. — in D_2^1 cycl. Vertauschung gleichwertig, daher nicht 8, sondern 4: D_{2h}^1, D_{2h}^3, D_{2h}^4, D_{2h}^2. — in D_2^2 2 gleichartige Schnittpunkte ⬮ + ∫, daher nur 4 D_{2h}: D_{2h}^5, D_{2h}^6, D_{2h}^7, D_{2h}^8. — in D_2^3 Schnittpunkt ∫ + ∫; Schraubenachsenrichtungen gleichartig, daher 2 der cycl. Vertauschungen gleich, somit $8 - 2 = 6\,D_{2h}$, nämlich D_{2h}^{13}, D_{2h}^{10}, D_{2h}^{11}, D_{2h}^{14}, D_{2h}^9, D_{2h}^{12}. — in D_2^4 kein Schnittpunkt; Z auf einer der 3 gleichartigen ∫ oder nicht, gibt D_{2h}^{16}, D_{2h}^{15}. Dazu kommen 12 nichtprimitive Gruppen, also total $16 + 12 = 28\,D_{2h}$.

nur f-Funktionen enthalten, kommt in den Raumsystemen die Zusammengehörigkeit dieser Operationen in der Bildungsmöglichkeit zueinander enantiomorpher, ansonst gleichartiger Raumsysteme zur Geltung. Im übrigen lassen sich die gruppentheoretisch leicht beweisbaren Symmetriesätze immer allgemein für die Punktgruppe (phänomenologische Krystallkunde) formulieren, mit ergänzenden Sätzen für die Schwingungssysteme und Raumsysteme. Die Tab. 4, 5 und 6 stellen nur drei Beispiele dar.

d) Eine außerordentliche Vereinfachung der Symmetrielehre ergibt sich, wenn die zwischen den verschiedenen Symmetrien herrschenden Beziehungen voll berücksichtigt werden. Beispielhaft seien hier besonders die kubisch-hypokubischen Symmetrien in ihrem Zusammenhang betrachtet. Bezogen auf die symmetriebedingten üblichen Koordinatenachsen kann man zur Charakterisierung einer Punktgruppensymmetrie die Koordinaten aller zu xyz gleichwertigen Punkte beliebiger (d. h. allgemeiner)Ausgangslage angeben. Bekanntlich genügen in der hypokubischen Reihe dreigliedrige Koordinatenwerte, wobei neben Vorzeichenwechseln nur Vertauschungen auftreten. Die 8 Koordinatentripel ohne Vertauschungen charakterisieren D_{2h}. Untergruppen davon sind C_1, C_i, C_2, C_s, C_{2h}, C_{2v}, D_2. Sie lassen sich in einer Tabelle wie Abb. 1 darstellen (erweiterte Vierergruppe).

G-Tafel.

D_{2h}				Untergruppen:
x	y	z	σ_1	$\sigma_1 = C_1$ $\quad \sigma_1 + \sigma_2 = C_i$
$\bar{x}$	y	z	α_1	$\sigma_1 + \alpha_2$ oder $\sigma_1 + \beta_2$ oder $\sigma_1 + \gamma_2 = C_2$
x	$\bar{y}$	$\bar{z}$	α_2	
x	$\bar{y}$	z	β_1	$\sigma_1 + \alpha_1$ oder $\sigma_1 + \beta_1$ oder $\sigma_1 + \gamma_1 = C_s$
$\bar{x}$	y	$\bar{z}$	β_2	$\sigma_1 + \sigma_2 +$ Doppelzeile α oder β oder $\gamma = C_{2h}$
x	y	$\bar{z}$	γ_1	
$\bar{x}$	$\bar{y}$	z	γ_2	$\sigma_1 + \alpha_2 + \beta_2 + \gamma_2 = D_2$
$\bar{x}$	$\bar{y}$	$\bar{z}$	σ_2	$\sigma_1 +$ zwei Subzeilen 1 + dritte Subzeile 2 $= C_{2v}$

Abb. 1.

In jeder Doppelzeile α oder β oder γ besitzen die kreisumrandeten Koordinaten andere Vorzeichen als die übrigen zwei;

in der umgekehrt wie in σ_1, in der 2-Subzeile gleich wie σ_1. Diesen Aufbau ausgezeichneten Koordinate ist in der 1-Subzeile das Vorzeichen vorausgesetzt, genügt es, die Leerform für diese Grundtafel G anzugeben (Abb. 2).

Statt xyz kann man $[uvw]$ oder (hkl) einsetzen. Auch die xyz-Werte beziehen sich auf die Achsenlänge als Einheiten. Alle in hypokubischen Symmetrien (tetragonal, trigonal, kubisch) noch möglichen Koordinatentripel bilden 5 weitere analoge Tafeln, jedoch mit anderen Kopfzeilen (vertauschte Koordinaten), auf die sich die Vorzeichenwechsel in den Zeilen beziehen. Sie lauten (Tab. 7a):

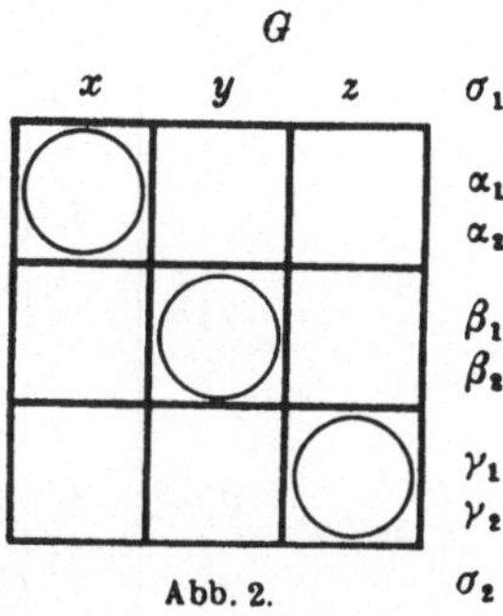

Abb. 2.

Tabelle 7a. *Kopfzeilen der Tafeln.*

G	G'	G''	K	K'	K''	H	H'	H''
xyz	yzx	zxy	$y\bar{x}z$	$\bar{z}yx$	$xz\bar{y}$	xyz	$x_1y_1z_1$	$x_2y_2z_2$
uvw	vwu	wuv	$v\bar{u}w$	$\bar{w}vu$	$uw\bar{v}$	uvw	$u_1v_1w_1$	$u_2v_2w_2$
hkl	klh	lhk	$k\bar{h}l$	$\bar{l}kh$	$hl\bar{k}$	hkl	$h_1k_1l_1$	$h_2k_2l_2$
hypokubisch						hypohexagonal		

Auf orthohexagonal bezogen kommen in der hexagonalen Hyposyngonie zu $G = H$ noch H' und H''.

Was für eine Operation in der hypokubischen Syngonie aus xyz das Koordinatentripel irgendeiner Zeile dieser Tafeln erzeugt, ist durch Tab. 7b gegeben. Die Zeilenkombinationen, die zu einer bestimmten Punktsymmetriegruppe üblicher Aufstellung gehören, sind in Tab. 8 zusammengestellt zusammen mit denen, die für hexagonale Aufstellung (mit H'- und H''-Tafeln neben G) zu benutzen sind. Dadurch ist der Zusammenhang zwischen den 32 Krystallklassen in einer Weise verdeutlicht, die für Berechnungen und Vergleiche überaus zweckmäßig ist.

Auch bei der Betrachtung der zugeordneten Schwingungs- und Raumsysteme ändern sich für entsprechende Grundoperationen die Vorzeichenwechsel und Vertauschungen nicht. Aber entsprechend den Darlegungen der Tab. 3 mit ihren Aufspaltungsmöglichkeiten (Isomorphie von Symmetrieelemente) kommen Zusatzgrößen (*rotative* bei den Schwingungssystemen und *translative*

Tabelle 7b.

Zeile	Tafel (Kopfzeile) und Symmetrieoperation		
	$G\,(xyz)$	$G'\,(yzx)$	$G''\,(zxy)$
σ_1	f_1	$f_3\ [111]$	$f_3\ [111]$
α_1	$s_2\ (100)$	$s_6'\ [11\bar{1}]$	$s_6'\ [1\bar{1}1]$
α_2	$f_2\ [100]$	$f_3\ [11\bar{1}]$	$f_3\ [1\bar{1}1]$
β_1	$s_2\ (010)$	$s_6'\ [\bar{1}11]$	$s_6'\ [11\bar{1}]$
β_2	$f_2\ [010]$	$f_3\ [\bar{1}11]$	$f_3\ [11\bar{1}]$
γ_1	$s_2\ (001)$	$s_6'\ [1\bar{1}1]$	$s_6'\ [\bar{1}11]$
γ_2	$f_2\ [001]$	$f_3\ [1\bar{1}1]$	$f_3\ [\bar{1}11]$
σ_2	s_2'	$s_6'\ [111]$	$s_6'\ [111]$
	$K\,(y\bar{x}z)$	$K'\,(\bar{z}yx)$	$K''\,(xzy)$
σ_1	$f_4\ [001]$	$f_4\ [010]$	$f_4\ [100]$
α_1	$s_2\ (110)$	$s_2\ (10\bar{1})$	$s_4\ [100]$
α_2	$f_2\ [110]$	$f_2\ [10\bar{1}]$	$f_4\ [100]$
β_1	$s_2\ (1\bar{1}0)$	$s_4\ [010)$	$s_2\ (011)$
β_2	$f_2\ [1\bar{1}0]$	$f_4\ [010]$	$f_2\ [011]$
γ_1	$s_4\ [001]$	$s_2\ (101)$	$s_2\ (01\bar{1})$
γ_2	$f_4\ [001]$	$f_2\ [101]$	$f_2\ [01\bar{1}]$
σ_2	$s_4\ [001]$	$s_4\ [010]$	$s_4\ [100]$

bei den Raumsystemen) hinzu. In den Schwingungssystemen beziehen sie sich auf ein Koordinatentripel bzw. einen Punkt als Ganzes, in den Raumsystemen auf die Einzelkoordinaten entsprechend den verschiedenen Raumrichtungen. Sie werden als *Charaktere* durch die Cosinusgrößen der Zusatzdrehungen bzw. der Zusatztranslationen (mit der Eigentranslation in der entsprechenden Richtung $= 2\pi$) berücksichtigt. Wir beschränken uns im folgenden auf die Raumsysteme und setzen die Kenntnis der diesbezüglichen Abhandlungen voraus (*4*, *5*).

e) Die Bedeutung der Charakterentafeln der Raumsysteme liegt nun vor allem darin, daß sie in gedrängter Weise eine Raumgruppe vollständig kennzeichnen, und zwar so, daß die von der Nullpunktswahl unabhängigen und die davon abhängigen Beziehungen sofort ersichtlich sind (*5*). Zudem liest man aus ihnen die zwischen gleichwertigen Elementen bestehenden Relationen ab. Nun ist es wohlbekannt, daß in der beschreibenden Krystallographie erst durch die Einführung des Begriffes der *Flächenformen*, d. h. des Komplexes gleichwertiger Flächen (allgemeine und spezielle Formen) eine Übersicht und Analyse möglich geworden ist. Genau gleiches gilt für die Krystallstrukturlehre, in der wir den *Formenbegriff* auf Komplexe gleichwertiger Punkte (*Punktformen*), gleichwertiger

Tabelle 8.

Benützte Zeilen der Tafeln	G	$G+K$	$G+H'+H''$	$G+G'+G''$	$G+G'+G''+K+K'+K''$
σ_1	C_1		C_3		
$\sigma_1+\sigma_2$	C_i		C_{3i}		
$\sigma_1+\gamma_2$	C_2	C_4	C_6		
$\sigma_1+\alpha_2$ oder $\sigma_1+\beta_2$			D_3 [1]		
$\sigma_1+\gamma_1$	C_s		C_{3h}		
$\sigma_1+\alpha_1$ oder $\sigma_1+\beta_1$			C_{3v} [2]		
$\sigma_1+\sigma_2+\gamma_1+\gamma_2$	C_{2h}	C_{4h}	C_{6h}		
$\sigma_1+\sigma_2+\alpha_1+\alpha_2$ oder $\sigma_1+\sigma_2+\beta_1+\beta_2$			D_{3d} [3]		
$\sigma_1+\gamma_2+\alpha_1+\beta_1$	C_{2v}	C_{4v}	C_{6v}		
$\sigma_1+\alpha_2+\beta_1+\gamma_1$ oder $\sigma_1+\beta_2+\alpha_1+\gamma_1$			D_{3h}		
$\sigma_1+\alpha_2+\beta_2+\gamma_2$	D_2	D_4	D_6	T	O
$\sigma_1+\sigma_2+\alpha_1+\alpha_2+\beta_1+\beta_2+$ $+\gamma_1+\gamma_2$	D_{2h}	D_{4h}	D_{6h}	T_h	O_h
$G:\sigma_1+\gamma_2$, $K:\sigma_2+\gamma_1$		S_4			
$G:\sigma_1+\alpha_2+\beta_2+\gamma_2$, $K:\sigma_2+\alpha_1+\beta_1+\gamma_1$		D_{2d}			
$G, G', G'':\sigma_1+\alpha_2+\beta_2+\gamma_2$; $K, K', K'':\sigma_2+\alpha_1+\beta_1+\gamma_1$.					T_d
[1] auch $G, G', G'':\sigma_1$; $K:\beta_2$, $K':\alpha_2$, $K'':\gamma_2$.					D_3
[2] auch $G, G', G'':\sigma_1$; $K:\beta_1$, $K':\alpha_1$, $K'':\gamma_1$					C_{3v}
[3] auch $G, G', G'':\sigma_1+\sigma_2$; $K:\beta_1+\beta_2$, $K':\alpha_1+\alpha_2$, $K'':\gamma_1+\gamma_2$					D_{3d}

Punktgitter (*Gitterformen* oder einfache Gitterkomplexe) und gleichwertiger Richtungen (*Kantenformen* oder *Gittergeradenkomplexe*) erweitern müssen. In der Tat konnte ja vor 33 Jahren durch die Aufstellung der von Gitterkomplexen abgeleiteten Auswahlregeln erstmals die Symmetrielehre der Krystallstrukturen der Strukturbestimmung dienstbar gemacht werden.

Bekanntlich ergibt sich, daß die Grundbeziehung zwischen xyz- und (hkl)-Werten in der angewandten Krystallstrukturlehre als $e^{-2\pi i(hx+ky+lz)}$ in die Rechnung eingeht. Je nach der Aufgabenstellung ist bei gegebenem (hkl) über alle $x_i\, y_i\, z_i$, die Teilchenschwerpunkte sein können, zu summieren oder für ein gegebenes xyz über alle reflexionsfähigen (hkl). Diese Summationsverfahren werden außerordentlich erleichtert, wenn man zunächst über die in einer *Form* zusammenfaßbaren gleichwertigen Elemente summiert und erst in einem zweiten Schritt über die verschiedenen Formen. Der Grund liegt darin, daß sich normalerweise infolge der Symmetriebeziehungen der Formeneffekt gegenüber dem Effekt eines Einzelelementes vereinfacht, so daß alle auf Symmetrie bezüglichen Auswahlgesetze von vornherein erfaßt werden. Dabei genügt es stets, die zu einem Elementarparallelepiped gehörigen gleichwertigen Elemente in einer Elementarform zusammenzufassen.

Wir erläutern dies im *Krystallraum* (K-Raum), d. h. im Elementarparallelepiped *mit den Teilchenschwerpunkten als Punktlagen*, zunächst bei der Ableitung der geometrischen Anteile der zu einem (hkl) gehörigen Röntgeninterferenzerscheinungen.

Bei der zumeist vorhandenen Gültigkeit des FRIEDELschen Gesetzes kann man $F_{(hkl)}\, e^{-2\pi i (hx+ky+lz)}$ ersetzen durch

$$A'_{(hkl)} \cos 2\pi (hx + ky + lz) + B'_{(hkl)} \sin 2\pi (hx + ky + lz).$$

Man bekommt einen durch $\cos 2\pi (hx + ky + lz)$ bestimmten A-Anteil des sog. (rein geometrisch definierten) Strukturfaktors und einen durch $\sin 2\pi (hx + ky + lz)$ bestimmten B-Anteil und müßte nun bei gegebenem (hkl) über alle $x_i x_i z_i$ der Teilchenlagen summieren. Nun ist rein trigonometrisch für ein gegebenes xyz $\cos 2\pi (hx + ky + lz) = a_0 - a_1 - a_2 - a_3$ und $\sin 2\pi (hx + ky + lz) = -b_0 + b_1 + b_2 + b_3$ mit der Bedeutung der a- und b-Größen entsprechend Abb. 3.

Faßt man die einander gleichwertigen Teilchenlagen mit gleichem mittleren Streuvermögen zusammen, so erhält man als Effekt des Gitterkomplexes einer allgemeinen Punktlage die durch die Symmetrie erzeugten *Minimalauswahlbedingungen* für beliebiges (hkl), die in einer Raumgruppe erfüllt sein müssen (sog. *raumgruppencharakteristischer Strukturfaktor*). Er resultiert automatisch durch Einsetzen der aus den Charakterentafeln unmittelbar ersichtlichen, zu xyz gleichwertigen Koordinatentripel einer Punktform in die soeben definierten a- und b-Werte und nachfolgender Addition. Dies führt stets zu Vereinfachungen, wenn an gleicher Stelle Koordinaten mit +- und —-Zeichen stehen. Zunächst sei dies am einfachen symmorphen Raumsystem D_{2h}^1 erläutert (Tab. 9). Addiert man die A- und B-Werte der 8 gleichwertigen Punkte, so wird für den Gitterkomplex $A = 8a_0$ und $B = 0$.

Auf Grund analoger Rechnungen kann man so sofort die Strukturfaktoren aller einfachen symmorphen Raumgruppen der kubischen und hexagonalen Syngonie aufstellen. Die symmorphen

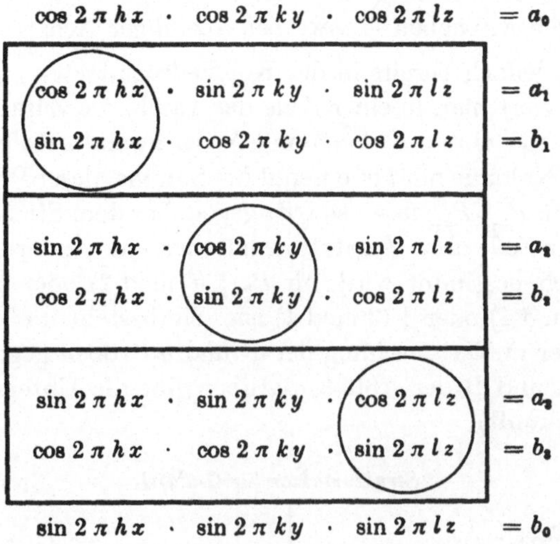

$$\cos 2\pi hx \cdot \cos 2\pi ky \cdot \cos 2\pi lz = a_0$$

$$\cos 2\pi hx \cdot \sin 2\pi ky \cdot \sin 2\pi lz = a_1$$
$$\sin 2\pi hx \cdot \cos 2\pi ky \cdot \cos 2\pi lz = b_1$$

$$\sin 2\pi hx \cdot \cos 2\pi ky \cdot \sin 2\pi lz = a_2$$
$$\cos 2\pi hx \cdot \sin 2\pi ky \cdot \cos 2\pi lz = b_2$$

$$\sin 2\pi hx \cdot \sin 2\pi ky \cdot \cos 2\pi lz = a_3$$
$$\cos 2\pi hx \cdot \cos 2\pi ky \cdot \sin 2\pi lz = b_3$$

$$\sin 2\pi hx \cdot \sin 2\pi ky \cdot \sin 2\pi lz = b_0$$

Abb. 3.

mehrfach primitiven Raumgruppen ergeben analoge Strukturfaktoren mit zusätzlichen die Translationsgruppe charakterisierenden Operatoren der Kopfzeilen. Aber auch für hemi- und asym-

Tabelle 9.

D_{2h}^1		$A = \cos 2\pi (hx + ky + lz)$	$B = \sin 2\pi (hx + ky + lz)$
σ_1	xyz	$+a_0 - a_1 - a_2 - a_3$	$-b_0 + b_1 + b_2 + b_3$
α_1	$\bar{x}yz$	$+a_0 - a_1 + a_2 + a_3$	$+b_0 - b_1 + b_2 + b_3$
α_2	$x\bar{y}\bar{z}$	$+a_0 - a_1 + a_2 + a_3$	$-b_0 + b_1 - b_2 - b_3$
β_1	$x\bar{y}z$	$+a_0 + a_1 - a_2 + a_3$	$+b_0 + b_1 - b_2 + b_3$
β_2	$\bar{x}y\bar{z}$	$+a_0 + a_1 - a_2 + a_3$	$-b_0 - b_1 + b_2 - b_3$
γ_1	$xy\bar{z}$	$+a_0 + a_1 + a_2 - a_3$	$+b_0 + b_1 + b_2 - b_3$
γ_2	$\bar{x}\bar{y}z$	$+a_0 + a_1 + a_2 - a_3$	$-b_0 - b_1 - b_2 + b_3$
σ_2	$\bar{x}\bar{y}\bar{z}$	$+a_0 - a_1 - a_2 - a_3$	$+b_0 - b_1 - b_2 - b_3$
$< xyz > D_{2h}^1$		$8\,a_0 = 8 \cos 2\pi hx \cos 2\pi ky \cos 2\pi lz$	0

morphe Raumgruppen ist mit Hilfe der Charakterentafeln die Abhängigkeit des Strukturfaktors von den speziellen Charakteren und dem Indicesbau der (hkl) durch eine einzige hinzukommende Hilfsregel bestimmt. Da man bei der Raumgruppenbeschreibung den Nullpunkt immer in ein Symmetrieelement legt (in der reduzierten Form in ein Symmetriezentrum oder einen Ort, wo ein solches hinzukommen könnte), werden in den Tafeln als Zusatztranslationen nur 0, $\frac{1}{2}$, $\frac{1}{4}$, $\frac{3}{4}$, d. h. als Charakteren 1, $\bar{1}$, 0 zu berücksichtigen sein neben $\frac{1}{n}$ usw. bei n-zähliger Achse, deren Ausgangswerte jedoch bereits in der Kopfzeile auftreten.

Multipliziert man in einer Zeile der Tafeln die Zusatzgröße der Koordinate der ersten Kolonne mit h, der zweiten Kolonne mit k, der dritten Kolonne mit l und nennt die Summe dieser Produkte P_ζ, im speziellen P_{α_1}, P_{α_2}, usw., so tritt gegenüber dem Strukturfaktoranteil dieser Zeile ohne Zusatztranslationen eine Änderung auf, die nur dadurch bestimmt wird, ob P_ζ $\frac{1}{2}$ (0 mod 2) oder $\frac{1}{2}$ (1 mod 2) oder $\frac{1}{4}$ (1 mod 4) oder $\frac{1}{4}$ (3 mod 4) ist. Sie besteht im Vorzeichenwechsel oder in Vertauschung der a- und b-Größen gegenüber den Tabellen A und B der Abb. 3 (darüber gibt die Unterschrift von Abb. 4 Auskunft).

Strukturfaktor für G-Tafel.

Tabelle A.

a_0	$\bar{a}_1$	$\bar{a}_2$	$\bar{a}_3$	σ_1
a_0	$\bar{a}_1$	a_2	a_3	α_1
a_0	$\bar{a}_1$	a_2	a_3	α_2
a_0	a_1	$\bar{a}_2$	a_3	β_1
a_0	a_1	$\bar{a}_2$	a_3	β_2
a_0	a_1	a_2	$\bar{a}_3$	γ_1
a_0	a_1	a_2	$\bar{a}_3$	γ_2
a_0	$\bar{a}_1$	$\bar{a}_2$	$\bar{a}_3$	σ_2

Tabelle B.

$\bar{b}_0$	b_1	b_2	b_3	σ_1
b_0	$\bar{b}_1$	b_2	b_3	α_1
$\bar{b}_0$	b_1	$\bar{b}_2$	$\bar{b}_3$	α_2
b_0	b_1	$\bar{b}_2$	b_3	β_1
$\bar{b}_0$	$\bar{b}_1$	b_2	$\bar{b}_3$	β_2
b_0	b_1	b_2	$\bar{b}_3$	γ_1
$\bar{b}_0$	$\bar{b}_1$	$\bar{b}_2$	b_3	γ_2
b_0	$\bar{b}_1$	$\bar{b}_2$	$\bar{b}_3$	σ_2

Vorzeichen wie oben:

A-Anteil für $P_\zeta = {}^1/_2$ (0 mod. 2) | B-Anteil für $P_\zeta = {}^1/_2$ (0 mod. 2)
B-Anteil für $P_\zeta = {}^1/_4$ (1 mod. 4) | A-Anteil für $P_\zeta = {}^1/_4$ (3 mod. 4)

Alle Vorzeichen umgekehrt:

A-Anteil für $P_\zeta = {}^1/_2$ (1 mod. 2) | B-Anteil für $P_\zeta = {}^1/_2$ (1 mod. 2)
B-Anteil für $P_\zeta = {}^1/_4$ (3 mod. 4) | A-Anteil für $P_\zeta = {}^1/_4$ (1 mod. 4)

Abb. 4.

Es gestatten somit die Charakterentafeln einer Raumgruppe sofort den zugehörigen Strukturfaktor hinzuschreiben. Um dies zu erleichtern, schreiben wir die s-Charaktere, d. h. die nicht kreisumrandeten Charaktere einer Zeile, rechts, die d-Charaktere, die kreisumrandeten, links der Tafel heraus in der Form $\frac{h}{2}$ bzw. $\frac{k}{2}$ bzw. $\frac{l}{2}$, wenn der Charakter $\bar{1}$ ist und $\pm\frac{h}{4}$ bzw. $\pm\frac{k}{4}$ bzw. $\pm\frac{l}{4}$, wenn er 0 ist. Das ergibt zugleich unmittelbar die *zonalen und serialen Auslöschungsgesetze*. Die serialen werden z. B. für G durch die von der Nullpunktswahl unabhängigen s-Charaktere der Zeilen α_1, β_1, γ_1 bestimmt, die zonalen durch die d-Charaktere der Zeilen α_2, β_2, γ_2, wobei die Zeilen 1 und 2 bei sog. reduzierten Tafeln in eine zusammenfallen. Da die über den Tafeln stehenden Operatoren die integralen Auslöschungsgesetze kennzeichnen, ist somit alles für die Raumgruppenbestimmung Notwendige aus den Charakterentafeln, die zugleich die Symmetrieelemente und ihre Lage sowie die Gitterkomplexe verbildlichen, ersichtlich.

Es sei dies an der Raumgruppe D_{2h}^{16} mit dem Nullpunkt im Symmetriezentrum erläutert (Abb. 5). Links stehen die Koordi-

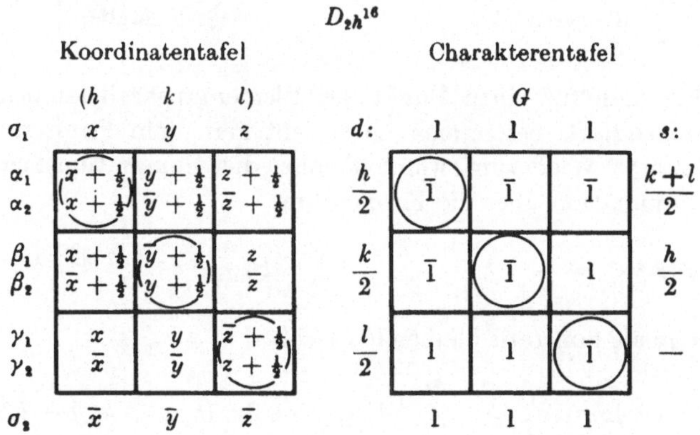

D_{2h}^{16}

Koordinatentafel

	$(h$	k	$l)$
σ_1	x	y	z
α_1	$\bar{x}+\frac{1}{2}$	$y+\frac{1}{2}$	$z+\frac{1}{2}$
α_2	$x+\frac{1}{2}$	$\bar{y}+\frac{1}{2}$	$\bar{z}+\frac{1}{2}$
β_1	$x+\frac{1}{2}$	$\bar{y}+\frac{1}{2}$	z
β_2	$\bar{x}+\frac{1}{2}$	$y+\frac{1}{2}$	$\bar{z}$
γ_1	x	y	$\bar{z}+\frac{1}{2}$
γ_2	$\bar{x}$	$\bar{y}$	$z+\frac{1}{2}$
σ_2	$\bar{x}$	$\bar{y}$	$\bar{z}$

Charakterentafel

	G			
d:	1	1	1	s:
$\frac{h}{2}$	$\bar{1}$	$\bar{1}$	$\bar{1}$	$\frac{k+l}{2}$
$\frac{k}{2}$	$\bar{1}$	$\bar{1}$	1	$\frac{h}{2}$
$\frac{l}{2}$	1	1	$\bar{1}$	—
	1	1	1	

Abb. 5.

naten mit ihren Zusatzgrößen, rechts die Charakterentafeln mit den herausgeschriebenen d- und s-Größen. Daraus ergeben sich sofort die unter den Tafeln stehenden Gesetzmäßigkeiten.

Allgemeines für Strukturfaktor.

	$\frac{1}{2}$ (1 mod 2) für		$\frac{1}{2}$ (0 mod 2) für	
$P_{\alpha_1} = P_{\alpha_2}$	$\frac{h+k+l}{2}$	Vorzeichen der a-Werte in Tab. A und der b-Werte in Tab. B der Abb. 4 mit umgekehrten Vorzeichen	$\frac{h+k+l}{2}$	Gleiche Vorzeichen für a-Werte wie in Tab. A und b-Werte wie in Tab. B der Abb. 4
$P_{\beta_1} = P_{\beta_2}$	$\frac{h+k}{2}$		$\frac{h+k}{2}$	
$P_{\gamma_1} = P_{\gamma_2}$	$\frac{l}{2}$		$\frac{l}{2}$	

Zonale Auslöschungen:

	$\frac{1}{2}$ (1 mod 2)		$\frac{1}{2}$ (0 mod 2)	
Zone $(0kl)$	$\frac{k+l}{2}$	ausgelöscht	$\frac{k+l}{2}$	vorhanden
Zone $(h0l)$	$\frac{h}{2}$	ausgelöscht	$\frac{h}{2}$	vorhanden
Zone $(hk0)$	keine Auswahlregel und symmetrisch bedingte Auslöschungen zonaler Art			

Seriale Auslöschungen:

$(h00)$	$\frac{h}{2}$ (h ungerade)	ausgelöscht	$\frac{h}{2}$ (h gerade)	vorhanden
$(0k0)$	$\frac{k}{2}$ (k ungerade)		$\frac{k}{2}$ (k gerade)	
$(00l)$	$\frac{l}{2}$ (l ungerade)		$\frac{l}{2}$ (l gerade)	

Will man für einen Punkt des Elementarparallelepipedes die *Elektronendichte* bestimmen, so spricht man vom FOURIER-*Raum* (F-Raum). Wiederum wandelt man die Summationsformel in eine Summation über die Formen um:

$$\varrho\,(xyz) = \frac{1}{E} \sum_{h=-\infty}^{\infty} \sum_{k=-\infty}^{\infty} \sum_{l=-\infty}^{\infty} F_{(hkl)} \cdot e^{-2\pi i\,(hx+ky+lz)}$$

mit xyz als konstant bleibenden Größen in

$$\varrho\,(xyz) = \frac{1}{E} \sum_{f=1}^{\Phi} \sum_{q=1}^{n_f} \Big[A'_{(hkl)_q} \cos 2\pi\,(h_q x + k_q y + l_q z) + B'_{(hkl)_q} \sin 2\pi\,(h_q x + k_q y + l_q z)\Big].$$

Φ ist die Anzahl der Formen f, n_f ist die zu einer Form (zentrosymmetrisch gedacht) gehörige Flächenzahl. Da immer die Produkte von Index · Koordinatenwert zu bilden sind, gilt für die

Flächenformen die gleiche Gesetzmäßigkeit wie für die Punktformen. Im speziellen gilt, daß die Phasenverschiebungen gleichwertiger Flächen einer Form durch das P_ζ der zur Fläche gehörigen Zeile bestimmt wird nach: $F_{(hkl)} = e^{2\pi i P_{\alpha_1}} \cdot F_{(\bar{h}kl)}$ usw. Somit bestimmt man die Beiträge einer Form $<(hkl)>$ bei gegebener Raumgruppe auf die analoge Weise wie die einer Punktform.

D_{2h}^5 (Charakterentafel).

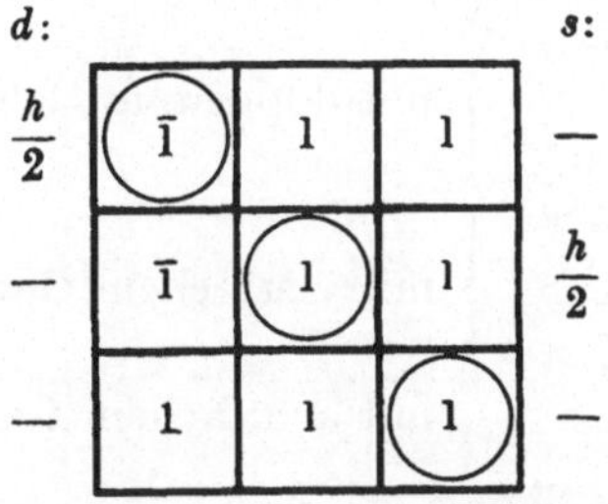

d:				s:
$\frac{h}{2}$	$\bar{1}$ (○)	1	1	—
—	$\bar{1}$	1 (○)	1	$\frac{h}{2}$
—	1	1	1 (○)	—

Für $<(hkl)>$ $A = 8\cos 2\pi hx \cdot \cos 2\pi ky \cdot \cos 2\pi lz$, wenn h gerade ist.
Für $<(hkl)>$ $A = 8\sin 2\pi hx \sin 2\pi ky \cos 2\pi lz$, wenn h ungerade ist.
In beiden Fällen $B = 0$.

Abb. 6.

Man erhält beispielhaft für D_{2h}^5 (Abb. 6)

$$F_{(hkl)} = F_{(\bar{h}\bar{k}\bar{l})} = F_{(hk\bar{l})} = F_{(\bar{h}\bar{k}l)} =$$

$$e^{2\pi i \frac{h}{2}} F_{(\bar{h}kl)} = e^{2\pi i \frac{h}{2}} F_{(h\bar{k}\bar{l})} = e^{2\pi i \frac{h}{2}} F_{(h\bar{k}l)} = e^{2\pi i \frac{h}{2}} F_{(\bar{h}k\bar{l})}$$

und daraus als Beitrag zur FOURIER-Analyse für allgemeine Formen (bei $B = 0$)

für $<(hkl)>$ $A = 8\cos 2\pi hx \cdot \cos 2\pi ky \cdot \cos 2\pi lz$,
wenn h gerade ist,
$A = -8\sin 2\pi hx \cdot \sin 2\pi ky \cdot \cos 2\pi lz$,
wenn h ungerade ist.

Da man aus experimentellen Daten nur die $|F_{(hkl)}|^2$ bzw. nur die absoluten Beträge der Amplituden der Streuwellen bestimmen kann, geht man oft vom FOURIER-Raum zum PATTERSON-*Raum* (P-Raum) über. Zu diesem Zwecke muß die Differenzenmatrix aller gleichwertigen Punkte gebildet werden (aus der Summenmatrix läßt sich die Phase bestimmen). Als neue Koordinaten beschreiben diese Differenzentripel die Lage der Endpunkte von Vektoren, die je zwei gleichwertige Punkte miteinander verbinden. Sie können als *Pseudo-Atome* oder Patterson-*Punkte* bezeichnet werden.

Diese Pseudo-Atome bilden in der Differenzenmatrix des einfach symmorphen D_{2h}^1 zu einer Ursprungsform $< x y z >$ 8 Punktformen, nämlich (s. Tab. 10)[1]

$$\begin{array}{ll} < X\;Y\;Z > & \text{mit einfachem Gewicht} \\ \left.\begin{array}{l} < 0\;Y\;Z > \\ < X\;0\;Z > \\ < X\;Y\;0 > \end{array}\right\} & \text{mit doppeltem Gewicht} \\ \left.\begin{array}{l} < X\;0\;0 > \\ < 0\;Y\;0 > \\ < 0\;0\;Z > \end{array}\right\} & \text{mit vierfachem Gewicht} \\ < 0\;0\;0 > & \text{mit achtfachem Gewicht} \end{array}$$

wobei $X = 2\,x$, $Y = 2\,y$, $Z = 2\,z$.

Tabelle 10. *Differenzen- und Summenmatrix für* D_{2h}^1.[1]

	xyz	$\bar{x}yz$	$x\bar{y}z$	$\bar{x}\bar{y}z$	$\bar{x}\bar{y}\bar{z}$	$x\bar{y}\bar{z}$	$\bar{x}y\bar{z}$	$xy\bar{z}$	
xyz	000 XYZ	$\bar{X}00$ $0YZ$	$0\bar{Y}0$ $X0Z$	$\bar{X}\bar{Y}0$ $00Z$	$\bar{X}\bar{Y}\bar{Z}$ 000	$0\bar{Y}\bar{Z}$ $X00$	$\bar{X}0\bar{Z}$ $0Y0$	$00\bar{Z}$ $XY0$	Differenz Summe
$\bar{x}yz$	$X00$ $0YZ$	000 $\bar{X}YZ$	$X\bar{Y}0$ $00Z$	$0\bar{Y}0$ $\bar{X}0Z$	$0\bar{Y}\bar{Z}$ $\bar{X}00$	$X\bar{Y}\bar{Z}$ 000	$00\bar{Z}$ $\bar{X}Y0$	$X0\bar{Z}$ $0Y0$	Δ Σ
$x\bar{y}z$	$0Y0$ $X0Z$	$\bar{X}Y0$ $00Z$	000 $X\bar{Y}Z$	$\bar{X}00$ $0\bar{Y}Z$	$\bar{X}0\bar{Z}$ $0\bar{Y}0$	$00\bar{Z}$ $X\bar{Y}0$	$\bar{X}Y\bar{Z}$ 000	$0Y\bar{Z}$ $X00$	Δ Σ
$\bar{x}\bar{y}z$	$XY0$ $00Z$	$0Y0$ $\bar{X}0Z$	$X00$ $0\bar{Y}Z$	000 $\bar{X}\bar{Y}Z$	$00\bar{Z}$ $\bar{X}\bar{Y}0$	$X0\bar{Z}$ $0\bar{Y}0$	$0Y\bar{Z}$ $\bar{X}00$	$XY\bar{Z}$ 000	Δ Σ
$\bar{x}\bar{y}\bar{z}$	XYZ 000	$0YZ$ $\bar{X}00$	$X0Z$ $0\bar{Y}0$	$00Z$ $\bar{X}\bar{Y}0$	000 $\bar{X}\bar{Y}\bar{Z}$	$X00$ $0\bar{Y}\bar{Z}$	$0Y0$ $\bar{X}0\bar{Z}$	$XY0$ $00\bar{Z}$	Δ Σ
$x\bar{y}\bar{z}$	$0YZ$ $X00$	$\bar{X}YZ$ 000	$00Z$ $X\bar{Y}0$	$\bar{X}0Z$ $0\bar{Y}0$	$\bar{X}00$ $0\bar{Y}\bar{Z}$	000 $X\bar{Y}\bar{Z}$	$\bar{X}Y0$ $00\bar{Z}$	$0Y0$ $X0\bar{Z}$	Δ Σ
$\bar{x}y\bar{z}$	$X0Z$ $0Y0$	$00Z$ $\bar{X}Y0$	$X\bar{Y}Z$ 000	$0\bar{Y}Z$ $\bar{X}00$	$0\bar{Y}0$ $\bar{X}0\bar{Z}$	$X\bar{Y}0$ $00\bar{Z}$	000 $\bar{X}Y\bar{Z}$	$X00$ $0Y\bar{Z}$	Δ Σ
$xy\bar{z}$	$00Z$ $XY0$	$\bar{X}0Z$ $0Y0$	$0\bar{Y}Z$ $X00$	$\bar{X}\bar{Y}Z$ 000	$\bar{X}\bar{Y}0$ $00\bar{Z}$	$0\bar{Y}0$ $X0\bar{Z}$	$\bar{X}00$ $0Y\bar{Z}$	000 $XY\bar{Z}$	Δ Σ

[1] Diese Tabelle enthält in jedem Feld oben die Differenz, unten die Summe. Man erkennt, daß z. B. die Differenzen Einzelglieder von acht verschiedenen Punktformen sind mit Wiederholungen, durch die das „Gewicht“ bestimmt wird.

Bei Zusatztranslationen werden die für HARKERsche *Linear- und Planarkonzentrationen* wichtigen 0-Werte durch $\frac{1}{2}$ (Charakter $\bar{1}$) oder $\frac{1}{4}$ oder $\frac{3}{4}$ (Charakter 0) ersetzt. Für die Linearkonzentrationen sind die Differenzen der Zeilen α_1, β_1, γ_1, für Planarkonzentrationen die Zeilen α_2, β_2, γ_2 verantwortlich. Somit lassen sich auch diese wichtigen Bestimmungstabellen sofort aus den Charakterentafeln ableiten. Es lauten für C_{2v}^9 im Vergleich zu C_{2v}^1 die Differenzen entsprechend Tab. 11, wobei X' oder Y'

Tabelle 11. *Differenzen.*

C_{2v}^1

	$x\,y\,z$	$\bar{x}\,y\,z$	$x\,\bar{y}\,z$	$\bar{x}\,\bar{y}\,z$
$x y z$	0 0 0	$\bar{X}$ 0 0	0 $\bar{Y}$ 0	$\bar{X}\,\bar{Y}$ 0
$\bar{x} y z$	X 0 0	0 0 0	$X\,\bar{Y}$ 0	0 $\bar{Y}$ 0
$x \bar{y} z$	0 Y 0	$\bar{X}\,Y$ 0	0 0 0	$\bar{X}$ 0 0
$\bar{x} \bar{y} z$	$X\,Y$ 0	0 Y 0	X 0 0	0 0 0

C_{2v}^9

	$x\,y\,z$	$\bar{x}-\frac{1}{2}$, $y-\frac{1}{2}$, $z-\frac{1}{2}$	$x+\frac{1}{2}$, $\bar{y}+\frac{1}{2}$, z	$\bar{x}$, $\bar{y}$, $z+\frac{1}{2}$
$x y z$	0 0 0	$\bar{X}'\,\frac{1}{2}\,\frac{1}{2}$	$\frac{1}{2}\,\bar{Y}'$ 0	$\bar{X}\,\bar{Y}\,\frac{1}{2}$
$\bar{x}-\frac{1}{2}, y-\frac{1}{2}, z-\frac{1}{2}$	$X'\,\frac{1}{2}\,\frac{1}{2}$	0 0 0	$X\,\bar{Y}\,\frac{1}{2}$	$\frac{1}{2}\,\bar{Y}'$ 0
$x+\frac{1}{2}, \bar{y}+\frac{1}{2}, z$	$\frac{1}{2}\,Y'$ 0	$\bar{X}\,Y\,\frac{1}{2}$	0 0 0	$\bar{X}'\,\frac{1}{2}\,\frac{1}{2}$
$\bar{x}, \bar{y}, z+\frac{1}{2}$	$X\,Y\,\frac{1}{2}$	$\frac{1}{2}\,Y'$ 0	$X'\,\frac{1}{2}\,\frac{1}{2}$	0 0 0

statt X oder Y geschrieben wird, sofern auch in den die Koordinaten noch enthaltenden Differenzen Zusatzgrößen auftreten. In Abb. 7 steht links die Charakterentafel von C_{2v}^9, zu der man rechts ohne weiteres die PATTERSON-Punkttafel für die linearen und planaren Konzentrationen hinzuschreiben kann.

In der phänomenologischen Krystallographie spielen ganz ähnliche Matrizentafeln eine große Rolle, wenn man sich beispielsweise die Aufgabe stellt, die Winkel anzugeben, die eine Fläche (hkl) mit allen gleichwertigen Flächen bildet (*6*). Der Ausdruck $hx + ky + lz$ in der Gestalt $hu + kv + lw$ ist nicht nur für die Zonenrechnung, sondern auch für die Formenlehre von großer Bedeutung, so daß bei einer Neuformulierung der phänomenologischen Krystallkunde alle für Strukturuntersuchungen notwendigen Begriffe eingeführt werden können. Darauf kann natürlich hier nicht näher eingegangen werden, aber die Beispiele mögen gezeigt haben, daß nicht nur die Ausnutzung der Raumgruppensymmetrie und der Formenbegriffe die Summationsverfahren der Krystallstrukturlehre vereinfacht, sondern daß es

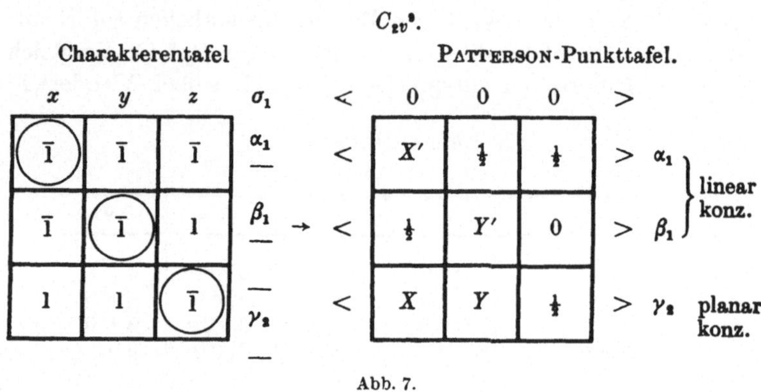

Abb. 7.

generell möglich ist, die Beziehungen zwischen diesen Forschungszweigen und der auf Schwingungen rückführbaren Spektroskopie durch Angleichung der Methodik enger zu gestalten.

Literatur.

1. NIGGLI, P.: Neuformulierung der Krystallographie. Experientia **2**, 336 (1946).

2. NIGGLI, P.: Isomerien und Substitutionen. Helvet. chim. Acta, 1. Mitt. **29**, 999 (1946); 2. Mitt. **30**, 1562 (1947).

3. NIGGLI, P.: Die geometrischen Grundlagen der Auswahlregeln der Eigenschwingungen und Termaufspaltungen in Molekel- und Krystallverbindungen. Helvet. chim. Acta, 1. Mitt. **32**, 770 (1949); 2. Mitt. **32**, 913 (1949); 3. Mitt. **32**, 1453 (1949).

4. NIGGLI, P.: Die vollständige und eindeutige Kennzeichnung der Raumsysteme durch Charakterentafeln. Acta crystallogr., 1. Mitt. **2**, 263 (1949); 2. Mitt. **3**, 429 (1950).

5. NIGGLI, A., u. P. NIGGLI: Raumgruppensymmetrie und Berechnungsmethoden der Krystallstrukturlehre. Z. angew. Math. Phys. (Zamp) **2**, 217, 311 (1951).

6. NIGGLI, P.: Angular relations between equivalent planes and distances between equivalent points in symmetrical point groups. Min. Mag. **29**, 313 (1950).

Diskussion.

H. O'DANIEL (Frankfurt a. M.): Bezüglich der Raumgruppensymbole möchte ich Herrn HERMANN fragen, wie weit bei der Neuauflage der Internationalen Tabellen die Redaktion bereits fortgeschritten ist und ob man die SCHOENFLIES-Symbole beibehält oder auf sie verzichtet.

C. HERMANN (Marburg): Soviel ich weiß, wird in den Internationalen Tabellen davon abgesehen, bei der Raumgruppen-Systematik die SCHOENFLIES-Symbole neben den HERMANN-MAUGUINschen aufzuführen; erstere werden natürlich in einer Übersichtstabelle erwähnt.

P. NIGGLI (Zürich): Für den heutigen Krystallographen sind natürlich die neuen Raumgruppensymbole sehr erwünscht und von Vorteil gegenüber der SCHOENFLIESschen Numerierung. Ich möchte aber trotzdem vorschlagen, daß man z. B. bei den Raumgruppen der Klasse $\frac{4}{m}\frac{2}{m}\frac{2}{m}$ das D_{4h} hinzufügt, jedoch nicht die Nummer der betreffenden Raumgruppe. Das erscheint mir zur sofortigen Orientierung sehr zweckmäßig.

Translationsgruppen in n Dimensionen.

Von

C. Hermann. Marburg.

Die erste Frage der n-dimensionalen Krystallographie, nach den möglichen Symmetrieoperationen, ist bereits behandelt worden [Acta crystallogr. 2, 139—143 (1949). Hier möge die Zusammenfassung genügen, daß ein transitives, m-zähliges Symmetrieelement nur möglich ist in einem Raume von $n = \varphi(m)$ Dimensionen, wo $\varphi(m)$ nach Euler die Anzahl der teilerfremden Restklassen von m bedeutet. Der Beweis wurde damals geführt, indem die Symmetrieoperationen im n-dimensionalen Raum als n-reihige quadratische Matrizen mit ganzzahligen Komponenten geschrieben und auf (im allgemeinen komplexe) Hauptachsen transformiert wurden.

Die Zusammensetzung verschiedener Symmetrieelemente und ihre Zusammenfassung zu Krystallklassen läßt sich zwar in der gleichen Darstellung durchführen, wird aber ungleich übersichtlicher und bequemer, wenn man ein System von überzähligen Grundvektoren einführt derart, daß alle Symmetrieoperationen sich durch reine Permutationen und Vorzeichenwechsel dieser Vektoren darstellen lassen. Natürlich müssen μ ($> n$) Vektoren in einem Raume von nur n Dimensionen durch $\mu - n$ unabhängige lineare Nebenbedingungen miteinander verknüpft sein, und es können nur solche Permutationen und Vorzeichenwechsel vorgenommen werden, die dieses System von Nebenbedingungen invariant lassen.

Es ist nicht leicht abzuschätzen, wie hoch bei gegebener Dimensionszahl die Anzahl derartiger Grundvektoren steigen muß, wenn man alle möglichen Krystallklassen in dieser Form von „monomialen“ Gruppen darstellen will. Unter der — nicht immer zutreffenden — Annahme, daß die Grundvektoren die kürzesten

Translationen des Gitters sind, kann man eine geometrische Abschätzung machen, wonach

$$\mu \leqq \frac{\int\limits_0^{\pi/2} \sin^{n-2} \vartheta \, d\vartheta}{\int\limits_0^{\pi/6} \sin^{n-2} \vartheta \, d\vartheta}$$

sein muß; eine andere, etwas schärfere, Abschätzung von Minkowski liefert

$$\mu \leqq 2^n - 1 .$$

Beide Abschätzungen ergeben aber bei steigender Dimensionszahl immer ungenauere, viel zu hohe Schranken[1].

Da eine vollständige Übersicht über alle Translationsgitter und Krystallklassen auf diesem Wege nicht leicht zu erzielen ist, lassen wir zunächst alle die Symmetrien beiseite, die man aus Symmetrien in Teilräumen geringerer Dimensionszahlen aufbauen kann, d. h. alle „intransitiven", bei denen gewisse Teilräume nur in sich transformiert werden; alle „imprimitiven", bei denen außerdem solche Teilräume noch miteinander permutiert werden können; und alle „bedingt primitiven", bei denen der n-dimensionale Raum auf mehrere Weisen in Teilräume zerlegt werden kann und außer den Permutationen der vorigen Klasse noch ein Übergang von der einen zur anderen Unterteilung erlaubt ist. Alle diese Symmetrieklassen sind leicht zu beherrschen, wenn nur die Symmetrien in allen Räumen von weniger als n Dimensionen bekannt sind. Es bleiben dann nur die „voll-transitiven" Symmetrieklassen übrig, in denen unbeschränkte Permutationen zwischen mindestens n Vektoren möglich sind, die zusammen den gesamten n-dimensionalen Raum aufspannen. Hierher gehört

[1] Die erste Abschätzung beruht darauf, daß kürzeste Vektoren miteinander Winkel von mindestens 60° einschließen müssen, daß also Kegel vom Öffnungswinkel 30° um diese Vektoren sich nicht überschneiden können. Die Ungenauigkeit kommt daher, daß diese Kegel die Kugeloberfläche nicht restlos erfüllen, sondern mit steigender Dimensionszahl einen immer höheren Anteil unbedeckt lassen. Die Minkowskische Schranke gibt an, wieviel Gitterpunkte höchstens auf einer überall konvexen Fläche liegen können, die in ihrem Innern außer dem Nullpunkt keinen Gitterpunkt enthält. Wie weit sie herabgesetzt wird, wenn man nur Kugelflächen zum Vergleich heranzieht, ist nicht bekannt. Beide Abschätzungen verlieren ihre Begründung, wenn als Grundvektoren nicht die kürzesten Translationen gewählt werden können, doch ist nicht anzunehmen, daß sie, selbst in diesem Fall, je einen zu kleinen Wert angeben.

selbstverständlich das „reguläre“ System aus n gleichlangen, aufeinander senkrechten Grundvektoren, in dessen Holoedrie offenbar $n!$ Permutationen und 2^n verschiedene Vorzeichenkombinationen möglich sind, so daß die Zähligkeit der allgemeinen Punktlage $2^n \cdot n!$ beträgt. Das so definierte Translationsgitter bezeichnen wir mit P.

Die einzige andere symmetrische Permutationsgruppe, die man zum Aufbau eines voll-transitiven Systems verwenden kann, ist diejenige aus $n + 1$ Grundvektoren. Denn es gibt nur eine lineare Nebenbedingung, die in allen Elementen symmetrisch ist und daher jede beliebige Permutation zuläßt: die Summe aus allen $n + 1$ Vektoren. Setzt man diese Summe Null, so entsteht das „hyperbolische“ Krystallsystem, dessen Symmetrieoperationen aus $(n + 1)!$ Permutationen, aber nur 2 Vorzeichenkombinationen zusammengesetzt sind, da die Bedingung $\sum_{i=1}^{n+1} \mathfrak{a}_i = 0$ nur gegen die gleichzeitige Umkehr aller Vorzeichen invariant ist. Die hyperbolische Holoedrie hat somit die Zähligkeit $2(n + 1)!$

Selbstverständlich sind die $n + 1$ Grundvektoren des hyperbolischen Systems alle gleich lang und schließen paarweise den gleichen Achsenwinkel ein, dessen Größe sich durch Quadrieren der Bedingung $\sum_{i=1}^{n+1} \mathfrak{a}_i = 0$ berechnen läßt. Dabei ergibt sich nämlich

$$(n + 1)\, \mathfrak{a}_i^2 + n(n + 1)\, (\mathfrak{a}_i\, \mathfrak{a}_k) = 0, \text{ d. h. } \cos\alpha = \frac{(\mathfrak{a}_i\, \mathfrak{a}_k)}{\mathfrak{a}_i^2} = -\frac{1}{n}.$$

Das durch diese Vektoren definierte Translationsgitter bezeichnen wir mit H.

In 2 Dimensionen entspricht das reguläre System dem quadratischen mit der maximalen Zähligkeit $2^2 \cdot 2! = 8$, das hyperbolische dem hexagonalen mit der Zähligkeit $2 \cdot 3! = 12$ und dem Achsenwinkel $\arccos(-\frac{1}{2}) = 120°$. In 3 Dimensionen wird die Zähligkeit beider Systeme gleich, nämlich $2^3 \cdot 3! = 2 \cdot 4! = 48$. Die zugehörigen Symmetriegruppen sind, wie man sich leicht überzeugt, isomorph. P entspricht dem einfach kubischen, H dem innenzentriert kubischen Gitter mit dem Achsenwinkel $\arccos(-\frac{1}{3})$, dem bekannten „Tetraederwinkel“

Weitere volltransitive Gitter können nur dadurch gewonnen werden, daß zu den Translationen von P bzw. H weitere hinzugenommen werden, d. h. durch den schon aus der dreidimensionalen Krystallographie wohlbekannten Prozeß der „Zentrierung". Dabei entstehen zunächst Gitter, deren Gitterpunkte durch gebrochene Koordinaten beschrieben werden. Das Aufsuchen solcher Gitter wird erleichtert, wenn man diese Koordinaten mit ihrem gemeinsamen Nenner erweitert, so daß man wiederum eine Gitterbeschreibung mit nur ganzzahligen Gitterpunkten erhält, in der das zentrierte Gitter als ein Teilgitter des Ausgangsgitters erscheint. Seine Gitterpunkte sind aus der Gesamtheit der ursprünglichen durch gewisse Kongruenzen zwischen den Koordinaten ausgewählt.

Um zentrierte Gitter zu finden, die mit dem regulären System verträglich sind, kommen nur Kongruenzen modulo 2 in Frage, da diese allein gegen Vorzeichenvertauschungen invariant sind. Mit derartigen Bedingungen sind nur zwei verschiedene Translationsgitter zu erreichen: eins durch die Forderung, daß nur solche Translationen $\sum_i x_i \mathfrak{a}_i$ zugelassen werden, für welche

$$\sum x_i \equiv 0 \bmod 2\,.$$

Diese Bedingung definiert das flächenzentrierte Gitter, F. Als Grundvektoren, aus denen sich alle Translationen aufbauen lassen, wählt man am besten die kürzesten Vektoren des Gitters, $(1100\ldots)$ und $(1\bar{1}00\ldots)$ und alle, die durch beliebige Permutationen der Koordinatenrichtungen aus ihnen hervorgehen. Es sind dies $n(n-1)$ Vektoren, zwischen denen natürlich noch eine große Zahl von linearen Beziehungen bestehen.

Ein zweites Gitter läßt sich durch Zentrierung von P gewinnen durch die Forderung, daß jede Summe von zwei Komponenten eine gerade Zahl sein soll:

$$x_i + x_k \equiv 0 \bmod 2\,.$$

Damit entsteht das innenzentrierte Gitter, I, das man aus den 2^{n-1} Grundvektoren $(1111\ldots)$ und den durch beliebige Vorzeichenwechsel daraus entstehenden aufbauen kann. Allerdings sind diese Translationen in Räumen von 5 und mehr Dimensionen nicht die kürzesten des Gitters, da ihr Quadrat den Wert n hat, während die Vektoren $(2000\ldots)$ usw. mit dem Quadrat 4 immer vorhanden sind, aber nicht ausreichen, um vom Nullpunkt des Gitters aus alle Gitterpunkte zu erreichen. Ein Gitter dieser Art, das sich nicht aus seinen kürzesten Translationen allein aufbauen läßt, heißt ein „zerfallendes“ im Gegensatz zu den „zusammenhängenden“ Gittern, wie P, F, oder H in allen Dimensionen oder I in 2 und 3 Dimensionen. In 4 Dimensionen werden die Vektoren (1111) und (2000) gleich lang und erlauben Permutationen untereinander. Ein solches Gitter soll als „Grenzgitter“ bezeichnet werden. Seine Symmetrie ist im allgemeinen höher als diejenige des Grundgitters, aus dem es durch Zentrierung gewonnen ist. In unserem Fall erkennt man das, wenn man die $4 + 8 = 12$ kürzesten Translationen in drei Klassen von Orthogonalsystemen aufteilt:

$$\begin{array}{ccc} (2000) & (1111) & (\bar{1}111) \\ (0200) & (11\bar{1}\bar{1}) & (1\bar{1}11) \\ (0020) & (1\bar{1}1\bar{1}) & (11\bar{1}1) \\ (0002) & (1\bar{1}\bar{1}1) & (111\bar{1}) \end{array}$$

Die volle Symmetrie des Gitters erhält man nicht nur durch die $4! \cdot 2^n = 384$ Permutationen und Vorzeichenwechsel zwischen den 4 Vektoren der ersten Klasse, wie in P, sondern außerdem ist es noch möglich, an die Stelle der ersten Klasse eine der beiden anderen zu setzen, wodurch sich die Zähligkeit der allgemeinen Punktlage verdreifacht auf 1152.

Übrigens erweist sich auch das F-Gitter in 4 Dimensionen als isomorph mit diesem I-Gitter, wie man aus der Gruppierung seiner erzeugenden Vektoren in 3 Orthogonalsysteme erkennt:

$$\begin{array}{ccc} (1100) & (1010) & (1001) \\ (1\bar{1}00) & (10\bar{1}0) & (100\bar{1}) \\ (0011) & (0101) & (0110) \\ (001\bar{1}) & (010\bar{1}) & (01\bar{1}0) \end{array}$$

Jede andere Kongruenz mod. 2, die man den Vektorkoordinaten auferlegen kann, führt wiederum auf die gleichen Gitter, P oder I, wovon man sich leicht überzeugt, wenn man Linearkombinationen bildet zwischen ihr und geeigneten anderen, die durch Permutationen aus ihr entstehen.

Die Zentrierungsmöglichkeiten im H-Gitter sind in folgender Weise zu überblicken:

Jeder Gitterpunkt dieses Gitters läßt sich darstellen durch $\sum_{i=1}^{n+1} x_i \mathfrak{a}_i$, doch ist diese Darstellung nicht eindeutig. Wegen der

Nebenbedingung $\sum_{1}^{n+1} a_i = 0$ kann vielmehr eine beliebige ganze Zahl α zu allen Koordinaten gleichzeitig hinzugefügt werden, ohne daß der dargestellte Gitterpunkt sich ändert. Die einzigen bei diesem Verfahren invarianten Größen sind die Differenzen irgend zweier Koordinaten und die Restklasse der Summe aller Koordinaten mod. $(n + 1)$. Eine Einschränkung aller *Differenzen* auf die Vielfachen irgendeiner Zahl k führt aber auf kein neues Gitter. Man kann es dann nämlich durch Hinzufügen einer geeigneten Konstanten so einrichten, daß alle Koordinaten selbst durch k teilbar sind. Das so beschriebene Gitter ist daher wieder vom Typ H, mit einer um den Faktor k vergrößerten Grundtranslation. Wohl aber erhält man neue Gittertypen, wenn man für die *Summe aller Koordinaten* Teilbarkeit durch $(n + 1)$ oder durch irgendeinen echten Teiler d von $(n + 1)$ verlangt. Im ersten Fall erhält man das Translationsgitter S, das in Räumen beliebiger Dimensionszahl realisierbar ist und sich aus den $\frac{n(n+1)}{2}$ Grundtranslationen $(1\bar{1}000\ldots)$ und allen permutierten aufbauen läßt, deren Quadrat, bezogen auf die Grundtranslation des H-Gitters, den Wert $2 + \frac{2}{n}$ hat. Im zweiten Fall, der sich nur verwirklichen läßt, wenn d ein Teiler von $(n + 1)$ ist, heißt das entstehende Gitter S_d. Die kürzesten Vektoren, die zu seinem Aufbau genügen, haben d-mal die Komponente 1, $(n + 1 - d)$-mal die Komponente 0. Es gibt ihrer $\binom{n+1}{d}$, außer für $d = \frac{n+1}{2}$, wo diese Zahl zu halbieren ist. Das Quadrat ihrer Länge beträgt $d - \frac{d(d-1)}{n}$. Außerdem enthält jedes S_d-Gitter alle Vektoren des S-Gitters, dessen Grundvektoren immer größer sind als die von S_2, für $n = 5$ auch noch größer als die von S_3, so daß in diesen Fällen normale zusammenhängende Gitter entstehen. Dagegen sind die S_3- und S_4-Gitter von 11 Dimensionen ab, die Gitter S_d mit $d \geqq 5$ in allen Fällen zerfallend. Grenzgitter mit erhöhter Symmetrie sind S_3 in 8 Dimensionen mit $\binom{9}{3} + \binom{9}{2} = 120$ gleichlangen Grundvektoren und S_4 in 7 Dimensionen mit $\frac{1}{2}\binom{8}{4} + \binom{8}{2} = 63$ Grundvektoren.

Zur besseren Veranschaulichung der Gitterzentrierungen sei erwähnt, daß in 2 Dimensionen P das quadratische Gitter darstellt;

I und *F*, zwischen denen hier kein Unterschied ist, bilden das um 45° gedrehte quadratische Gitter; *H* und *S* bedeuten zwei hexagonale Gitter, die gegeneinander um 30° verdreht sind. — In 3 Dimensionen haben *P*, *F* und *I* die bekannte Bedeutung. *H* ist, wie schon erwähnt, identisch mit *I*, ebenso leitet man leicht die Identität von *S* mit *F* und von S_2 mit *P* ab. — In 4 Dimensionen definieren *H* und *S* ein Krystallsystem mit 240-zähliger Holoedrie, von deren drei Hemiedrien eine der Ikosaedergruppe isomorph ist, während unter den 1152 Symmetrieoperationen von *F* oder *I* keine 5- oder 10-zählige sich befindet, sondern als maximale Zähligkeiten von Einzeloperationen nur 12 und 8 vorkommen. Hier bilden daher *F*, *I* einerseits und *H*, *S* andererseits zwei unabhängige Gipfel der Gittersymmetrie, ebenso wie im Falle von 2 Dimensionen.

Diskussion.

H. v. PHILIPSBORN (Bonn): Ich habe mich im Rahmen meiner Untersuchungen zur Behandlung polynärer Systeme mit den Räumen beliebiger Dimensionszahl beschäftigt und bin zu der Meinung gekommen, daß viele Forscher bei der Bearbeitung der verschiedensten Probleme Vorteil haben würden, wenn sie das Denken und Arbeiten im dreidimensionalen Raum aufgeben würden zugunsten eines solchen in Räumen beliebiger Dimensionszahl. Nur habe ich mehr und mehr die Überzeugung gewonnen, daß eine solche Umstellung sich viel leichter im größeren Kreise vollziehen würde, wenn man nicht *n*-dimensional-geometrische Verfahren verwendet, sondern rein-arithmetisch rechnet, d. h. alle R_n als Zahlenmengen auffaßt oder doch wenigstens als Punktmengen. So bin ich augenblicklich dabei, zusammen mit einem Pharmakologen solche Arbeitsweisen für die Untersuchung von Mischarzneien zu entwickeln.

Ziemlich allgemein ist die Meinung vertreten, daß bei experimentellen Arbeiten in polynären Systemen mit jeder neuen Komponente die Anzahl der einzelnen notwendigen Bestimmungen so stark wächst, daß eine solche Arbeit praktisch schließlich gar nicht mehr durchführbar ist. Aber schon E. BERGER [Physikalische und chemische Eigenschaften im Fünfstoff-System usw. Glastechn. Ber. 5, 569 (1928) sagt: „Es läßt sich nun leicht nachweisen, daß das Arbeiten im vierdimensionalen Raum wirtschaftlicher und genauer ist, so paradox dies zunächst auch klingen mag." Ich möchte diese Beziehung „das Polynäre Paradoxon" nennen. Näheres wäre zu finden in der Veröffentlichung von H. F. ZIPF und H. v. PHILIPSBORN: Arzneimittelforsch. 1. Jg. 1951.

W. KOSSEL (Tübingen): Ich möchte Herrn HERMANN um eine kleine Erläuterung bitten: Sie sagten vorhin, als Sie den interessanten Vergleich von regulärem und hyperbolischem Gitter machten: im dreidimensionalen

Raum spanne das Tetraeder das innenzentrierte Gitter auf. Ist nicht das flächenzentrierte Gitter gemeint?

C. HERMANN (Marburg): Wenn von einem Gitterpunkt die vier Grundvektoren in den Tetraeder-Richtungen ausgehen und ich nehme noch die vier Gegenvektoren dazu, die ja immer dazu gehören, so wird dadurch das innenzentrierte Gitter aufgespannt.

W. KOSSEL (Tübingen): Ihr Vergleich schien mir deswegen interessant, weil er dann mit dem zu tun hätte, was wir alle primitiv erleben. Wenn wir z. B. in der Ebene anfangen, denken wir zunächst, das einfachste Netz sei das quadratische; analog halten wir für den Raum das Würfelgitter für das einfachste. So denkt jeder Primitive. Nachher erlebt er, wenn Kugeln zusammengepackt werden, daß in der Ebene das dreizählige — das ist hier Ihr hyperbolisches — und im Raum das flächenzentriert-kubische Gitter sich zeigen. Von Ihrer Gegenüberstellung reguläres—hyperbolisches Gitter würde das eine zu dem führen, was man nach der Zahl der Koordinaten primitiv zunächst erwartet, während das mit einer Variabeln mehr offenbar zu dichtesten Packungen führt. Kann man zeigen, daß das allgemein gilt?

C. HERMANN (Marburg): Was dichteste Packungen in n Dimensionen sind, kann ich nicht ohne weiteres sagen. Ich erwähnte schon, daß es in drei Dimensionen eine Reihe von Nicht-Translationsgittern gibt, die genau so dicht gepackt sind wie das dichteste Translationsgitter. Ich kann ableiten, was das dichteste Translationsgitter in vier Dimensionen ist: das ist eben dieses zentrierte Gitter. Ich habe eine starke Vermutung, daß diese beiden Gitter S_3 in acht Dimensionen und S_4 in sieben Dimensionen in diesen Dimensionszahlen die dichtesten Translationspackungen sind. Trotzdem ist die Menge von gleichwertigen Punkten, mit denen ein Punkt in diesen beiden Gittern umgeben ist, nur wenig über der Hälfte der MINKOWSKIschen Schranke. Ich halte es für sehr gut möglich, daß es noch dichtere Packungen gibt, die dann allerdings keine Translationsgitter sein würden.

R. HOSEMANN (Berlin): Es wäre interessant, zu erfahren, was denn anschaulich eine Symmetrie im vierdimensionalen MINKOWSKI-Raum bedeutet. Bei den Röntgeninterferenzen z. B. kommt es doch allein auf die Elektronendichteverteilung an. Wählt man das Ruhesystem nun so, daß seine Zeitkoordinate parallel zu einer dieser Symmetrieachsen liegt, so ist dies doch mit einer zeitlichen und entsprechend symmetrischen Fluktuation der Streudichten gleichbedeutend. Wenn auch die imaginäre Zeitkoordinate in der MINKOWSKIschen Darstellung in gewisser Hinsicht äquivalent ist mit den drei Raumkoordinaten, so ist die Bedeutung einer in allen vier Dimensionen gleichwertigen Symmetrie doch nicht so ohne weiteres einzusehen?

C. HERMANN (Marburg): Der Ansatz, den ich gerade für dieses System zu machen versucht habe, ohne daß ich bisher konsequent damit durchgekommen wäre, ist der, daß ich die relativistische Energiegleichung $E^2 = c^2 (p_1^2 + p_2^2 + p_3^2) + c_4^2 m$ nicht so lesen möchte, wie man es gewöhnlich tut, daß man E und p als die zu bestimmenden Größen ansetzt und m als einen konstanten Parameter, sondern daß sich die Energie aufbaut aus den 3 Impulsen und *m*. Es hat vor allen Dingen die Schwierigkeit, daß im Augenblick, wo ich Potentiale dazu schreibe, diese zu den Termen *E* und *p* treten nicht zu *m*. Es kommt also darauf an, ein Koordinatensystem dafür zu finden, das sicher kein Inertialsystem sein kann, in dem der skalare Potentialanteil im *E*-Term wegtransformiert wird und dafür die Masse an einen Zusatzterm erhält. Ob sich eine solche Transformation immer angeben läßt, kann ich freilich nicht sagen.

F. Hund (Frankfurt a. M.): Versprechen diese Gesichtspunkte eine vollständige Übersicht über das, was Sie volltransitive Gitter nennen oder sind es vielmehr Gesichtspunkte, die zunächst wichtige Beispiele liefern? Es sieht ja zunächst so aus: Sie lassen sich durch gewisse Erfahrungen im Dreidimensionalen leiten und ich habe beim Zuhören nicht sehen können, ob Sie damit jetzt schon eine vollständige Systematik dieser volltransitiven Symmetrie erhalten oder nicht.

C. Hermann (Marburg): Volltransitiv im strengen Sinne sind nur das *P*- und das *H*-Gitter. Die durch die Zentrierung gewonnenen Gitter kann man nicht mehr volltransitiv nennen. Sie sind nur die einzigen Formen von Kongruenzen, durch die ich Untergruppen aus den Translationsgruppen *P* und *H* entwickeln kann. Daß die Translationsgruppen *P* und *H* die einzigen sind, die im strengen Sinne volltransitiv sind, das sehen Sie leicht ein. Sowie ich mehr als eine Nebenbedingung einführe, kann ich das nicht mehr tun, ohne gewisse Gruppen von Vektoren vor anderen auszuzeichnen. Mit mehr als einer Nebenbedingung kann ich also nicht arbeiten, und damit sind diese beiden Gitter als die Ausgangsgitter definiert.

E. Madelung (Frankfurt a. M.): Wenn man das ganze System der 230 Raumgruppen anschaut, so erscheint es merkwürdig unsymmetrisch. Man hat das Gefühl, man müsse das Ganze zusammensuchen und habe eigentlich keinen wirklich einheitlichen Gesichtspunkt. Damit hängt ja auch zusammen, daß die Zahl 230 kaum durch eine Formel angebbar sein könnte.

C. Hermann (Marburg): Doch, es gibt da große Gesetzmäßigkeiten. Vor allem gewinnt das System an Klarheit, wenn man jede Raumgruppe in allen möglichen Orientierungen aufzählt. Durch das nachträgliche Zusammenfassen von isomorphen Gruppen wird die Regelmäßigkeit vielfach versteckt.

E. Madelung (Frankfurt a. M.): Jedenfalls möchte ich Sie fragen: Können Ihre Untersuchungen uns da einen Einblick, etwa von einem höheren Standpunkt aus, liefern?

C. Hermann (Marburg): Das wage ich nicht zu hoffen, denn die Zahlen, um die es geht, wachsen mit jeder hinzukommenden Dimension ins immer Ungeheuerlichere. Betrachten wir nur einmal die Zähligkeiten: In 2 Dimensionen haben wir das hexagonale Gitter mit der Zähligkeit 12, in 3 Dimensionen das kubische mit der Zähligkeit 48, in 4 Dimensionen das Gitter mit der Zähligkeit 1152. In dieser Weise steigt die Zahl, und ich glaube nicht, daß man, wenn man in noch höhere Dimensionen aufsteigt, irgendeinen besseren Überblick bekommt.

E. MADELUNG (Frankfurt a. M.): Es ist wohl so, daß beim Übergang von 2 auf 3 Dimensionen Verhältnisse eintreten, die im Zweidimensionalen überhaupt nicht existieren, und in der vierten Dimension werden wieder Dinge passieren, denen im Dreidimensionalen nichts entspricht.

C. HERMANN (Marburg): Wenn man von einer ungeraden Dimension zur nächsthöheren geraden aufsteigt, erlebt man weit mehr Überraschungen als beim umgekehrten Schritt. Die dreidimensionale Krystallographie ist kaum komplizierter als die zweidimensionale; die vierdimensionale bringt viele neue Symmetrieoperationen hinein, die fünfdimensionale gar nicht; bei sechs gibt es wieder neue Überraschungen. Der Aufbau der n-dimensionalen Translationsgruppen erfolgt in Zweierschritten.

E. MADELUNG (Frankfurt a. M.): Erlauben Sie mir, am Ende dieses so interessanten Vormittags den Genius loci zu zitieren: Hier in Frankfurt wirkte und lehrte ARTUR SCHOENFLIES; hier entstand, nachdem er im Jahre 1891 die 230 Raumgruppen in seinem Buch „Krystallsysteme und Krystallstruktur" bekanntgegeben hatte, 1923 seine „Theorie der Krystallstruktur", und ich glaube, es ist gut und angemessen, seiner und seines Werkes bei dieser Gelegenheit in dankbarer Anerkennung zu gedenken.

Die Verdampfung von Krystallen*.

Von

O. Knacke, I. N. Stranski und G. Wolff, Berlin**.

Vorgetragen von

I. N. Stranski.

Mit 4 Textabbildungen.

1.

Hertz (*1*), der sich als erster theoretisch und experimentell mit der Verdampfungsgeschwindigkeit befaßt hat, ist von der Überlegung ausgegangen, daß im Gleichgewicht nicht mehr Molekeln emittiert werden können, als aus dem Dampf auf die Krystalloberfläche (oder Flüssigkeitsoberfläche) auftreffen, nämlich $\frac{c}{4} \cdot n_s$ Molekeln je Quadratzentimeter ($c \sim 10^4$ cm $\cdot$ sec^{-1} ist die mittlere gaskinetische Geschwindigkeit, n_s die Sättigungskonzentration in Molekeln je Kubikzentimeter). Falls von den einfallenden Molekeln nur der Bruchteil α ins Gitter eingebaut, der Rest aber „reflektiert" wird, brauchen nur $\alpha \cdot \frac{c}{4} \cdot n_s$ Molekeln vom Krystall emittiert zu werden, um das Gleichgewicht aufrecht zu erhalten. Für die

---

* Vergl. O. Knacke, I. N. Stranski und G. Wolff, Z. phys. Chem. **198**, 157 (1951)

** Berlin-Charlottenburg, Institut für physikalische Chemie und Elektrochemie, Berlin-Dahlem, Kaiser-Wilhelm-Institut für physikalische Chemie und Elektrochemie.

effektive Verdampfungsgeschwindigkeit V (Molekeln · cm^{-2} · sec^{-1}) machen HERTZ und KNUDSEN (2) den Ansatz:

$$\begin{aligned} V &= \alpha_e \cdot \frac{c}{4} \cdot n_s - \alpha_k \cdot \frac{c}{4} \cdot n = \\ &= \alpha \cdot \frac{c}{4} (n_s - n) = \frac{\alpha}{(2\pi mkT)^{1/2}} (p_s - p)^{1} \end{aligned} \tag{1}$$

(n ist die aktuelle Dampfkonzentration über dem Krystall, p_s und p Sättigungsdruck und aktueller Druck in CGS, m die Molekelmasse, k die BOLTZMANN-Konstante, T die absolute Temperatur). Der erste Summand in (1) bezeichnet die emittierten Molekeln, der zweite die kondensierenden. Eine theoretische Berechnung des Kondensationskoeffizienten haben HERTZ und KNUDSEN seinerzeit natürlich noch nicht gegeben, abgesehen von der Aussage $\alpha \leqq 1$.

Die erste molekulartheoretische Berechnung der Verdampfungsgeschwindigkeit stammt von POLANYI und WIGNER (3). Sie nehmen an, daß alle Molekeln der Oberfläche mit derselben Energie, ungefähr der Verdampfungswärme, gebunden sind und daß der Übergang einer Molekel vom Krystall in den Dampf direkt erfolgt, also ohne Vermittlung einer Oberflächenwanderung. Die Energieschwankungen für eine einzelne Molekel der Oberfläche werden berechnet. Eine Loslösung vom Krystall tritt immer dann ein, wenn die Energieschwankung den Betrag der Verdampfungswärme überschreitet. Daraus berechnet sich folgende Geschwindigkeit für die Verdampfung ins Vakuum:

$$V = \frac{2\lambda}{kT} \frac{\nu}{a^2} e^{-\lambda/kT} \tag{2}$$

(λ ist die Verdampfungswärme, $\nu = 5 \cdot 10^{12}$ bis $5 \cdot 10^{13}$ sec^{-1} die Schwingungsfrequenz, $1/a^2$ die Molekelzahl je Quadratzentimeter der Krystalloberfläche). Kürzlich konnte NEUMANN (4) zeigen, daß sich durch Berücksichtigung verschiedener Frequenzen und Einführung der Zustandssumme die Formel von POLANYI und WIGNER auf eine breitere Grundlage stellen läßt. Eine grundsätzliche Unzulänglichkeit des Verdampfungsmodells von POLANYI und WIGNER ist aber die Annahme, daß alle Oberflächenbausteine des Krystalls in derselben Weise gebunden sind und daß nur der direkte Übergang Krystall → Dampf betrachtet wird.

[1] Die numerische Übereinstimmung von α_e und α_k, die in (1) vorausgesetzt wird, ist für das Nichtgleichgewicht umstritten.

2.

Abb. 1 zeigt die bekannte Darstellung einer Krystalloberfläche nach Kossel (*5*) und Stranski (*6*). Die wichtigsten Lagen auf der Krystalloberfläche sind die Halbkrystallagen (1), die Lage an der Stufe (2) und die Adsorptionslage (3). Bei rein additiver Bindung (also bei Ausschluß von Valenzbindung) ist die Bindungsenergie eines Bausteins im wesentlichen durch die Zahl seiner erstnächsten Nachbarn bestimmt. Dieser Gesichtspunkt hat sich bereits in der Theorie der Krystallkeimbildung bewährt und diese überhaupt ausgelöst (*7*). Der Bindungsanteil weiter entfernter Nachbarn beträgt nur wenige Prozent, wie speziell für Cadmium und Zink gezeigt worden ist (*8*).

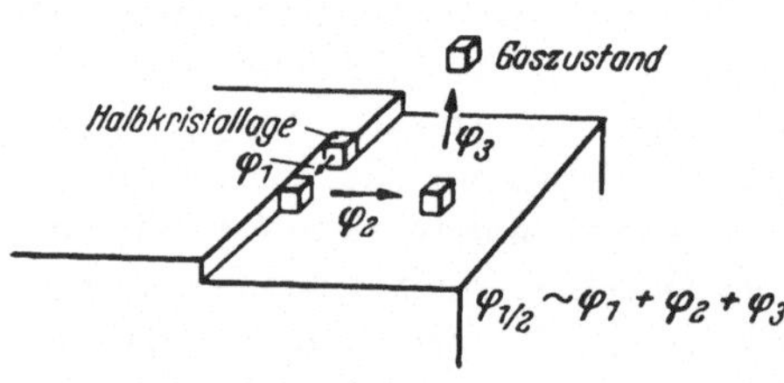

Abb. 1. Schema einer Krystalloberfläche.

Der wiederholbare Auflösungsschritt der Verdampfung ist der Abbau aus der Halbkrystallage. Ein Baustein in der Halbkrystallage kann auf verschiedenen Wegen in den Dampf gelangen: entweder durch direkten Sprung in den Dampf oder über verschieden lange Umwege längs der Stufe und innerhalb der arteigenen Adsorptionsschicht. Der direkte Übergang Halbkristallage → Dampf ist zwar für Gleichgewichtsbetrachtungen bequem, aber gegenüber dem indirekten Verdampfungsweg statistisch sehr benachteiligt. Abb. 2 zeigt schematisch das Potential, das von einem Baustein bei seiner Verdampfung längs des Weges Halbkristallage → Stufe → Adsorptionsschicht → Dampf durchlaufen wird. Mit φ sind die Energien der einzelnen Lagen am Krystall bezeichnet. Die Aktivierungsenergien ψ, die bei dem Übergang von einer Lage in die andere aufgebracht werden müssen, sind größer als die Termdifferenzen $\Delta\varphi$, da die stabilen Lagen am Krystall durch Energiesättel getrennt sind [1].

Diese schon vor längerer Zeit von Volmer (*9*) und Neumann (*10*) entwickelte Vorstellung der etappenweisen Ver-

[1] Im vereinfachten Falle der Wirkung nur erstnächster Nachbarn ergibt sich das Potential des Bausteins in allen Sattelstellen eines Krystalls mit dichtester Kugelpackung bemerkenswerterweise gleichgroß.

dampfung hat SPINGLER (*11*) zur Deutung seiner experimentellen Ergebnisse bei der Verdampfung des NH_4Cl durch einige Rechnungen mit unbestimmten Geschwindigkeitskonstanten ergänzt. Einen expliziten numerischen Ausdruck für die Verdampfungsgeschwindigkeit hat SPINGLER allerdings nicht angegeben. Um diesen zu erhalten, muß das Modell des Verdampfungsprozesses noch durch zwei Details ergänzt werden. Man benötigt nämlich eine plausible Annahme über die Zahl der Halbkrystallagen an der

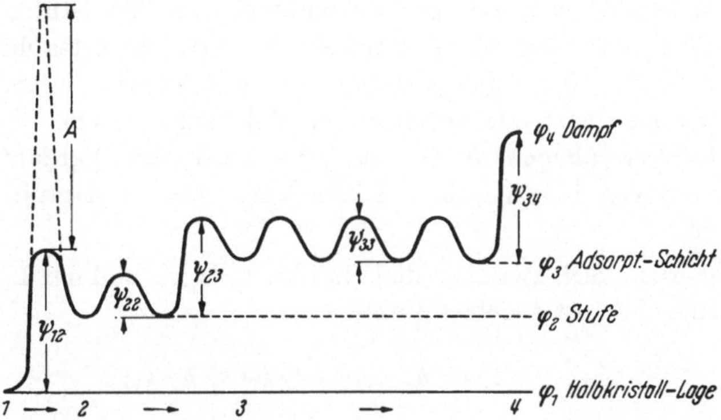

Abb. 2. Schematischer Potentialverlauf für einen etappenweise verdampfenden Baustein. ——— „normaler“ Potentialverlauf z. B. bei Arsenolith. ...... abnormer Potentialverlauf z. B. bei Claudetit, A ist die Aktivierungsenergie zur Trennung der Hauptvalenzen.

Oberfläche. Dies ist der fragwürdigste Punkt der Rechnung. Der Realkrystall kann näherungsweise als ein Vielling aufgefaßt werden mit 10^8 bis 10^{12} Blöcken je Quadratzentimeter Oberfläche. Nach Röntgenbeobachtungen sind die Blöcke um einige Bogenminuten gegeneinander geneigt (*12*). Man wird also annehmen dürfen, daß sich im Mittel je Block mindestens eine durchgehende Stufe findet. Eine einmolekulare Stufe ist aber nicht glatt, sondern hat zahlreiche Einsprünge, worauf wohl zum ersten Male wieder VOLMER (*13*) mit Nachdruck hingewiesen hat. Nach BURTON und CABRERA (*14*) hat die dichtest gepackte Stufe etwa alle 10 Gitterplätze einen Knick, also eine Wachstumsstelle. Weniger dicht gepackte Stufen haben noch mehr Wachstumsstellen, und es sei angenommen, daß diese Konzentration der Halbkrystallagen auch während der Verdampfung der Größenordnung nach erhalten bleibt. Ferner ist zu beachten, daß die Flächendichte der Adsorptionsschicht während der Verdampfung nicht gleichmäßig ist. Sie ist in der Nähe der Stufen größer als in einer großen Entfernung von einer Stufe, wo sie sich evtl. mit der aktuellen Dampfkonzentration über dem Krystall ins kinetische Gleichgewicht gesetzt hat.

Es sei ein rechteckiges Oberflächenstück mit den Abmessungen $b \cdot l$ cm² betrachtet, das etwa der Oberfläche eines Mosaikblocks entspricht. Die Verdampfung erfolge aus zwei parallelen Stufen heraus, die b cm lang und l cm voneinander entfernt sind. Die Oberflächendiffusion erfolge nur senkrecht zu den Stufen. Die Dampfkonzentration sei n Molekeln je cm³, die ortsabhängige Flächendichte der Adsorptionsschicht m Molekeln je cm², die Zahl der an der Stufe adsorbierten Molekeln s je cm, die Zahl der Halbkrystallagen h je cm. Es wird die Verdampfung über den Weg $1 \to 2 \to 3 \to 4$ berechnet. Die Verdampfung sei stationär.

Der Austausch zwischen den Halbkristallagen und der Lage an der Stufe ΔV_{12} ist gegeben durch:

$$\Delta V_{12} = 2 \cdot b \cdot h \cdot k_{12} - 2 \cdot b \cdot s \cdot h \cdot k_{21}. \qquad (3a)$$

$k_{12} \sim \nu \cdot e^{-\varphi_{12}/kT}$ und $k_{21} \sim c$ oder $\nu \cdot a \cdot e^{-\varphi_{21}/kT}$ sind die Geschwindigkeitskonstanten des einzelnen Übergangs. Für den Austausch Stufe $\longleftrightarrow$ Adsorptionsschicht gilt

$$\Delta V_{23} = 2 \cdot b \cdot s \cdot k_{23} - 2 \cdot b \cdot m_0 \cdot k_{32}. \qquad (3b)$$

$k_{23} \sim \nu \cdot e^{-\varphi_{23}/kT}$ und $k_{32} \sim c/\pi$ oder $\nu \cdot a \cdot e^{-\varphi_{32}/kT}$ sind die Geschwindigkeitskonstanten, m_0 die Adsorptionsdichte unmittelbar an den Stufen. Für den Austausch Adsorptionsschicht $\longleftrightarrow$ Dampf sei vorausgesetzt, daß die Adsorptionsschicht nicht sehr dicht ist. Man hat dann den zweidimensionalen Diffusionsstrom $-D \cdot \operatorname{grad}(m)$ zu berücksichtigen. $D \sim \nu \cdot a^2 \cdot e^{-\lambda/6kT} \sim 10^{-2}$ CGS ist der Diffusionskoeffizient. Die Divergenz des Diffusionsstroms ist die Verdampfung an einer bestimmten Stelle der Oberfläche. Diese ist andererseits $m\,k_{34} - \frac{c}{4}\,n$. Dabei ist $m\,k_{34}$ die Emission der Oberfläche, $k_{34} \sim \nu \cdot e^{-\varphi_{34}/kT}$ die Geschwindigkeitskonstante. Aus der Differentialgleichung $D \cdot d^2m/dx^2 - k_{34} \cdot m + \frac{c}{4} \cdot n = 0$ ergibt sich (mit der Randbedingung $m = m_0$ unmittelbar an den Stufen) eine

Gleichung für m. Schließlich erhält man für die Verdampfung ΔV_{34} des Oberflächenstückes $b \cdot l$:

$$\begin{aligned} \Delta V_{34} &= b \cdot D \int_0^l \frac{d^2 m}{d x^2} \cdot dx = \\ &= b\left(k_{34} \cdot m_0 - \frac{c}{4} \cdot n\right) 2 \sqrt{\frac{D}{k_{34}}} \cdot \mathfrak{Tg}\left(\frac{l}{2} \sqrt{\frac{k_{34}}{D}}\right). \end{aligned} \tag{3c}$$

Werden s und m_0 aus (3a), (3b) und (3c) eliminiert, so ergibt sich die effektive Verdampfungsgeschwindigkeit je cm²:

$$V = \frac{\frac{2}{l} \cdot \sqrt{\frac{D}{k_{34}}} \cdot \mathfrak{Tg}\left(\frac{l}{2}\sqrt{\frac{k_{34}}{D}}\right)}{1 + \sqrt{\frac{D}{k_{34}}} \cdot \mathfrak{Tg}\left(\frac{l}{2}\sqrt{\frac{k_{34}}{D}}\right) \cdot \frac{k_{34}}{k_{32}}\left(1 + \frac{1}{h} \cdot \frac{k_{23}}{k_{31}}\right)} \cdot \frac{c}{4} \times \left(\frac{k_{12} \cdot k_{23} \cdot k_{34}}{k_{21} \cdot k_{32} \cdot c/4} - n\right). \tag{4}$$

(4) hat die Form der HERTZ-KNUDSENschen Gleichung. Mit den angegebenen Näherungswerten für die Geschwindigkeitskonstanten erhält man für die Sättigungsdichte $n_s \sim (\nu^3/c^3)\, e^{-\lambda/kT}$, praktisch die Formel von STERN (*15*). Der Kondensationskoeffizient ergibt sich für Mg bei 800° K zu $\alpha \sim 1$ für $l = 10^{-6}$ bis 10^{-5} cm und $\alpha \sim 0{,}1$ bis $0{,}01$ für $l = 10^{-5}$ bis 10^{-4} cm. Ähnliche Werte findet man für Cd, also größenordnungsmäßig entsprechend dem experimentellen Befund von BENNEWITZ (*16*).

Wenn man die Verdampfung über den Weg $1 \to 3 \to 4$ berechnet, erhält man ungefähr das gleiche numerische Ergebnis wie mit (4). Die direkte Verdampfung $1 \to 4$ stellt sich hingegen nur als unbedeutender Bruchteil von (4) heraus und kann vernachlässigt werden. Bei höheren Temperaturen bzw. großer Verdampfungsgeschwindigkeit darf man allerdings keinen regelmäßigen, schichtweisen Abbau des Krystalls mehr erwarten. Denn in diesem Falle werden auch die Parallelwege der Verdampfung relativ häufiger, besonders die Ablösung eines Bausteins aus der obersten Netzebene heraus, und dann nähert sich die Auflösung immer mehr einem völlig regellosen Vorgang.

Interessant ist der Fall, daß der zweite Summand im Nenner des Kondensationskoeffizienten groß ist gegen 1. Dies bedeutet physikalisch, daß der Übergang von der Adsorptionsschicht in den

Dampf oder von der Stufe in die Adsorptionsschicht verhältnismäßig leicht erfolgt, die vorhergehenden Schritte aber sehr schwer. Daraus folgt 1., daß der Kondensationskoeffizient merklich kleiner als 1. und 2., daß die scheinbare Aktivierungsenergie der Verdampfungsgeschwindigkeit von der Verdampfungswärme merklich verschieden sein kann. Es ist wegen der Temperaturabhängigkeit der Geschwindigkeitskonstanten auch durchaus denkbar, daß die scheinbare Aktivierungsenergie sich mit der Temperatur ändert. Die Abschätzung der Geschwindigkeitskonstanten ist hier noch sehr roh vorgenommen worden, so daß man bei genauerer Rechnung beträchtliche Verschiebungen der numerischen Werte zu erwarten hat. Andererseits ist aber anscheinend nach (4) stets $\alpha \leqq 1$. Vielleicht läßt sich die Behauptung $\alpha \leqq 1$ (die von Hertz ja nur für den Austausch im Gleichgewicht aufgestellt worden ist) auch für das Nichtgleichgewicht allgemein beweisen. Denn für eine Oberfläche, die nur aus Halbkrystallagen besteht, ist sicherlich $\alpha \leqq 1$. Bei einer Verminderung der Wachstumsstellen dürfte aber eine Überkompensation durch die Vermittlung der Oberflächenwanderung über Flächengebiete, die direkt keine Bausteine absondern, wohl ausgeschlossen sein. Es ist noch zu bemerken, daß (4) in derselben Weise für die Verdampfung wie auch für die Kondensation gilt, für diese allerdings mit der Einschränkung, daß die Übersättigung des Dampfes groß genug ist (0,1 bis 1%), damit sich keine Hemmungen bemerkbar machen, die mit der zweidimensionalen Keimbildung zusammenhängen (*14*, *17*).

3.

Claudetit, die monokline Modifikation des Arseniks, hat eine abnorm kleine Verdampfungsgeschwindigkeit, wie sich bei der Untersuchung der erzwungenen Kondensation herausstellte (*18*). Das abnorme Verhalten des Claudetits erklärt sich aus den besonderen energetischen Verhältnissen seines Gitters, die bei einem Vergleich mit dem Arsenolithgitter sehr deutlich hervortreten Der Arsenikdampf besteht bis zu ziemlich hohen Temperaturen praktisch nur aus As_4O_6-Molekeln. Die bei tieferen Temperaturen stabile Modifikation, Arsenolith, hat ein Diamantgitter, dessen Bausteine die gleichen in sich abgesättigten As_4O_6-Molekeln sind. Der Zusammenhang zwischen diesen Bausteinen ist verhältnismäßig gering, und die Verdampfung eines Arsenolithkrystalls (soweit er normal gewachsen ist) müßte vollkommen dem oben dargelegten Schema entsprechen. Ganz anders verhält sich aber Claudetit, dessen Gitter aus As- und O-Atomen gebildet ist, die im Gitter durchgehend durch Hauptvalenzbindungen zu-

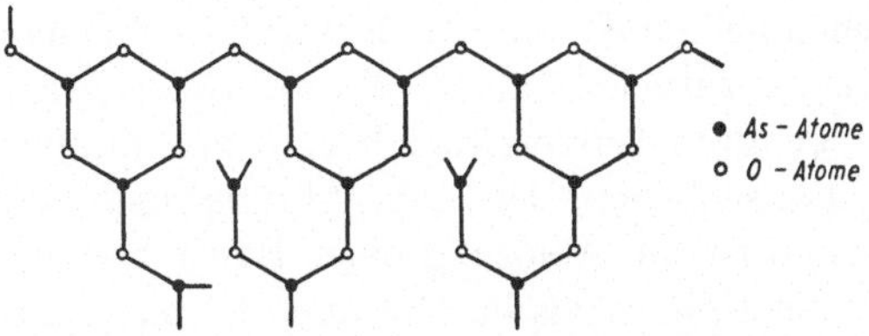

• As - Atome
○ O - Atome

Abb. 3a. Schematische Darstellung der Bindungen im Claudetitgitter.

sammenhängen. In Abb. 3a ist die Bindungsart des Claudetits schematisch dargestellt. Diese Darstellung wurde nachträglich durch Untersuchungen von BECKER und PLIETH (*19*) in den wesentlichen Zügen bestätigt. Das von ihnen gefundene Gitter ist in

Abb. 3b. Das Claudetitgitter nach röntgenographischen Untersuchungen.

Abb. 3b wiedergegeben, und man erkennt daraus, daß es sich um ein Schichtgitter handelt, dessen Schichten wellblechartig verbogen sind. Damit aus dem Claudetitgitter eine As_4O_6-Molekel verdampfen kann, müssen die entsprechenden Komplexe erst aus dem Gitter herausgerissen werden, wobei Hauptvalenzbindungen zu trennen sind. Zur Trennung der Hauptvalenzen ist aber eine Aktivierungsenergie A (Abb. 2) nötig, die sogar erheblich größer ist als die Verdampfungswärme. Die Aktivierungsenergie wird im zweiten Schritt, bei der Rekombination einer normalen As_4O_6-Molekel (die wahrscheinlich noch an der Krystalloberfläche stattfindet) zum Teil wieder zurückerstattet. Daran können sich die bereits diskutierten weiteren Teilvorgänge bis zur vollständigen Ablösung vom Krystall anschließen. Die hohe Aktivierungsenergie hat zwei Folgen. Einmal ist die Ablösung eines Bausteins aus der „Halbkrystallage" viel seltener als im Normalfall, und zum anderen sind die Parallelwege der Verdampfung (Ablösung eines As_4O_6-Komplexes aus der Oberflächenschicht oder aus der Stufe heraus) im Vergleich zur Ablösung aus der Halbkrystallage viel unwahrscheinlicher als bei einem normalen Gitter.

Die Geschwindigkeitskonstanten k_{12} und k_{21} in (4) erhalten also einen zusätzlichen Faktor $e^{-A/kT}$ durch die Aktivierungsenergie A (Abb. 2). Der Sättigungsdruck wird dadurch nicht berührt, wie es sein muß. Dagegen wird der Kondensationskoeffizient nunmehr erheblich kleiner. Bei sehr kleinem k_{21} bzw. großem A hat man:

$$\alpha \sim \frac{h}{l} \cdot \frac{k_{32} \cdot k_{21}}{k_{34} \cdot k_{23}}. \tag{5}$$

Die scheinbare Aktivierungsenergie der Verdampfungsgeschwindigkeit des Claudetits ist zu rund 49 kcal/mol As_4O_6 bestimmt worden (*20*), während die Verdampfungswärme nur 23 kcal/mol As_4O_6 beträgt. Mit diesen Werten ergibt sich nach (5) die Aktivierungsenergie zur Lösung der Hauptvalenzen zu rund 35 kcal/mol As_4O_6. Weiter läßt sich der Kondensationskoeffizient zu höchstens 10^{-8} abschätzen in Übereinstimmung mit dem bisherigen experimentellen Befund (*20*), wonach $\alpha \leqq 10^{-6}$. Bei Claudetit ist also die zuvor diskutierte Möglichkeit realisiert, daß die erste Etappe der Verdampfung, der Übergang $1 \rightarrow 2$ oder $1 \rightarrow 3$, besonders schwierig ist und darum allein die Verdampfungsgeschwindigkeit und ihre scheinbare Aktivierungsenergie bestimmt. Zugleich ist $\alpha \ll 1$. Ein experimenteller Beweis für den energetischen Charakter der Verdampfungshemmung des Claudetits ist dadurch erbracht worden, daß die Verdampfung durch Wasserdampf stark katalysiert und beschleunigt werden konnte (*20*). Offenbar kommt die Katalyse durch Protonensprünge zustande.

Die zur Entstehung der normalen As_4O_6-Molekeln erforderliche Umlagerung der Hauptvalenzbindungen erfolgt auf dem Umwege über die Protonensprünge mit Hilfe der H_2O-Molekel, wobei sich die H_2O-Molekel aus anderen O-Atomen an anderer Stelle wieder regeneriert.

Etwas anders als beim Claudetit liegen die Verhältnisse beim NH_4Cl, das nach neueren Untersuchungen im Dampf vollständig dissoziiert sein soll (*11*). Die Verdampfung des trockenen NH_4Cl ist stark gehemmt, was zu den langjährigen Meinungsverschiedenheiten über den Dissoziationsgrad des Dampfes Anlaß gegeben hat. Bei Gegenwart von Wasserdampf geht die Verdampfung allerdings ziemlich schnell vonstatten. Nach SPINGLERs (*11*) experimentellen Untersuchungen hat die Verdampfungsgeschwindigkeit des NH_4Cl (Verdampfung ins Vakuum) eine scheinbare Aktivierungsenergie von nur 13 kcal/mol NH_4Cl. Die Verdampfungswärme beträgt hingegen 39,4 kcal/mol NH_4Cl. Die von SPINGLER angegebenen Werte für den Kondensationskoeffizienten lassen sich ungefähr wiedergeben durch: $\alpha \sim 10^{-5} \cdot 10^{8300/2,3\,RT}$

Bei einer dissoziierenden Substanz ist zunächst nicht ganz klar, wie man den Kondensationskoeffizienten definieren soll. Die von SPINGLER benutzte Definition hat folgende Bedeutung: Er setzt die je Zeit- und Flächeneinheit verdampfende Zahl von Molekelpaaren NH_3 und HCl in Vergleich zu der Stoßzahl eines hypothetischen idealen Gases, das aus NH_4Cl-Molekeln besteht und den Sättigungsdruck des Ammonchlorids hat. Ob diese Definition sinnvoll ist, mag dahingestellt bleiben. Es soll aber gezeigt werden, daß man die experimentellen Ergebnisse von SPINGLER durch einen einfachen Ansatz näherungsweise auch theoretisch wiedergeben kann.

Es sei mit SPINGLER (*11*) angenommen, daß die NH_4Cl-Molekel undissoziiert von der Halbkrystallage in die Adsorptionsschicht übergeht (Aktivierungsenergie ψ_{13}) und dort dissoziiert. Die Aktivierungsenergie der Dissoziation sei $\psi_{33'}$ und die Aktivierungsenergie der Rekombination $\psi_{3'3}$. Weiter sei $0 \leqq \psi_{3'3} < \psi_{33'} < 10$ kcal/mol NH_4Cl (*11*). NH_3 und HCl verlassen getrennt die Adsorptionsschicht (Aktivierungsenergie $\psi_{3'4}$ je Molekelpaar NH_3 und HCl). Die Berücksichtigung der Oberflächenwanderung ist bei der Verdampfung des NH_4Cl aus mathematischen Gründen kaum möglich. Darum wird die Flächendichte der Adsorptionsschicht als konstant angenommen, was nach obigem näherungsweise zulässig ist. Für den direkten Austausch 1 ⟷ 3 gilt je Flächeneinheit:

$$V_{13} = \frac{h}{b} \cdot \nu \cdot e^{-\psi_{13}/kT} - \frac{c a h \mu}{\pi b}; \tag{6a}$$

μ ist die Adsorptionsdichte der undissoziierten NH_4Cl-Molekeln. Für die Dissoziation gilt:

$$V_{33'} = \mu \cdot \nu \cdot e^{-\psi_{33}'/kT} - 2 \cdot a \cdot c \cdot m^2 \cdot e^{-\psi_3'_3/kT};^{1} \tag{6b}$$

m ist die Flächenkonzentration an NH_3- bzw. HCl-Molekeln. Für den Austausch Adsorptionsschicht ⟷ Dampf gilt für NH_3 und HCl je die Gleichung:

$$V_{3'4} = m \cdot \nu \cdot e^{-\psi_3'_4/2kT} - \frac{c}{4} \cdot n; \tag{6c}$$

n ist die Konzentration an NH_3- bzw. HCl-Molekeln im Dampf.

Wenn man aus (6a), (6b) und (6c) μ und m eliminiert, erhält man zunächst eine Gleichung für die Dampfdichte, nämlich

$$n_s \sim \frac{4\nu^2}{a c^2} \cdot \sqrt{\frac{\pi}{2}} \cdot e^{-\lambda/2kT}. \tag{7a}$$

Durch näherungsweise Auflösung der quadratischen Gleichung für V folgt:

$$V \sim \sqrt{\frac{2h}{\pi a}} \cdot \frac{c}{\nu b} e^{(\psi_3'_4 + \psi_{33}' - \psi_{13})/2kT} \cdot \frac{c}{4} (n_s - n). \tag{7b}$$

Daraus ergibt sich als scheinbare Aktivierungsenergie der Verdampfungsgeschwindigkeit $\sim \psi_{13}$, nach SPINGLERs Messungen $\psi_{13} \sim 13$ kcal/mol NH_4Cl. Weiter erhält man mit den Näherungswerten für die Geschwindigkeitskonstanten den Kondensationskoeffizienten $\alpha \sim 10^{-3} \cdot 10^{6500/2,3\,RT}$, also größenordnungsmäßig übereinstimmend mit den experimentellen Werten. Es sei darauf hingewiesen, daß auch beim NH_4Cl nur die erste Etappe der Verdampfung, der Übergang 1 → 3 die Verdampfungsgeschwindigkeit bestimmt. Die Annahme eines anderen Reaktionsverlaufs (Dissoziation unmittelbar in der Halbkrystallage, beim Verlassen der Oberfläche oder erst im Dampf) führt zu rechnerischen Ergebnissen für die Aktivierungsenergie und den Kondensationskoeffizienten, die von den experimentellen Werten vollständig abweichen.

---

[1] Bei SPINGLER ist die Rekombination versehentlich proportional zu m statt zu m^2 gesetzt.

Es ist aber auch nicht ausgeschlossen, daß die Dissoziation der NH_4Cl-Molekel nicht unmittelbar, sondern über Zwischenstufen erfolgt.

4.

Während man das besondere Verhalten des Claudetits und des Ammonchlorids auf Grund der bisher entwickelten Vorstellungen grundsätzlich verstehen kann, wurden aber bei der Untersuchung des Arsenoliths unerwartete Ergebnisse erhalten (*20*), zu deren Deutung man neue Gesichtspunkte heranziehen muß. Die Verdampfung des Arsenoliths wurde von U. WINKLER (*20*) nach der Überströmungsmethode untersucht (Abb. 4a). Bei einer bestimmten Überströmungsgeschwindigkeit und Temperatur wurden verschieden lange mit Arsenolith beschickte Glasschiffchen verwendet. Abb. 4b zeigt den As_4O_6-Partialdruck p im weggeführten Luft-Dampf-Gemisch in Abhängigkeit von der Schiffchenlänge L.

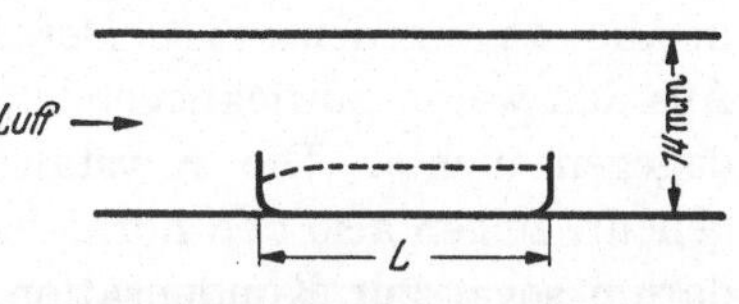

Abb. 4a. Anordnung der Überströmungsmethode.

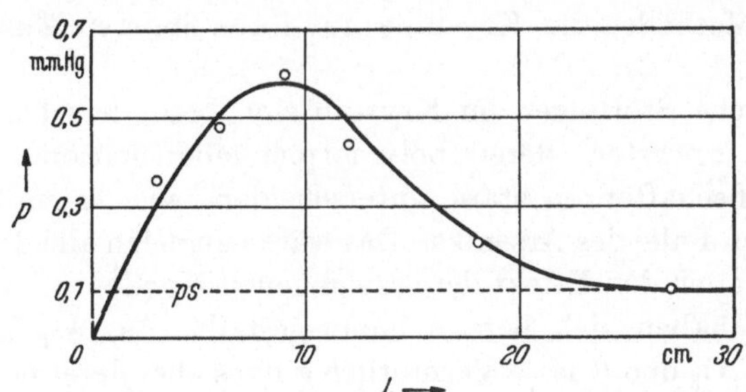

Abb. 4b. Partialdruck p des Arsenolithdampfes als Funktion der Schiffchenlänge L. Der Sättigungsdruck ist p_S.

Der frappante Befund ist, daß der Partialdruck über dem Arsenolithkrystall bis über den fünffachen Wert des Sättigungsdruckes p_s anwachsen kann.

Wenn man eine banale Erklärung dieses Effekts ausschließt, scheint uns z. Z. folgende Deutung naheliegend. Zunächst ist es nach obigem nicht sinnvoll, $\alpha > 1$ anzunehmen. Man muß darum vermuten, daß der Dampfdruck des Arsenoliths sich verändern kann. Dies ist denkbar unter der Annahme, daß der Arsenolithkrystall im Innern stark deformiert und zum Teil claudetitartig fehldurchwachsen ist. An einem Krystall, der lange Zeit mit dem Dampf ($p \geqq p_s$) in Berührung steht, sind die Krystallfehler oberflächlich praktisch ausgeheilt. Während der Verdampfung werden aber die stark gestörten inneren Bezirke ständig freigelegt, und diese können ein erheblich größeres p_s haben. Am Anfang des Schiffchens ist die Verdampfung natürlich am stärksten, wie auch in Abb. 4a angedeutet ist. Dort kommt das erhöhte p_s zur Geltung. Aus den weiter zurückliegenden Teilen des Schiffchens verdampft dagegen nichts. Die Krystalle bleiben dort oberflächlich ausgeheilt, zeigen also den normalen Sättigungsdruck, und es kommt darum sogar zur Kondensation des übersättigten Dampfes, d. h. bei sehr langen Schiffchen hat man den normalen Sättigungsdruck zu erwarten. Bei höheren Temperaturen dürften aber die Oberflächenpartien, die während der Verdampfung ständig neu freigelegt werden, sehr viel schneller ausheilen als bei niedrigeren Temperaturen. Auch aus diesem Grunde ist es verständlich, daß der erwähnte Effekt bei hohen Temperaturen ausbleibt.

Man hätte also in der Messung der Verdampfungsgeschwindigkeit eine Methode, die Krystalle auf ihren inneren Zustand zu prüfen.

Erhebliche Störungen im Krystall sind besonders bei solchen Stoffen zu erwarten, deren polymorphe Modifikationen sich in ihren Eigenschaften so stark unterscheiden, wie Arsenolith und Claudetit im Falle des Arseniks. Das wären zugleich alle diejenigen Stoffe, die auch den Effekt der erzwungenen Kondensation zeigen. Als solche haben sich bereits herausgestellt: As, As_2S_2, As_2O_3, Sb_2O_3, P, P_2O_5 und $(CN)_2$. Vermutlich gibt es aber derer noch viele.

5.

Die experimentellen Methoden zur Bestimmung der Verdampfungsgeschwindigkeit knüpfen an die HERTZ-KNUDSENsche Gleichung an, die man als Definitionsgleichung für den Kondensationskoeffizienten auffassen kann. Die älteste Methode ist die Verdampfung ins Vakuum. Danach haben KNUDSEN (*2*), VOLMER (*21*), BENNEWITZ (*16*), SPINGLER (*11*), WYLLIE (*22*) und andere gemessen. Es ist aber zu berücksichtigen, daß die Geschwindigkeit der Verdampfung ins Vakuum nicht allgemein mit der Austauschgeschwindigkeit im Gleichgewicht übereinstimmen muß. In den vorstehenden Gleichungen ist zwar eine Abhängigkeit der Verdampfungsgeschwindigkeit von dem aktuellen Dampfdruck über dem Krystall nicht enthalten[1], jedoch ist eine solche Abhängigkeit nach CASSEL (*23*) zu erwarten, wenn man für die Adsorptionsdichte eine LANGMUIR-Isotherme ansetzt. Eine starke Druckabhängigkeit des Kondensationskoeffizienten zeigt festes SO_3, das von SMITS (*24*) untersucht worden ist (Verdampfung im geschlossenen Gefäß). ALTY (*25*) und PRÜGER (*26*) haben die Verdampfung in einem Raum von konstanter Untersättigung vor sich gehen lassen. PRÜGER leitet fast gesättigten Dampf über die verdampfende Oberfläche, und ALTY arbeitet bei laufender Pumpe (Wasser, Benzol, Tetrachlorkohlenstoff). Eine andere Methode ist von BUCKA (*27*) angegeben worden. BUCKA verdampft Alkohol im geschlossenen Gefäß und bestimmt den zeitlichen Druckanstieg dp/dt in einem bestimmten Punkt der Druck-Zeit-Kurve und daraus den Kondensationskoeffizienten. Bei eigenen Versuchen haben wir noch einen anderen Weg eingeschlagen (*28*). Die Druck-Zeit-Kurve im geschlossenen, zuvor evakuierten Gefäß ergibt sich durch Integration der HERTZschen Gleichung zu $p_s - p = (p_s - p_a) \cdot e^{-\alpha c F t / 4 I}$ bei konstanter Temperatur der verdampfenden Oberfläche (p_s, p_a und p sind der Sättigungsdruck, der Anfangsdruck und der Druck zur Zeit t, F die verdampfende Oberfläche und I der Rauminhalt des Verdampfungsgefäßes). lg (p_s — p) ist also gegen die Zeit aufgetragen eine Gerade, aus deren Neigung man den Kondensationskoeffizienten entnehmen kann. Diese Methode, mit der zunächst Alkohol und CCl_4 untersucht worden ist, hat den Vorteil, daß nicht ein einzelner Meßwert aufgenommen wird, sondern eine Funktion. In dem Umstand, daß bei den Versuchen mit Alkohol und CCl_4 die Meßpunkte auf einer halblogarithmischen Geraden liegen, kann man andererseits einen experimentellen Beleg dafür sehen, daß die Koeffizienten α_e und α_k in (1) in dem untersuchten Druckgebiet numerisch gleich und druckunabhängig sind.

Schließlich ist auch die Überströmungsmethode verschiedentlich zur Messung der Verdampfungsgeschwindigkeit herangezogen worden (*20*, *29*). Die Überströmungsmethode (die ja meist zur

[1] Eine schwache Druckabhängigkeit ergibt sich bei genauerer Rechnung für NH_4Cl.

Dampfdruckmessung verwendet wird) besteht bekanntlich darin, daß über die verdampfende Oberfläche ein indifferentes Fremdgas strömt, das die verdampften Molekeln wegführt. Einwandfrei wäre es, die Überströmungsgeschwindigkeit so groß zu wählen, daß alle verdampften Molekeln abtransportiert werden, bevor sie wieder auf den Krystall zurückgelangen. Diese Geschwindigkeit ist aber für die meisten Stoffe sehr groß, z. B. rund 100 km/Std. für Wasser von Zimmertemperatur (*30*). Arbeitet man jedoch bei kleinerer Überströmungsgeschwindigkeit, so wird die Verdampfungsgeschwindigkeit gewöhnlich durch die Diffusion im Fremdgas maskiert (*29*). Die Verdampfungsgeschwindigkeit läßt sich mit der Überströmungsmethode nur dann bestimmen, wenn der Übergang der Molekel aus dem Krystall in den Dampf merklich langsamer erfolgt als Diffusion und Konvektion. Diese Bedingung dürfte am ehesten bei Stoffen mit abnorm kleinem Kondensationskoeffizienten, erfüllt sein, wie sich bei den Versuchen mit Claudetit auch gezeigt hat (*20*). Es ist jedoch bei der Überströmungsmethode Vorsicht geboten. In den beiden Extremfällen kann man entweder die Verdampfungsgeschwindigkeit oder den Gleichgewichtsdruck quantitativ zuverlässig messen. Das Zwischengebiet aber zeigt eine starke Abhängigkeit der Meßwerte von der Überströmungsgeschwindigkeit und ist für exakte quantitative Messungen nicht geeignet, wohl aber etwa zur Aufdeckung von charakteristischen Anomalien.

6.

Zusammenfassung.

Nach Volmer und Neumann erfolgt die Verdampfung eines Krystalls etappenweise, z. B. über den Weg Halbkrystallage → Stufe → Adsorptionsschicht → Dampf. Dieser Mechanismus wird näherungsweise berechnet, und man erhält für den „Normalfall“ die Hertz-Knudsensche Gleichung mit einem Kondensationskoeffizienten von 10^{-2} bis 1. Für Krystallgitter mit Hauptvalenzbindungen (Claudetit) oder anderen Komplikationen (Umlagerungen innerhalb der Molekel) ergibt sich aber $\alpha \ll 1$, und die scheinbare Aktivierungsenergie der Verdampfungsgeschwindigkeit ist von der Verdampfungswärme verschieden. Diesbezügliche Beobachtungen liegen beim Claudetit vor. Die Verdampfung des NH_4Cl ist durch die Dissoziation des Dampfes kompliziert;

Spinglers experimentelle Ergebnisse lassen sich aber durch einen einfachen Ansatz näherungsweise auch theoretisch wiedergeben. Bei der Verdampfung des Arsenoliths wurden Beobachtungen gemacht, die auf Grund der bisherigen Vorstellungen nicht zu verstehen sind. Der verdampfende Arsenolith emittiert nämlich mehr Molekeln, als dem Gleichgewichtsdruck und einem Kondensationskoeffizienten $\alpha = 1$ entspricht. Dieser Befund wird so gedeutet, daß der Arsenolithkrystall im Innern stark deformiert ist und daß den inneren Bezirken, die ja während der Verdampfung ständig freigelegt werden, ein erhöhter Dampfdruck zukommt. Beim nicht verdampfenden Arsenolith sind die Krystallfehler nur oberflächlich ausgeheilt. Entsprechende Beobachtungen sind bei allen denjenigen Stoffen zu erwarten, die auch den Effekt der erzwungenen Kondensation zeigen. Für die experimentellen Untersuchungen scheinen besonders die Überströmungsmethode und die Verdampfung im geschlossenen, zuvor evakuierten Gefäß Möglichkeiten zu bieten, die noch nicht ausgeschöpft sind.

Literatur.

1. Hertz, H.: Wied. Ann. **17**, 193 (1882).

2. Knudsen, M.: Ann. Physik **47**, 697 (1915).

3. Polanyi, M., u. E. Wigner: Z. phys. Chem. (A) **139**, 439 (1928).

4. Neumann, K.: Z. phys. Chem. **196**, 16 (1950).

5. Kossel, W.: Nachr. Ges. Wiss. Göttingen, Math.-phys. Kl. **1927**, 135; Leipziger Vortr. 1928.

6. Stranski, I. N.: Z. phys. Chem. **136**, 259 (1928); (B) **11**, 342 (1931); (B) **17**, 127 (1932). — Stranski, I. N., u. R. Kaischew: Phys. Z. **36**, 393 (1935).

7. Stranski, I. N., u. R. Kaischew: Z. phys. Chem. (B) **26**, 100, 114, 317 (1934).

8. Stranski, I. N., u. E. K. Paped: Z. phys. Chem. (B) **38**, 451 (1938). — Kaischew, R., L. Keremidtschiew u. I. N. Stranski: Z. Metallkde. **34**, 201 (1942). — Eisenloeffel, A., u. I. N. Stranski: Z. Metallkde. **41**, 10 (1950).

9. Volmer, M.: Kinetik der Phasenbildung. S. 51. Dresden u. Leipzig 1939.

10. Neumann, K.: Z. Elektrochem. **44**, 474 (1938).

11. Spingler, H.: Z. phys. Chem. (B) **52**, 90 (1942).

12. Smekal, A.: Handbuch der Physik. Bd. 24, 2. Berlin 1933.

13. Volmer, M.: Kinetik der Phasenbildung. S. 120. Dresden u. Leipzig 1939.

14. Burton, W. K., u. N. Cabrera: Discuss. Faraday Soc. **5**, 33 (1949).

15. Stern, O.: Z. Elektrochem. **25**, 193 (1919).

16. BENNEWITZ, K.: Ann. Physik **59**, 193 (1919).
17. KNACKE, O.: Z. Phys. **130**, 259 (1951).
18. STRANSKI, I. N., u. G. WOLFF: Z. Elektrochem. **53**, 1 (1949); Z. Naturforsch. **4**a, 21 (1949); Research **4**, 15 (1951).
19. BECKER, K., K. PLIETH u. I. N. STRANSKI: Z. anorg. Chem. **266**, 293 (1951).
20. STRANSKI, I. N., u. U. WINKLER: noch unveröffentlicht.
21. VOLMER, M., u. I. ESTERMANN: Z. Phys. **7**, 1 (1921).
22. WYLLIE, G.: Proc. Roy. Soc. (A) **97**, 383 (1949).
23. CASSEL, H. M.: J. Chem. Phys. **1949**, 1000.
24. SMITS, A., u. N. F. MOERMANN: Z. phys. Chem. (B) **32**, 369 (1936); **35**, 69 (1937).
25. ALTY, T.: Phil. Mag. **15**, 82 (1933). — ALTY, T., u. C. A. MACKAY: Proc. Roy. Soc. (A) **149**, 104 (1935).
26. PRÜGER, W.: Z. Phys. **115**, 202 (1940).
27. BUCKA, H.: Z. phys. Chem. **195**, 260 (1950).
28. BOGDANDY, L. v., u. O. KNACKE: noch unveröffentlicht.
29. SKLJARENKO, I. S., u. M. K. BARANAJEW: Z. phys. Chem. (A) **175**, 195 (1936).
30. PRESTON, E.: Trans. Faraday Soc. **29**, 1188 (1933).

Diskussion.

A. NEUHAUS (Darmstadt): Es wurden hier Fragen angeschnitten, die jeden Krystallographen ganz unmittelbar angehen. Ich darf also wohl eine lebhafte Diskussion erhoffen, um so mehr als kinetische Vorgänge bekanntlich stets vielerlei Deutungsmöglichkeiten zulassen. Der Vortragende hat demgemäß ja auch nachdrücklich betont, daß er nur *einen* Mechanismus zur Deutung der möglichen Vorgänge besprochen hat. Es sind auch andere denkbar und möglich. Ich möchte aber nicht vorgreifen und bitte um Wortmeldung.

G. KEMMNITZ (Köln): Kann man diese Verdampfungsvorgänge auch quantitativ mit dem Feld-Elektronenmikroskop verfolgen?

I. N. STRANSKI (Berlin): Bei As_2O_3-Krystallen ist es wohl ausgeschlossen, möglich ist es aber bei Metallen. Herr E. W. MÜLLER hat bereits solche Versuche überlegt und z. T. auch durchgeführt, aber die Ergebnisse lassen sich noch nicht ohne weiteres deuten. Die Durchführung solcher Versuche mit dem Feld-Elektronenmikroskop ist fast nur dann möglich, wenn es sich darum handelt, zu ermitteln, welche Flächen eines hochschmelzenden Metallkrystalls und unter welchen Bedingungen sie adsorbieren.

A. NEUHAUS (Darmstadt): Mich würde interessieren, welches Potential-Niveau Sie als Niveau ungehemmter zweidimensionaler Diffusion ansprechen. Sie sprachen vom Sattel-Niveau und vom Gipfel-Niveau.

I. N. STRANSKI (Berlin): Eine ungehemmte Diffusion hat man überhaupt nicht. Die Diffusion ist immer gehemmt, zumindest durch die Aktivierungsenergie, die zur Erreichung einer Sattelstelle benötigt wird. Die potentielle Energie in der Sattelstellung ist natürlich kleiner als die der Gipfelstellung.

A. Neuhaus (Darmstadt): Muß die potentielle Energie der im zweidimensionalen Diffusionsraum befindlichen adsorbierten Teilchen z. B. nicht kleiner als die Gipfelenergie sein, damit sie nicht desorbieren?

I. N. Stranski (Berlin): Die Gipfellage gehört noch nicht zur Dampfphase. Vom Gipfel ist der Absprung natürlich noch leichter als vom Sattel.

G. Wolff (Berlin): Bei solchen kinetischen Vorgängen, die sich wie der Verdampfungsprozeß aus vielen simultan verlaufenden Einzelprozessen zusammensetzen, ist man gezwungen, alle Einzelwege durchzurechnen, um zum richtigen Mechanismus zu kommen, wobei dann das erhaltene Ergebnis mit dem Experiment übereinstimmen müßte. Mathematisch ist dieser Weg jedoch meist recht schwierig; hier kommt aber sehr oft der Umstand gelegen, daß die Vernachlässigung einzelner Teilwege gegenüber anderen zur Erleichterung der Rechnung vertretbar ist.

Ich möchte noch eine Bemerkung zu dem Begriff „gestörte Struktur" anschließen: Selbst bei reinstem, durch mehrmalige Sublimation gereinigtem Arsenolith verbleibt bei einer neuerlichen Sublimation ein geringer Rückstand, eine Art Gespinst, das in manchen Fällen Form und Größe des verdampften Krystalles noch schwach erkennen läßt. Phosphorpentoxyd scheint sich ähnlich zu verhalten.

A. Neuhaus (Darmstadt): Die Form der hier gezeigten Kurve mit der beginnenden Anhöhe und dem anschließenden Abgleiten erweckt doch den Eindruck, daß eine Vor-Reaktion vor der eigentlichen Reaktion stattgefunden hat. Für was halten Sie den Rest, der übrigbleibt?

G. Wolff (Berlin): Wegen seiner schweren Verdampfbarkeit möchten wir ihn für ein Hauptvalenznetz halten, der ursprünglich das Arsenolithgitter durchsetzt hat. Seine Existenz könnte unter Umständen eine bis in kleinste Dimensionen mosaikartig gestörte Struktur des Arsenoliths und somit einen überhöhten Verdampfungsdruck bedingen. Dieser überhöhte Verdampfungsdruck würde dann dem erhöhten Dampfdruck der kleinen und kleinsten Mosaikblöcke gemäß der Thomson-Gibbsschen Gleichung entsprechen, gegenüber dem normalen Dampfdruck des ungestörten idealen Krystalles. Man kann sich das Gerüst vielleicht so vorstellen, daß einzelne Bindungen in den As_4O_6-Molekeln, aus denen ja der Arsenolith besteht, aufgespalten sind und auf andere Molekeln übergreifen, so daß das Gittergefüge bis in kleinste Dimensionen gestört ist. Verdampfungsversuche von A. Smits und E. Beljaars weisen ebenfalls auf einen erhöhten Dampfdruck von gestörten Arsenolithkrystallen hin.

W. Kossel (Tübingen): Zur Frage, was dies Gerüst hervorbringt, sollte vielleicht an das seltsame Aussehen von Gebilden gedacht werden, die Kinder beim Verdampfen von Krystallen unter Elektronenstrahlen erhalten hat. Meines Erachtens kommt hier ein weiterer Gedanke in Frage. Nach unserer heutigen Vorstellung sollte eine Wegfraktionierung von Verunreinigungen schon innerhalb der einzelnen Krystallfläche vorkommen können. So gut wie wir von alters her gewohnt sind, daß ein Material sich reinigt, indem es beim Krystallisieren Fremdstoffe aus den wachsenden Krystallen herausdrängt, müssen wir uns denselben Prozeß grundsätzlich ja schon innerhalb der einzelnen Krystalle auf jeder Netzebene ablaufend denken und das würde, konsequent durchüberlegt, dahin führen können, daß an den Enden der Ketten, an den Kanten oder Graten gegen die Nachbarfläche bevorzugt Fremdmaterial abgelagert wird. Nun ist es merkwürdig, daß Kinder bei dem Verdampfen von Krystallen durch die Kathodenstrahlen, indem der Krystall in einer ungewöhnlichen Weise — durch unmittelbare Wärmezufuhr an sein Inneres — sich auflöst, ganz seltsame Gebilde erhält, die geradezu wie Gerüste aus Diagonalflächen des Krystallkörpers, aus „Gratbahnen", aussehen. Dies ist, soviel ich weiß, nicht irgendwie durchdiskutiert. Es scheint mir aber für den Gedanken zu sprechen, daß gerade an den Stellen, wo jeweils das Ebenenwachstum aufgehört hat und Nachbarflächen aneinander gestoßen sind, das Material durch Fremdbestandteile verändert ist und nun die Wärmezufuhr im Elektronenstrahl offenbar besser aushält, so daß dieses seltsame Gerüst stehenbleibt, das man zu sehen bekommt.

P. Niggli (Zürich): Ich wollte zu dieser letzten Problemstellung eine Frage stellen. Ich vermute zwar, daß sie teilweise bereits beantwortet wurde. Wenn Ihre Deutung richtig ist, müssen Sie durch Elektronenbeugung an den Oberflächen am Anfang des Schiffchens andere Verhältnisse erhalten als am Ende, weil dort ein Rekrystallisationsvorgang stattgefunden hat. Vergüten Sie gewissermaßen das Material, so müßte ja der Effekt bemerkbar sein. Sind solche Versuche gemacht worden?

I. N. Stranski (Berlin): Es läßt sich feststellen, daß am Anfang des Schiffchens die Kryställchen die Spuren einer Verdampfung zeigen und am Ende die eines Wachsens.

R. Hosemann (Berlin): Das müßte man doch sehr einfach experimentell prüfen können, indem statt eines langen Schiffchens ein paar kurze hintereinander gesetzt werden.

I. N. Stranski (Berlin): So haben wir es ja zum Teil gemacht.

R. Hosemann (Berlin): Dann muß eines doch zunehmen an Gewicht.

I. N. Stranski (Berlin): Sicherlich.

M. Th. Mackowsky (Essen): Liegt in jedem Schiffchen ein Einkrystall oder ein Krystallpulver?

I. N. Stranski (Berlin): Es ist ein grobes Krystallpulver. Die einzelnen Kryställchen sind höchstens 1 Millimeter groß.

M. Th. Mackowsky (Essen): Wie wird die gleiche Oberfläche definiert und bestimmt? Dies scheint mir insofern wichtig, als man Verdampfungswärmen nur dann miteinander vergleichen kann, wenn sie auf gleichgroße Oberflächen bezogen sind. Bei unseren Kohlenuntersuchungen haben wir beim Versuch, Körnungen mit gleicher Oberfläche herzustellen, häufig große Schwierigkeiten.

I. N. Stranski (Berlin): Bei Kryställchen, deren Größe die mikroskopische Sichtbarkeit überschreitet, spielen bekanntlich die Unterschiede keine wesentliche Rolle mehr.

M. Th. Mackowsky (Essen): Ist man zu dieser Annahme berechtigt, da doch die einzelnen Mineralkörner Kanten besitzen, die besonders aktiv sind?

I. N. Stranski (Berlin): Das spielt dabei keine Rolle. Es kommt ja auf die mittlere Abtrennungsarbeit an, und diese unterscheidet sich praktisch kaum vom Wert am unendlich großen Krystall, wenn die Kryställchen eine Kantenlängengröße von $^1/_{100}$ mm erreicht haben.

K. Spangenberg (Stuttgart): 1. Welche Temperaturkonstanz war bei den Versuchen gewährleistet und welchen Einfluß würden die Temperaturschwankungen auf die beobachteten Unterschiede haben?

2. In welcher Weise ändert sich der Effekt bei extrem verschiedenen Temperaturen, aber bei gleicher Durchströmungsgeschwindigkeit?

I. N. Stranski (Berlin): Die Temperaturkonstanz ist bei den mitgeteilten Untersuchungen besser als $\pm\,^1/_2{}^\circ$. Die Unterschiede, die wir feststellen, würden einer Temperaturdifferenz von etwa 20° entsprechen. — Der Effekt ändert sich mit der Temperatur und mit der Durchströmungsgeschwindigkeit. Bei sehr hoher Temperatur bleibt er aus.

G. Wolff (Berlin): Gerade das Arsenik scheint ein sehr fruchtbares Objekt für das Studium von Gitterstörungen zu sein. So läßt sich die Triboluminescenz beim Arsenik ebenfalls auf eine Gitterstörung zurückführen, und zwar vermutlich auf eine Variation der angezeigten. Das Arsenik kann man sowohl triboluminescent als auch nichttriboluminescent erhalten.

A. Neuhaus (Darmstadt): Welche Modifikation ist triboluminescent?

G. Wolff (Berlin): Beide Modifikationen, Claudetit und Arsenolith, können sowohl triboluminescent als auch nichttriboluminescent erhalten werden. So ist z. B. der Arsenolith beim Zerreiben nur dann leuchtfähig, wenn er unter Bedingungen gewachsen ist, die Gitterstörungen begünstigen. Es zeigt sich, daß die aktiven Krystalle mit der Zeit inaktiv werden, die Gitterstörungen also ausheilen.

O. Knacke (Berlin): In besonderen Fällen (z. B. bei NH_4Cl und Claudetit) scheint es möglich zu sein, aus der Verdampfungsgeschwindigkeit gewisse Rückschlüsse auf das Termschema der Krystalloberfläche zu ziehen, wodurch die Untersuchung der Verdampfungsgeschwindigkeit ein allgemeineres Interesse gewinnt. Es ist auch bemerkenswert, daß in der angenäherten Berechnung der Verdampfungsgeschwindigkeit das richtige Ergebnis nur dadurch gewonnen wird, daß man mit rund 10^8 Störstellen je Quadratzentimeter der Krystalloberfläche rechnet. Darin hat man wieder einen Hinweis auf die großen Abweichungen des Realkrystalls (Mosaikstruktur) vom Idealkrystall; denn bei diesem wäre nur eine sehr viel kleinere Zahl von Wachstumsstellen denkbar.

R. Kohlhaas (Leuna): Wenn hier den Gitterstörungen ein so großes Gewicht beigemessen wird, hat man dann vielleicht schon den Röntgenintensitäten, insbesondere auch von der zurückbleibenden Gerüstsubstanz, Beachtung geschenkt?

G. Wolff (Berlin): Das wird gerade durchgeführt.

C. **HERMANN** (Marburg): Hat man diese Vorgänge etwa schon mit radioaktiven Indicatoratomen untersucht? Man müßte dann das Verhältnis zwischen reflektierten und ausgetauschten Molekülen sehr leicht bestimmen können.

I. N. **STRANSKI** (Berlin): Ich weiß es nicht. Das Problem liegt so nahe, daß man es wahrscheinlich anderswo bereits behandelt hat. Wir selbst haben kürzlich ebenfalls mit solchen Untersuchungen begonnen. Wir hoffen, auf diesem Wege neues Material zu erbringen.

O. **KNACKE** (Berlin): Die Verdampfungsgeschwindigkeit dürfte mit der Indicatormethode grundsätzlich bei Stoffen mit sehr kleinem Dampfdruck oder abnorm kleinem Kondensationskoeffizienten zu messen sein. In diesem Falle wird nämlich die zeitliche Konzentrationsänderung der radioaktiven Molekeln innerhalb des Dampfes durch die Geschwindigkeit des Phasenübergangs bestimmt. Bei höheren Drucken dagegen, wo eine Messung der Austauschgeschwindigkeit im Gleichgewicht besonders interessant wäre, ergibt sich die Diffusion bzw. Selbstdiffusion als geschwindigkeitsbestimmender Faktor. Vielleicht könnte man hier noch mit der Überströmungsmethode zum Ziel kommen. Man muß dann allerdings verlangen, daß M/L (ausgetauschte Menge dividiert durch die Länge der überströmten Oberfläche) für $L \to 0$ einen Grenzwert erreicht, der von der Strömungsgeschwindigkeit unabhängig ist.

K. **SPANGENBERG** (Stuttgart): Liegen über das Verhalten von Sb_2O_3, d. h. von Senarmontit und Valentinit, bei denen doch analoge Erscheinungen zu erwarten sein sollten, bereits Beobachtungen vor?

I. N. **STRANSKI** (Berlin): Die Ergebnis beim Arsenolith waren für uns eine Überraschung. Wir haben vor, die Versuche mit ganz besonders sorgfältig gewachsenen Arsenolithkrystallen zu wiederholen. Andererseits wollen wir untersuchen, ob die Krystalle, die diesen Effekt besonders stark zeigen, gleichzeitig einen besonders großen Prozentsatz an Gespinst übrig lassen. Außerdem wollen wir diese Versuche auch auf andere Systeme ausdehnen. Wahrscheinlich ist der Effekt mit dem Effekt der erzwungenen Kondensation gekoppelt. Er wäre also beim P_2O_5, Sb_2O_3 usw. zu erwarten.

P. **NIGGLI** (Zürich): Da wir gerade von einer Gebietserweiterung sprechen, möchte ich einen Vorschlag machen, der ganz besonders die Lawinenforschung interessiert. Hauptmineral wäre Schnee bzw. Eis. Darüber existiert eine ungeheure Menge von Beobachtungen in der Natur. Es handelt sich gewissermaßen um einen einfachsten Fall des Molekülkrystalltypus. Ich weiß, daß es hierbei große Schwierigkeiten gibt, aber Untersuchungen wären sehr interessant, denn die ganzen Schneeumformungsvorgänge beruhen ja meistens auf solchen Verdampfungs- und Kondensationsprozessen.

I. N. **STRANSKI** (Berlin): Beim Wasser bin ich allerdings skeptisch, denn Wasser wirkt gerade als Katalysator bei allen von uns untersuchten Substanzen. Man kann es aber versuchen.

A. **NEUHAUS** (Darmstadt): Eine Frage zur Wirkungsweise der Wolframspirale: Woraus besteht das Kondensat? Warum verschwindet es wieder, wenn man die Heizspirale abschaltet, da es sich um eine Form handeln muß, die besonders schwer verdampft?

I. N. STRANSKI (Berlin): Das erzwungene Kondensat ist glasig, die glasige Modifikation ist jedoch claudetitartig gebaut. Freilich ist die Verdampfungsgeschwindigkeit des Kondensats sehr gering. Hingegen ist gerade die Kondensationsgeschwindigkeit des Kondensats durch die katalytische Wirksamkeit der heißen Spirale erhöht.

R. JÄGER (Frankfurt a. M.): Wenn Sie mit längeren Schiffchen arbeiten, war dann die Menge, mit der diese Schiffchen beschickt wurden, die gleiche wie bei den kurzen Schiffchen? Dann bestünde die Gefahr, daß bei den kurzen Schiffchen das Material dicht und in ziemlich großer Höhe gelegen war und für die tieferliegenden Schichten bei Krystallen von etwa 1 mm Größe für die Verdampfung nicht viel zur Verfügung gestanden hat, weil sie ja im übersättigten Gasraum liegen.

I. N. STRANSKI (Berlin): Das dürfte aber keine Erklärung abgeben für die Bildung eines übersättigten Dampfes.

R. JÄGER (Frankfurt a. M.): Ich suche nur nach einer Erklärung für dieses eigenartige Maximum.

I. N. STRANSKI (Berlin): Es gibt formal nur zwei Erklärungsmöglichkeiten: entweder setzt man α größer als 1, was uns aber nicht sinnvoll erscheint, oder aber p_s kann wesentlich höhere Werte erreichen, wofür wir eine passende Erklärung gefunden zu haben glauben.

Die Beobachtung von Krystallkugeln als Forschungsmittel für Oberflächenvorgänge.

Von

W. Kossel, Tübingen.

Mit 33 Textabbildungen.

Wenn der Wunsch besteht, über Oberflächenvorgänge an Krystallen, vor allem über Wachstum und Ätzen Allgemeingültiges zu erfahren, liegt zuerst am nächsten, an gut ausgebildeten Krystallflächen zu beobachten. Auf Prismen- oder Pyramidenflächen bestimmter Art bilden sich, so sagt man von alters her, Ätzspuren bezeichnender Symmetrie. Indes ist die Meinung, daß man damit über die Vorgänge des Auf- und Abbaus Gründliches erfahren werde, eine Täuschung. Denn mit der Wahl wohlausgebildeter Krystallflächen hat man sich in ein ganz enges Zustandsgebiet, in die Nähe eines Endstadiums, begeben. Das weitere Wachstum eines solchen bereits wohlausgebildeten Krystallkörpers besteht nur noch darin, daß die gegebenen Flächen sich mit verschiedenen Geschwindigkeiten vorwärtsschieben. Die Ätzgebilde aber zeigen sich gerade da auf der Fläche, wo sie gestört ist: sie setzen an schadhaften Stellen an. Das sind eingeschränkte und unbestimmte Verhältnisse.

1. Um Verbindliches zu erfahren, muß man diesen altgewohnten Weg verlassen und vielmehr mit der Einsicht Ernst machen, daß der Kern aller Eigenschaften und Erscheinungen am Krystall das Raumgitter ist. Um zu sehen, was es alles unternimmt, wenn es eine scharfkantige und ebenflächige Begrenzung bildet, hat man ihm zunächst einmal sämtliche Möglichkeiten in gleichem Maße zu bieten. Man gibt ihm die Gestalt einer *Kugel.* Sämtliche möglichen Oberflächenlagen sind paritätisch vorgegeben. Was man dann auf der geätzten oder leicht bewachsenen Krystallkugel vor sich hat, sind Richtungsdiagramme des chemischen Geschehens. Was sich abzeichnet, sind Bereiche, an denen jeweils Gleiches sich

ereignet hat. Kleine und größere regelmäßig geformte Bereiche, Bänder oder auch ganze Kugelsektoren haben gleichförmiges Aussehen angenommen. Die technischen Bedingungen, die zur Vorbereitung der Kugelbeobachtung erfüllt werden müssen, führen wir hier nur kurz an. Man hat Einkrystalle zu züchten, man hat ihnen eine Kugeloberfläche zu geben und hat dann vorsichtig weiter soviel abzutragen, daß das ungestörte Gitter frei liegt. Hier sind „Blankbeizen" und „anodische Politur" die wichtigsten Hilfsmittel. Die damit gewonnene blanke Kugel ist nun das Objekt, das von allen Seiten dem chemischen Angriff eines Ätzmittels ausgesetzt oder zum Wachstum in eine übersättigte Lösung eingehängt wird.

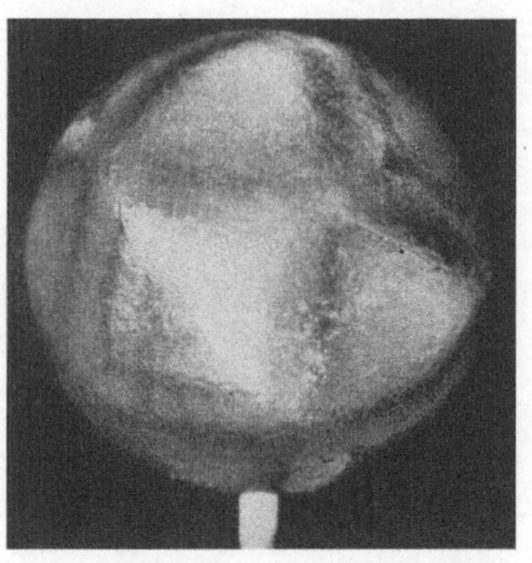

Abb. 1. Einkrystall-Kugel von Kupfer (mit Ammonpersulfat geätzt).

Zu den so mit Sorgfalt vorzubereitenden Objekten ist neuerdings auf begrenztem Gebiet ein neues getreten, bei dem die Vorbedingungen in besonders glücklicher Weise fast von selbst erfüllt sind und daher besonders schöne Kugelbilder sich zeigen. Es ist das Feldelektronenmikroskop von E. W. Müller. Aus einer scharfen Wolframspitze werden durch ein hohes elektrisches Feld Elektronen herausgerissen und auf einen Leuchtschirm geschleudert, der der Spitze in einem Abstand von etwa 10 cm gegenübersteht. Da der Spitzenradius nur 1 μ oder weniger beträgt, bildet der Leuchtschirm die Verteilung der Elektronenergiebigkeit über die Spitzenhalbkugel in 100000facher oder höherer Vergrößerung ab. Alle unsere Voraussetzungen gelten: In der einzigen Spitze liegt praktisch stets nur ein Krystallkorn — eine geeignete Vorerhitzung sorgt dafür, daß sie zur Halbkugel sich rundet — und nun gibt es ein Spiel von Möglichkeiten, an diesen Enden die verschiedensten Wirkungen, also Oberflächen-Abtragen und -Auftragen, Oxydation usw. wirksam werden zu lassen, wie Herr Müller das ja in meisterhafter Weise und ungeheuer eindrucksvoll zeigt. Wir müssen dies dem Aufgabengebiet zurechnen, von dem wir sprechen wollen. Auch hier ist gerade die Mannigfaltigkeit der Richtung von vornherein gegeben. Abb. 3 enthält in der Mitte den Rhombendodekaeder-Pol, wie das der bevorzugten Textur des gezogenen Wolframdrahtes entspricht. Sie zeigt dies Aussehen, wenn das Material rein ist. Durch Glühen, durch Wirkung von winzigen Restsauerstoffmengen, durch Aufbringen anderer Stoffe werden diese Bilder aufs reichste modifiziert. Alle

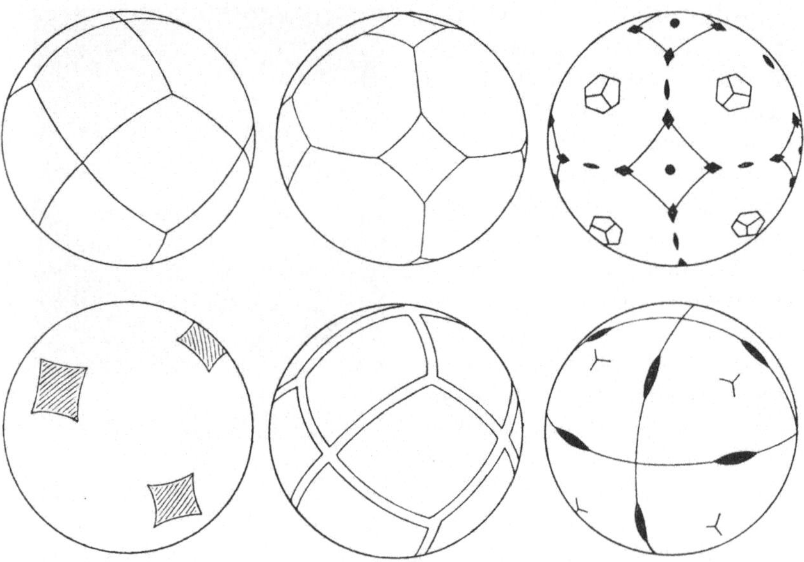

Abb. 2. Ätzzeichnungen auf Kupfer-Einkrystall-Kugeln (HAUSSER und SCHOLZ 1927).

Formen aber behalten diese zweizählige Symmetrie des Rhombendodekaederpols. Im einzelnen sind die Zeichnungen dahin zu diskutieren, daß einzelne helle Bezirke von Kanten der Flächen stammen, aus denen die Elektronen geometrisch wegen der Steigerung der Feldstärke mit besonderer Häufigkeit herausgezerrt werden, daß also hier ein rein geometrischer Zug des Feldaufbaus wirksam ist — daß aber an anderen Zügen des Bildes die verschiedene Elektronenergiebigkeit der verschiedenen Oberflächenpartien die Helligkeitsverteilung im Bild bestimmt.

2. Wie soll man sich von diesen Vorgängen theoretisch ein Bild machen? Wir folgen den allereinfachsten Möglichkeiten und

Überlegungen, die schon etwa 25 Jahre alt sind, wenn wir zunächst die verschiedenen Möglichkeiten betrachten, die sich für den Auf- und Abbau an den verschiedenen Seiten eines Krystallkörpers zeigen. Wir wollen hier nicht darauf eingehen, welche Voraussetzung es überhaupt bedeutet, daß man nur von Anlagerung fertiger Bausteine spricht. Wir haben auf jeden Fall Interesse am Austausch des festen Gebäudes mit irgendeiner ungeordneten, rein statistisch im klassischen Sinn sich verhaltenden Phase. Wir fragen nach den Energiewerten, die dabei auftreten. Es wird also der Baustein — im einfachsten Fall das einzelne Atom — nach dem einfachsten Bild behandelt, als ein Körperchen, das beim Eintritt in die Verbindung ganz mit sich selbst gleich bleibt und nur irgendwelche Kräfte nach außen ausübt —, nach der Vorstellung also, die z.B. in den Berzeliusschen Buchstabensymbolen mit ihren Strichen nach außen aufs einfachste dargestellt wird. Wir sind uns bewußt, daß das natürlich nur einen Teil der Erscheinungen beherrschen kann — wir brauchen nur daran zu denken, wie schwer es etwa ist, sich genau vorzustellen, daß ein Diamantgitter in eine Schmelze überginge. Eine theoretische Vorstellung dafür kann, wie sie auch aussehen mag, nicht so einfach sein, daß man nur sagen dürfte, ein Baustein werde aus einer festen Lage in eine andere Phase überführt, worin er beweglich ist. Denn im Diamantgitter sind die äußersten Teile des Atoms in homöopolaren Bindungen vollkommen mit den Nachbarn verschmolzen — denken wir uns aber das Atom frei, so ist von einer solchen Tetraedersymmetrie der äußeren Elektronenschalen natürlich gar nicht die Rede. Dort bilden zwei *s*- und zwei *p*-Elektronen die äußere Schale — eine ganz andere Anordnung —, das Herausheben eines

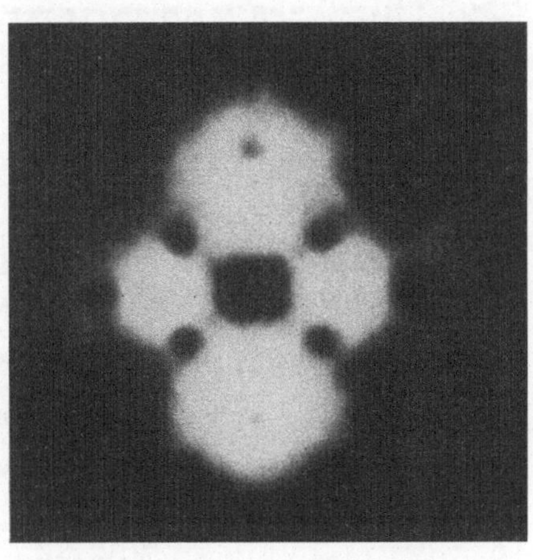

Abb. 3. Verteilung der Elektronen-Ergiebigkeit auf der Endhalbkugel eines Wolframdrahtes (Erwin Müller 1937).

mit sich selbst gleichbleibenden Bausteines aus dem Gitter kann also den Umlagerungsvorgang nicht erschöpfen. Das gilt ganz allgemein überall da, wo wir die Verschränkungen der Elektronengebäude schärfer zu betrachten haben. Es gibt aber einen großen Kreis von Erscheinungen, in denen die Bausteine relativ unverändert bleiben. Wenn wir etwa feste Ionenverbindungen in eine Schmelze oder in die Lösung übergehen lassen, oder wenn wir

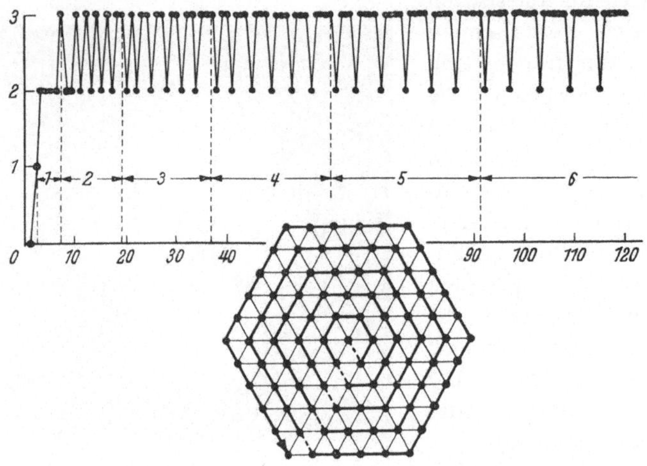

Abb. 4. Unten: Aufbau einer ebenen dichtesten Packung gleicher Bausteine. Oben: Zahl der Nachbarn, die ein Baustein vorfindet, als Funktion seiner Laufnummer in regelmäßigem Aufbau.

umgekehrt aus Ionenreaktionen oder der Schmelze einen Krystall zusammentreten lassen, dürfen wir so rechnen, — ebenso natürlich wenn wir an etwas so einfaches wie ein festes Edelgas denken.

Schon die einfachen Überlegungen, die man über Nachbarschaftsbeziehungen in regelmäßigen Anordnungen machen kann, geben uns — zum mindesten im Ordnen der Vorgänge — bestimmte entscheidende Grundbegriffe.

3. Als erstes möchte ich ein ganz einfaches Schema betrachten, um auch diejenigen, denen diese Gedanken noch ferner liegen, zunächst einmal in das Wesentliche hereinzuleiten. Wir stellen uns die Aufgabe, ein möglichst einfaches geordnetes Gebilde von gleichen Bausteinen auf möglichst planmäßigem Wege herzustellen. Das ist natürlich ein ebenes Dreiecksgitter mit der üblichen Sechser-Umgebung des einzelnen Bausteins. Wir legen (Abb. 4

unten) ein Steinchen hin, ein zweites daneben, ein drittes so, daß es sie beide berührt: die erste flächenhafte Form, ein gleichseitiges Dreieck, ist gebildet. Mit dem vierten bis siebten wird ein erster Ring um das erste vollendet; dann gehen wir einen Schritt nach außen und umgehen wieder das erste — nun mit einem zweiten Ring — und so fort. So entwickeln wir uns allmählich das erste Gebilde, das als Gitter gelten kann, in einfachsten Schritten.

Wir fragen weiter: Wieviel Nachbarn findet jeder Baustein dabei vor? — und halten die Antwort in einer graphischen Darstellung (Abb. 4, oben) fest. Der erste hat natürlich noch keinen Nachbarn, der zweite Baustein hat einen, der dritte hat zwei — das geht ein paar Schritte so weiter —, der letzte des ersten Ringes aber hat schon drei. Der Beginn einer neuen Kante führt wieder herunter zu zwei, dann aber zeigt sich, je länger diese Kanten werden, desto mehr und mehr dieser Zustand, daß beim regelmäßigen Fortbau jeder Baustein *drei* Nachbarn findet. — Damit ist der „wiederholbare Schritt“, wie wir das nennen, erreicht, die Anlagerung an den „halben Krystall“, die nun typisch wird, und das bedeutet, was man so schlechthin als „die Gitterenergie“, vielleicht auch „die Bildungswärme“ zu bezeichnen pflegt. Dazwischen aber liegen die charakteristischen tiefen Stufen, mit denen jeweils eine Reihe beginnt.

Wir haben nur den allereinfachsten Zug, den geometrischen Zug, die *Zahl* der Nachbarn, betrachtet. Er enthält bereits das Element, das wir für die Gestaltbildung des Krystalls als entscheidend ansehen: daß an geometrisch ausgezeichneter Stelle, nach dem Abschluß einer Kette, der nächste mögliche Schritt eine geringere Zahl bindender Nachbarn findet. Das ist ungünstig, und auf diese Tatsache führen wir letzten Endes die Bevorzugung der geradlinigen Begrenzung und den Abschluß des Krystallkörpers mit solchen geradlinigen Grenzen zurück.

Als nächstes ist danach zu fragen, welche *Kräfte* zwischen diesen Bausteinen herrschen. Das einfache Abzählen der Nachbarn würde bereits weit führen, wenn rein anziehende Nahkräfte — Kohäsionskräfte — im Spiel wären. Diese Bindungsweise wurde zunächst bei einer ersten Klassifikation der Gitterarten (*1*) als „homöopolare Kohäsion“ bezeichnet — wir sagen jetzt „VAN DER WAALSsche Kräfte“. — Man führt das eben betrachtete Verfahren noch über die nächsten Nachbarn fort und zählt weiter ab, wieviel zweitnächste, drittnächste Nachbarn ein Baustein findet. Dieses Verfahren habe ich früher etwas zu vorsichtig beurteilt. In der Darstellung (*2*), die ich zuerst davon gegeben habe, ist gesagt, es habe vor allem einen ordnenden Zweck und werde wohl nur für Krystalle wie festes Argon etwa brauchbar sein. Ich nahm an, es werde für Metalle zu einfach sein, weil man das Bewußtsein hat, daß dort die Elektronen zwischen den ruhenden Metallbausteinen eine große Rolle spielen müssen. Aber die späteren Überlegungen von Herrn STRANSKI, der gerade diese Abzählung der Nachbarschaft benutzt hat, haben uns gezeigt, daß man das doch darf — man bekommt damit sehr gute Aufklärungen gerade über die Gleichgewichtsformen von Metallkrystallen.

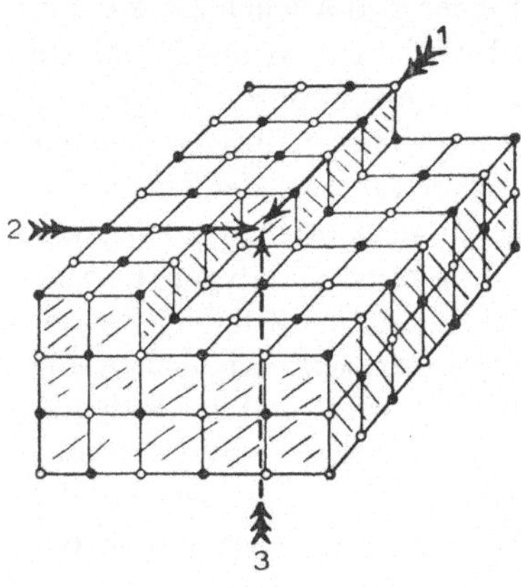

Abb. 5. Geregelter Aufbau eines Raumgitters.

4. Wir erweitern nun die Überlegung ins Räumliche. Abb. 5 gibt ein Schema für ein kubisches Gitter, das den laufenden planmäßigen Aufbau in möglichst einfacher Weise symbolisiert. Wenn wir einen neuen Baustein mitten an das wachsende Gebäude hinlegen, haben wir ihn erstens an eine wachsende Kette anzufügen (Pfeil 1), zweitens neben eine schon im Gang befindliche Netzebene (Pfeil 2), drittens — das ist das Neue gegenüber dem ebenen Gitter — auf einen schon vorhandenen Block (Pfeil 3). Wie groß die Beiträge von den verschiedenen Stellen sind, wird je nach Art der Kräfte ganz verschieden sein. Für das Ionengitter vom Kochsalztyp zeigt uns das nächste Bild den Vergleich mit der Energie, die frei wird, wenn zwei einfach geladene Nachbarn im normalen Abstand des Gitters einander nahetreten. Die einfache Fortsetzung des Gitters ergibt 87% dieser Energie, ein neuer Baustein an der Seite, der eine neue Kette beginnt, nur 18% und das bloße Auflagern des ersten Steins einer neuen Netzebene 6,6%. Diese ganzen Überlegungen schließen unmittelbar an Energieberechnungen an, die ich früher an einzelnen Ionengruppen gemacht hatte (*3*), und die Berechnung am Krystallgitter

ist ja damals zum ersten Male unserem ersten heutigen Vorsitzenden, Herrn MADELUNG (*4*) gelungen. Es war der Gesamtwert von 87%, den wir hier an der fortlaufenden Kette finden, der Wert also, der im großen als „die Gitterenergie" des Krystalls zu gelten hat. Aber uns mußte gerade auch interessieren, was *außerhalb* des wiederholbaren Schrittes alles möglich ist, um daraus zu verstehen, warum der Krystall bestimmte Formen bevorzugt.

5. Es lohnt, an diesen Berechnungen etwas Allgemeines hervorzuheben. Es fällt auf, wie außerordentlich differenziert die Außenwirkungen derartiger Ionenanordnungen sind. Obwohl hier z. B. in der Netzebene die positiven und negativen Ionen des Steinsalzgitters freiliegen, ist ganz primitiv elektrostatisch gerechnet, ihre Wirkung nach außen hin sehr schwach, gegenüber dem Einzelion auf 6,6% reduziert. Man muß immer wieder betonen, welch scharfe Aussagen diese einfachen elektrostatischen Überlegungen geben, denn man stellt sich allzu leicht vor, die elektrostatischen Kräfte und Energien zu überblicken, sei außerordentlich einfach. Daß es das nicht ist, sollte einen schon die Erinnerung daran lehren, daß man durch viele Jahrzehnte geglaubt hat, die chemischen Kräfte könnten nichts mit Elektrostatik zu tun haben, weil das COULOMBsche Gesetz der Elektrostatik einen viel zu langsamen Abfall der Kraft mit der Entfernung ergebe. Man hatte sich gar nicht klar gemacht, daß, sobald Multipole entstehen können, die Entfernungsgesetze ganz anders aussehen. Radikale, Moleküle und Krystalle aber sind nichts anderes als hohe Multipole, und die Abblendung des Feldes nach außen hin durch die gegenseitige regelmäßige Anordnung der positiven und negativen Ladungen ist überaus stark. Ich betone das, weil immer wieder gelegentlich gemeint wird, das Elektrostatische sei ja alles so primitiv, daß man schon ohne Rechnung überschlagen könne, wie die Wirkung einer

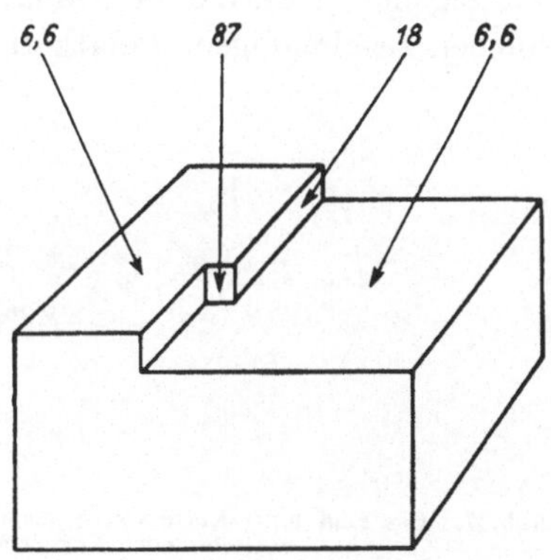

Abb. 6. Energiestufen der Anlagerung am Steinsalzgitter (in Prozent der Vereinigungsenergie eines frei bleibenden einzelnen Ionenpaares).

bestimmten Ladungsanordnung aussehe. Es können die größten Täuschungen vorkommen, und man beobachtet in der Literatur immer wieder, daß mit der Absicht, die Theorie zu verfeinern, eingehende Rechnungen ausgeführt werden, die bedeutungslos bleiben, weil die elektrostatischen Verhältnisse falsch eingeschätzt sind.

Wir betonen das noch einmal mittels des nächsten Bildes. Sie haben bisher gesehen, wie eine planmäßige Entwicklung stets über die Kette führt. Daher lohnt es, sich deutlich zu machen, wie eigenartig auch rein feldmäßig gesehen das Verhalten einer solchen regelmäßigen Punktkette ist. Wir haben vorhin einfach

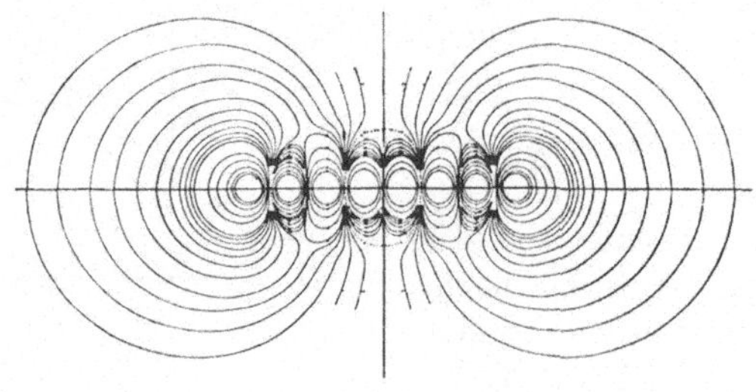

Abb. 7. Das Feld einer Kette von 8 gleich stark geladenen und äquidistanten Ionen abwechselnden Vorzeichens (Äquipotentiallinien).

die Energiewerte angegeben, die Summe der einfachen Ausdrücke von der Form $\frac{e_1 e_2}{r}$ für die Endlagen am Gitter. In Abb. 7 wird nun die Geometrie des Feldes in größerem Umkreis hervorgehoben, indem für eine Kette von 8 gleich geladenen Ionen abwechselnden Vorzeichens die Äquipotentiallinien berechnet sind, und da ist das Auffallende, wie weit diese Feldlinien am Reihenende nach außen ausgreifen. Es ist also nicht nur, wie die Zahlen des vorigen Bildes vor Augen führten, rein energetisch gesehen im Endresultat außerordentlich vorteilhaft, ein Ion am Ende einer Kette anzulagern, sondern es ist dort auch mit einem sehr weit ausladenden Feld zu rechnen. Das nächste Bild beleuchtet das weiter durch einen Vergleich. Hier sind aus dem Feld der Kette von 8 Ionen zwei charakteristische Äquipotentialflächen an den Enden herausgezeichnet. Das ganze Gebilde hat natürlich das Moment eines Dipols, der viermal so stark ist wie ein einzelnes Paar. Dieser Dipol selbst ergibt die punktiert gezeichneten Äquipotentiallinien, die nunmehr nur von zwei an den Enden liegenden Punktladungen stammen.

Es ist zunächst verblüffend, daß eine solche Ionenkette mit einer erstaunlichen Annäherung dem Felde eines einfachen Dipols gerade an jenen Stellen gleichkommt, wo das Feld am stärksten ist. Dazwischen aber, in der Mitte, ist ihre Feldstärke durch die Symmetrie der Anordnung außerordentlich stark nach außen abgeblendet. Sie haben gesehen, wie eng sich dort die Äquipotentialflächen heranzogen. Das zur Erinnerung an diese Grundgedanken. Wir wollen dabei für die heutige Aufgabe vor allen Dingen im Auge behalten, daß gerade im Feld eines solchen heteropolaren Gebildes Fernwirkungen in bestimmten Richtungen vorhanden

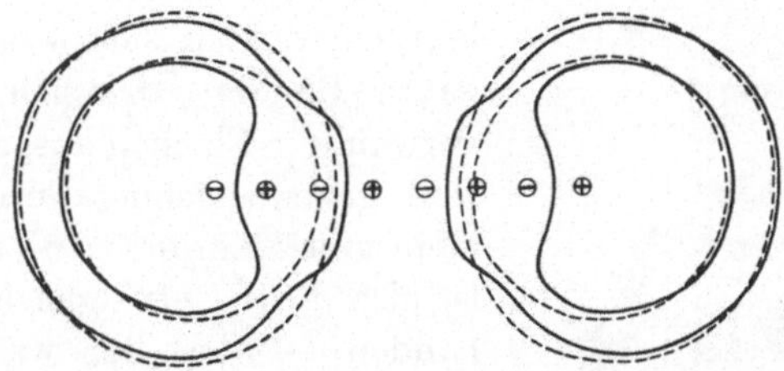

Abb. 8. Vergleich des Feldes der Ionenkette Abb. 7 mit dem eines einfachen Dipols von gleichem Moment.

sein müssen, daß sie aber in gewissen anderen Richtungen außerordentlich schwach sein können. Es lohnt, das allgemein zu betonen — wir werden es gleich nachher auch praktisch gebrauchen.

6. Wir sind durch diese Betrachtungen, die ja vor allen Dingen ordnender Natur sind, aber auch die Abstufung der Kräfte zeigten, die überhaupt bei bestimmten Fällen in Frage kommen, darauf aufmerksam geworden, daß man planmäßige Betrachtungen über den Aufbau oder Abbau in der Weise zu ordnen hat, daß man zuerst nach dem Schicksal des Bausteins fragt, dann nach der Bildung der Kette, dann der Fläche und dann erst des räumlichen Blocks. Es wird uns also die Kette sehr wichtig. Das ist besonders vor solchen, die zum erstenmal in dies Gebiet eintreten, hervorzuheben. Denn wir sind gewohnt, am Krystall vor allem auf die Fläche als charakteristische Größe zu achten. Wir werden nun darauf aufmerksam, daß im Aufbau schon das eindimensionale Gebilde, die Kette, ein ebenso selbständiger Schritt ist. Sein Verhalten wird ebenso wichtig sein — für manche Züge vielleicht noch wichtiger — als das der ganzen Flächen, die

zunächst als das Charakteristische des Krystallkörpers vor allen Dingen ins Auge fallen. Dies sind alte Ergebnisse — als ich 1927 im Kieler theoretischen Institut mir diese Ordnung der Vorgänge überlegte, entdeckte ich, daß Herr SPANGENBERG zugleich im Mineralogischen Institut sehr schöne Wachstumsversuche ausführen ließ. Aus den damaligen Resultaten stammt Abb. 9. An den wachsenden Kugeln aus Chrom-Alaun treten nicht nur die Oktaederflächen hervor, die größer und größer werden, sondern ganz klar entwickeln sich von ihnen aus ganze Bänder, die sich zu Ketten verwandter Flächen ausgestalten. Sie sind gekennzeichnet durch eine gemeinsame Kante. In ihnen allen ist also diese Kette gleichmäßig vorhanden — das ist, was wir jetzt unterstreichen wollen. Der Mineraloge weiß seit langer Zeit, daß etwa für Fundortbestimmungen Flächengemeinschaften charakteristisch sind, die eine Zone bilden, die miteinander dieselbe Kante haben (Abb. 10) oder, wie wir jetzt betonen, in denen allen eine und dieselbe Kette enthalten ist. Wenn also ein bestimmter Fundort, an dem bestimmte Temperaturen und chemische Verhältnisse geherrscht haben, im Habitus der Krystalle bestimmte Zonen bevorzugt zeigt, während dasselbe Material von anderen Fundorten andere Zonengemeinschaften bevorzugt, so weist das darauf hin, daß in dem chemischen Schicksal oder im Wachstumsschicksal dieser Körper diese Kette etwas Wesentliches ist. Das ist nun in Abb. 11 für unsere Kugelmethode damit betont, daß hervorgehoben ist: an einer Kugel findet sich eine Fläche immer nur an einem Pol, eine Kette aber über einen ganzen Großkreis;

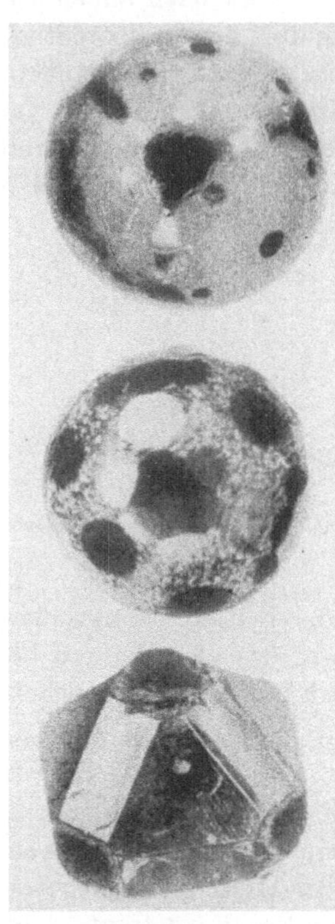

Abb. 9. Chromalaun-Kugeln im Wachstum (Diss. GÜNTHER, Kiel 1927).

sie stellt die Achse dieses Großkreises vor. Damit ist ein wichtiges Element für die Ätzzeichnungen auf der Kugel erkannt.

Abb. 12 zeigt ein weiteres der ganz charakteristischen Resultate des Experiments, das wir nun aber auch schon nach der Theorie begreiflich finden: das seitliche Herauswachsen von Flächen. Wenn eine solche Kugel wächst und eine ihrer Hauptflächen die Eigenschaften hat, die wir vorhin an der Würfelfläche des Steinsalzes klarmachten, daß nämlich das seitliche Anlagern viel mehr Energie liefert als das Auflagern eines neuen Bausteines, so werden wir ganz primitiv erwarten, daß solche Flächen nicht senkrecht aus der Kugel hervorwachsen, sondern nur nach der Seite hin sich entwikkeln, und das ist wiederum ein Zug, den man oft beobachtet, eines der Hauptergebnisse der sorgfältig geführten Wachstumsuntersuchungen.

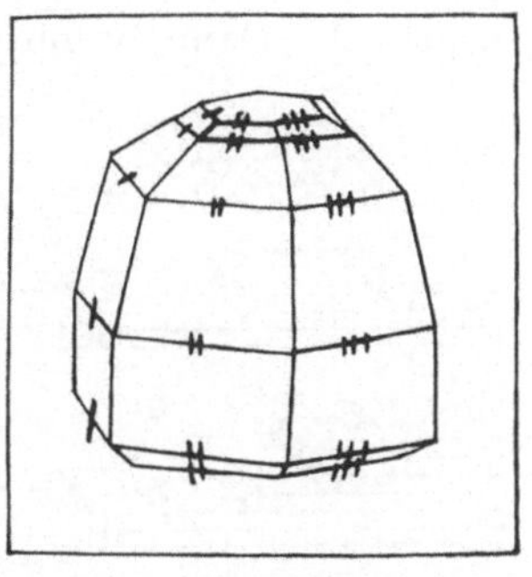

Abb. 10.
Die Zone als Flächengemeinschaft gleicher Kante.

7. Wir überlegen, was in der Nachbarschaft einer solchen bevorzugten Ebene, einer solchen niederindizierten Hauptebene, geschehen mag. Wenn in ihr eine Kette erkennbar ist, in der besonders bevorzugte Verhältnisse herrschen, wie die Würfel-Kanten-Kette des Steinsalzes, wird man sie als Zonenachse ins

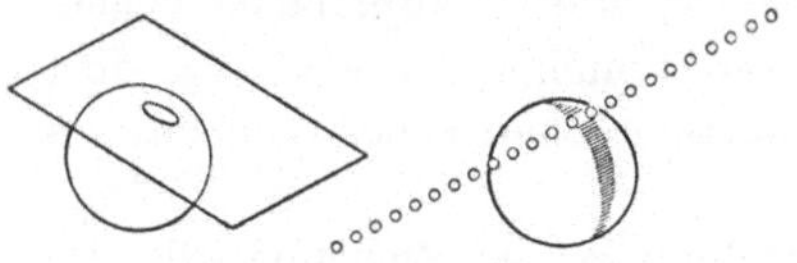

Abb. 11. Die Netzebene und ihr Pol. Die Netzgerade und ihr Großkreis — ihre Zone.

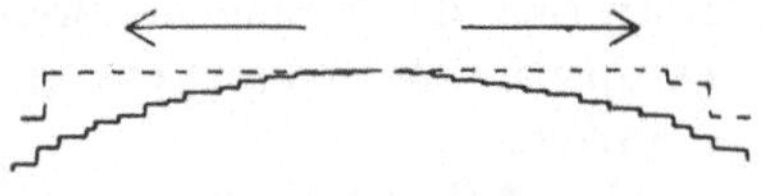

Abb. 12. Eine Hauptfläche wächst seitlich hinaus.

Auge fassen. Wenn sie selbst angelegt oder angegriffen ist, wird der Vorgang in ihr entlang mittels des wiederholbaren Schrittes schnell abrollen, solange sie als Rand einer Netzebene über einer größeren Netzebene gelten darf. Wie weit wird das gelten? — wann wird eine veränderte Nachbarschaft verändernd eingreifen? —

In Abb. 13 sind steilere und steilere Flächen einer Zone in einem primitiven Schema dargestellt. Oben liegt eine Hauptfläche. Gehen wir auf der Kugel von ihrem Pol aus längs der Zone herunter, so wird die Fläche sich neigen, und ihre Struktur kann dann nicht anders aussehen, als Abb. 13 angibt: hier müssen Stufen auftreten, deren Trittflächen noch Stücke der Hauptebenen sind. Ihre Endketten sind noch einmal als Kugeln hingezeichnet. Dann, wenn es steiler wird, liegen diese Endketten enger und enger, und schließlich wird irgendwo eine Grenze kommen, wo sie einander auf Atomabstände nahekommen. Nun haben wir überlegt, daß die Querkräfte zwischen Ketten nicht weit reichen, — dergestalt, daß es für die energetischen Verhältnisse und die Bereitschaft zu Reaktionen auf so gelagerten Flächen ziemlich gleichgültig sein wird, ob sie etwas steiler oder etwas flacher liegen. Die Abbrüche der Netzebenen wirken nur in so kurzem Abstande, daß es praktisch nichts mehr zu sagen hat, ob sie 8 Einheiten oder 4, vielleicht sogar, ob sie 2 Einheiten voneinander entfernt sind. Wir sehen, daß wir ein Interesse gerade an den Flächen einer Zone bekommen, die in der Nachbarschaft einer Hauptfläche liegen. Dort sind die Stufen am weitesten voneinander entfernt, dort haben wir am ehesten ein gleichartiges chemisches Schicksal zu erwarten.

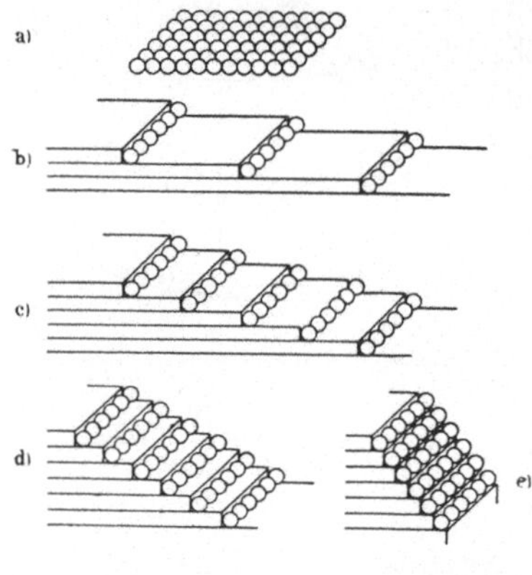

Abb. 13. Stufen einer Zone.

Hier haben wir ein erstes Ergebnis in der Richtung, die wir im Anfang ins Auge faßten. Unsere Eingangsbilder (Abb. 1 u. 2) stellten die Aufgabe: Wie kommt es zum gemeinsamen Schicksal gewisser Flächengesamtheiten? — Es waren auf diesen Kugeln Bänder oder Quadrate oder Dreiecke oder irgendwelche anderen Flächengemeinschaften, die gleich aussahen, auf denen das gleiche geschehen war, — die bei Beleuchtung aus einer bestimmten Richtung gemeinsam aufspiegeln, oder die gemeinsam oxydiert sind oder die gemeinsam Quecksilber angenommen haben. Zu verstehen, wieso auf einer Gesamtheit von Flächen gleichartiges vor sich gehen kann, ist charakteristisch für unsere Fragestellung. Hier zeigt nun die Theorie eine erste Antwort. Wir dürfen sagen: Gut — gerade in der nächsten *Nähe* ausgezeichneter Flächen haben wir zu erwarten, daß gleichartige chemische Schicksale sich einstellen, und zwar in Richtungen, die senkrecht stehen auf ausgezeichneten Wachstumsketten, d. h. längs der Zonen, in denen ausgezeichnete Wachstumsketten liegen. Wenn wir also in der Ätz- oder Wachstumszeichnung der Kugel solchen an Hauptflächen anschließenden Zonenbändern begegnen, können wir mit Sicherheit schließen, hier spiele ein Vorgang, der für die Abtragung oder den Aufbau dieser Hauptfläche bestimmend ist. Das gibt eine zuverlässige erste Ordnung der Erscheinungen.

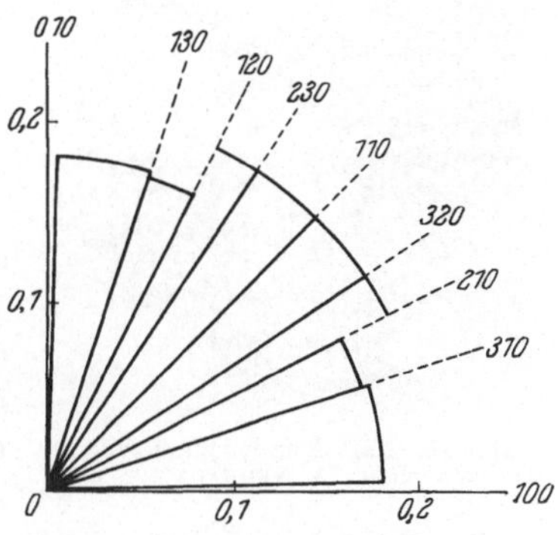

Abb. 14. Die Anlagerungsenergie des ersten Ions einer Kette in der Würfelkantenzone des Steinsalzes.

Für heteropolare Gitter läßt sich die Abstufung der elektrostatischen Energie in der Zone leicht rechnen — wir greifen auf eine erste Figur zur Theorie der Zonenerscheinungen zurück, die schon in der ersten Arbeit aus dem Jahre 1927 in der Göttinger Akademie (*5*) gegeben wurde (Abb. 14). Die Energiewerte, die beim Auflagern eines Bausteins auf eine neue Ebene frei werden, sind als Radien von einem Zentrum aufgetragen. Es handelt sich um die Würfelkantenzone des Steinsalzes. Das Ergebnis (vgl. Abb. 6) war ja auf der Würfelebene selbst außerordentlich schlecht, es war nur 6,6%. Sobald ich aber daneben herangehe, habe ich ja, wie Sie gesehen haben, die molekularen Stufen, und beim Anlagern neben einer Stufe kommen, wie Sie sich ebenfalls aus Abb. 6 erinnern, 18% — der Radius des Diagramms springt auf das Dreifache — und diese 18% bleiben nun zunächst, weil die Nachbarketten gar nicht aufeinander einwirken, über einen geraumen Winkelbereich bestehen. Hier beim Pyramidenwürfel (120) aber gibt es schon einen merklichen Sprung. So geht es weiter — wir können die Schlüsse jetzt nicht im einzelnen durchverfolgen, jedenfalls erscheint schließlich — unter 45° — die Rhombendodekaederfläche als etwas, was nach den primitivsten Überlegungen gar nicht als eigentliche Fläche kommen soll, sie sollte nur als ein System von Rippen längs der Kantenrichtung auftreten. Ein altes Bild — ich glaube von Herrn Neuhaus, unserem Herrn Vorsitzenden —, das damals auch im Spangenbergschen Institut aufgenommen wurde (Abb. 15), zeigt diese Zone ausgezeichnet. Es ist eine schon weit gediehene Form, aus der Kugel sind Würfel- und Pyramidenwürfel klar herausgewachsen, und zwischen zwei Pyramidenwürfeln in der Gegend des Rhombendodekaeders zeigt sich die theoretisch zu erwartende Rippung. Nun, so einfach, wie diese schönen ersten Beispiele zeigen, ist es natürlich nicht immer, doch zeigt man daran noch immer am besten die Grundgedanken.

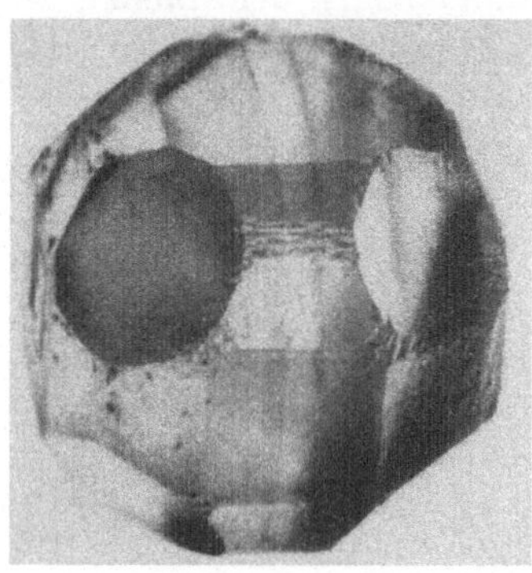

Abb. 15. NaCl-Kugel, nahezu voll ausgewachsen (A. Neuhaus 1927).

8. Wir gehen weiter und fragen, welcherlei Zonengemeinschaften solcher Arten auf dem Kugelkrystall erscheinen können. Wir sehen, wenn wir in Abb. 16a schematisch die Reihenrichtung durch Strichelung angeben, daß z. B. die Atomketten der Würfelkanten die Kanten eines Oktaeders auf der Kugel erscheinen lassen. Die Flächendiagonalen des Würfels zeichnen im ganzen die

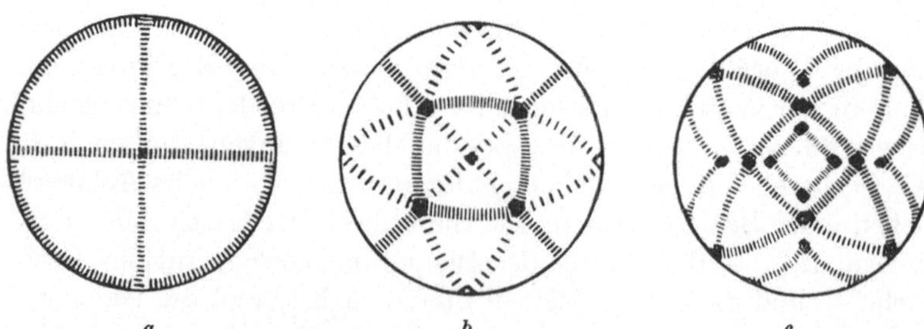

Abb. 16. Die Zonen der wichtigsten Atomketten eines kubischen Gitters. *a* Zonen der Würfelkanten [100] „(Oktaederzeichnung“), *b* Zonen der Würfelflächendiagonalen [110]. Enge Strichelung: Teile zwischen {111} u. {110} („Würfelzeichnung“), weite Strichelung: Teile zwischen {111} und {100} („Rhombendodekaederzeichnung“), *c* Zonen der Würfelraumdiagonalen [100], dazwischen Stücke der Zonen [221]. Abb. 2 in Ann. Phys. *33* (5), 653 (1938).

durcheinandergreifenden Großkreise der Abb. 16b. Zonen sind bei uns ja immer Großkreise. Aber wir haben an dem Stufenschema und dem Polardiagramm, die wir vorhin betrachteten, gesehen, daß unter Umständen zwar eine Strecke weit die energetischen Verhältnisse auf einer Zone dieselben bleiben mögen, daß aber, wenn sich die Stufen allzu nahe kommen, die Energiewerte umspringen und andere Teile der Zonen vielleicht gar nicht mehr dasselbe

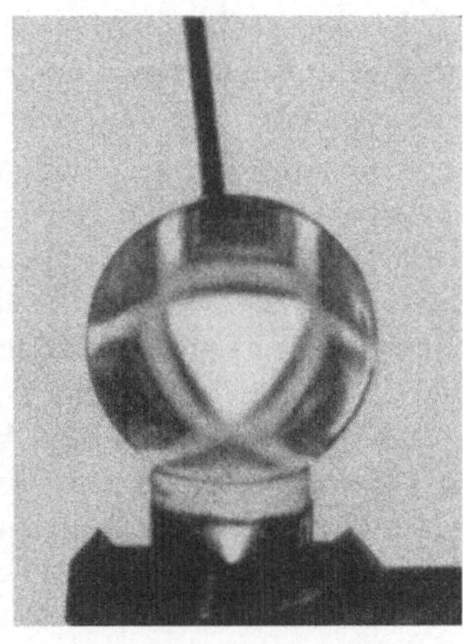

a *b*

Abb. 17. *a* Scharf begrenzte Zonenstücke [221] als Glanzbereich von (120), *b* Glanzbereich des Oktaeders derselben Kugel (Kupfer).

Schicksal erleiden werden wie die zuerst betrachtete, zwischen zwei charakteristischen Polen liegende Strecke. Und das ist es, was man nun vielfach beobachtet. Deshalb tragen die Zonenkreise der Abb. 16 für die Würfelkantendiagonale in ihrem Verlauf verschiedene Strichelung, die über die Rhombendodekaederpole eng — diese Strecken geben auf der Kugel eine Würfelkantenzeichnung — die Reststrecken, die Verbindungen der Oktaederpole über die Würfelpole, sind lose gestrichelt —, wenn sie allein auftreten, sieht es aus, als stecke in der Kugel ein Rhombendodekaeder. In *c* sind schließlich die Raum-Diagonal-Zonen des Würfels gezeichnet, zugleich sind noch kurze Stücke einer anderen Zone ([221]) eingetragen, die in sehr bezeichnenden Bildern begegnen. Sie ergeben nämlich bei Ammonpersulfatätzung (Abb. 1 u. 17) den charakteristischen quadratischen Rahmen um den

Würfelpol. Abb. 17a zeigt beim Anleuchten des Pyramidenwürfels die sehr schön miteinander aufleuchtenden Stücke längs der in diesem Pol zusammenlaufenden Kanten dieses Rahmens.

9. Wir kommen damit zu der Frage nach den besten Methoden, die Oberflächenstrukturen zu *beobachten*. Unser Interesse geht auf Gemeinschaften gleichen chemischen Schicksals und schon bei Beleuchten der Kugel aus irgendeiner Richtung fallen zusammenhängende Bereiche ins Auge, die gleichartig aussehen. Es lohnt, dies Beleuchten scharf zu handhaben, mit einem Lichtbündel, das mindestens auf einem Winkelgrad parallel ist, denn man muß auf Feinheiten achten, in denen so kleine Neigungen mitspielen, die also erst dann zutage kommen, wenn man mit sehr gut parallelem Licht beleuchtet.

Eine Andeutung davon sahen Sie schon in unserem ersten Bild. Offenbar leuchtet vorn die Würfelfläche auf, indes nicht gleichförmig, sondern zwei von vier rechtwinkligen Dreiecken, in die sie aufspaltet, leuchten viel heller — es verrät sich, daß in Wirklichkeit eine flache Pyramide auf dem Würfel liegt, daß die Hauptfläche durch *Vizinalen*bereiche vertreten ist. Von den theoretischen Gedanken aus, denen wir nachgehen, sind die Vizinalen außerordentlich wichtig, denn solche Flächen, die einer bestimmten Zone angehören, aber innerhalb der Zone je nach dem Schicksal — nach der Konzentration, der Temperatur, der Nachbarschaft — verschiedene Neigung zeigen können und die in der Nähe einer Hauptfläche auftreten, sind eben das, was wir als Resultat zu erwarten haben, wenn die Hauptfläche selbst kettenmäßig sich aufbaut. Die Zonenrichtung, die dabei ausgezeichnet ist, verrät uns, längs welcher Ketten bei dem betreffenden Prozeß die Hauptfläche aufgetragen oder abgebaut werden mag. Für uns sind also die Vizinalen nicht nur „Accidentien", wie man sie manchmal behandelt findet, gewissermaßen Schönheitsfehler der Hauptflächen, sondern im Gegenteil etwas höchst Spannendes und Interessantes, auf das man besonders zu achten hat.

Für diese Beleuchtung mit ganz parallelem Licht benutzen wir den Terminus: Beobachtung eines *Glanzbereichs*. Wir beobachten, welche Teile der Kugel miteinander aufglänzen. Wir wissen dann: dort überall liegen Krystallfacetten, die miteinander parallel sind. Abb. 17 zeigt Glanzbereichbilder. Da ist die Würfelumrahmung, von der ich soeben sprach — in a ist auf den Glanzbereich eines Pyramidenwürfels, in b auf den des Oktaeders eingestellt, wie man, wenn man schwach geätzt hat, einfach daran erkennt, daß das normale virtuelle Bild der Lichtquelle in der Kugelfläche gerade im Oktaederpol erscheint. Das benutzt man praktisch fortwährend. Man sieht dieses Bildchen, wenn die Ätzung nur einigermaßen schwach ist, immer auf der Kugel, man steuert nach ihm die Einstellung, die man der Kugel gibt und sieht dann plötzlich, wenn es bestimmte charakteristische Stellungen erreicht, ein ganzes System miteinander aufleuchten, — alle Kugelteile, an denen Flächen gebildet worden sind, die der Tangentialebene der Kugel an dieser Stelle parallel liegen. Das ist auch im Hörsaal gut zu demonstrieren, wenn man eine Projektion des reflektierten Bildes einrichtet — es lohnt, so etwa zu zeigen, was alles an Gestalten aufleuchtet, wenn man eine Zone durchdreht. Hier (Abb. 18) ist ein sehr weit entwickelter Fall — ein Rhombendodekaederpol ist angeleuchtet. Man sieht, wie weit die Rhombendodekaederfläche verbreitet ist, daß sie aber um den Würfelpol überhaupt nicht gebildet worden ist, hier sind ganze quadratische Bereiche schwarz stehen geblieben.

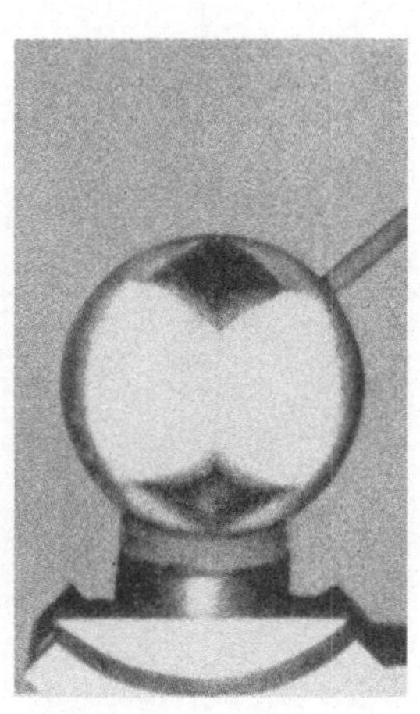

Abb. 18. Glanzbereich des Rhombendodekaederpols von Kupfer nach gründlicher Persulfatätzung.

10. Das Gegenspiel zur Glanzbereichbeobachtung, bei der man die Bereiche feststellt, auf denen gleichartige Krystallfacetten auftreten, — ergibt sich, wenn man nur einen Punkt beleuchtet und umgekehrt die Frage stellt, welche Flächen miteinander an einem Punkt die Oberflächenstruktur bilden. Das sind die beiden einander entgegenspielenden Fragen: a) in welchem Umfang kommt bei der und der Behandlung auf einer Kugel eine bestimmte Krystallfläche vor, b) welche Krystallflächen kommen an einem engen Bereich einer Kugel miteinander vor? Das zweite beobachtet man sehr einfach mit *Lichtfiguren*, wie dem Krystallographen ja von alters her gewohnt ist. Wir nehmen sie gern objektiv in Projektion — am besten photographisch — auf, während die klassische mineralogische Beobachtung gern subjektiv, etwa mittels des Websky-

Spaltes geschah. Durch ein feines Loch in einem Bromsilberpapier ist (Abb. 19) ein Aluminiumkrystall gerade so beleuchtet, daß die Kubusfläche senkrecht getroffen wird, und nun sehen wir die Vizinalen nach den Würfelkanten im Überblick vor uns. Nicht allein die Hauptfläche selber reflektiert, sondern Nachbarn bestimmter Zonen sind vorhanden. Man muß natürlich darauf achten, daß man nicht durch Beugungserscheinungen an den Kanten gestört wird — das lernt man bald zu unterscheiden. Wir werden gut ausgebildete Beugungserscheinungen, die sehr regelmäßig sind, gleich sehen. Es ist sehr hübsch, wie etwa bei mäßig reinem Aluminium dies stetige Kreuz auftritt, und bei einem stärker gereinigten mit ganz klarer Bevorzugung innerhalb der Vizinalen scharfe Nebenpole {801} hervortreten. Damit vergleichen wir eines der schönen Bilder von Herrn MAHL, wo wir dieselbe Ätzung im Übermikroskop sehen. Im ersten Anblick scheinen das alles Würfelflächen. Wenn man aber genau hinschaut, sieht man immer und immer wieder, daß es mit der Rechtwinkligkeit nicht überall streng gehalten wird. Immer wieder bemerkt man Neigungsabweichungen von bestimmter Größe — um 6—7°. Was in der Lichtfigur die Punkte auf dem Kreuz um den Würfelpol ergab, zeigt sich so auch im übermikroskopischen Bild. Diese bevorzugten Nachbarflächen zeigen sich vor allem als die Wände von Schächten, die in die Tiefe des Krystalls führen. Es ist nicht eine reine Würfelätzung, die da auftritt, aber sie ist vom Würfel aus beherrscht. Eindeutig zeigen sich neben ihm

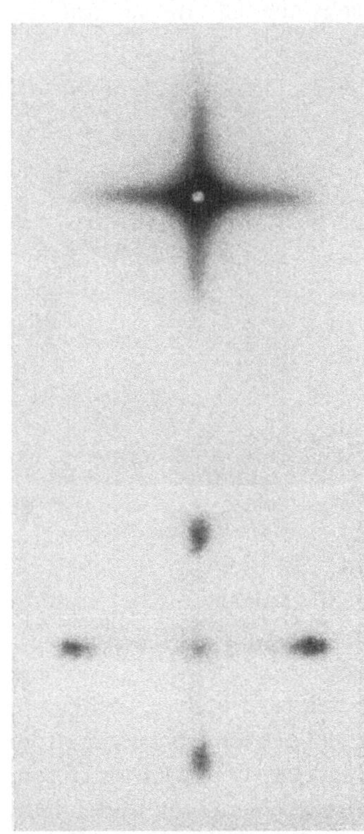

Abb. 19. Lichtfigur des Vizinalenkreuzes der Würfelfläche von Al nach HCl-Ätzung; a) 99,6% Al, Neigungen stetig verteilt, b) 99,99% Al, eine einzelne Neigung — etwa {801} — ist übrig geblieben.

nur noch bestimmte Nachbarflächen aus der Würfelkantenzone — diffus bei mäßiger Reinheit, interessanterweise scharf ausgezeichnet, wenn es sich um Reinstaluminium handelt. Es sieht so aus, als

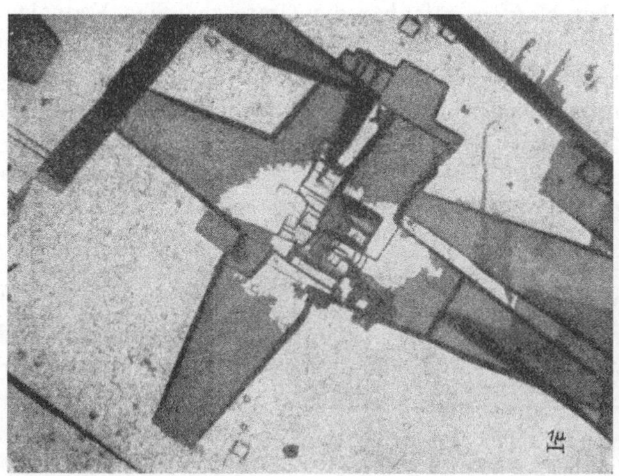

Abb. 20. Übermikroskopisches Bild der mit HCl angeäzten Reinst-Aluminiumoberfläche (H. MAHL). Die Vizinalen bilden schwach keilförmige Schächte.

sei bei der Reinigung nicht die Menge der Fremdstoffe allgemein herabgedrückt worden, sondern ein spezifisch wirkender Stoff bevorzugt übriggeblieben. Das gehört natürlich alles in das große und interessante Kapitel des Eingreifens der Verunreinigungen in die Bestimmung der Krystalltracht.

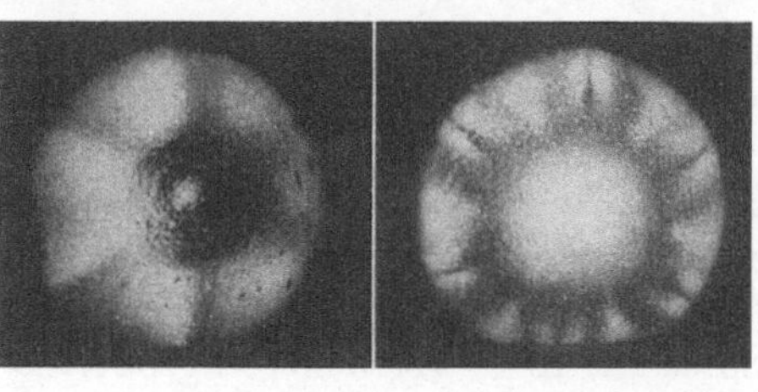

Abb. 21. Glanzbereich der Basis bei Zink; *a* mit KOH elektrolytisch geätzt, *b* mit HCl konz. 10 sec geätzt.

11. Wir sehen uns jetzt einige Bilder aus den Diplomarbeiten der Herren BOCKSTIEGEL und GERMAN an, die eben bei uns in Tübingen gemacht worden sind. Beide handeln von Zink. — Abb. 21 zeigt Zink in verschiedener Weise elektrolytisch als Anode behandelt, einmal in KOH, das andere Mal in HCl. Beides sind

Anblicke vom Basispol aus, man sieht die Sechszähligkeit. Man sieht aber zugleich, wie bemerkenswerterweise wieder gerade die Hauptprismen, die Prismen erster Stellung, überhaupt nicht selbst herauskommen, sondern an ihrer Stelle scharfe Linien über die Kugel herablaufen, offenbar die Grate zwischen Vizinalen. Das ist schon erkennbar, wenn man vom Basispol aus beleuchtet — in Abb. 22 ist daraufhin unmittelbar vom Äquator aus die Prismenstellung angeleuchtet und der Glanzbereich aufgenommen. Man erwartet, es werde sich jetzt das Prisma erster Stellung zeigen — aber es erscheint durchaus nicht selbst —, an seiner Stelle liegt ein feiner Grat. Wenn man nur um drei Winkelgrade dreht, leuchtet es einmal links von diesem Grat auf, das andere Mal rechts (*6*). Der Ort des Prismas zeigt also schon etwas Ausgezeichnetes, aber eben nicht das Prisma selbst, sondern zwei eng benachbarte Stellungen. Interessant ist, wie diese Spur nun über die Krümmung der Kugel nach oben und unten durchläuft. Beim Abdampfen im Vakuum zeigt sich das gleiche, also ist nicht etwa der Elektrolyt die Ursache dieses Ausbleibens der Hauptfläche selbst. Das ist wichtig, denn es ist klar, daß unsere energetischen Überlegungen, bei denen wir nur an das Krystallgitter denken, zwar in allen Aufbau- und Abbauvorgängen den ersten und unentbehrlichen Baustein bedeuten, aber nur im Vakuumversuch rein für sich im Spiel sind. Bei allen chemischen Vorgängen haben wir aufs stärkste mit der Anlagerung der Wasserquadrupole an die freien Ionen und an die Kettenenden des Krystalls zu rechnen. So ist der reine Versuch von größter Bedeutung.

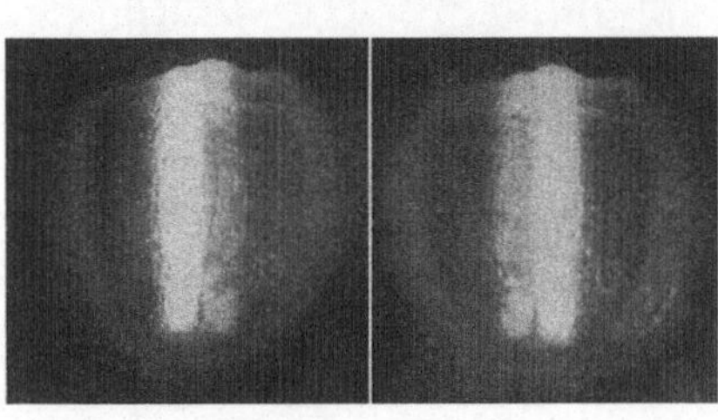

Abb. 22. Glanzbereiche der Vizinalen des Prismas $\{10\bar{1}0\}$, Ätzung wie 21 b.

Wir verfolgen nun mit Lichtfiguren diese Erscheinung über die Zone (Abb. 23). Im ersten Bild ist der Basispol angestrahlt — man hat einen Lichtstrahl durch dieses Loch in dem Bromsilberpapier auf den Basispol gelenkt. Man sieht um das verbreiterte, nicht sehr scharfe Feld des Basispols herum sechs bevorzugte Reflexionsrichtungen. Auf einer von ihnen ist man im zweiten

Bild um etwa 20° heruntergegangen. Oben ist der Basispol noch erfaßt, seine Fläche zeichnet sich noch ab, auch die nächsten Nachbarn sind noch vertreten — nicht nur die Kante, auf der wir heruntergegangen sind. Unten aber taucht an ihr jetzt schon die

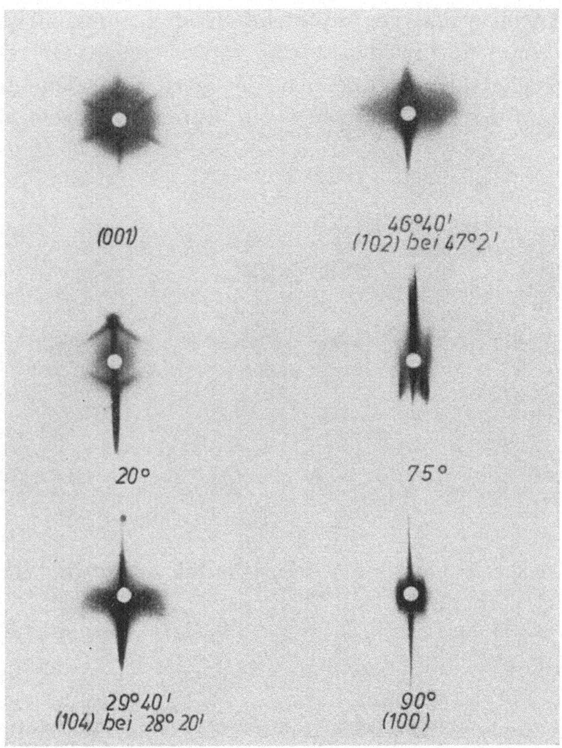

Abb. 23. Lichtfiguren aus dem Großkreis von der Basis zum Prisma $\{10\bar{1}0\}$ (BOCKSTIEGL).

Wirkung einer charakteristischen Pyramide auf — und im dritten Bild ist sie ziemlich genau getroffen. Gehen wir tiefer, so trifft man zunächst noch einen zweiten Pyramidenpol (102), bei 75° faßt man unten schon die Vizinalen des Prismas und im letzten Bild ist man schließlich unten auf dem Prisma, also auf dem Äquator der Kugel. Man sieht die Aufspaltung der Vizinalen nach rechts und links, die wir uns vorher im Glanzbereich angesehen haben, indem wir dieselbe Kugel einmal ein wenig links vom

Prisma und einmal ein wenig von rechts her anstrahlten. Man sieht, daß man hier natürlich mit dem Leuchtfleck über den Grat herübergefaßt hat. Der Fleck hat ja eine endliche Ausdehnung, und da hier die beiden Vizinalen räumlich getrennt auftreten, nähert sich die Lichtfigurbeobachtung hier einer Art von Bildern, die Herr RÖSCH schon vor Jahrzehnten aufgenommen hat, den „Reflektogrammen", in denen die verschiedenen Oberflächenbildungen größerer Krystallbereiche gleichzeitig angeleuchtet werden. Man muß natürlich immer darauf aufmerksam sein, ob man

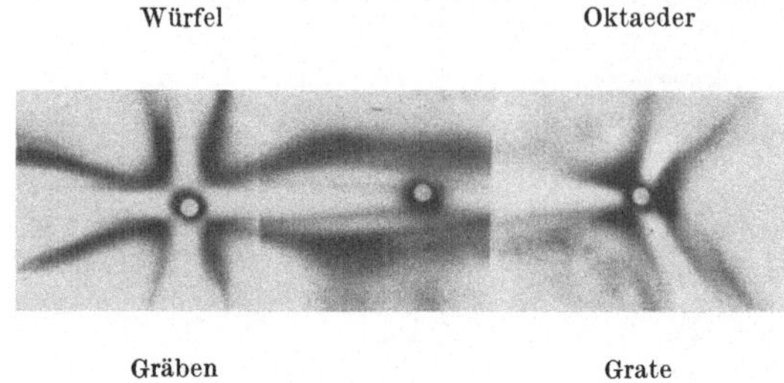

Abb. 24. Modellierung der [110]-Zone bei Cu (schwache Ätzung mit konz. HNO^3, die Hg enthält). Übergang von Grat zu Graben — von normalen zu gegenständigen Vizinalen.

mit dem Fleck in einem einheitlichen Ätzfeld bleibt und die darin miteinander vorkommenden Flächenarten registriert — reine Lichtfigur —, oder ob man über Grenzen von Ätzbereichen herübergreift, also die Ergebnisse verschiedener Bedingungen im Spiel hat — Reflektogramm.

12. Von den Mannigfaltigkeiten der Oberflächenbildungen einen Begriff zu bekommen, ist ein erstes Hauptziel der Kugelmethode. Aus einer noch nicht bekanntgemachten Danziger Diplomarbeit über die Oberflächenmorphologie von *Kupfer* (Frau LOCHTE-HOLTGREVEN) gibt Abb. 24 den Verlauf längs der Rhombendodekaederzone. Vom Oktaederpol aus laufen zunächst Grate entlang, die Flächen sind von ihnen aus nach rechts und links heruntergekippt. Am Würfelpol besteht die Zonenspur umgekehrt aus Gräben und in sehr interessanter Weise gehen die beiden Strukturen ineinander über. Ob Gräben oder Grate vorliegen, wenn die Spur in der Mitte dunkel ist, muß also stets durch Beobachtungen anderer Art kontrolliert werden. Die Bildung flacher

Gräben mit gut spiegelnden Seitenflächen ist sehr interessant, weil sie bedeutet, daß Vizinalen sich nicht nur, wie man zunächst erwartet, so zeigen, daß sie im Sinne der Kugelfläche geneigt sind, sondern unter Umständen auch gegenläufig. Das zeigt sich regelmäßig bei einer der geläufigsten Ätzungen des Kupfers am Rhombendodekaederpol; führt man über den Gürtel der Würfel-Kanten-Zone hinweg das Reflex-Bildchen nach unten, so leuchtet die obere Hälfte auf und umgekehrt. Man könnte diese interessanten Bildungen als „Gegen-Vizinalen" bezeichnen, die Flächen sind nach innen gekippt, nicht im Sinne der Kugelabkrümmung, sondern ihr entgegen — als beginne der Angriff vom Ort der einfach indizierten Fläche her —, eine bemerkenswerte Möglichkeit. Abb. 25 zeigt, welch reiche Zahl von Feinheiten an einem Pol auftreten kann — horizontal liegt die Würfelkantenzone des Kupfers, man ist am (210)-Pol. Mitunter beobachtet man ganze Zonen nur in Form begleitender Vizinalen. Schon die reine Feststellung der Mannigfaltigkeit, die auftreten kann, ist von großem Wert —, sie macht darauf aufmerksam, daß man auch theoretisch sich nicht zu enge Vorstellungen machen darf.

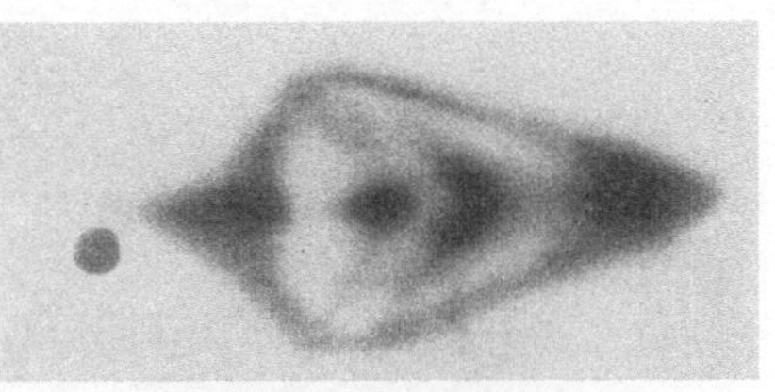

Abb. 25. Feinzeichnung der Umgebung von (210) auf Cu.

13. Ganz anderer Herkunft ist eine weitere Erscheinung, die uns durch ihr Aussehen schon früh an den Kugeln auffiel. Wenn die Zinkkugeln mechanisch beansprucht sind — wir züchten sie in Hartglas und es kann unter Umständen geschehen, daß beim Erstarren starke Spannungen daran auftreten —, gibt die mechanische Beanspruchung Anlaß für ein eigenartiges Phänomen, das um den ausgezeichneten Pyramidenpol auftritt, an dem der geschilderte Grat, der das Prisma erster Art vertritt, zu Ende geht. (Im Bild von der Basis aus (Abb. 21) sahen Sie, wie nach jeder Richtung hin in einer bestimmten Tiefe diese Grate anfingen.) Diese Pole nun zeigen sich hier als Zentren eigenartiger blanker Kreise, die vor allen Dingen gut auch im Licht des Prismas und der Basis aufleuchten. Was da vorliegt, wissen wir nicht im einzelnen, aber es hat bestimmt mit Gleiterscheinungen zu tun.

Abb. 26 zeigt das Durcheinandergreifen mehrerer Systeme dieser hübschen Kreise, die sich immer um die Pole dieser einen Art $(10\bar{1}2)$ herum zeigen.

14. An weiteren Phänomenen, die uns noch Gedanken machen, führen wir eine Erscheinung von sonst unbekannter Regelmäßigkeit an, die ebenfalls in der vorhin erwähnten Danziger Diplomarbeit über Kupfer von Frau Lochte-Holtgreven behandelt ist.

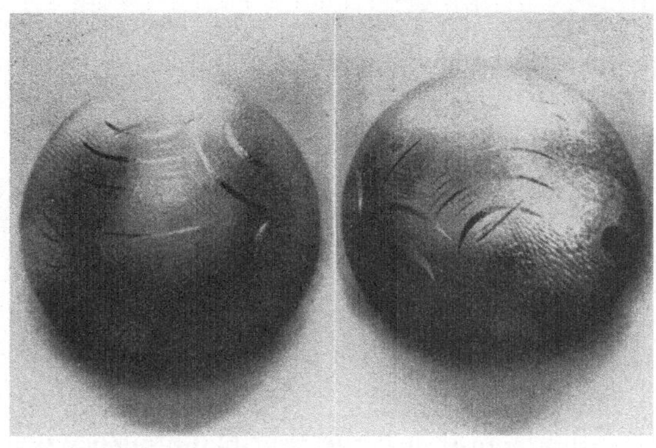

Abb. 26. Blanke Kreise um Pyramiden-Pole bei Zn (— Gleiterscheinung —).

Bei Salpetersäureätzung mit etwas Ferrichlorid („Blankbeize") taucht um den Würfelpol ein Quadrat auf, das dadurch auffällt, daß sein Rahmen in Spektralfarben schillert. Man könnte denken, hier liege eine dünne Haut, wie etwa die vorhin betrachteten Flächen von Aluminium sie unter Salpetersäure entwickeln — gerade auch die bevorzugten {801}-Flächen leuchten sehr gern farbig —, das sind aber typisch Farben dünner Blättchen, es sind einfach dünne Filmhäutchen von Al_2O_3, die wir ja auch ablösen und zu anderen optischen Zwecken ausgezeichnet gebrauchen können (7). Dies hier ist etwas anderes, nämlich ein Gitter. Das Material ist hier um ein blankes Quadrat herum gerippt. Wenn man fein daraufleuchtet, sieht man das Beugungsspektrum eines Gitters, dessen Striche der Quadratkante parallel laufen. Erste und zweite Ordnung werden klar getrennt — das Gitter ist also leidlich regelmäßig, und geht man mit der beleuchteten Stelle weiter und weiter vom blanken Felde fort, so nimmt die Dispersion regelmäßig zu, d. h. die Gitterkonstante wird kleiner.

Man kann sie direkt mit bekannter Wellenlänge bestimmen und findet, daß sie, mit 10 μ oder 8 μ am Rande des Quadrats einsetzend, nach außen abnimmt, bis sie für die optische Meßmöglichkeit schließlich verschwindet. Wie sieht hier die Oberfläche aus? Das mikroskopische Bild Abb. 27 zeigt uns zunächst einmal mitten aus diesem Gebiet die hohe Regelmäßigkeit des Ätzresultats.

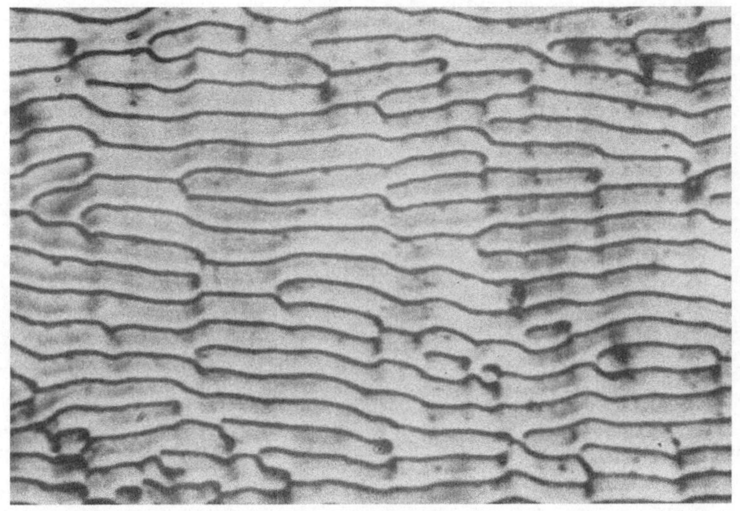

Abb. 27. Oberflächenstruktur nach „Blankbeize" an Cu. (Abb. 27, 28 u. 30: I. LOCHTE-HOLTGREVEN).

Die mit Salpetersäure hier hervortretenden verzweigten Linien sind typisch unterschieden von den Dachformen, den Netzebenenstufen, die wir sonst beobachten. Es liegt etwas bisher nicht Beobachtetes vor. Ich möchte am ehesten annehmen, daß nicht eine einfache Abtragung, sondern vielleicht eine geregelte Oxydulbildung durch die Salpetersäure im Spiel ist. Abb. 28 zeigt die Änderung der Gitterkonstanten. An der Kante des blanken Quadrats um den Würfelpol ist die hier einfach aus den Abständen selbst gemittelte Gitterkonstante 8,3 μ. In 2,9 mm Abstand vom Rand (auf einer Kugel von etwa 4 cm Durchmesser) ist sie auf 1,6 μ heruntergegangen und verschwindet dann für die Messung. Elektronenmikroskopische Aufnahme läßt sie weiter verfolgen, und wir hoffen, bald bestimmter zu sehen, was vorliegt. Man denkt natürlich als erstes daran, daß bevorzugte Ebenen, etwa wie sie Herr L. GRAF sich gerne denkt, eine Lamellenbildung ergeben, daß vielleicht, wie auch sonst vorkommt, Verunreinigungen oder Oxydschichten in Ebenen eingelagert sind und die Oberfläche nun mit wachsender Neigung auf der Kugel steiler und steiler durch diese Ebenen durchschneidet, sie in kürzeren und kürzeren Abständen trifft. Dieser Gedanke trifft aber nicht das richtige. Die Gitterkonstante müßte dann mit $\frac{1}{\sin\alpha}$ proportional gehen,

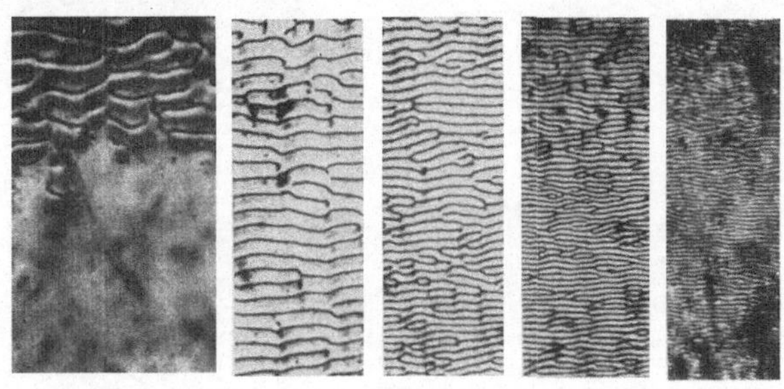

Abb. 28. Gang der in 27 gezeigten Struktur mit dem Winkel.

sie wäre $d = \frac{d_0}{\sin\alpha}$. Wir wissen von dieser theoretischen Beziehung weder den grundlegenden vermuteten Ebenenabstand d_0 noch den Absolutwert des Winkels α zwischen der Oberfläche und den Ebenen. Daher haben wir den Ausdruck mit Bezug auf die Länge logarithmiert, so daß der unbekannte Maßfaktor der Länge zum unbekannten Zusatzposten wird, den Winkel selber aber, an dem eine additive Konstante fehlt, haben wir gelassen. In Abb. 29 ist die Ordinate der Logarithmus der Abstände, die Abszisse der Winkel. Punktiert ist der Verlauf der beobachteten Mittelwerte aus den jetzt ziemlich vielen Beobachtungen gegeben, die Herr HENRI aus Paris, der die Fortführung dieser Beobachtungen übernommen hatte, hier im vorigen Jahr z. T. durch Beugung, z. T. durch mikroskopische Abmessungen gewonnen hat. Ausgezogen aber sieht man die vermutete Funktion. Man sieht: es ist völlig hoffnungslos, das ineinanderzuschieben: der eine Verlauf ist nach oben konvex, der andere konkav. Dies Durchschneiden innerer Ebenen kommt also nicht in Frage. Da Salpetersäure angewandt wird, mag es sich auch um eine Oxydhaut handeln, die längs Kanten der [110]-Richtung verankert ist und ihnen parallel regelmäßig aufreißt. Man beobachtet sehr starken Einfluß der Polarisation auf das Beleuchtungsbild.

15. Wir gehen abschließend zur Frage der *Gitterverknüpfung* über. Auch diese Erscheinungen sollte man besonders gern in ihrer vollen Mannigfaltigkeit studieren—Kugelversuche sind auch hier geschickt.

Die einfachste Gitterverknüpfung wäre natürlich eine Zwillingsbildung — von ihr unterscheidet sich am weitesten das Aufeinandersetzen heteromorpher Gitter, wie es Herr NEUHAUS studiert. Als ein dazwischenliegender Fall hat die Frage zu gelten, die wir hier berühren wollen: Wie wächst ein Oxyd auf seinem Metall auf? Denn hier kann nicht wie bei heteromorphen Gittern gesagt werden, an einer bestimmten Grenze höre einfach das eine Material auf und fange ein anderes an. Wenn es sich um Oxydation handelt, müssen wir vielmehr mit der Möglichkeit rechnen, daß sich Atome finden, die nach der einen Seite dem Metallgitter, auf der anderen Seite dem Oxyd angehören. Der Schnitt, die Grenze, ginge dann im reinsten Fall mitten durch eine Netzebene von Metallatomen, die auf der einen Seite ihre Leitungselektronen abgestreift haben und in dieser Rolle positive Atomrümpfe sind, nach der anderen Seite einem Oxydgitter angehören und deshalb an die Sauerstoffe Elektronen abgaben — das ist eine Rolle, deren beide Seiten gut miteinander verträglich sein mögen. Und wir wissen, welch interessante Probleme da liegen. Halbleiter- und Gleichrichtererscheinungen werden heutzutage in Physik und Technik aufs gründlichste studiert. Die Begriffswelt der Metall- und Halbleiterleitung aber ist völlig beherrscht von der Krystallsymmetrie. Sie bestimmt das Gitter der den Metallelektronen erlaubten Impulsvektoren, von ihnen aus werden die BRILLOUIN-Wände bestimmt, in die die FERMI-Kugel sich einzufügen hat, über die sie gegebenenfalls in verschiedene Zonen hinausgreift. Diese ganze Betrachtungsweise, von der die erlaubten Energie-

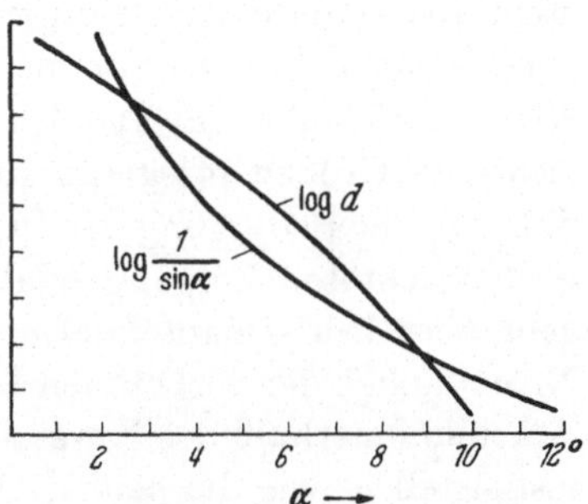

Abb. 29. Prüfung des in 28 gezeigten Verlaufs auf seine Herkunft.

zustände der Elektronen abgeleitet werden, von denen die ganzen Fragen der Energiebänder, ihrer Überlappungen, der Leitfähigkeit des Stoffes usw. abhängen, ist krystallographisch bedingt. Das wird vielleicht manchmal in der Theorie noch zu wenig beachtet. Die Praxis arbeitet vielfach mit polykrystallinen Verhältnissen. Gleichrichter und Detektoren werden ja großenteils einfach aus polykrystallinem Material hergestellt, und auch die Theorie pflegt meist nicht davon zu reden, daß bestimmte Richtungen andere Eigenschaften haben könnten als andere. Stets steht die skalare Größe Energie im Vordergrunde der Betrachtung — auch die Diagramme zeigen als Ordinaten Energiewerte, Niveaus, Bänder, Störstellen, Verarmungsbereiche — von gerichteten Größen pflegt nur in der Form gesprochen zu werden, daß von der Bedingung der Impulserhaltung die Rede ist — ob sie im betrachteten Vorgang erfüllt oder durchbrochen werde. Dabei geht aber jede Quantendefinition primär auf den Impuls — die Niveauhöhen der verbotenen Bereiche hängen von der Bewegungsrichtung innerhalb des Krystalls ab. Es muß also interessant sein, festzustellen, wie die beiden Gitter eines typischen Gleichrichterpaares wirklich miteinander verknüpft sind.

16. Gibt es feste Regeln für die Verknüpfung? — Das hat man natürlich schon öfters gefragt. Man hat etwa untersucht, wie Kupferoxydul auf Kupfer aufwächst, ist aber immer so vorgegangen, wie wir anfangs andeuteten: man schliff sich auf dem Kupfer-Einkrystall bestimmte Krystallflächen an, reinigte sie soweit als möglich, dann wurden sie oxydiert und nun wurde beobachtet, was darauf geschah, was auf der und der Fläche sich bildete. Und gerade dieses Verfahren halten wir ja nicht für glücklich. Wir sagten schon im Eingang, daß man damit ganz singuläre Lagen zu verwirklichen suche, und wir werden gerade hier sehr deutlich sehen, daß man sie gar nicht wirklich erreicht. Wenn man dabei so sonderbare Befunde erhielt, wie die in der Literatur mehrfach erscheinende Angabe, daß das Kupferoxydulgitter, das ja — wie das Metall — kubisch ist, auf dem Würfelpol des Kupfergitters einen Oktaederpol bilde, zeigt schon die Symmetrieforderung, daß hier an der Einsicht noch etwas Wesentliches fehlt.

Wir haben Kugelversuche hierüber schon in Danzig in Angriff genommen, und zwar ist es Herr Dr. Menzel gewesen, jetzt erster Assistent des Tübinger Instituts, der diese Frage mit vollem Erfolg durchgearbeitet hat und von dessen Resultaten ich abschließend nun einige Bilder zeigen möchte (8).

Von vornherein wurde auf der Kugel beobachtet — wiederum, damit wir erfahren, was alles möglich ist. Eine Kupfer-Einkrystallkugel oder Kugelkalotte wird sehr sorgfältig im evakuierbaren Ofen oxydiert. Dabei sind eine Reihe von Einzelheiten zu beachten, auf die wir nicht eingehen. Sie ergeben sich zum großen Teil aus der Möglichkeit zweier Oxydstufen. Soweit die höhere

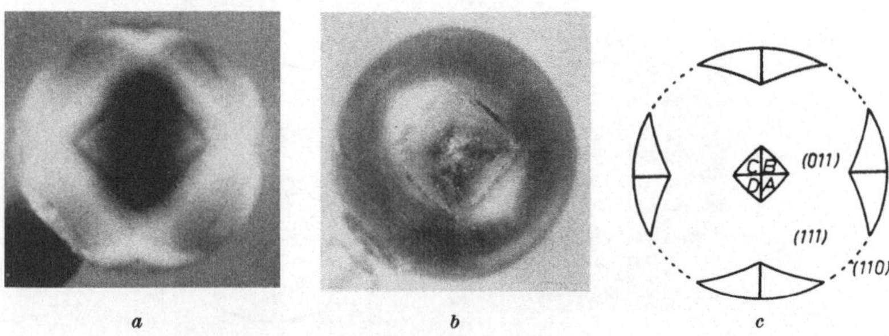

Abb. 30. Cu_2O-Bewuchs der Kupferkugel (Abb. 31, 32, 33: E. MENZEL). *a* links: Cu-Kugel nach Persulfat-Ätzung, *b* rechts: deren Bewuchs mit Cu_2O, Glanzbereich nach KCN-Ätzung, *c* Schema dazu (E. MENZEL, Ann. Physik).

Oxydstufe sich bildet, wird sie chemisch weggenommen und nachdem der Oxydulbelag freiliegt, wird weiter mit Kaliumcyanid geätzt. Die Ätzung der Oberfläche des Oxyduls erlaubt nun einerseits, Glanzbereichbeobachtungen zu machen. Abb. 30 zeigt links eine Kupferkugel mit der charakteristischen Zeichnung einer bestimmten Ätzung — rechts den auf ihr gebildeten Oxydulüberzug. Über den Würfelpol der Metallkugel laufen Grenzen hinweg. Der Bereich um den Würfelpol hat, wie in der Abbildung rechts nochmals schematisch dargestellt, zwar Oxydul angenommen. Das Oxydul ist aber dort gar nicht von einheitlicher Orientierung, sondern vier Bereiche, die verschieden aufleuchten, stoßen mit scharfen Grenzen aneinander. (Bei den früheren Versuchen, „die Würfelfläche" anzuschleifen, mußte demnach stets einer dieser Seitenbereiche angeschnitten werden. Wenn nun in Wirklichkeit vier aneinanderstoßen, ist das Paradoxon verschwunden, sind die Symmetriebedenken aufgehoben.)

17. Herr MENZEL hat nun ganz planmäßig und genau — bei den verschiedensten Ätzungen des Metalls — durchuntersucht,

welcherlei Orientierungen überhaupt vorkommen und findet, daß es nur zwei sind. Sie haben gemeinsam die engste Kette der Cu-Atome, also die Flächendiagonalkette, die im flächenzentrierten Gitter des Kupfers bevorzugt ist und sich im Oxydulgitter ebenso findet, da ja die Cu-Atome für sich hier ebenfalls ein flächenzentriert kubisches Gitter bilden. Diese beiden Ketten laufen immer parallel. Im einen Typus des Aufwachsens nun stehen die ganzen Gitter einander parallel, im anderen Fall ist der Verlauf

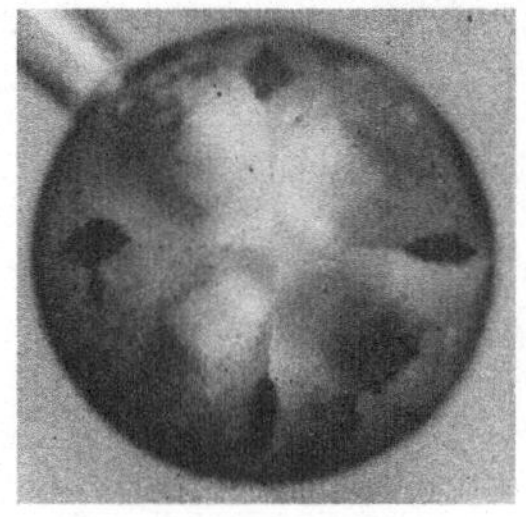

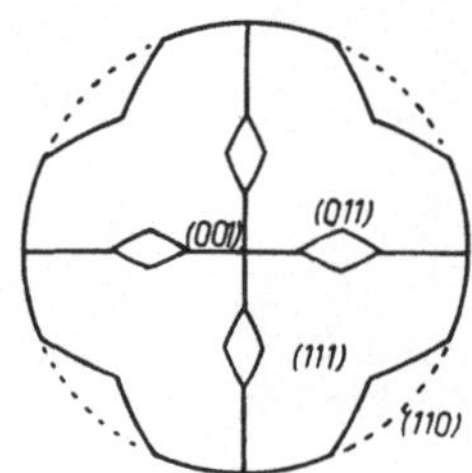

Abb. 31. Die Cu_2O-Bedeckung nach Ätzung mit Blankbeize.

längs der Zonen dieser Ketten umgeklappt. Die Oktaederpole liegen aufeinander, — in der Richtung aber, die im unterliegenden Metall zum Würfelpol führt, geht es im aufliegenden Oxydulgitter zum Rhombendodekaeder.

Das parallel stehende Gitter zeigt sich immer da, wo die Vorätzung Rhombendodekaederflächen freigelegt hat (9). Nach Vorätzung mit Blankbeize sind es (Abb. 31) nur ganz kleine Bereiche um die Rhombendodekaederpole, in denen Oxydul und Metall miteinander parallel orientiert sind. Die antiparallele Orientierung, wenn wir sie so nennen wollen, nimmt den größeren Teil der Kugel ein — am Würfelpol des Metalls treffen sich vier solche nach den Würfelflächendiagonalen orientierte Bereiche des Oxyduls. Abb. 30 zeigt das Bild nach Persulfatvorätzung: die antiparallelen Quadranten sind auf enge Bereiche um den Würfelpol beschränkt — das parallele Gitter reicht zusammenhängend über den größeren Teil der Kugel.

Während nun das parallel stehende Oxydulgitter ohne gröbere Verkantungen aufsitzt, zwingt sich das antiparallele allerdings etwas hart auf die Kupferunterlage. Die Lagen sind von Herrn

MENZEL natürlich zugleich auch mit Röntgenbildern untersucht worden. Auf ihnen hat man sehr hübsch nebeneinander die Reflexe des unterliegenden Kupfers und des Oxyduls und orientiert sich gut. Da stellt sich folgendes heraus: die Oktaederflächen des aufgelegten Oxyduls liegen am Oktaederpol sehr schön parallel. Daneben aber will es nicht mehr passen und die Reflexe, sowohl die optischen wie die Röntgenreflexe, entsprechen nicht der Stellung auf der Kugel, sondern sind, je weiter es geht, um so weiter dagegen geneigt. Die Stellung des Gitters ändert sich — es unterliegt offenbar einem Zwang. Herr MENZEL ist der Ansicht, es sei sogar zerrissen

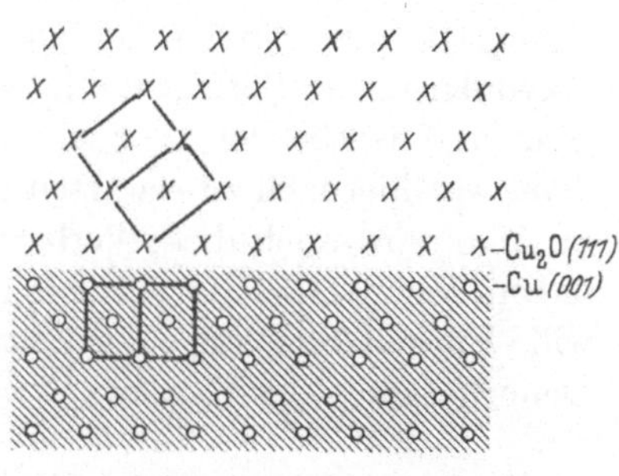

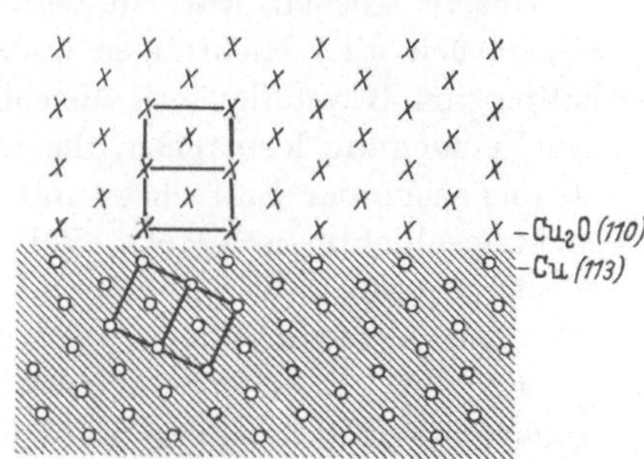

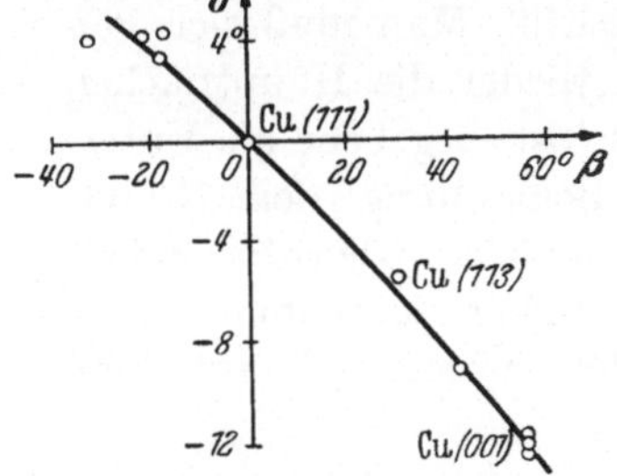

Abb. 32. Verdrehung des Cu_2O-Gitters als Funktion der Lage auf der Kupferkugel.

Abb. 33. Stellung der [110]-Ketten aus Cu im Metall und im Oxydul an zwei bezeichnenden Stellen der [110]-Zone.

und dann verschieden orientiert. Vielleicht ist doch auch der Gedanke zu überlegen, daß ein Gitter, wenn es nach der Tiefe diese geringen Dimensionen hat, leichter zu deformieren ist.

Auf jeden Fall ist dies eine ganz stark ausgeprägte Erscheinung. Als Funktion des Lagenwinkels auf der Metallkugel ist in Abb. 32 die Neigungsabweichung des Gitters, die bis zu —12° geht, nach der einen Seite aufgetragen und man sieht, wie die Ebenen des aufgelegten Gitters durch dieses Aufsitzen auf dem Metall verzerrt oder verdreht sind. Herr MENZEL weist darauf hin, daß die Kettenabstände der beiden Gitter an zwei Stellen dieser Zone gut aufeinanderpassen: Abb. 33 zeigt das im Schema, es paßt

{110} des Cu_2O auf {113} des Cu und {111} des Cu_2O auf {001} des Cu (das ist die oben besprochene Ecke am Würfelpol, in der nahezu {111} des Oxyduls auftritt). Nun ist aber der Winkelabstand von (111) zu (113) kleiner als der zu (110) — noch mehr der von (111) zu dem jenseits des eben berührten (110) liegenden $(11\bar{1})$ kleiner als der von (111) zu (001) — um also die Reihen so wie in den Schemata gezeichneten aufeinander zu bekommen, müßte das Oxydulgitter im Verlauf der Zone mehr und mehr gedreht werden. Sinn und Größe der beobachteten Stellungsänderung entspricht dem, was hiernach zu erwarten ist.

Man wird auch diese Verlagerungserscheinungen zu bedenken haben, wenn man die praktisch wichtigen Eigenschaften deuten will. Für das Benehmen der Leitungselektronen etwa müssen auch Deformationen des Gitters als wesentlich gelten.

Unsere Absicht war, zu betonen, daß die Beobachtung der Gesamtheit aller Richtungen notwendig ist, wenn man das Verhalten von Krystallgittern überblicken will. Man muß sich von der Versuchung losmachen, die immer wieder die Hauptflächen als das scheinbar Einfachste und von selbst Gegebene als Untersuchungsobjekte anbietet. Bei der Behandlung der Grundvorgänge muß man dem Gegenstand zunächst Gleichförmigkeit der Ausgangsbedingungen aufzwingen, indem man ihm Kugelgestalt gibt. Auch die theoretische Betrachtung soll auf diese Allgemeinheit hin angelegt werden.

Zitate.

1. Über Atomkräfte. Z. Phys. **1**, 395 (1920).
2. KOSSEL, W.: Quantentheorie und Chemie. Herausgeg. v. FALKENHAGEN. S. 1. Leipzig: Hirzel 1928.
3. Ann. Physik **49**, 229 (1916).
4. MADELUNG, E.: Phys. Z. **19**, 524 (1918).
5. Nachr. Ges. Wiss. Göttingen, Math.-phys. Kl. **1927**, 135.
6. Zuerst beobachtet von H. ANBUHL 1936: Abb. 10b in W. KOSSEL, Ann. Physik (5) **33**, 651 (1938).
7. KOSSEL, W., u. K. STROHMAIER: Z. Naturforsch. **6a**, 504 (1951) u. K. STROHMAIER ebenda S. 508.
8. Menzel, E.: Nachr. Ak. Wiss. Göttingen, Math.-phys. Kl. **1946**, 91, Z. anorg. Chem. **256**, 49 (1948); Ann. Physik (6) **5**, 163 (1949).
9. Menzel, E.: l. c. **1949**, 163 u. 177.

Diskussion.

A. NEUHAUS (Darmstadt): Die Molekulartheorie des Krystallwachstums, die wir ja Herrn W. KOSSEL und in etwas anderer Form, aber unabhängig und etwa gleichzeitig, auch Herrn I. N. STRANSKI verdanken, ist ja heute klassisches Wissensgut jedes Krystallographen. Es ist aber ein besonderer Genuß, Herrn KOSSEL zu hören, *wie* er es versteht, in immer wieder anderer Weise die Makro-Form und das Makro-Geschehen durch schrittweisen Aufbau vom molekularen Baustein her Stufe für Stufe aufzubauen und umgekehrt die Makro-Form und das Makro-Geschehen rückläufig wieder mit der Struktur in Beziehung zu setzen. Jeder Kenner wird auch mit Freude die schönen Kugelwachstumsbilder betrachtet haben, die uns in so reicher Auswahl dargeboten worden sind und die uns in besonderem Maße aufrufen, den Versuch zu machen, die Beziehungen herzustellen zwischen Krystallstruktur einerseits und Makro-Gestalt und Makro-Geschehen andererseits — nach P. NIGGLI die bisher kaum in Angriff genommene, zentralste Aufgabe der theoretischen Krystallkunde überhaupt. Zur Bedeutung und Leistungsfähigkeit der Kugelwachstumsmethode darf ich vielleicht folgendes sagen: Es gibt weit über ein Dutzend Arbeiten, die sich fast ausschließlich mit der Oxydation von Kupfer-Einkrystallen zu Cu_2O beschäftigen und insbesondere auch die Orientierung des Cu_2O zum unterliegenden Träger-Kupfer feststellen. Alle diese Arbeiten gehen jedoch von einzelnen, vorgegebenen Trägerebenen aus. Die einzige Untersuchung, die sich des Kugelwachstums bedient, ist eben die im Institut von Herrn W. KOSSEL, von Herrn MENZEL ausgeführte. Sie hat die bisherigen Verwachsungsbefunde im wesentlichen bestätigt, dazu aber einige ganz neue Orientierungen hinzugefügt, so daß wir nun wohl annehmen dürfen, über die Möglichkeiten, wie Cuprit mit Cu verwachsen kann, vollständig unterrichtet zu sein.

I. N. STRANSKI (Berlin): Ich höre diesen Vortrag zum zweiten Male, und ich bin auch heute beinahe ebenso stark beeindruckt wie das erste Mal. Ich will mir hier nur zwei Fragen erlauben. Einmal: Was war die von Ihnen gemachte Voraussetzung für die Beziehung $1/\sin\alpha$? Etwa die, daß die Schichten gleich dick sind?

W. KOSSEL (Tübingen): Ja.

I. N. STRANSKI (Berlin): Dann bedeutet das Resultat, daß die Schichten nicht gleich dick sein können.

W. KOSSEL (Tübingen): Da diese einfache Vorstellung, es hätten sich gleich dicke Schichten gebildet und man durchschneide sie in verschiedenen Richtungen — das Bild, das als allererstes naheliegt, wenn man einer solchen Regelmäßigkeit begegnet —, nicht zu der richtigen Winkelfunktion führt, kann ich nicht mehr annehmen, daß eine solche Struktur dahintersteht.

I. N. STRANSKI (Berlin): Bei Untersuchungen von MAHL und mir, die schon ziemlich weit zurückliegen, hatte sich auch herausgestellt, daß sich die Schichten am Cd stark unterschiedlich dick ergeben, entgegen der Annahme, die man bei vielen Autoren findet. Das Interessante im vorliegenden Fall ist, daß man eine gesetzmäßige Abstufung in der Dicke findet.

W. KOSSEL (Tübingen): Wir kennen ja allerlei Rippungserscheinungen, diese hübsche Regelmäßigkeit mit der Neigung aber ist neu. Sie ist gesichert und bedeutet, glaube ich, etwas, woran man weiter anknüpfen kann.

I. N. STRANSKI (Berlin): Und nun die zweite Frage: Haben Sie schon Gleichrichterversuche gemacht?

W. KOSSEL (Tübingen): Ja. Sie haben bisher nichts Neues ergeben. Aber wir sind auch noch nicht damit zufrieden.

I. N. STRANSKI (Berlin): Haben Sie die Gleichrichterwirkung an dem aufgewachsenen Krystall direkt ausprobiert?

W. KOSSEL (Tübingen): Ja — wir haben direkt abgetastet, es waren aber sehr vorläufige Versuche. Ich kann hierzu noch gar nichts Endgültiges sagen. Wir haben Gleichrichterwirkungen, die sich aber bisher nicht durch irgendeine Richtungsabhängigkeit auszeichneten. Sie zeigten lediglich die für polykrystallines Material charakteristischen Wirkungen.

A. NEUHAUS (Darmstadt): Darf ich dazu ein Beispiel anführen aus der Literatur! Von THIRST und WHITMORE gibt es Aufdampfversuche von Nickeloxyd auf Korund, die schöne Orientierung ergaben bei $\sim 900°$. Hierbei stellen die Autoren fest, und das ist das Entscheidende dabei, daß die Orientierung bei mäßigen Fehlorientierungen der künstlich hergestellten Trägerebene nicht der morphologischen Oberfläche folgt, sondern unabhängig von der jeweiligen Oberfläche der strukturellen Hauptnetzebene. Auf (0001)-Korund setzt sich NiO demgemäß mit einer (111)-Fläche ab, unabhängig davon, ob die Trägerebene genau der Netzebene (0001) entspricht oder, bei künstlicher Erzeugung, 5, 10, ja 15° fehlorientiert angeschliffen wurde. Hierbei muß die Fläche allerdings, etwa durch genügendes Erhitzen, molekular sauber gemacht werden. Der Krystall richtet sich hier also gar nicht nach der morphologischen, sondern nach der Strukturnetzebene.

W. KOSSEL (Tübingen): Er behielte also durchweg dieselbe Orientierung zum Grundgitter?

A. NEUHAUS (Darmstadt): Jawohl.

W. KOSSEL (Tübingen): Bei Cu_2O sind zwei Orientierungen da, und an der einen, weit über die Zone hinwegreichenden, wird beobachtet, daß sie so Schritt um Schritt gegen das Grundgitter kippt.

A. NEUHAUS (Darmstadt): Ich möchte meinen, daß Herr MENZEL recht hat, wenn er sagt, daß es immer nur kleine Bereiche sind, die aktiv mit der Unterlage verwachsen sind.

W. KOSSEL (Tübingen): Ja — er ist der genauere Kenner —, ich persönlich möchte offenhalten, daß bei so geringen Dicken das Gitter stetig sehr weit nachgeben mag.

A. NEUHAUS (Darmstadt): Und dann gibt es noch eine zweite Beobachtung, die in den letzten Jahren mehrfach bestätigt worden ist, nämlich daß aufgedampfte Schichten in Dicken unter 100 Å irgendwie eine ganz abnorme Beweglichkeit besitzen müssen. Man kann z. B. auf Kaliumbromid mit einer Gitterkonstante von 6,59 Å Lithiumfluorid mit einer Gitterkonstante von 4,02 Å, also mit einer linearen Gitterabweichung von über 60%, orientiert aufwachsen lassen. Diese Orientierung bleibt aber nur solange bestehen, bis die Schicht an die kritische Grenze von ~50 Å kommt, dann desorientiert sich die Gastphase spontan und wächst wild weiter. Es muß in allerdünnsten Schichten also sowohl eine erhöhte Beweglichkeit der Bausteinchen wie auch eine erhöhte Ausrichtfähigkeit des Trägers bestehen, so daß wir bei wenigen, also etwa 5—10 Atomschichtdicken, gar nicht mit starren Gitterpositionen im Sinne des dreidimensionalen Krystalls rechnen dürfen. Ich möchte z. B. annehmen, daß der Diffusionsfluß auf (110)-Steinsalz in Richtung der [110]-Ketten sehr leicht vonstatten geht, weil keine hohen Potentialberge zu überwinden sind, während er in den [100]-Richtungen stark gehemmt sein dürfte. Diese abnorme Beweglichkeit und Dehnbarkeit der Gitterrichtungen verschwindet aber offenbar, wenn die Aufdampfschicht jene Größe bekommt, daß ihr Energieinhalt praktisch der Gitterenergie des Makro-Krystalles gleichkommt.

I. N. Stranski (Berlin): Ich wollte noch einmal auf die Berechtigung zurückkommen, bei Metallkrystallen nach dem Schema homöopolarer Krystalle zu rechnen. Freilich fühlte ich mich nicht ganz wohl dabei. Es ist erstaunlich, daß die Ergebnisse durch die experimentelle Nachforschung so gut bestätigt werden, wie man es nur wünschen kann. Das hat auch Herr Müller durch die experimentelle Ermittlung der Aktivierungsenergien bei der Diffusion über die Basisfläche an Wolfram zeigen können, wo das Ergebnis der Messung mit den einfachen Berechnungsergebnissen erstaunlich gut übereinstimmt. Das wäre eine Mahnung an die theoretischen Physiker, damit sie sich endlich bemühen sollten, die Aufgabe exakt zu lösen. Die Theoretiker haben sich bisher nur mit der Gitterenergie von metallischen Krystallen beschäftigt. Die dabei angewandten Methoden sind denkbar unbequem, um etwa einzelne Abtrennungsarbeiten an der Krystalloberfläche zu berechnen.

W. Kossel (Tübingen): Man wird durch dies Beispiel wieder daran gemahnt, einen neuen Gedanken stets möglichst weit zu verfolgen. Ich habe damals angenommen, diese einfachen neuen Betrachtungen würden vermutlich nur für etwas so einfaches wie einen Argon-Krystall zu brauchen sein, weil man von der Quantentheorie der Metalle her unter dem Eindruck stand, es müsse im Metall komplizierter aussehen. Man darf sich indes nicht zurückschrecken lassen durch die Vorstellung, ohne bestimmte, vielleicht gerade viel besprochene Methoden werde man nicht durchkommen. Herrn Stranskis Erfolg bei den Metallen hat wiederum gezeigt, daß man einen einfachen Gedanken stets so weit verfolgen sollte, bis er an Tatsachen strandet.

C. Hermann (Marburg): Ich verstehe nicht ganz, wie eine Oxydulschicht, deren Dicke doch wohl nach μ mißt, auf einer polykrystallinen Kupferschicht mit Kryställchen von der Größenordnung Millimeter auf das nächste Körnchen übergreifen soll. Ich habe den Eindruck, die Kupferoxydulschicht wächst doch von der Oberfläche in den Krystall hinein und sollte allein von der Fläche orientiert werden, in die sie hineinwächst. Ich verstehe nicht, wie dann eine übergreifende Orientierung eintreten sollte.

I. N. Stranski (Berlin): Ja, das ist nicht ganz sicher. Wenn Sie z. B. als äußere Abgrenzung benachbarter Zinkkryställchen im polykrystallinen

Material einmal eine Basisfläche und ein zweites Mal eine Prismen- oder Pyramidenfläche haben, so wird das Zink erfahrungsgemäß am schwächsten an der Basis angegriffen. Dann haben wir ein dickes Stück Oxyd über das Prisma oder die Pyramide, und das kann dann auf Kosten des benachbarten Krystalls wachsen bzw. den bereits entstandenen Krystall über der Basisfläche umorientieren. Und dabei treten dann erzwungene Berührungen auf, die auf Grund der primären Oxydierung nicht aufgetreten wären.

C. HERMANN (Marburg): Vielleicht täusche ich mich über die Größenordnungen. Ist etwa die Dicke der Oxydschicht mit der Größe der Krystallite in der metallischen Oberfläche vergleichbar?

I. N. STRANSKI (Berlin): Ich weiß es nicht. — Außerdem ist es bekannt, daß sich nur gewisse Kupferarten eignen.

A. NEUHAUS (Darmstadt): Vielleicht muß man hier berücksichtigen, daß der Sauerstoff weit über die Cupritzone hinaus in das reine Kupfergitter eindringt, in ihm also offenbar erhebliche Diffusionsmöglichkeiten besitzt. Ist er aber einmal eingedrungen, so muß man, wie die Versuche der KOSSELschen Schule gezeigt haben, energisch mit Wasserstoff herangehen, um ihn wieder herauszubringen. Bei dieser Sachlage erscheint es mir dann durchaus möglich, daß auch eine Diffusion von Korn zu Korn stattfindet.

C. HERMANN (Marburg): Selbst wenn der Sauerstoff von Korn zu Korn diffundiert, kann ich mir schwer vorstellen, daß er bei dieser Diffusion die Gitterorientierung mit ins nächste Korn hinübernehmen soll. Das ist doch die Theorie von Herrn STRANSKI, wenn ich recht verstanden habe.

A. NEUHAUS (Darmstadt): Ja, diesen Schluß möchte ich auch nicht ziehen.

I. N. STRANSKI (Berlin): Der Oxydkrystall, der sich über dem Cu-Krystall gebildet hat, berührt sich natürlich mit den anders orientierten benachbarten Cu-Krystallen in ganz anderer Weise.

C. HERMANN (Marburg): Ja, wenn experimentelle Erfahrung vorliegt, dann beuge ich mich, ohne es theoretisch zu verstehen.

E. SCHMID (Hanau): Die sichelförmigen Zeichnungen auf den Zinkkrystallkugeln sind doch offenbar Zwillingsstreifen mit der Pyramide I. Art, 2. Ordnung als Zwillingsebene. Zufolge des Achsenverhältnisses von Zink liegt die Basis in den Zwillingslamellen fast parallel zu den Prismenflächen I. Art des Mutterkrystalls, d. h. in den Streifen würde die Basis ungefähr senkrecht stehen auf der Basislage im Hauptteil der Krystallkugel.

W. KOSSEL (Tübingen): Diese hübschen blanken Halbmonde oder Kreise sind unmittelbar nach dem Herausnehmen noch nicht zu sehen, sie erscheinen mit der Ätzung. Sie scheinen rein geometrisch der Kugel ganz anzugehören, aber sie spiegeln ganz anders auf als ihre Umgebung.

A. DAHME (Clausthal): Wie soll man sich den Vorgang der orientierten Aufwachsung vorstellen? TOLANSKY zeigte, daß beim Aufdampfen einer 200 Å dicken Silberschicht auf Glimmer Stufen von 20 bis 30 Å erhalten bleiben. Es muß bei orientierter Aufwachsung doch sicher eine große Oberflächenbeweglichkeit vorhanden sein, die aber die Abbildung der

Stufen schwer verständlich erscheinen läßt, oder muß man annehmen, daß die Silberatome hier eine zum Glimmergitter unorientierte dichteste Kugelpackung bilden?

A. NEUHAUS (Darmstadt): Die Dinge liegen doch offenbar so: Wir haben zunächst einen Glimmer-Einkrystall und darauf aufgebracht eine Silberschicht, die gemäß TOLANSKYs Beobachtung die Morphologie der Glimmeroberfläche zeigt. Am getreuesten sollte nun meines Erachtens die Abbildung dann werden, wenn die Haut sorgsam als zweidimensionale Einkrystallhaut gezüchtet wird, weil dann das vorherrschende Tangentialwachstum die Ebenflächigkeit gewährleisten müßte.

D. KOSSEL (Wetzlar): Ich glaube, ob die Silberschicht einkrystallin oder polykrystallin ist, spielt bei dem von TOLANSKY benutzten Verfahren keine Rolle. Die Ag-Schicht legt sich deshalb als Haut einheitlicher Dicke auf die Unterlage auf, weil bei schnellem Aufdampfen jedes Atom aus dem überall gleich dichten Silberstrom nahe seiner Auftreffstelle kondensiert. Ob und welche krystalline Ordnung der Haut dabei von der Unterlage her aufgezwungen wurde, ist unwesentlich. Man kann mit dem TOLANSKY-Verfahren ja die Oberflächenmodellierung von beliebigen Krystallen und ebenso auch von Glas und Kollodium erfassen.

W. KOSSEL (Tübingen): Es handelt sich darum, zu verstehen, warum es gelingt, das Silbermaterial so auf das Präparat zu bringen, daß es für den Maßstab der Lichtwelle als planparallel wirkt. Ob es dabei innerlich orientiert oder unorientiert ist, ist dafür, scheint mir, gar nicht wichtig. Praktisch gelingt es eben, mit Schichten der mittleren Dicke von einigen 100 Å diese Stufen von geringer Höhe noch abzubilden. Man sieht unmittelbar, daß die Oberflächenwanderung von Silber jedenfalls nicht so groß ist, um die Wiedergabe so kleiner Höhenunterschiede zu verhindern — die Anforderung an seitliche Schärfe ist ja ohnehin weit geringer als die Leistung in der Höhenangabe. Ist die Unterlage etwa Kollodium, so bleibt, wie HASS ja eingehend untersucht hat, das Material polykrystallin. Es hängt freilich bei geringen Dicken noch gar nicht in sich zusammen und leitet daher nicht. Herrscht am Material eine höhere Temperatur, etwa 200°, so schießt das Silber zu größeren Krystallen zusammen. Die Danziger Versuche von HASS zeigten ferner, daß auf Kochsalzunterlage diese einzelnen Krystalle einander parallel sind. Bei größeren Dicken fangen sie an, einander zu berühren und gewundene Brücken zu bilden, so daß Leitung auftritt, aber noch immer ist die Schicht, obwohl sie durchweg krystallin und auf Steinsalz sogar parallel orientiert ist, nicht etwa planparallel im Elektronenbild. Auch im konvergenten Bündel hatten MÖLLENSTEDT und ich dann Elektronenbeugungsbilder, die aussahen, als stammten sie als Kreuzgitterbilder von einem wunderbaren Einkrystall. Das Zeichen des Planparallelismus aber, die Streifen gleichen Gangunterschiedes, fehlte — die Scheiben waren scharf gezeichnet, aber leer. In Wirklichkeit lag da ein Netz dicker Metallbrücken, freilich von der Unterlage her im Innern ausgezeichnet parallel orientiert, für Licht ohne Zweifel schon als Schicht konstanter Dicke wirkend. Ich glaube also nicht, daß optischer Planparallelismus und Einkrystallaufbau irgendwie fest miteinander verknüpft sind.

P. NIGGLI (Zürich): Gestatten Sie mir eine Bemerkung zur Vizinalflächenbildung. Die Vizinalflächen spielen, wie jedem Krystallographen bekannt ist, eine sehr große Rolle bei den Krystallisations- und Auflösungsprozessen. Da gibt es eine besonders interessante Gruppe, an der sich die Beziehungen von Vizinalflächenbildung zur Struktur beim Krystallisieren und bei Umwandlungen verfolgen lassen. Das ist die TiO_2-Mineraliengruppe, also Rutil, Anatas und Brookit. Wir hatten vor kurzem das große Glück, in einer kleinen Mineralkluft ungefähr 2000 Anatas-Krystalle zu finden, die unter ziemlich gleichen Bedingungen gewachsen sind und die alle durch sehr starke Vizinalflächenbildung in der Zone [110] ausgezeichnet sind. Wir konnten diesen Kollektivgegenstand statistisch bearbeiten und die Gesetzmäßigkeiten (also auch die Breite des Lichtschimmers, die Nebenreflexe usw.) studieren. In der gleichen Gruppe lassen sich gesetzmäßige Orientierungen bei Umwandlungen von Brookit in Rutil feststellen, wobei man sehr deutlich sieht, daß vorzugsweise bestimmte Richtungen die Lage der Rutil-Nadeln im Brookit bestimmen. Allgemein glaube ich, daß wir in der Krystallographie immer mehr dazu kommen müssen, von der Fläche als dem Grundelement abzugehen. Wir müssen den Zonen und Richtungen eine etwas fundamentalere Bedeutung verleihen.

I. N. STRANSKI (Berlin): Daß man nach Herrn NIGGLI von den Ketten ausgehen kann oder von den Kanten, wie es Herr KOSSEL so schön betont hat, und dabei instruktive Resultate erhalten kann, ist bedeutsam. Man muß aber die Probleme abgrenzen, für die ein solches Vorgehen zweckmäßig ist. Überall, wo starke Angriffe des Wachstums oder des Auflösens vorliegen, wird das wohl möglich sein. Für Gleichgewichtsprobleme sind natürlich allein die Flächenstrukturen ausschlaggebend.

W. KOSSEL (Tübingen): Es gab einmal eine Zeit, in der VOLMER und BRANDES z. B. immer Flächenkeime bevorzugten. Das schien mir unbegründet — da trat die Kette ganz unberechtigt zurück.

I. N. STRANSKI (Berlin): Wenn man über (011) beim Steinsalz mit Flächenkeimen rechnet, so ist das natürlich unberechtigt. Die Gleichgewichtsformflächen sind jedoch dadurch gekennzeichnet, daß sie über zweidimensionale Keime wachsen. Nichtgleichgewichtsformflächen spielen natürlich in der Natur gleichfalls eine sehr große Rolle.

P. NIGGLI (Zürich): Dazu nur eine ganz kurze Bemerkung: Ich glaube, es handelt sich um gar keinen Gegensatz. Wir gelangen, ausgehend von den Zonen, ohne weiteres zu den wichtigen flächenhaften Grenzformen, weil diese mehreren wichtigen Richtungen parallel gehen. Bei Steinsalz liegen beispielsweise von den sechs Hauptbindungsrichtungen vier in der Würfelfläche, also wird diese Würfelfläche auf Grund der Zonengesetze zur Hauptfläche. Fehlen derartige ausgezeichnete Ebenen, wie z. B. beim Anatas, so wird die Zonenentwicklung der Vizinalen von besonderer Bedeutung; *eine* Richtung dominiert.

M. RENNINGER (Marburg): Ich habe nicht ganz verstanden, ob bei dieser Erscheinung, der „beugungsgitter"-artigen Riffelung, die Möglichkeit ausgeschlossen sein soll, daß es sich um eine Lamellierung handelt, wenn auch um Lamellen verschiedener Dicke. Mir schien Herr STRANSKI in seiner

Diskussionsbemerkung überhaupt nur diese Möglichkeit in Betracht zu ziehen, während Sie sie doch als durch die Versuche widerlegt und die Riffelung als reinen Oberflächeneffekt ansehen?

W. KOSSEL (Tübingen): Wenn wir immer neue Beispiele nehmen, auch Material verschiedener Herkunft anwenden, begegnen wir immer derselben Entfernungsabhängigkeit und bei jedem Exemplar wieder denselben Abmessungen.

M. RENNINGER (Marburg): Ich könnte mir denken, daß auch die bei allen Exemplaren festgestellte gleiche Entfernungsabhängigkeit der „Gitterkonstanten" nicht unbedingt gegen die Annahme von Lamellen spricht. Sie könnte von einer durch das Krystallwachstum bedingten Dickenänderung dieser Lamellen mit zunehmender Größe des Mutterkrystalls verursacht sein, besonders dann, wenn alle untersuchten Krystallexemplare dieselbe räumliche Abmessung hatten.

W. KOSSEL (Tübingen): Das könnte ja natürlich verschiedene Abstände von Störflächen oder dergleichen ergeben. Allein es steht fest, daß die nächstliegende Idee, die Erscheinung gehe auf konstante Abstände im Krystallinneren zurück, nicht ausreicht. Wir haben neue Versuche, Kupfer-Einkrystalle zu ziehen, eingeleitet und hoffen, damit bald in diese Dinge besser hineinzusehen.

L. GRAF (Stuttgart): Zum Lamellenwachstum möchte ich folgendes bemerken: Die Lamellenstrukturen, die man auf der Oberfläche der Krystalle erhält, unterscheiden sich in ihrer krystallographischen Orientierung je nachdem, ob die Lamellenstruktur bei der Erstarrung einer Schmelze oder aber durch nachträgliche Oxydation des Krystalls im festen Zustand entstanden ist. So zeigt ein Silber-Einkrystall nur um den 111-Pol eine Lamellenstruktur, wenn er aus der Schmelze erstarrt ist. Ätzt man ihn aber im Sauerstoff, dann tritt auch eine Lamellierung um die 100-Pole auf. Diese offenbar durch Krystallabbau entstehende Lamellierung möchte ich nicht mit der beim Wachstum entstehenden gleichsetzen, das sind doch ganz verschiedene Vorgänge, die man auseinanderhalten muß.

S. RÖSCH (Wetzlar): Darf ich noch auf einen kleinen versuchstechnischen Trick hinweisen, er kann gerade bei den Kugelstudien von Interesse sein. Man sieht an Reflexbildern oftmals außer den gesetzmäßigen, indizierbaren Lichtfiguren auch zufällige, individuelle Figuren, eine Art Körnelung des Bildes. Ich habe sie früher einmal als „Feinstruktur der Reflektogramme" bezeichnet. Von ihnen kann man, wenn sie nicht selbst das Ziel der Studie bilden, sich sehr hübsch dadurch unabhängig machen, daß man beispielsweise bei Oktaederaufnahmen eines Krystalls am Goniometer nacheinander die 8 Oktaederflächen in die gleiche Reflexlage bringt und jedesmal mit $^1/_8$ der nötigen Belichtungszeit belichtet.

Kooperative Fehlordnung in Krystallen*.

Von

H. JAGODZINSKI, Marburg[1].

Mit 6 Textabbildungen.

Die Gesamtheit aller Fehlordnungserscheinungen bildet heute bereits ein so umfassendes Gebiet, daß es aussichtslos erscheint, innerhalb eines Vortrags auch nur annähernd einen Überblick über alle Teilgebiete zu vermitteln. Es schien mir deshalb zweckmäßig, mich heute vornehmlich auf den theoretisch wohl schwierigsten Teil, nämlich die kooperative Fehlordnung, zu beschränken.

Jede Fehlstelle im Krystallgitter ist ein energetisch ungünstiger Zustand, dessen Auftreten durch Wahrscheinlichkeitsgesetze bestimmt ist. Im allgemeinen kann für diese Wahrscheinlichkeit der Ausdruck

$$W = A \exp - \frac{V - V_0}{kT} \tag{1}$$

angegeben werden, wobei A eine Konstante, V die Energie der Fehlstelle, V_0 die Energie für geordneten Einbau, k die BOLTZMANNsche Konstante und T die absolute Temperatur ist. Oft haben wir es im Gitter mit einer sehr geringen Konzentration von Fehlstellen zu tun, in diesem Falle kann man mit Hilfe der Beziehung (1) und den der Berechnung der Anzahl der Realisierungsmöglichkeiten leicht zu einer einfachen Beziehung der wahrscheinlichsten Anzahl der Fehler in Abhängigkeit von der Temperatur gelangen. Hier liegen die Hauptschwierigkeiten in der Klärung des Einflusses der Fehlordnung auf strukturempfindliche Eigenschaften des Krystalls. Daß in diesen Fällen die thermodynamische und röntgenographische Lösung des Problems auf keinerlei Schwierigkeiten stößt, liegt daran, daß die Fehlstellen als unab-

* Ergänzende Zusammenfassung einer Arbeit des Referenten „Das Problem der Ordnungs-Unordnungsübergänge in Krystallen". Fortschr. Min. **29** II, 95—174 (1949).

[1] jetzt: Würzburg, MPI f. Silikatforsch.

hängig voneinander betrachtet werden können. Wird dagegen die Konzentration der Fehlstellen so hoch, daß ihre Wechselwirkungen untereinander nicht mehr vernachlässigt werden dürfen, dann führt das Problem unmittelbar auf das Gebiet der kooperativen Erscheinungen, und damit ergeben sich meist recht beträchtliche mathematische Schwierigkeiten. Jedoch kann man heute mit Hilfe moderner Theorien einen Überblick über das thermodynamische und röntgenographische Verhalten solcher Krystalle gewinnen. Ich werde im folgenden versuchen, Problemstellung und Lösungsmöglichkeiten kurz zu umreißen und mich dabei vornehmlich auf die neuesten Arbeiten beschränken. Die älteren, mathematisch wesentlich einfacheren Näherungslösungen werden daran anschließend kurz diskutiert, um einen Vergleich zu gewinnen, wie weit diese Näherungslösungen mit der exakten Theorie im Einklang und in welchen Temperaturgebieten merkliche Abweichungen zu erwarten sind.

Jede quantitative Theorie der Fehlordnung geht letzten Endes auf die Zustandssumme des betrachteten Systems zurück, die bekanntlich durch den Ausdruck

$$Z = K \int \ldots \int \exp - \frac{T + V}{kT} \, dq_1 \cdots dq_{3N} \, dp_1 \cdots dp_{3N} \tag{2}$$

definiert ist. Dabei sind:

K = Konstante
T = kinetische Energie
V = potentielle Energie (Funktion der Lagekoordinaten)
q_ν = Ortskoordinaten
p_ν = Impulskoordinaten.

Durch die Koordinate q_ν wird also der Konfigurationsraum und für die p_ν der Impulsraum aufgespannt. Jedem Punkt im Konfigurationsraum entspricht eine bestimmte Konfiguration, zu der die potentielle Energie sowie die Energieverteilung der kinetischen Energie bestimmt werden muß. Es ist üblich, den kinetischen Anteil unabhängig von der Konfiguration zu integrieren, und man erhält deswegen aus (2) zwei unabhängige Anteile für den kinetischen und potentiellen Teil der Zustandssumme. Dieses Verfahren dürfte aber nur solange zulässig sein, wie der potentielle Anteil der Zustandssumme überwiegt. Wir wollen zunächst nur den Konfigurationsanteil betrachten und hier noch bemerken, daß wir aus der Zustandssumme Z mit Hilfe der Beziehung

$$F = -kT \ln Z \tag{3}$$

die freie Energie F und daraus wieder durch Differentialoperationen alle interessierenden thermodynamischen Größen berechnen können. Für den Krystall, dessen Atome auf strengen Punktlagen geordnet sind, kann man die Integration über den Konfigurationsraum durch eine Summation über alle möglichen Konfigurationen ersetzen. Damit macht man natürlich einige Vernachlässigungen, denn, wie wir heute wissen, sitzen die Atome natürlich nicht streng auf ihren Plätzen, sondern können durch Platzwechsel auch an anderen Stellen des Gitters auftreten. An sich müßten alle diese Möglichkeiten in einer strengen Berechnung erfaßt werden; ihre Vernachlässigung würde bedeuten, daß die nicht in die Rechnung einbezogenen Fehlordnungserscheinungen als unabhängig betrachtet werden. Wenn wir also an Stelle von (3) mit dem vereinfachten Ausdruck

$$Z = \sum_{\text{konf.}} \exp - V_i/kT \tag{4}$$

V_i = potentielle Energie der Konfigurationen

rechnen, so greifen wir auf ein statisches Modell zurück, das alle dynamischen Eigenschaften, wie Platzwechsel, kurzzeitiges Sitzen auf Zwischengitterplätzen, Krystallgitterschwingungen usw. vernachlässigt. Über welche Gitterplätze zu summieren ist, kann man für das kooperative Fehlordnungsproblem aus sehr sauberen monochromatischen Röntgenaufnahmen entnehmen; im allgemeinen untersucht man heute so, daß man das System von verschiedenen Temperaturen auf Zimmertemperatur abschreckt und röntgenographisch aufnimmt. Bei dieser Methode muß allerdings vorausgesetzt werden, daß die Diffusionsschwierigkeiten bei Raumtemperatur so groß sind, daß keine wesentlichen Änderungen während der Belichtungszeit eintreten können. In allen Fällen wird diese Bedingung nicht immer erfüllt sein, aber es gibt genügend Systeme, für die sie zulässig ist. Natürlich kann durch den Abschreckvorgang nicht immer vermieden werden, daß auch weniger träge Unordnungserscheinungen, und dazu gehören offenbar auch gelegentliche Besetzungen, nicht den strengen Punktlagen entsprechender Gitterplätze, sich während des Abschreckvorganges weitgehend ändern. In solchen Fällen wären Aufnahmen bei der zu untersuchenden Gleichgewichtstemperatur unerläßlich. Wir wollen diese Frage hier nicht erörtern, obwohl es noch eingehender experimenteller und theoretischer Untersuchungen bedarf, bis der Einfluß dieser, in allen Forschungsarbeiten auf diesem Gebiet vernachlässigten Effekte genügend geklärt ist.

Das Gebiet der kooperativen Erscheinungen tritt im Krystallgitter immer dann auf, wenn man physikalische Eigenschaften zu untersuchen hat, bei denen irgendein Einfluß eines Atoms auf seine Nachbaratome besteht. Wie weit dieser direkte Einfluß zu erstrecken ist, hängt von der Wahl des entsprechenden Problems weitgehend ab und ist von Fall zu Fall gesondert zu diskutieren. Dieser direkte Einfluß pflanzt sich nun indirekt über die Nachbarn auf die weitere Umgebung fort und wird entweder oberhalb einer bestimmten Entfernung so klein sein, daß er vernachlässigt werden kann oder aber selbst für den unendlichen Krystall niemals verschwinden. Ist ersteres der Fall, so sprechen wir im Ordnungs-Unordnungsgebiet von einem nahgeordneten System, ist aber das Letztere bestimmend, dann liegt ein ferngeordnetes System vor.

Ich möchte hier noch einige Beispiele kooperativer fehlgeordneter Systeme anführen:

1. Der in der Krystallographie wohl wichtigste Fall ist der Mischkrystall mit allen Übergängen von der Überstrukturbildung bis zur Entmischung. Theoretisch wird dieses Problem meist so behandelt, daß man die Mengenanzahlen der vorliegenden Atomarten auf eine gleichgroße Anzahl von Gitterplätzen setzt und mit Hilfe kombinatorischer Überlegungen alle möglichen Konfigurationen und die dazugehörigen potentiellen Energien ausrechnet. Für symmetrische Wechselwirkungsenergien bei zwei Teilchenarten wird das Problem äquivalent der Theorie des Ferro- bzw. Antiferromagnetismus.

2. Weitere außerordentlich häufige Fälle sind Krystalle, deren Unordnung lediglich in der Möglichkeit der Einnahme verschiedener Lagen besteht. Für eindimensional fehlgeordnete Systeme sind die dichtesten Kugelpackungen eines der hervorstechendsten, in der Natur sehr oft vorkommenden Beispiele. Meistens sind diese Fälle so gelagert, daß sich die statistisch besetzbaren Lagen in bezug auf ihre nächste Nachbarschaft nicht unterscheiden, also erst durch die übernächsten usw. Nachbarn ungleichwertig werden.

3. Ein drittes wichtiges Gebiet sind die sog. „Rotationsumwandlungen", bei denen meist Molekülgruppen gewisse drehsymmetrische Lagen, möglicherweise aber auch nahezu freie Rotationen ausführen können. Es soll hier aber ausdrücklich bemerkt werden, daß der experimentelle Nachweis für eine wirkliche Rotation noch nicht in allen Fällen erbracht werden konnte. Selbst die Existenz eines zweiten Maximums der spezifischen Wärme bzw. das Verschwinden bestimmter Röntgeninterferenzen im Pulverdiagramm sind noch kein eindeutiger Nachweis für eine freie Drehung gewisser Moleküle.

Wir werden jetzt dazu übergehen, Problemstellung und Lösungsmöglichkeit am eindimensionalen Modell zu studieren. Dazu werden wir die sog. große Zustandssumme (grand partition function) einer eindimensionalen Kette aus A- und B-Atomen berechnen. Die Verwendung der großen Zustandssumme bedeutet, daß wir uns nicht auf ein bestimmtes Mengenverhältnis beschränken, sondern alle möglichen Anzahlen von A- und B-Atomen berücksichtigen. Diese Verfahrensweise macht das Problem in seiner mathematischen Durchführung wesentlich einfacher und dürfte bei genügend großen Anzahlen von A- und B-Atomen keine Beschränkung der Allgemeinheit bedeuten.

Um die Rechnung nicht unnötig zu komplizieren, werden wir noch zwei weitere Vereinfachungen einführen:

1. Zur Berechnung werden nur die Wechselwirkungsenergien der nächsten Nachbarn herangezogen.

2. Die Wechselwirkungen sollen symmetrisch sein, d. h. $V_{AA} = V_{BB}$; $V_{AB} = V_{BA}$ (die Indices geben an, welche Teilchenarten den Wechselwirkungsenergien zugrunde liegen).

Diese beiden Einschränkungen sind jedoch für die Lösung des Problems keine grundsätzlichen Schwierigkeiten; beide können durchaus fallen gelassen und die exakte Durchrechnung durchgeführt werden. Die Komplizierung ist nur rein formal mathematischer Art. Das eindimensionale Modell wurde für die ferromagnetische Kette bereits von ISING (*1*) mit der oben angeführten Einschränkung gelöst. Sein Verfahren ist jedoch gegenüber dem folgenden so viel komplizierter und außerdem auch nicht verallgemeinerungsfähig, daß ich hier nicht näher darauf eingehen möchte. Zur Vereinfachung der Schreibweise legen wir den 0-Punkt der potentiellen Energie so, daß $V_{AA} = - V_{AB}$, für $-\frac{V_{AA}}{kT}$ schreiben wir also $+H$, für $\frac{V_{AB}}{kT}$, $-H$. Dann läßt sich die Zustandssumme einer Kette von m Gliedern zunächst für die Randlösung unmittelbar berechnen. Wir benutzen dazu das folgende Differenzenschema:

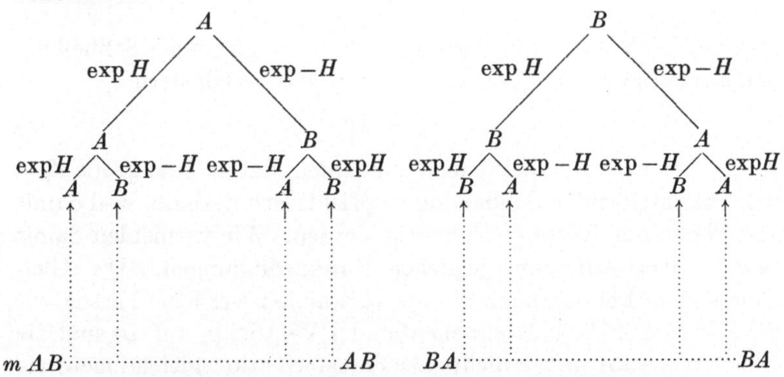

Schema zur Aufstellung der Differenzengleichungen.

Man sieht ein, daß die m-te Zeile des Schemas unmittelbar die Anzahl der möglichen Konfigurationen und die an den Wegen stehenden Boltzmann-Faktoren miteinander multipliziert die dazugehörigen Boltzmann-Faktoren ergeben. Das Ergebnis der m-ten Zeile addiert ergibt also die Zustandssumme Z_m^A mit A als Ausgangsatom. Desgleichen läßt sich aus dem Schema mit B als Ausgangsatom Z_m^B ermitteln. In unserem Falle sind jedoch beide Lösungen gleich. Nehmen wir nun an, uns sei das Ergebnis für die Teilzustandssummen Z_{m-1}^{AA}, Z_{m-1}^{AB} $(Z_{m-1}^{AA} + Z_{m-1}^{AB} = Z_{m-1}^{A})$ bekannt; (Z_{m-1}^{AA} soll bedeuten, daß das Randatom und das Atom an der m-ten Stelle ein A-Atom sein soll), dann lassen sich daraus die Teilzustandssummen und damit auch die Zustandssumme für die Kette von m Gliedern ermitteln. Es ergeben sich folgende Rekursionsgleichungen:

$$\begin{aligned} Z_m^{AA} &= Z_{m-1}^{AA} \exp H + Z_{m-1}^{AB} \exp -H \\ Z_m^{AB} &= Z_{m-1}^{AA} \exp -H + Z_{m-1}^{AB} \exp H \\ Z_m^{BA} &= Z_{m-1}^{BA} \exp H + Z_{m-1}^{BB} \exp -H \\ Z_m^{BB} &= Z_{m-1}^{BA} \exp -H + Z_{m-1}^{BB} \exp H \,. \end{aligned} \tag{5}$$

Daraus erhält man jeweils durch Addition der beiden Gleichungen

$$Z_m^A = Z_{m-1}^A \; 2 \cosh H = Z_{m-1} \, \lambda_1 ;$$

die gesamte Zustandssumme bei Bestehen des Randes (Ausgangsatom und Endatom) ergibt sich zu

$$2 \, \lambda_1^{m-1} ,$$

während bei Vermeidung des Randes unter ringförmiger Schließung der Kette die gesamte Zustandssumme von m-Gliedern

$$Z_m = \lambda_1^m \tag{6}$$

wird. Wir wollen dabei jedoch annehmen, daß m eine große Zahl ist. Die ringförmige Schließung empfiehlt sich deshalb, weil damit alle Plätze der Kette gleichwertig werden. Wir vermeiden damit bewußt das Auftreten jeglicher Randbedingungen. Die Gleichungen (5) können auch anders verstanden werden. Fassen wir die Z^{AA} und Z^{AB} als Komponenten des Vektors $\mathfrak{p}_\nu$ auf, so sind die Gleichungen (5) weiter nichts als Transformationsgleichungen, die den Vektor $\mathfrak{p}_\nu$ in den Vektor $\mathfrak{p}_{\nu+1}$ überführen. Bei ringförmig geschlossenem Modell und Erstreckung der Berechnung auf alle Glieder müssen die beiden Vektoren den gleichen physikalischen Sachverhalt beschreiben, nur müssen wir berücksichtigen, daß wir an sich bei Transformation (5) formal die Kette um ein Glied erweitern; diese Einschränkung gilt aber nicht, wenn wir die Unterscheidung zwischen den Vektor $\mathfrak{p}_\nu$ und $\mathfrak{p}_{\nu+1}$ fallen lassen und stattdessen einen konstanten Faktor λ einführen, der dieser Erweiterung Rechnung trägt. Wir schreiben in Matrixschreibweise für (5)

$$\lambda \mathfrak{p} = \boldsymbol{V} \mathfrak{p} \;\; \text{bzw.} \;\; (\boldsymbol{V} - \lambda \, \mathbf{1}) \, \mathfrak{p} = 0 \tag{7}$$

und man erkennt unmittelbar, daß das gesamte Problem auf ein Matrixeigenwertproblem zurückgeführt wird, das, je nach Anzahl der Komponenten und Rang der Matrix $\boldsymbol{V}$, verschiedene Eigenwerte und Eigenvektoren besitzt. Die Eigenwerte erhält man unmittelbar aus der Lösung der Säkulargleichung $(\boldsymbol{V} - \lambda \, \mathbf{1}) = 0$. Die physikalische Bedeutung der Eigenwerte, die sich in unserem Problem zu

$$\lambda_1 = 2 \cosh H, \;\; \lambda_2 = 2 \sinh H$$

ergeben, ist unmittelbar evident. Die Zustandssumme ergibt sich aus ihrem doch schrittweisen Aufbau zu

$$Z_m = \sum_\nu \lambda_\nu^m,$$

während die Eigenvektoren die Wahrscheinlichkeitsverteilung der A- und B-Atome (bzw. bei komplizierterem System der Konfiguration) und ihre Zusammenhänge wiedergeben.

Wir gehen zurück auf unser Gleichungssystem (5). Man kann in analoger Weise auch die Lösung für die Teilzustandssumme finden und erhält durch Graderniedrigung und Kopplung der beiden Gleichungen folgende Lösung für die Teilzustandssummen:

$$Z_m^{AA} = Z_m^{BB} = \tfrac{1}{4}\,(\lambda_1^m + \lambda_2^m) \text{ mit } \lambda_1 = 2\cosh H;\ \lambda_2 = 2\sinh H$$

$$Z_m^{AB} = Z_m^{BA} = \tfrac{1}{4}\,(\lambda_1^m - \lambda_2^m)\,.$$

Da die absoluten Wahrscheinlichkeiten durch Division mit der Gesamtzustandssumme gegeben sind, erhalten wir

$$P_m^{AA} = P_m^{BB} = \tfrac{1}{4}\,[1 + (\operatorname{tgh} H)^m],\ P_m^{AB} = P_m^{BA} = \tfrac{1}{4}[1 - (\operatorname{tgh} H)^m]. \quad (8)$$

Diese Lösung gilt aber nur für die Teilzustandssumme von m Gliedern, also unter der Annahme, daß die Wahrscheinlichkeiten bei Ergänzung bis zu unendlichen Ketten sich nicht ändern. Man kann leicht zeigen, daß für das eindimensionale Modell dieses Vorgehen allgemein gültig ist.

Für $H > 0$, d. h. $-V_{AA}/kT > 0$, also $V_{AA} < 0$ sind Bindungen gleicher Paare günstiger. In diesem Falle erhalten wir gemäß Gleichung (8) für die Wahrscheinlichkeiten P_m^{AA}, P_m^{AB} mit m monoton abklingende bzw. ansteigende Lösungen. Das typische Verhalten für Entmischungserscheinungen. Ist dagegen $H < 0$, so wird $-1 \leqq \operatorname{tgh} H \leqq 0$ (AB-Bindungen sind günstiger), so ergeben sich für die beiden Wahrscheinlichkeiten alternierende Lösungen. (Überstrukturbildung durch alternierende Anordnung in der Kette.) Weiterhin sieht man unmittelbar ein, daß für alle Werte von T mit Ausnahme von $T = 0$, bei endlichen Wechselwirkungsenergien die P_m für $m \to \infty$ den Wert 1/4 erreichen, d. h. unabhängig von m werden. Das bedeutet aber, daß es im eindimensionalen Modell keine Fernordnung geben kann, sofern die Kette nur lang genug ist. Die Größen P_m^{AA}, P_m^{AB}, P_m^{BB} und P_m^{BA} gehen unmittelbar in das Röntgenbeugungsproblem unserer Kette ein. Die gebeugte Intensität wird durch die Gleichung

$$J = \sum_{m=-(N-1)}^{N-1} (N - |m|)\,\overline{FF_m^*}\exp - 2\pi i\, m\, A \quad (9)$$

$$A = -\left(\mathfrak{a}, \frac{\mathfrak{s} - \mathfrak{s}_0}{\lambda}\right)$$

$\mathfrak{a}$ = Gittervektor

λ = Wellenlänge der einfallenden Röntgenwelle

$\mathfrak{s}_0$ = Einheitsvektor der einfallenden Röntgenwelle

$\mathfrak{s}$ = Einheitsvektor der gebeugten Röntgenwelle

N = Anzahl der Kettenglieder

berechnet.

Der Mittelwert $\overline{FF_m^*}$ ist offenbar durch

$$\overline{FF_m^*} = P_m^{AA} F_A^2 + P_m^{BB} F_B^2 + P_m^{AB} F_A F_B + P_m^{BA} F_A F_B$$
$$= \tfrac{1}{4} (F_A + F_B)^2 + \tfrac{1}{4} (F_A - F_B)^2 (\operatorname{tgh} H)^m$$

F_A, F_B = Streuamplitude auch der kugelförmig gedachten Atome, gegeben, Einsetzen und Aufsummieren in (9) ergibt die Intensität

$$J = \frac{1}{4}\left\{\frac{\sin^2 \pi N A}{\sin^2 \pi A} (F_A + F_B)^2 + \right.$$
$$\left. + N \frac{1 - (\operatorname{tgh} H)^2}{1 - 2 \operatorname{tgh} H \cos 2\pi A + (\operatorname{tgh} H)^2} (F_A - F_B)^2\right\}. \tag{10}$$

Es gibt also in bezug auf A scharfe „Interferenzen" der maximalen Intensität $N^2 (F_A + F_B)^2$ und diffuse Interferenzen der maximalen Intensität $N (F_A - F_B)^2 \frac{1 + \operatorname{tgh} H}{1 - (\operatorname{tgh} H)}$ und der minimalen Intensität $N (F_A - F_B)^2 \frac{1 - (\operatorname{tgh} H)}{1 + (\operatorname{tgh} H)}$. Je nachdem, ob wir uns im Fall $H > 0$ oder $H < 0$ befinden, liegen die Maxima an gleicher Stelle oder zwischen den „scharfen" Interferenzen des ersten Gliedes von Gleichung (10).

Man sieht aus den vorstehenden Berechnungen, daß die Lösung des Beugungsproblems der Röntgenstrahlen unmittelbar mit der Problematik der statistischen Thermodynamik verknüpft ist. Ja mehr noch, das Röntgenbeugungsbild kann die noch weitgehenderen Aussagen über das Verhalten der Teilzustandssummen machen. Damit gewinnt diese Methode zur Untersuchung von Fehlordnungserscheinungen ein besonderes Interesse. Das Röntgenbeugungsbild bietet sich als die direkteste Methode zur Kontrolle der Übereinstimmung zwischen Theorie und Experiment an, während die Prüfung der Ordnungs-Unordnungsübergänge durch Messung thermodynamischer und anderer physikalischer Größen nicht unmittelbar, sondern auf Umwegen mit dem statistischen Problem zusammenhängen.

Auch die Behandlung des zwei- und dreidimensionalen Fehlordnungsmodells ist nach den gleichen Methoden möglich, und es zeigt sich schon beim Ansetzen der Lösungen, daß mit dem Übergang (bereits in die zweite Dimension) ein grundsätzlicher Unterschied verknüpft ist. Wenn wir versuchen, einen dreidimensionalen Krystall in der gleichen Weise durch Verknüpfung von Netzebene mit Netzebene zusammenzufügen, so zeigt sich, daß wir für eine Netzebene aus n Atomen alle 2^n Konfigurationsmöglichkeiten dieser Netzebene zu berücksichtigen haben. Diese 2^n Konfigurationsmöglichkeiten bedeuten aber, daß wir je nach Konfiguration der vorangehenden Netzebene verschiedene BOLTZMANN-Faktoren für die nachfolgende Netzebene einführen müssen. Man übersieht hier die Verhältnisse am besten, wenn wir die für den dreidimensionalen Fall analoge Gleichung zu (7) aufstellen.

$$\lambda\,\mathfrak{p} = \boldsymbol{V}\,\mathfrak{p}\,. \tag{11}$$

Die Bedeutung dieser Gleichung führt hier unmittelbar die neuen Bedeutungen von λ, $\mathfrak{p}$ und $\boldsymbol{V}$ vor Augen. Die Matrix $\boldsymbol{V}$ ist in diesem Falle vom Rang n. Numerieren wir die Konfigurationen von 1 bis 2^n durch, so kann man die Elemente der Matrix wie folgt ordnen:

$$\boldsymbol{V} = \begin{pmatrix} \exp - V_{11}/kT & \cdots & \exp - V_{1n}/kT \\ \vdots & & \vdots \\ \exp - V_{n1}/kT & \cdots & \exp - V_{nn}/kT \end{pmatrix}$$

V_{ik} ist dabei die Wechselwirkungsenergie für zwei benachbarte Netzebenen, für die sich die eine in der Konfiguration i und die andere in der Konfiguration k befindet. Wir bemerken noch, daß die Matrix nur Elemente besitzt, die für endliche T größer als 0 sind und außerdem offenbar sehr viele Elemente der 0 nahe kommen, wenn V_{ik}/kT für verschiedene Konfigurationskombinationen sehr groß wird. Aus dem Rang der Matrix und der Konstanten des Gleichungssystems (11) kann man entnehmen, daß der physikalische Sachverhalt durch 2^n Eigenwerte und 2^n Eigenvektoren beschrieben wird. Der Leser kann unmittelbar einsehen, daß wie beim eindimensionalen Modell die Zustandssumme durch

$$Z = \sum_{\nu} \lambda_{\nu}^{N},$$

wobei N die Anzahl der Netzebenen ist, gegeben ist, und daß weiterhin die Eigenvektoren wie im eindimensionalen Fall die Wahrscheinlichkeitsverteilung der Konfigurationen beschreiben. Im allgemeinen sind die 2^n Eigenwerte verschieden voneinander, und man kann dann die Zustandssumme mittels des größten Eigenwerts zu

$$Z = \lambda_{max}^{m} \tag{12}$$

berechnen. Der größte Eigenwert gibt also eine Beziehung an, welche die mittlere freie Energie pro Teilchen festlegt. Man kann leicht zeigen, daß unter der Voraussetzung, daß ein λ_{max} existiert, zwei genügend weit entferntere Netzebenen keinen Einfluß mehr aufeinander ausüben, also keine Fernordnung im Krystall vorhanden ist, dagegen ist das nicht der Fall, wenn mindestens zwei Eigenwerte einander gleich werden. Tritt die oben erwähnte Entartung des größten Eigenwertes ein, so werden wir also mit Fernordnung im unendlichen Krystall rechnen können. Gemäß einem von Frobenius aufgestellten Theorem ist aber der größte Eigenwert dann positiv, und nicht entartet, wenn alle Elemente der Matrix positiv sind. Man kann also aus den vorher aufgestellten Betrachtungen sofort schließen, daß es im endlichen Krystall keine kritische Temperatur für den Übergang der Nahordnung zur Fernordnung gibt. Erst für den unendlichen Krystall für den unendlich viele Elemente bei genügend tiefer Temperatur der 0 sehr nahekommen, kann die Entartung eintreten. Kramers und Wannier (*2*) haben für die kritische Temperatur eine direkte Beziehung ermitteln können.

Die Lösung des Matrixeigenwertproblems ist nun eine sehr schwierige Aufgabe, deren exakte Lösung einen ungewöhnlichen mathematischen Apparat benötigt. Jedoch sind Näherungslösungen auf dem Wege der Matrixstörungsrechnung möglich. Onsager (*3*) und Kaufmann (*4*) haben das zweidimensionale Problem eines rhombischen Netzes mit symmetrischen Wechselwirkungsenergien für A- und B-Teilchen, aber verschiedene Wechselwirkungen in bezug auf die Hauptachsen des Netzes (V, V') lösen können. Sie benutzten nicht die Matrix selbst, sondern beschreiben die Wirkungsweise der Matrix $\boldsymbol{V}$ auf die Vektoren $\mathfrak{p}$ durch Operatoren. Dazu wird $\boldsymbol{V}$ in zwei Teiloperationen zerlegt. Die eine Operation entspricht den Wechselwirkungen innerhalb der neuen Kette, die zweite den Wechselwirkungen in der vorangegangenen Kette. Sie können auf diese Weise beide Operationen durch eine Summe von Produkten gewisser Grundoperationen darstellen, die für sich eine Quaternion bilden. Mit Hilfe der irreduziblen Darstellungen dieser Quaternion gelingt es ONSAGER, durch Bildung des direkten Produkts der Quaternionen zu einer allgemeinen Algebra zu gelangen, mit deren Hilfe er die Operatoren und ihre Wechselwirkungen beschreiben kann. Es soll

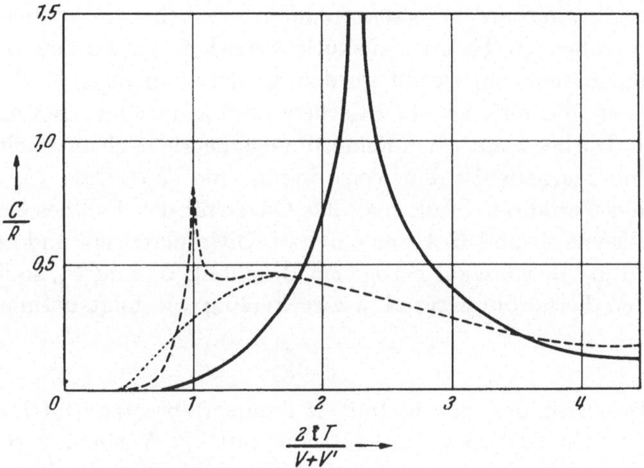

Abb. 1. Ergebnis der ONSAGERschen Berechnung der spezifischen Wärmen als Funktion der Temperatur für verschiedene Werte von $\frac{V'}{V}$. $\frac{V'}{V} = 1$ —— $\frac{V'}{V} = \frac{1}{10}$ - - - $\frac{V'}{V} = 0$ · · · ·

hier auf diese rein formal mathematische Lösung nicht eingegangen werden, jedoch ist es zweckmäßig, die Ergebnisse ONSAGERs für das zweidimensionale Modell kurz zu diskutieren. Das Verhalten der spezifischen Wärme als Funktion der Temperatur ist in Abb. 1 für verschiedene Verhältnisse der Wechselwirkungsenergien V und V' wiedergegeben. Es ist zu bemerken, daß die spezifische Wärme mit $\ln N$ am kritischen Punkt unendlich wird, jedoch rechts und links davon stetig ist, also keinen Sprung aufweist. Die Fläche unter dem Maximum wird mit wachsender Anisotropie ($V' = V$) immer kleiner und geht schließlich ganz in die Lösung des eindimensionalen Modells über. Die kritische Temperatur ist durch den Ausdruck

$$\sinh V/kT_c \;\; \sinh V'/kT_c = 1 \tag{13}$$

gegeben, eine Gleichung, die für $V = V'$ bereits von KRAMERS und WANNIER gefunden wurde. Wesentlich schwieriger ist, bereits beim zweidimensionalen Modell die Lösung für das Röntgenbeugungsproblem, also der Ausbreitung des Ordnungszustandes. Hier scheinen die vorliegenden Ergebnisse für die Übertragung auf das Beugungsproblem viel zu umständlich und Näherungslösungen zweckmäßig zu sein. Darüber wird an anderer Stelle berichtet werden.

Es sollen hier nicht die älteren auf nur rein thermodynamischer Basis beruhenden Theorien diskutiert werden, wie sie von BORELIUS und anderen entwickelt wurden, sondern diejenigen Methoden behandelt, die mit der statistischen Lösung in enger Beziehung stehen. Die der klassischen Fehlordnungstheorie noch am nächsten stehende Methode ist ein von BRAGG und WILLIAMS (5) entwickeltes Verfahren. Teilt man das Gitter für den Fall des Mischkrystalls mit A- und B-Atomen in a-, b-Gitterplätze ein und nennt ihre auf die Gesamtzahl bezogenen Bruchteile F_a und F_b, so kann man den Fernordnungsgrad S zweckmäßig wie folgt definieren:

$$S = \frac{r_a - F_a}{1 - F_a} \tag{14}$$

r_a = Bruchteil der richtig (mit A-Atomen) besetzten A-Plätze.

Man sieht leicht ein, daß für eine zufällige Verteilung $S = 0$ und für den geordneten Zustand $S = 1$ wird. Um die Krystallenergie zu berechnen, wird ein sehr angreifbarer Ansatz eingeführt. Wir nehmen an, daß im geordneten Zustand für die Umbesetzung eines „richtig" besetzten Platzes die Energie V_0 benötigt wird, während im völlig ungeordneten Zustand, abgesehen von der Überwindung der Energieschwelle, keine Energie wegen der Ununterscheidbarkeit der Gitterplätze gebraucht wird, so bietet sich als einfachster Ansatz für die Umbesetzung als Funktion des Ordnungsgrades S die Beziehung

$$V = V_0 S \tag{15}$$

an. Damit können wir die potentielle Energie als Funktion des Ordnungszustandes angeben. Das zweite Problem, die Ermittlung des wahrscheinlichsten Ordnungszustandes, kann man leicht durch Ausrechnung der Anzahl der Realisierungsmöglichkeiten aller Fernordnungsgrade S, Einsetzen in die Beziehung $F = V - T\Phi$ und Ermittlung des Minimums von F, bestimmen. Diese an sich einfache Berechnung soll hier nicht durchgeführt werden. Wir wollen nur die in diesem Modell enthaltenen Vernachlässigungen diskutieren, um einen Maßstab für diese Anwendbarkeit zu gewinnen. Die Betrachtung der Krystallenergie als reine Funktion des Fernordnungsgrades stellt eine recht grobe Mittelung über eine Reihe von Energiewerten der verschiedenen Konfigurationsmöglichkeiten dar, deren Fehler um so bedenklicher werden, je geringer der Fernordnungsgrad der Anordnungen ist. Aus der exakten Lösung wissen wir, daß nur unterhalb der kritischen Temperatur alle Zustände ohne Fernordnung sehr ungünstige BOLTZMANN-Faktoren erhalten, so daß sie bei genügend tiefen Temperaturen vernachlässigbar sind. Man kann also bestenfalls erwarten, daß die Theorie quantitativ auf Systeme mit hohem Fernordnungsgrad anwendbar ist. In der Tat zeigt schon der Vergleich mit den neuen Theorien, daß die Übereinstimmung sehr dürftig ist (vgl. Abb. 2 und 3). Für die spezifische Wärme äußert sich das mehr an der Lage der kritischen Temperatur, deren quantitative experimentelle Prüfung ohnehin nicht möglich ist, als in ihrem charakteristischen Verlauf. Das bedeutet weiter nichts, als daß die spezifische Wärme als Meßmethode für die Festlegung des kritischen Punktes zwar wertvolle Dienste leistet, jedoch sonst für Feinheiten des Modells sehr unempfindlich ist.

Die sehr grobe Ausmittlung der BRAGG-WILLIAMS-Methode versucht BETHE (*6*) durch eine direktere Methode zu vermeiden. Es wird ein Nahordnungsparameter σ definiert.

$$\sigma = \frac{q - q_u}{q_o - q_u} \tag{16}$$

q = Wahrscheinlichkeit, ein AB-Paar zu finden,

q_u = Wahrscheinlichkeit, ein AB-Paar zu finden für den völlig ungeordneten Zustand,

q_o = Wahrscheinlichkeit, ein AB-Paar zu finden für den völlig geordneten Zustand.

Eingeführt und berücksichtigt werden die Wechselwirkungsenergien nur der nächsten Nachbarn. Damit läßt sich die Energie als Funktion von σ ermitteln. Die grobe Ausmittlung ist nun vermieden, aber es muß eine Beziehung gesucht werden, die den Fernordnungsgrad S mit σ verbindet. BETHE teilt dazu seinen Krystall um das Zentralatom in einen Innen- und in einen Außenraum ein. Für die erste Näherung gehören das Zentralatom und dessen nächste Nachbarn dem Innenraum und alles übrige dem Außenraum, für die zweite Näherung werden noch die übernächsten Nachbarn in den Innenraum einbezogen. Exakt berechnet wird lediglich die Zustandssumme des Innenraumes, diejenige des Außenraumes wird durch einen generellen Einfluß aller Zustände auf die an den Außenraum angrenzenden Atome berücksichtigt. Das geschieht in der Weise, daß für jedes falsch sitzende Atom des Innenraumes ein gemeinsamer ungünstiger BOLTZMANN-Faktor $\exp - U/kT$ eingeführt wird. Hier schleicht sich also wieder die BRAGG-WILLIAMSsche Vorstellung des „falsch" und „richtig" besetzten Gitterplatzes ein. Durch Ausrechnen der relativen Wahrscheinlichkeit, daß der Zentralplatz (f) und ein Atom der nächsten Nachbarn des Zentralplatzes (f') falsch besetzt ist, ergibt sich eine Beziehung zur Ermittlung des Faktors $\exp - U/kT$

$$\exp - V/kT = \frac{\sinh (z-2)\,\delta}{\sinh z\,\delta} \text{ mit } \exp - U/kT = \exp - 2\,\delta\,(z-1)$$

$$V = \frac{V_{AA} + V_{AB}}{2} - V_{AB}\,. \tag{17}$$

$$z = \text{Koordinationszahl.}$$

Man kann leicht zeigen, daß Gleichung (17) von 0 verschiedene Lösungen von δ hat, und zwar bis zu einer kritischen Temperatur T_c, die durch

$$V/kT_c = \ln \frac{z}{z-2} \tag{18}$$

gegeben ist. Für alle höheren Temperaturen existiert nur die Lösung $\delta = 0$ ($U = 0$), d. h. der Außenraum kann keine Unterscheidung zwischen „richtigen" und „falschen" Gitterplätzen vornehmen. Entscheidend gegenüber der BRAGG-WILLIAMS-Theorie ist die Abhängigkeit aller Ergebnisse von der Koordinationszahl z; es läßt sich zeigen, daß BETHEs Theorie für $z = \infty$ in die von BRAGG-WILLIAMS übergeht.

Wir wollen nun das BETHEsche Modell, das nur in groben Zügen dargestellt werden konnte, einer kurzen Kritik unterziehen. Man kann erkennen, daß BETHEs Methode zwar einen weiteren Gültigkeitsbereich haben dürfte als die BRAGG-WILLIAMSsche Mittelung, aber bereits unterhalb der kritischen Temperatur T_c und erst recht oberhalb dürften hier bedenkliche Fehler auftreten, so daß keinerlei Hoffnung besteht, die Verhältnisse im interessierenden Gebiet in Nähe der kritischen Temperatur auch nur annähernd richtig zu beschreiben. Diese Tatsache läßt sich sofort aus unserem Konstruktionsprinzip der Zustandssumme, übertragen auf das BETHEsche Modell, erläutern. In der ersten Näherung würde beispielsweise für jedes A- und B-Atom der ersten Schale im Bereich fehlender Fernordnung der noch weiter reichende Einfluß des Zentralatoms unterdrückt, das ist aber nur im Gebiet

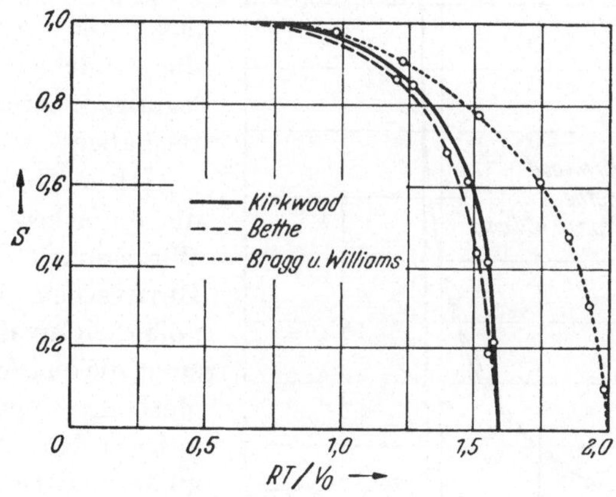

Abb. 2. Fernordnung S als Funktion der Temperatur.

sehr hoher Temperaturen zulässig; dagegen dürfte die Ausmittlung des Einflusses bei tiefen Temperaturen (hoher Fernordnungsgrad) eine sehr gute Näherung darstellen, weil sich hier zeigen läßt, daß der Einfluß des Zentralatoms auf die Nachbarn sehr rasch zum allgemeinen Fernordnungsgrad absinkt, das gilt aber nicht für kleine Werte von S. Die von BETHE zum Beweis herangezogene scheinbare Konvergenz der beiden Näherungen dürfte kein Beweis für deren Gültigkeit sein. Die exakte Errechnung der Zustandssumme ergibt zwar genaue Werte für den Innenraum, aber der Einfluß des Außenraumes wird durch seine Wirksamkeit auf eine größere Zahl von Atomen immer gefährlicher.

Auf KIRKWOODs (7) Methode, die auf eine rein mathematische Reihenentwicklung der thermodynamischen Funktionen hinausgeht, soll hier nicht näher eingegangen werden. In ihr treten als unbekannte Größen die mittleren Schwankungen der Potenzen der

Energie auf, die wieder aus einem Näherungsmodell berechnet werden müssen und damit der an sich exakten Methode ihre Vorzüge wieder rauben. Ihre Übereinstimmung mit der BETHEschen Methode liegt mehr in der Verwendung eines ähnlichen Modells als in der Exaktheit begründet. Wir wollen noch am Schluß die Abb. 2 und 3 betrachten und feststellen, daß die Ergebnisse der soeben besprochenen Theorien durchaus die Hauptabweichungen zeigen, die wir durch die vorstehenden Überlegungen bereits erwartet haben.

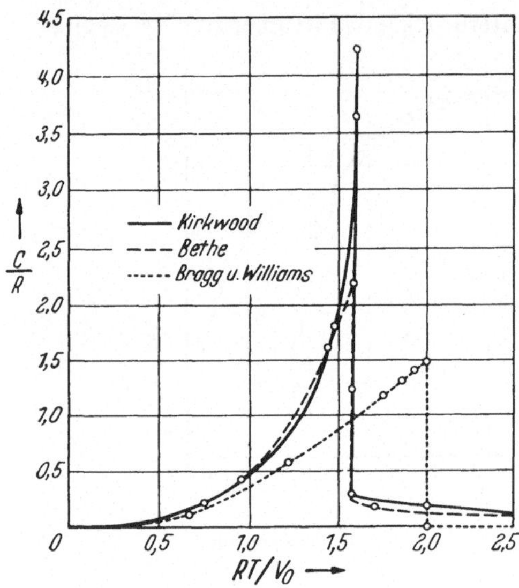

Abb. 3. Spezifische Wärme als Funktion der Temperatur.

Ich möchte jetzt auf die einfachste, in ihrer Wirksamkeit mit der BETHEschen Näherung völlig äquivalente Lösung, die quasichemische Methode eingehen, die auf die Theorie der regulären Lösungen von GUGGENHEIM (*8*) zurückgeht und von FOWLER und GUGGENHEIM (*9*) auf die Mischkrystalle anwendbar gemacht wurde. Die Berechnung der Krystallenergie erfolgt hier wie bei BETHE. Nennen wir die Paaranzahlen der AB-Paare mit A-Atomen auf a-Plätzen und B-Atomen auf b-Plätzen [0, 0], diejenigen mit B-Atomen auf a- und A-Atomen auf b-Plätzen [1, 1], entsprechend die A-A-Paaranzahlen mit [0, 1] und die BB-Paare mit [1, 0], so kann man daraus sofort die Krystallenergie berechnen. Es sei $[0, 1] = x$, so ist die Energie für unsere Mischkrystalle der Koordinationszahl z

$$E = \frac{N z}{2} V_{AB} - 2 x V \left(V = \frac{V_{AA} + V_{BB}}{2} - V_{AB} \right). \qquad (19)$$

Die quasichemische Methode führt nun die Vernachlässigung ein, daß die Paare unabhängig voneinander betrachtet werden. Um x als Funktion der Temperatur zu ermitteln, tut man also so, als ob die A- und B-Atome Moleküle eines Gases sind, die Paare bilden können; das Produkt der Paaranzahlen wird durch eine dem Massenwirkungsgesetz analoge Formel

$$\frac{[0,0]\,[1,1]}{[1,0]\,[0,1]} = \exp 2\, V/kT \tag{20}$$

gegeben. Damit erhält man also die x und E als Funktion der Temperatur. Um die interessierende freie Energie zu berechnen, muß die Integration der Energiegleichung vorgenommen werden. An dieser Stelle liegt die einzige Schwierigkeit der quasichemischen Methode. Die Überprüfung ihrer Ergebnisse hat gezeigt, daß sie mit der BETHEschen Methode (1. Näherung) völlig äquivalent ist, und da die mathematische Durchführung wesentlich einfacher ist als die BETHEsche Näherung, gibt sie ein einfaches Hilfsmittel zur Berechnung auch von komplizierteren Fällen. Die Schwierigkeit der Integration der Energiegleichung wurde von YANG (*10*) durch die Einführung der LEGENDRE-Transformation behoben. Das Modell ist aber, wie YANG gezeigt hat, noch verallgemeinerungsfähig; man kann in analoger Weise auch die zweiten und höhere Näherungen berechnen.

Die hier besprochenen Fälle hatten nur Modelle zur Unterlage genommen, bei denen im geordneten Zustand jedes A-Atom nur von B-Atomen und umgekehrt jedes B-Atom nur von A-Atomen umgeben ist. Dies ist bei einem Mischkrystall, der eine der Kugelpackungen als Grundgitter hat, nicht möglich, weil die 12 nächsten Nachbarn auch Nachbarn unter sich sind. Eine Erweiterung in dieser Richtung ist sowohl nach der BETHEschen 1. Näherung (*11*) als auch nach der quasichemischen Methode (*12*) durchgeführt worden. Auch die Beschränkung der Wechselwirkungsenergien auf die nächsten Nachbarn ist keine grundsätzliche Schwierigkeit, jedoch werden die Komplikationen damit sehr rasch erheblich.

Auf die Methode der CLUSTER-Integrale soll in diesem Zusammenhang nur kurz eingegangen werden, da diese in ihrer Anwendbarkeit auf Krystalle sehr beschränkt sind. Sie geht zurück auf eine Methode, die für eine Theorie der Kondensation realer Gase von MAYER und Mitarbeitern entwickelt wurde. Diese Methode läßt sich für das Gebiet der Entmischung auf den Mischkrystall übertragen (*13*), jedoch zeigt die Auswertung der dort auftretenden CLUSTER-Summen, daß sie den bisher behandelten

Theorien nicht überlegen ist. Die scheinbare Unabhängigkeit von der Gittergeometrie besteht nicht, weil eventuelle Spannungsarbeiten des Gitters nicht oder nur sehr schwer eingearbeitet werden können.

Alle soeben besprochenen älteren Methoden haben den großen Nachteil, daß mit ihnen das röntgenographische Beugungsproblem, also die Ausbreitung des Ordnungszustandes nicht erfaßt werden kann, und damit verlieren sie für den Krystallographen an Bedeutung. Daß sie trotzdem für thermodynamische Untersuchungen ausreichend sind, liegt an der Strukturunempfindlichkeit aller thermodynamischen Eigenschaften.

Alle bisher betrachteten Überlegungen bezogen sich auf ein rein statisches Modell des Krystalls, d. h. die entwickelten Ergebnisse sind nur dann gültig, wenn dem Krystall bei jeder Temperatur soviel Zeit gelassen wird, daß er das thermodynamische Gleichgewicht erreichen kann. Diese Bedingung kann in gewissen Fällen nicht immer erfüllt werden, und wir wollen uns deshalb noch kurz einem Ansatz zuwenden, der mehr das dynamische Problem im Auge behält. Es muß aber dabei von vornherein betont werden, daß ihm nur eine sehr begrenzte Gültigkeit zugesprochen werden kann. R. BECKER (*14*) hat das Problem der Entmischung eines Mischkrystalls vom Standpunkt des Kondensationsprozesses betrachtet und aufschlußreiche Berechnungen für den Entmischungsablauf durchgeführt. In einem bei hohen Temperaturen homogenisierten und anschließend unter die Sättigungskurve abgeschreckten Mischkrystall wird die Möglichkeit des Eintritts einer Entmischung von 2 Faktoren bestimmt. Die Diffusion der Fremdatome im Wirtgitter muß genügend groß sein, damit eine Ausscheidung überhaupt stattfinden kann. Außerdem muß für die Bildungsarbeit eines Keimes offenbar eine Potentialschwelle existieren, die durch den kritischen Radius des wachstumsfähigen Keimes gegeben wird. Betrachten wir also einen Keim bei einer bestimmten Temperatur. Wir können eine mittlere freie Volumenenergie v und eine mittlere freie Oberflächenenergie σ angeben und daraus die Keimbildungsarbeit bei würfelförmigem Keim der Kantenlängen a zu

$$A = -a^3 v + 6\, a^2 \sigma \tag{21}$$

berechnen. Der grundsätzliche Verlauf von A als Funktion von a ist in Abb. 4 wiedergegeben. A steigt also, von $a = 0$ ausgehend, zunächst an, erreicht ein Maximum bei a_k und fällt dann wieder ab, d. h. das Wachstum des Keimes erfolgt erst unter Energieverlust, um ab einer kritischen Grenze wirklich unter Energiegewinn zu wachsen. Die Wahrscheinlichkeit, daß ein solcher Keim gebildet wird, hängt von zwei Faktoren ab, nämlich der Wahrscheinlichkeit, daß die zum Keim gehörenden Atome durch Diffusion an den Ort der Keimbildung gelangen, und der Wahrscheinlichkeit, daß die Energie zur Bildung des kritischen Keimes durch die Temperatur aufgebracht wird. BECKER macht für die Keimbildungswahrscheinlichkeit den plausiblen Ansatz

$$W = K \exp - Q/kT \exp - A/kT\,, \tag{22}$$

wobei K eine Konstante, Q die Aktivierungsenergie für einen Platzwechsel und A die Arbeit zur Bildung des kritischen Keimes ist. Da die Größen v und σ temperaturabhängig sind, läßt sich das wirkliche Verhalten bei verschiedenen Temperaturen nur sehr schwer übersehen, es sei denn, man legt ein statistisches Modell zur Berechnung dieser Größe zugrunde. Nimmt man aber zunächst der Einfachheit wegen an, daß σ im interessierenden Bereich praktisch temperaturunabhängig ist, so kann man das Verhalten in einfacher Weise übersehen. Der kritische Radius wächst mit steigender Temperatur. Es treten also zwei Wirkungen miteinander in Konkurrenz. Die Diffusionswahrscheinlichkeit wird mit zunehmender Temperatur größer, und damit steigt auch die Wahrscheinlichkeit, daß N Atome sich am Keimbildungsort treffen. Andererseits steigt N mit a_k^3, und die Keimbildungsarbeit für den kritischen Keim wird größer. Man kann zeigen, daß unter Umständen die Diffusionsschwierigkeiten größer sind als die Keimbildungsschwierigkeiten.

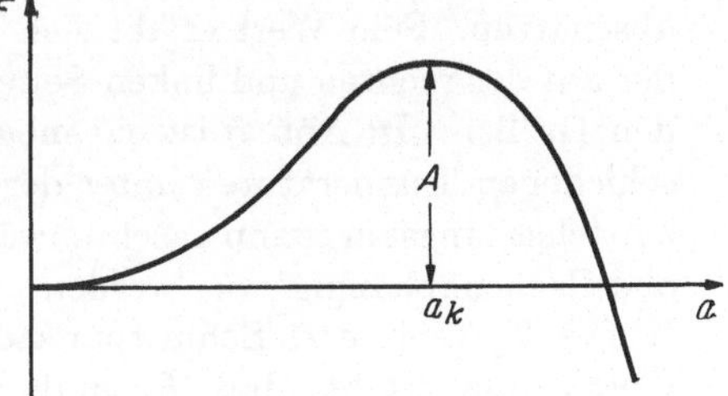

Abb. 4. Keimbildungsarbeit als Funktion des Keimradius.

Das gilt wiederum nur für eine Entmischung, bei der die Geometrie des Ausgeschiedenen mit der des Wirtsgitters identisch bzw. vergleichbar ist. In anderen Fällen müssen die Verzerrungen des Wirtgitters mit in die Rechnung einbezogen werden. Man kann den BECKERschen Ansatz rein formal durch Hinzunahme von Spannungen des Wirtgitters erweitern. Man führt dazu eine von der Größe des Keimes abhängige Verzerrungsarbeit $\sigma(a)$ ein, die wir zunächst proportional der Oberfläche des Keimes setzen wollen; dieser Ansatz bedeutet keine Beschränkung, da ja eine Keimgrößenabhängigkeit von $\sigma(a)$ bestehen bleibe. Die Keimbildungsarbeit berechnet sich damit für einen würfelförmigen Keim zu

$$A = -a^3 v + 6\,a^2\,[\sigma + \sigma(a)] \qquad (23)$$

und daraus

$$a_k \text{ aus } \partial A/\partial a = 0 \text{ zu}$$
$$a_k\,[v - 2\,\sigma'(a_k)] = 4\,[\sigma + \sigma(a_k)].$$

Macht man nun gewisse vernünftige Annahmen über die Abhängigkeit der Verzerrungsarbeit als Funktion der Keimgröße, so kann man den kritischen Radius als Funktion der Temperatur abschätzen. Sein Wert ergibt sich aus dem Schnitt des Verlaufs der auf der rechten und linken Seite der obigen Gleichung stehenden Größen. In Abb. 5 ist ein mögliches Verhalten bei drei verschiedenen Temperaturen unter der Annahme, daß die Spannung zunächst langsam, dann rasch anwächst, um schließlich nur noch oberflächenabhängig zu werden, graphisch aufgetragen. Die Kurve T_2 zeigt drei Schnittpunkte P_1, P_2, P_3 und eine nähere Überlegung ergibt, daß P_1 und P_3 einem Maximum und P_2 einem Minimum der Keimbildungsarbeit entspricht, während bei der tiefen Temperatur T_3 und der höheren Temperatur T_1 nur ein Schnittpunkt, der einem Maximum der Keimbildungsarbeit entspricht, existiert. Man sieht also, daß bei genügender Diffusion das Verhalten bei sehr wenig veränderten Temperaturen sehr verschieden sein kann, denn die Schnittpunkte bei T_1 und T_3 entsprechen sehr unterschiedlichen kritischen Keimgrößen. Bei der hohen Temperatur T_1 handelt es sich um einen ausgesprochen temperaturaktivierten Vorgang, während bei T_3 die Aktivierungsenergie nicht so hoch zu liegen braucht. Entsprechend ist auch die Kinetik beider Vorgänge merklich verschieden. Bei der Temperatur T_2 liegen die Verhältnisse ähnlich, nur daß hier offenbar zwei Energieschwellen zur Bildung des endgültig wachstumsfähigen Keimes überwunden werden müssen. Liegt die Wahrscheinlichkeit zur Überwindung der zweiten Schwelle sehr hoch, so bilden sich unter Umständen Keime von sehr gleichmäßiger

Größe (P_2), und der Vorgang der Ausscheidung scheint damit „eingefroren“ zu sein. Wird die Temperatur erhöht (T_1), so können diese Keime wieder aufgelöst werden (Rückbildung).

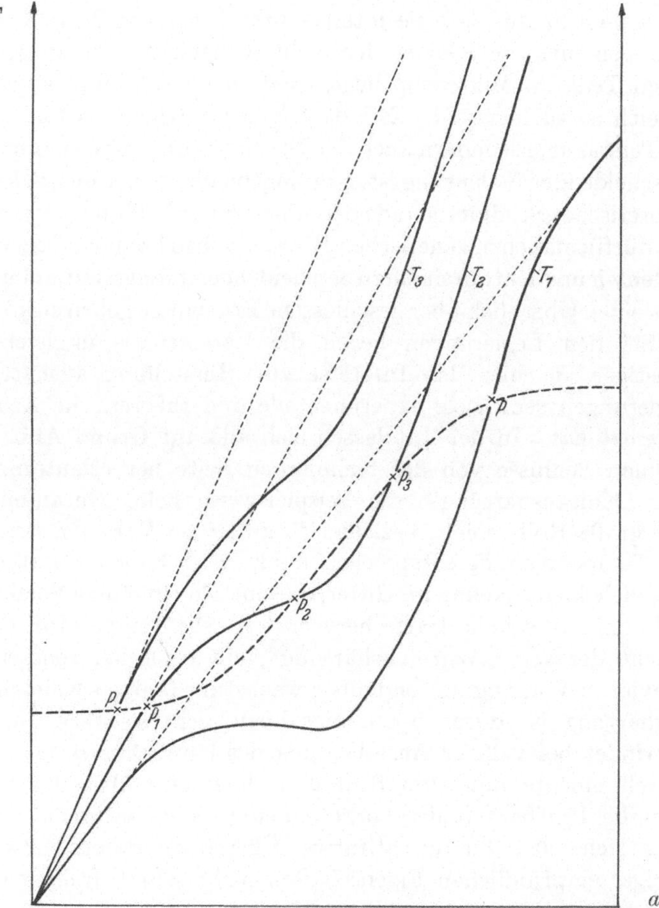

Abb. 5. Graphische Darstellung von $a\,[v-2\,\sigma'(a)]$ — für 3 verschiedene Temperaturen und $4\,[\sigma + \sigma(a)]$ – – – ; die Schnittpunkte der beiden Funktionen ergeben den kritischen Radius. Für T_2 gibt es 3 Schnittpunkte, der erste und dritte entspricht einem Maximum, der zweite einem Minimum der Keimbildungsarbeit; $T_1 > T_2 > T_3$.

Sie können aber auch weiterwachsen. Das wird wesentlich vom Grad der Temperaturerhöhung abhängen. Man sieht also, daß man mit solchen qualitativen Betrachtungen durchaus die Wesenszüge der Entmischung wiedergeben kann. Hier bietet das Mineralreich auf der einen Seite und die Aushärtungserscheinungen in Legierungen auf der anderen Seite ein weites Betätigungsfeld. Allerdings ist ersteres noch in sehr bescheidenem Umfang erforscht; wir wissen heute, daß die interessanten Teile von Mineralentmischungen nicht im Gebiet der Sichtbarmachung der ausgeschiedenen Teile im Mikroskop liegt, sondern im submikroskopischen Bereich zu suchen sind. Es läßt sich leicht zeigen, daß nicht nur die Temperatur, sondern auch der Druck für die Ausscheidung von entscheidender Bedeutung ist. Ein eingehendes experimentelles und theoretisches Studium gerade der Mineralausscheidungen in Gesteinen dürfte manchen genetischen Hinweis geben können. Jedoch befinden wir uns heute in einem zu bescheidenen Anfangsstadium, um bereits einen Überblick über geschlossene Ergebnisse geben zu können.

Bei den Legierungen liegen die Verhältnisse ungleich viel günstiger, da hier das Interesse zur Herstellung aushärtbarer Legierungen sehr viele experimentelle und theoretische Arbeiten angeregt hat. In der Tat lassen sich alle auf Grund Abb. 5 gezogenen Schlüsse von der technischen Seite her erläutern. Die sog. „Kaltaushärtung", die beispielsweise beim Duraluminium eine große Rolle spielt, bezieht sich auf einen Vorgang, der etwa der Temperatur T_2 entsprechen muß. Hier haben wir offenbar sehr viele kleine Keime im Gitter, die eine gleichmäßige Verzerrung und damit eine hohe Härte hervorrufen. Die Temperatur T_1 entspricht der sog. „Warmaushärtung", ein typischer temperaturaktivierter Vorgang mit endgültig wachstumsfähigen Keimen. Die Aushärtung ist durch Spannungsabbau nicht so stark und verschwindet bei völliger Ausscheidung des Überschusses fast ganz.

Ich möchte nun zum Schluß noch einiges über die experimentelle Prüfbarkeit der vorliegenden Ergebnisse sagen. Leider zeigt sich, daß die quantitative Übereinstimmung selbst der weniger empfindlichen Eigenschaften nicht sehr befriedigend ist. Man kann aber eine qualitative Bestätigung finden. Das liegt natürlich vornehmlich an den Vernachlässigungen des Modells. Die ungestörte Geometrie des Gitters dürfte nur in sehr wenigen Fällen erfüllt sein, außerdem ist natürlich die Beschränkung der Wechselwirkungsenergien auf die nächsten oder vielleicht noch die übernächsten Nachbarn eine nur bei metallischer Bindung hinreichend erfüllte Bedingung.

Ich habe mich deshalb zunächst bei der experimentellen Prüfung auf röntgenographischem Wege auf das theoretisch am leichtesten erfaßbare eindimensionale Modell beschränkt. Hier lassen sich die Berechnungen auf sehr weite Wechselwirkungen erweitern, außerdem sind auch Änderungen der Abstände der Kettenglieder keine Erschwerung für eine theoretische Lösung. Nur die Frage, ob eindimensionale Modelle in der Natur auch wirklich vorhanden sind, muß diskutiert werden. Bekanntlich gibt es nur dreidimensionale Krystalle und man sollte deshalb erwarten, daß wir es immer mit dreidimensionaler Fehlordnung zu tun haben werden. Glücklicherweise gibt es aber sehr viele Krystalle, die in bezug auf Fehlordnungserscheinungen als eindimensionales Modell aufgefaßt werden dürfen. Man kann das am Umwandlungsverhalten im Röntgenbild unmittelbar nachweisen. Im reziproken Gitter solcher Krystalle verteilt sich die auf Fehlordnung zurückzuführende diffuse Röntgenintensität auf „Stäbe" im reziproken Gitter. Diese Tatsache beweist, daß die Konfigurationsmöglichkeiten nur eine eindimensionale Mannigfaltigkeit bilden und in den beiden übrigen Dimensionen strenge Ordnung herrscht. Solche Krystalle sind also eindimensional fehlgeordnet. Diese Fehlordnungsart ist nun keineswegs auf ausgesprochene Schichtgitter beschränkt, sondern findet sich meistens in solchen Systemen, bei denen die geordneten Netzebenen mehrere in bezug auf die nächsten Nachbarebenen gleichwertige Lagen annehmen können. Zwar ist ein Umordnungsvorgang nur über Zwischenzustände möglich, da nicht anzunehmen ist, daß eine Netzebene als Ganzes eine Verschiebung erfährt, aber immer zeigt das Röntgenbild eindeutig, daß dieser Vorgang sehr rasch vollzogen werden muß, da sich sonst eine merkliche diffuse Intensität auch im übrigen Teil des reziproken Gitters nachweisen lassen müßte. Das ist in diesen Beispielen aber nicht der Fall.

Die Untersuchungen an ZnS (*15*), SiC, Ni_2As_3 (Maucherit) (*16*), Glimmermineralen (*17*), Dodekahydrotriphenylen (*18*), Graphit, Kobalt (*19*) und noch vielen anderen zeigen nun teilweise anomales Verhalten, und zwar deswegen, weil zum Verständnis des Unordnungsverhaltens einiger Krystalle Wechselwirkungsenergien von enormer Reichweite eingeführt werden müssen, um die dabei auftretenden Ordnungszustände deuten zu können. Diese Reichweiten gehen bei den SiC-Strukturen bis zu 500 Å und sind deswegen völlig unverständlich, weil die chemische Bindung während der Umordnung offensichtlich nicht geändert wird und außerdem in diesem Falle mit stark homöopolarer Bindung gerechnet werden muß, von der man allgemein annimmt, daß die Reichweiten nicht sehr groß sind. Eine Reihe von Untersuchungen ergab, daß sich Unordnungsvorgänge bei tiefen Temperaturen normal verhalten, also alle Ergebnisse mit normalen Ansätzen deuten lassen; bei hohen Temperaturen, etwa oberhalb 600—800°, treten diese anomalen Erscheinungen auf. Beispiele sind neben SiC, ZnS, Ni_2As_3 und die Glimmerminerale. In allen diesen Fällen müssen wir gemäß unserer heutigen Kenntnis über die chemische Bindung in Krystallen annehmen, daß die potentiellen Energien der eindimensionalen Konfigurationsmannigfaltigkeiten nahezu gleich sind. Man sollte also deshalb bei hoher Temperatur hohe Unordnungsgrade erwarten; aber genau das Gegenteil ist der Fall. Gerade bei hohen Temperaturen ergeben sich Ordnungszustände mit unbegreiflicher Wechselwirkung, obwohl ein geringer Fehlordnungsgrad meist nicht aus dem Gitter zu entfernen ist.

Eine Deutung dieses merkwürdigen Befundes ist nur aus zwei Weisen möglich. Eine wellenmechanische Begründung wäre denkbar, aber es läßt sich heute noch nicht absehen, ob Rechnungen in dieser Richtung Erfolg haben können.

Ich möchte dieses merkwürdige Verhalten auf die Trennung des Konfigurationsanteils vom kinetischen Teil der Zustandssumme zurückführen. Diese Trennung ist ja streng nur dann zulässig, wenn die Energieverteilung des kinetischen Teiles konfigurationsunabhängig ist oder wenn die potentielle Energie der Konfigurationen so verschieden ist, daß die Änderungen des kinetischen Anteils klein dagegen sind. Das ist aber in den vorliegenden Beispielen nicht der Fall. Wir haben es mit stark gekoppelten Systemen zu tun, und man müßte schon die Energiezustände der Eigenschwingungen des Gitters kennen, um die Frage der Vernachlässigungen des kinetischen Anteils entscheiden zu können. Es ist plausibel, daß eine Anwendung der wellenmechanischen Störungsrechnung auf die Energiezustände der Eigenschwingung in stark gekoppelten Systemen immer eine Erhöhung der Energiewerte ergeben wird, die um so größer sein muß, je höher die Energie des betrachteten Termes liegt. Das Energiespektrum einer Eigenschwingung wird also für den streng geordneten Krystall sicher dichter liegen als im ungeordneten Krystall. Wenn man sich also die Schwingungsentropie des Spektrums ausrechnet, so findet man eine hohe Entropie für geordnete und eine geringere für ungeordnete Systeme. Da bei tiefen Temperaturen hohe Energieniveaus

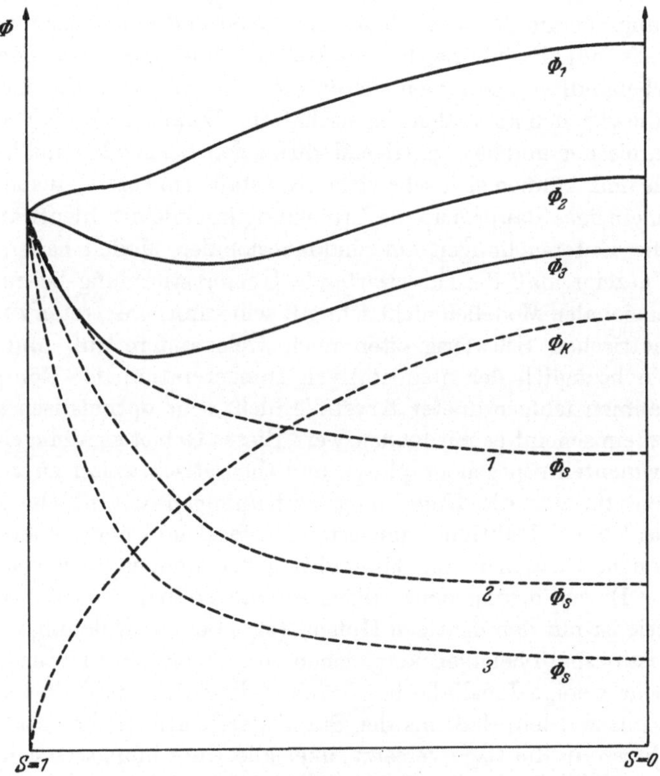

Abb. 6. Verhalten der Gesamtentropie bei der Annahme, daß die Schwingungsentropie vom Ordnungszustand abhängt.

mit einer geringen Wahrscheinlichkeit besetzt werden, wird dieser Unterschied erst bei hohen Temperaturen merklich werden. Zerlegt man also die Gesamtentropie des Systems in einen Konfigurations- und einen Schwingungsanteil, so braucht bei hoher Temperatur die Gsamtentropie für ungeordnete Zustände durchaus nicht größer zu sein. Auf diese Weise läßt sich verstehen, warum bei hoher Temperatur geordnete Zustände wahrscheinlicher sind als ungeordnete (s. Abb. 6). Außerdem wird verständlich, warum auch hochperiodische Strukturen auftreten. Hier ist also nur die Neigung zur Ausbildung *irgendeiner* Identitätsperiode maßgebend. Besonders schlagartig wird dieses Verhalten durch die Untersuchungen von H. MÜLLER am ZnS bewiesen. Unterwirft man nämlich ZnS in dem Temperaturgebiet, wo die Wechselwirkungsenergie der kubischen Zinkblende und dem hexagonalen Wurtzit annähernd gleich sein sollten, einer längeren Temperaturbehandlung, so zeigen sich in diesem und nur in diesem Gebiet die gleichen anomalen Eigenschaften. Da also hier die Energie der kubischen und hexagonalen Modifikation gleich oder annähernd gleich sind, können sich sehr viele „Krystallstrukturen" ausbilden, deren einziges Bauprinzip die Erreichung irgendeiner Identität ist.

Die Untersuchungen am eindimensionalen Modell haben bereits gezeigt, daß die zu erwartende Übereinstimmung bei mehrdimensionalen Modellen nicht sehr gut sein kann; hier treten zu den geometrischen Schwierigkeiten noch viele andere auf, und wir dürfen bezüglich der quantitativen Interpretation der Röntgenaufnahmen fehlgeordneter Krystalle nicht sehr optimistisch sein. Trotzdem scheint es mir lohnenswert, dieses Gebiet sehr eingehend experimentell röntgenographisch und theoretisch weiter zu untersuchen, da uns die Unordnungserscheinungen wesentliche Aufschlüsse über Reaktionen im festen Zustand und über genetische Fragen in Gesteinen und Mineralen geben können. Die quantitative Durchführung einer allgemein anwendbaren statistischen Theorie ist mit den heutigen Hilfsmitteln noch nicht denkbar, und man ist deshalb bei allen Vergleichen von Theorie und Experiment auf sehr wenige Idealfälle beschränkt. Trotzdem darf aber nicht verkannt werden, daß uns der Stand der heutigen theoretischen Ergebnisse in die Lage versetzt, über alle Unordnungserscheinungen wenigstens einen qualitativen Überblick zu gewinnen.

Literatur.

1. ISING, R.: Z. Phys. **31**, 253 (1925).
2. KRAMERS, A. H., u. G. H. WANNIER: Phys. Rev. **60**, 252, 263 (1941).
3. ONSAGER, L.: Phys. Rev. **65**, 117 (1944).
4. KAUFMANN, B.: Phys. Rev. **76**, 1932 (1949). — KAUFMANN, B., u. L. ONSAGER: Phys. Rev. **76**, 1244 (1949).
5. BRAGG, W. L., u. E. J. WILLIAMS: Proc. Roy. Soc. (A) **145**, 699 (1934); (A) **151**, 540 (1935). — WILLIAMS, E. J.: Proc. Roy. Soc. (A) **152**, 231 (1935).

6. BETHE, A.: Proc. Roy. Soc. (A) **150**, 552 (1935).
7. KIRKWOOD, J. G.: J. Chem. Phys. **6**, 70 (1938).
8. GUGGENHEIM, E. A.: Proc. Roy. Soc. (A) **169**, 134 (1938).
9. FOWLER, R. H., u. E. A. GUGGENHEIM: Proc. Roy. Soc. (A) **174**, 189 (1940).
10. YANG, C. N.: J. Chem. Phys. **13**, 66 (1945).
11. PEIERLS, R.: Proc. Roy. Soc. (A) **154**, 207 (1936).
12. LI, Y. Y.: J. Chem. Phys. **17**, 447 (1949).
13. FUCHS, K.: Proc. Roy. Soc. (A) **179**, 340 (1942).
14. BECKER, R.: Z. Metallkde. **29**, 245 (1937); Proc. Phys. Soc. **51**, 1 (1940).
15. MÜLLER, H.: Neues Jahrbuch für Mineralogie (im Druck).
16. JAGODZINSKI, H., u. F. LAVES: Schweiz. Min. Petr. Mitt. **28**, 456 (1948). — JAGODZINSKI, H.: Acta cryst. **2**, 201, 208, 298 (1949).
17. HENDRICKS, S. B., u. JEFFERSON: Amer. Min. **24**, 729 (1939).
18. HALLA, F., u. W. R. RUSTON: Acta cryst. **4**, 76 (1951).
19. EDWARDS, O. S., u. H. LIPSON: Proc. Roy. Soc. (A) **180**, 247 (1942). — WILSON, A. J. C.: Proc. Roy. Soc. (A) **180**, 277 (1942).

Diskussion.

A. MÜNSTER (Frankfurt a. M.): Zum eindimensionalen Fall möchte ich bemerken, daß GÜRSEY (1) in einer ganz allgemeinen Arbeit gezeigt hat, daß bei eindimensionalen Systemen grundsätzlich keine scharfen Umwandlungen möglich sind. Diese Rechnung ist natürlich mit Hilfe der halbklassischen Näherung durchgeführt worden. Allgemein gilt, daß derartige Aussagen nicht mehr gültig sind, wenn spezielle Quanteneffekte eine Rolle spielen, da die quanten-statistische Zustandssumme erst durch den Übergang zur halb-klassischen Näherung separierbar wird. — Zu dem zweidimensionalen Fall: Wenn ich richtig verstanden habe, ist es so, daß das Auftreten von diskreten Umwandlungen, die ja in diesem Falle in erster Linie Umwandlungen höherer Ordnung sind, nur möglich ist, wenn eine Entartung auftritt. Dies ist aber nur der Fall, wenn die Zahl der Bausteine unendlich wird, wenn also die Matrix unendlich wird. Dazu möchte ich folgendes sagen: Man kann dieses Ergebnis in viel einfacherer und gleichzeitig viel allgemeinerer Weise aus einer allgemeinen Theorie der Phasenumwandlung erhalten, über die ich am Freitag in Göttingen berichten werde. Man kann ganz allgemein zeigen, daß Phasenumwandlungen beliebiger Ordnung sich überhaupt nur für unendlich große Systeme scharf definieren lassen, daß man aber für endliche Systeme immer eine diffuse Umwandlung bekommt. Zum BETHE-Verfahren möchte ich bemerken, daß man zeigen kann, daß der Näherungs-Charakter dieses Verfahrens im wesentlichen darauf beruht, daß bei der Betrachtung der Wechselwirkung der ausgewählten Gruppe mit dem restlichen Gitter die freie Energie durch innere Energie ersetzt wird. Die Güte des BETHEschen Verfahrens ist von ORR (2) näher untersucht worden. ORR hat höhere Näherungen berechnet und sie in Form von Reihenentwicklungen dargestellt. Für die von ihm untersuchten Probleme hat sich dabei gezeigt, daß die nach dem BETHEschen Verfahren erhaltenen Ergebnisse etwa auf 10% genau sind. Es handelt sich hier allerdings um ein etwas anderes Problem, nicht um das spezielle Fehlordnungsproblem in Krystallen. Die quasi-chemische Methode ist — wie Herr JAGODZINSKI schon erwähnte — völlig äquivalent der BETHEschen; man kann sogar die quasi-chemische Gleichung mit Hilfe des BETHEschen Verfahrens ableiten. Im Ansatz der quasi-chemischen Gleichung sieht man wieder die gleiche Vernachlässigung. Wenn man die Analogie mit dem Massenwirkungsgesetz streng durchführte, müßte im Exponenten eine freie Energie statt einer inneren Energie stehen. Diese Formulierung ist von GUGGENHEIM (3) in einer neueren Arbeit angegeben worden. Es ist selbstverständlich, daß daraus zusätzliche Entropieterme entstehen. Man kann aber diese formal-korrekte Durchführung nicht ohne weiteres explizit auswerten, was auch der große Nachteil bei der Cluster-Methode ist. Man kann die Cluster-Methode für beliebige Systeme ganz allgemein und streng formulieren, wie es MCMILLAN und MAYER (4) 1945 getan haben. Der Haken liegt aber darin, daß die Koeffizienten der Reihenentwicklung, die sog. Cluster-Integrale, sich nicht ohne weiteres berechnen lassen. Unter Zugrundelegung des Gittermodells — dann gehen die Integrale natürlich in die Summen über — ist diese Berechnung von FUCHS (5), nach einer ähnlichen Methode, die auf dem Cluster-Prinzip beruht, von mir selbst (6) durchgeführt worden. Es hat sich hierbei gezeigt, daß die Ergebnisse, die man mit erträglichem Rechenaufwand erhält, denen völlig äquivalent sind, die mit Hilfe der anderen Methoden erhalten werden.

Literatur.

1. GÜRSEY, F.: Proc. Cambridge Phil. Soc. **46**, 182 (1950).
2. ORR, W. J. C.: Trans. Faraday Soc. **40**, 306 (1944).
3. GUGGENHEIM, E. A.: Trans. Faraday Soc. **44**, 1007 (1948).
4. MCMILLAN, W. G., u. J. E. MAYER: J. Chem. Phys. **13**, 276 (1945).
5. FUCHS, K.: Proc. Roy. Soc. London (A) **179**, 340 (1942).
6. MÜNSTER, A.: Z. phys. Chem. **195**, 67 (1950).

W. BORCHERT (Heidelberg): Zur experimentellen Bestätigung der am eindimensionalen Modell entwickelten Theorie erscheint es mir zweckmäßig, Gitteranordnungen zu untersuchen, in denen eindimensionale Ketten vorliegen. Nach Untersuchungen von W. SCHLENK und ergänzenden Strukturbestimmungen von C. HERMANN ist es bei Harnstoff-Einschlußverbindungen möglich, innerhalb des hexagonalen Harnstoffgerüstes in parallel zur c-Achse verlaufenden Gitterhohlräumen u. a. Fettsäuremoleküle in nichtstöchiometrischen Verhältnissen einzulagern. Auf den Röntgendiagrammen (monochromatische Strahlung, stehender Einkrystall) derartiger Einschlußverbindungen treten nach unseren Untersuchungen kontinuierliche Schwärzungskurven (Schichtlinien) auf. Aus ihrer Abfolge läßt sich die Kettenperiode der verschiedenen Fettsäurehomologen ermitteln; die Identitätsabstände stehen im direkten Zusammenhang mit der Länge der Doppelmoleküle und sind vollkommen unabhängig von den Abmessungen der c-Achse des Harnstoffgerüstes. Aus dem gleichzeitigen Auftreten von scharfen und diffusen kontinuierlichen Schichtlinien kann auf Störung innerhalb der eingelagerten Ketten geschlossen werden. Meiner Ansicht nach wäre für diesen Fall eine Anwendungsmöglichkeit der hier vorgetragenen Theorie gegeben. Es möge in diesem Zusammenhang auf die SCHARDINGER-Dextrine hingewiesen sein, in deren Jodaddukten unabhängig vom Dextringerüst einfache Jodketten eingelagert sind.

H. JAGODZINSKI (Marburg): Das in Ihrem Fall vorliegende Ordnungsproblem ist nicht unmittelbar mit den diskutierten Theorien vergleichbar. Vom Ordnungs-Unordnungsstandpunkt aus gesehen ist es ein zweidimensionales Fehlordnungsproblem, da eine strenge Identität nur in Richtung der eingelagerten Ketten vorhanden ist. Da jedoch das Harnstoffgerüst das eigentliche strukturbildende Element ist, liegen hier die Verhältnisse wohl verwickelter, als es bei den von mir erläuterten Theorien der Fall ist. Besteht eine Einlagerungsmöglichkeit nur an identischen Punkten des Harnsäuregerüsts, so erhält man natürlich für die eingelagerten Moleküle einen neuen Identitätsabstand, der im allgemeinen ein Ganzes oder gebrochenes Vielfaches des Identitätsabstandes des Harnstoffgerüsts beträgt. Erfolgt die Einlagerung ohne Zusammenhang mit dem Harnstoffgerüst rein zufällig, so besteht keinerlei Beziehung zwischen den beiden Identitätsabständen. Für beide Fälle ist es jedoch von einschneidender Bedeutung, ob jeder Hohlkanal des Harnstoffgerüsts besetzt ist oder nicht. Ist ersteres der Fall, so ergibt sich eine scharfe O. Schichtlinie bei Drehaufnahmen um die Kettenrichtung, im zweiten Fall ist auch diese kontinuierlich ausgeschwärzt. Um die große Zustandssumme für solche Fälle zu berechnen, muß man von dem Gesichtspunkt ausgehen, daß die Hauptwechselwirkungsenergien zwischen dem völlig geordneten Harnstoffgitter und den eingelagerten fehlgeordneten Ketten bestehen. Wenn trotz des geordneten Hauptgerüsts die Ketten fehlgeordnet sind, so müssen die Wechselwirkungsenergien für die verschiedenen Lagemöglichkeiten, die im extremsten Fall eine unendliche Mannigfaltigkeit bilden, miteinander vergleichbar sein. Gibt es einzelne bevorzugte Lagen, so läßt sich aus dieser Tatsache zweifellos ein Ordnungs-Unordnungsübergang konstruieren, nur besteht der Unterschied, daß unter Berücksichtigung der Wechselwirkung der nächsten Nachbarn allein der Vorgang *kein* kooperatives Problem ist, da ja die Kette keinen direkten Einfluß auf die Nachbarkette besitzt. Das könnte nur indirekt über das Gerüst in der Weise der Fall sein, daß durch die Besetzung einer bestimmten Lage in einer Nachbarkette die Wechselwirkungsenergien für die verschiedenen Lagemöglichkeiten geändert werden. Nur dann liegt ein wirklich kooperatives Fehlordnungsproblem vor. Also wird es nur in diesem Fall einen kritischen Punkt der Umwandlung geben können. Natürlich wäre das auch der Fall, wenn man den Ketten untereinander eine Wechselwirkungsenergie in Abhängigkeit ihrer gegenseitigen Lage zusprechen würde (Erweiterung der Reichweite der Wechselwirkungsenergien). Aus diesem Grunde glaube ich, daß die vorliegende einfache, auf direkte Wechselwirkungsenergien der nächsten Nachbarn basierende Theorie nicht auf diesen Fall unmittelbar angewendet werden kann.

G. MENZER (München): Werden die Gittergeraden des eindimensionalen Problems beim Übergang zur Lösung des zweidimensionalen weiterhin als gerade angenommen, d. h. ist eine Verschiebung der ganzen Gittergeraden oder der einzelnen Atome senkrecht zur Gittergeraden der Rechnung zugrunde gelegt? Ferner: Bezieht sich die Berechnung nur auf AB-Krystalle?

H. JAGODZINSKI (Marburg): Das zweidimensionale Ordnungsproblem bezieht sich in seiner klassischen Berechnung auf einen wirklich zweidimensionalen Krystall, bei dem die Umordnungsvorgänge auf den strengen Gitterplätzen stattfinden. Diese Voraussetzung muß gemacht werden, damit für den Konfigurationsanteil die Integration über die unendlich vielen Konfigurationsmöglichkeiten durch eine endliche Summe ersetzt werden kann. Daß wir diese Problematik auf den dreidimensionalen Krystall anwenden können, liegt daran, daß wir aus Röntgenergebnissen wissen, daß die Fehlordnung besonders häufig nur ganz bestimmte Richtungen des Krystalls erfaßt. Für den dreidimensionalen Krystall muß also bei zweidimensionaler Unordnung noch eine Richtung im Krystall vorhanden sein, für die eine definierte Translationsperiode besteht. Damit können die Wechselwirkungsenergien innerhalb einer Kette summiert werden, und wir erhalten hier eine Konfigurationsstatistik in zwei Dimensionen. Die „Ketten" bleiben also in jedem Fall streng geordnete Ketten.

Haben wir nun eine Statistik von Ketten verschiedener Art, so entspricht das Unordnungsproblem durchaus der Konfigurationsstatistik des zweidimensionalen Krystalls. Die Berechnungen können natürlich auch dahingehend erweitert werden, daß diese verschiedenen Ketten gegeneinander in Kettenrichtung verschoben sind. Dann muß man jeder gegenseitigen Lagemöglichkeit eine besondere Wechselwirkungsenergie zuordnen; also Kette A in Lage 1 Kette B in Lage $2 = V_{AB}^{12}$; je nach der Anzahl der verschiedenen Wechselwirkungen haben wir es also nur mit einem Problem mit mehreren „Atomarten" zu tun. Bei zwei Lagemöglichkeiten (1, 2) von Ketten A, B gibt es folgende Wechselwirkungen:

$$1.\ V_{AA}^{11} = V_{AA}^{22};\ 2.\ V_{AA}^{21} = V_{AA}^{12};\ 3.\ V_{AB}^{11} = V_{AB}^{22} = V_{BA}^{11} = V_{BA}^{22};$$
$$4.\ V_{AB}^{12} = V_{AB}^{21} = V_{BA}^{12} = V_{BA}^{21};\ 5.\ V_{BB}^{11} = V_{BB}^{22};\ 6.\ V_{BB}^{12} = V_{BB}^{21}.$$

Diese verhalten sich also wie eine Statistik von 4 Atomarten A, B, C, D mit den folgenden Wechselwirkungsenergien und Symmetriebedingungen:

$$1.\ V_{AA} = V_{BB};\ 2.\ V_{AB} = V_{BA};\ 3.\ V_{AC} = V_{BD} = V_{BA} = V_{DB};$$
$$4.\ V_{BC} = V_{CB} = V_{AD} = V_{DA};\ 5.\ V_{CC} = V_{DD};\ 6.\ V_{CD} = V_{DC}.$$

Eine Übertragung der Ergebnisse auf nicht stöchiometrische Zusammensetzung ist durchaus möglich, allerdings kann dann nicht allein mit der großen Zustandssumme gearbeitet werden. Für die einfacheren Näherungslösungen sind die obenerwähnten Theorien auf beliebige Mischungsverhältnisse bereits erweitert worden.

Der statistische Charakter der Feinstruktur hochmolekularer und kolloider Stoffe.

Von

ROLF HOSEMANN, Berlin.

Mit 25 Textabbildungen.

Inhaltsübersicht.

I. Schwierigkeiten, die bei der Feinstrukturanalyse hochmolekularer und kolloider Stoffe auftreten.

Wenn man einen krystallinen Stoff mit einem Parallelbündel monochromatischer Röntgenstrahlen durchstrahlt, so beobachtet man bekanntlich eine Mannigfaltigkeit diskreter Reflexe. Aus ihrer Winkellage bestimmt man nach der bekannten Krystalltheorie von LAUE-BRAGG (*36*) die Größe und Form der Gitterzellen des Krystallgitters, aus der Breite der Reflexe die Größe der Krystallite. Die Elektronendichteverteilung innerhalb jeder Gitterzelle errechnet sich aus der Integralintensität der Reflexe. Diese Interferenztheorie des idealen Krystalls hat durch DEBYE (*6*) und andere Forscher noch manche Verfeinerungen erfahren. So wurde der Einfluß der Temperaturbewegung der Gitterbausteine, die Mischkrystallbildung und das Auftreten von Fehlstellen ohne kooperative Wechselwirkung berücksichtigt. Dadurch ändert sich der Charakter der Röntgendiagramme in seinen wesentlichen Zügen nicht. Jeder Reflex hat z. B., abgesehen von gewissen Winkeleffekten, den gleichen relativen Intensitätsverlauf. Die Zahl der zur Beobachtung gelangenden Krystallreflexe läßt sich grundsätzlich durch Verkleinern der Röntgenwellenlänge beliebig erhöhen. Beim praktischen Versuch wird allerdings das Interferenzbild hierbei durch eine inkohärente Streustrahlung mehr und mehr zugedeckt.

Die Röntgendiagramme von einfach gebauten Flüssigkeiten, wie flüssigem Quecksilber, dagegen zeigen nur „diffuse Flüssigkeitsringe". Von ZERNICKE-PRINS (*48*) und DEBYE-MENKE (*7*) wurde eine Interferenztheorie ausgearbeitet, mittels derer man aus diesen Röntgendiagrammen bei bekanntem Streueffekt eines einzelnen Flüssigkeitsmoleküls die statistischen Abstandsverhältnisse der Flüssigkeitsmoleküle unter gewissen vereinfachenden Bedingungen errechnen kann. Wenn man nun versucht, die Röntgendiagramme hochmolekularer Stoffe nach einer der beiden eben genannten Interferenztheorien entschlüsseln zu wollen, so stößt man in den meisten Fällen auf unüberwindliche Schwierigkeiten. Der Grund liegt offensichtlich darin, daß die meisten Hochmolekularen in ihrem räumlich geometrischen Aufbau Eigenschaften zeigen, die weder als krystallin noch als flüssig im Sinne der DEBYEschen Theorie anzusprechen sind, sondern in gewisser Weise zwischen diesen beiden extremen Erscheinungsformen liegen. Daß sich diese Ansicht nur recht langsam durchzusetzen vermag, hat mancherlei Gründe:

1. Die meisten Hochmolekularen liefern keine Einkrystalle. Die Röntgengoniometerverfahren von WEISSENBERG, SCHIEBOLD und SAUTER finden darum nur selten Verwendung.

2. Auch die Herstellung höher orientierter Präparate (Fasertextur, Walztextur) vermag diese Lücke nicht zu füllen. Durch den mehr oder weniger großen Desorientierungsgrad dieser Texturen wird das Erscheinungsbild in vielen Fällen noch komplexer.

3. Die Reflexarmut der meisten Hochmolekularen stellt besondere Ansprüche an die Aufnahmetechnik. In vielen Fällen war es erst nach Benutzung streng monochromatisierter Röntgenstrahlen möglich, eine quantitative Analysierung des diffusen Untergrundes (background-analysis) in Angriff zu nehmen.

4. Man kann allgemein beweisen, daß mit wachsender Reflexarmut eines Gitters der exakten Erfassung des Zentralflecks (verstanden ist hierunter der Reflex 000) eine immer höhere Bedeutung zukommt. Es handelt sich also darum, geeignete Anordnungen zur Erforschung der „Kleinwinkelstreuung" zu finden.

5. Die Interpretation der Röntgendiagramme nach der Krystalltheorie nach v. LAUE-BRAGG oder nach der Flüssigkeitstheorie von DEBYE-MENKE oder ZERNICKE-PRINS verlangt einen gewissen Aufwand. Es nimmt daher nicht wunder, wenn die beschränkte Gültigkeit dieser bekannten Theorien oftmals nicht auf den ersten Blick auffällt.

So verlockend es auch sein mag, auch über die ersten Punkte des hier dargestellten Programmes zu sprechen, soll sich dieser Vortrag in erster Linie mit der Frage beschäftigen, ob und wie es möglich ist, zu einer befriedigenden Interferenztheorie zu gelangen[1]. In einigen Anwendungsbeispielen werden darum die übrigen oben angeschnittenen Fragen nur gestreift werden können.

Zunächst hat man sich zu fragen, welche neuartigen Erscheinungen die Röntgendiagramme hochmolekularer und kolloider Stoffe zeigen.

---

[1] An anderer Stelle (*25*) ist die Kleinwinkelstreuung hauptsächlich vom Standpunkt methodischer und apparativer Fragen aus eingehend behandelt. Dort werden auch ausführlicher die Ergebnisse von Röntgenaufnahmen behandelt.

II. Eigenschaften der Röntgendiagramme hochmolekularer und kolloider Stoffe.

1. Beschränkte Zahl der Reflexe.

In Abb. 1 sind die Röntgendiagramme (Schwenkaufnahmen) von feuchtem und trockenem Chymotrypsin nach BERNAL wiedergegeben. Das wasserhaltige Präparat zeigt eine ziemlich große Zahl von Krystallreflexen, die bei verhältnismäßig kleinen Streuwinkeln liegen,

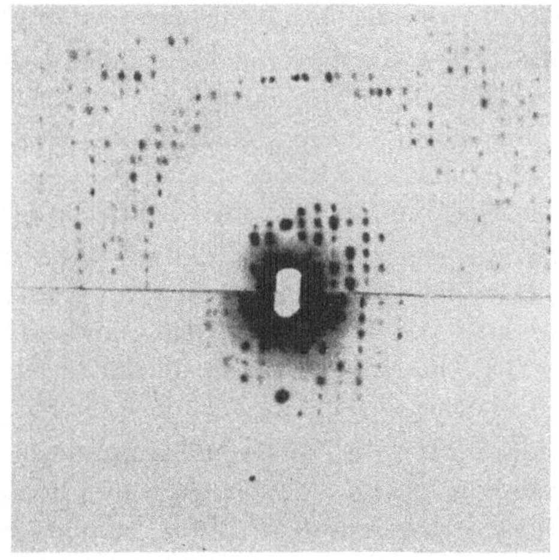

Abb. 1.
Röntgendiagramm (Schwenkaufnahmen) des Chymotrypsins (BERNAL-FANKUCHEN-PERUTZ). Oberes Bild: wasserhaltige Krystalle; unteres Bild: getrocknetes Präparat.

und eine Makrozelle mit den Kantenlängen 49,6 Å, 67,8 Å und 66,5 Å errechnen lassen. Etwa 30 derartige „diskontinuierliche" Kleinwinkelreflexe gruppieren sich je Quadrant des Röntgendiagramms um ihren Reflex 000, während bei größeren Streuwinkeln längs zweier kreisförmiger Zonen wieder etwa je 40—50 derartige Reflexe zu sehen sind. Im getrockneten Chymotrypsin ist nur noch die innerste Gruppe der Reflexe zu bemerken. EWALD (*8*) gibt einen möglichen Grund für diese beschränkte Zahl von Reflexen an: die Elektronendichteverteilung innerhalb einer Makrozelle ist einer Art BESSEL-Funktion verwandt. Ihre FOURIER-Transformierte, die Strukturamplitude einer Makrozelle, ist dann bei genügend kleinen Streuwinkeln etwa konstant, um bei einem gewissen Streuwinkel sehr schnell gegen Null zu gehen. Die EWALDsche Erklärung ist vom physikalischen Standpunkt aus nicht sehr plausibel; denn eine derartige Elektronenverteilung zeigt neben einem Hauptmaximum inmitten der Gitterzelle Zonen verschwindender Dichte und verschiedene, gleichfalls zonenförmige Nebenmaxima mit zum Teil negativer Elektronendichte, die z. T. in Nachbargitterzellen liegen müßten.

2. *Diffuser Untergrund.*

Obwohl es für die Konstitutionserforschung der Cellulose ungemein wichtig wäre, möglichst reflexreiche Röntgendiagramme zu erhalten, konnten auch bei sorgfältigster Präpariertechnik in keinem Falle Diagramme gewonnen werden, wie man sie bei wirklichen Krystallen mit Selbstverständlichkeit erwarten darf. Eine besonders schöne Aufnahme von HESS und KIESSIG an nativer, entbasteter Ramie zeigt Abb. 2[1]. Je Quadrant sind kaum 21 Reflexe zu erkennen. Aus ihrer Lage bestimmt man eine Gitterzelle von etwa 10,3 Å × 8,3 Å × 7,9 Å, die jeweils vier Glucosereste enthält. Auch hier wird man die Reflexarmut wohl kaum mit einer Art BESSEL-Funktion der Elektronendichteverteilung erklären können. Beim Photometrieren des Röntgendiagrammes eines Knäuels von Cellulose sieht man vielmehr, wie die höher indizierten Reflexe von einem relativ zu ihnen immer stärker werdenden diffusen Untergrund förmlich verschluckt werden. P. H. HERMANS, von dem die Photometrierung der Abb. 3 stammt, hat an vielen Cellulosepräparaten diesen diffusen Untergrund vermessen und festgestellt, daß er in jedem Fall einen wesentlichen Teil der

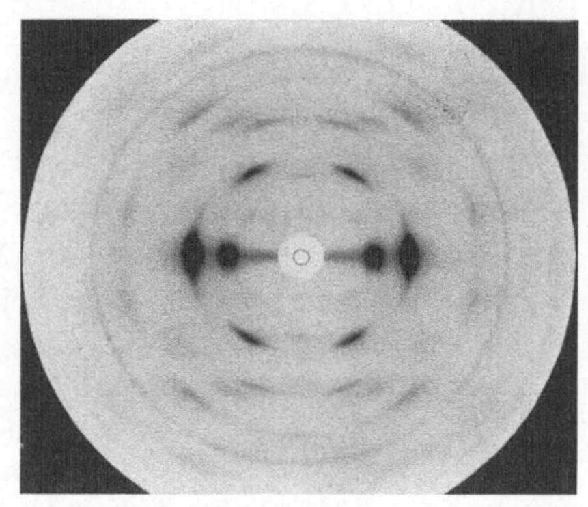

Abb. 2. Weitwinkeldiagramm von nativer Ramie nach HESS-KIESSIG. Ein Teil der kontinuierlichen Kleinwinkelstreuung ist mit erfaßt.

[1] Herrn Prof. Dr. K. HESS und Herrn Dr.-Ing. habil. H. KIESSIG gilt ebenso wie Herrn Prof. Dr. R. S. BEAR mein Dank für die Überlassung einiger z. T. noch nicht veröffentlichter Röntgendiagramme.

insgesamt gestreuten kohärenten Röntgenstrahlung umfaßt (*14*). Dieser Befund ist um so bedeutungsvoller, als bis dahin für Cellulose die Ansicht von MARK mehr oder weniger Gültigkeit hatte, daß sorgfältig entbastete Ramie praktisch keine diffuse Streustrahlung erzeugt und darum als Krystall anzusprechen ist (*37a*). Der Grund für die beschränkte Zahl der Reflexe ist also offensichtlich darin zu suchen, daß diese, mit zunehmendem Streuwinkel immer diffuser werdend, schließlich in einem diffusen Untergrund untergehen.

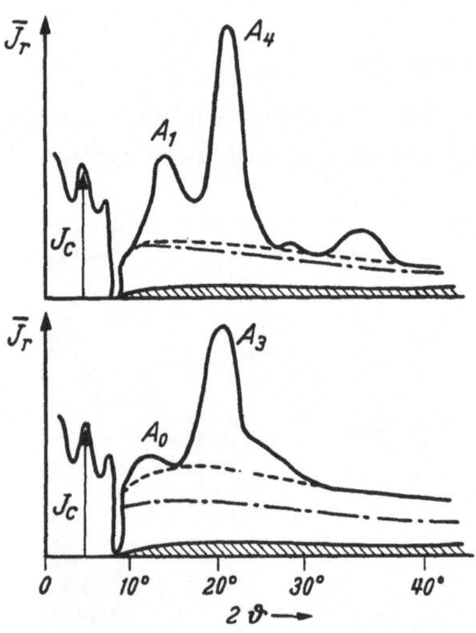

Abb. 3. Photometerkurven von Weitwinkelpulverdiagrammen von Cellulose (P. H. HERMANS-WEIDINGER). Oberes Bild: native Ramie. Unteres Bild: Viscose. Der schraffierte Bereich entspricht der inkohärenten und Luftstreuung. Zum quantitativen Intensitätsvergleich ist nach GOPPEL-ARLMANN bei kleinen Streuwinkeln dicht vor dem Film ein Eichpräparat konstanter Dicke angebracht, das die Streulinien J_c erzeugt.

— — — — Trennlinie zwischen „kontinuierlicher" und „diskontinuierlicher" Streustrahlung nach P. H. HERMANS.

—·—·—·— Trennlinie zwischen Streuanteil der parakrystallinen (oben) und röntgenamorpher (unten) Phase. Letztere enthält außerdem den Streuanteil J_1 (Gleichung 55).

3. *Reflexe verschiedensten Störungsgrades.*

Weit deutlicher als an den Weitwinkeldiagrammen der Cellulose zeigen die Kleinwinkeldiagramme von Eiweißen, daß die höher indizierten Reflexe langsam immer breiter werden. In Abb. 4 ist eine derartige Aufnahme von BEAR und RUGO von β-Keratin der Seemövenfeder wiedergegeben. Man sieht, daß die innersten Reflexe, vor allem in Richtung des Meridians, den gleichen relativen Intensitätsverlauf zeigen, während die weiter außen liegenden diffuser sind und schließlich bei genügend großem Streuwinkel ganz ineinander verlaufen. Die erste Gruppe von Reflexen entspricht also den an Krystallen beobachteten („ungestörte Reflexe"). Die zweite Gruppe hat mit den Interferenzen an Flüssigkeiten das Merkmal gemeinsam, bei großen Streuwinkeln immer größere Halbwertsbreiten aufzuweisen („stark gestörte Reflexe"). Im Zwischenbereich zwischen diesen beiden Reflexarten beobachtet man schließlich auch noch Reflexe, die zumindest in gewissen Richtungen die integrale Breite der Krystallreflexe annähernd gewahrt haben („wenig gestörte Reflexe“ und „partiell wenig gestörte Reflexe“).

4. Feinstruktur von Weitwinkelreflexen.

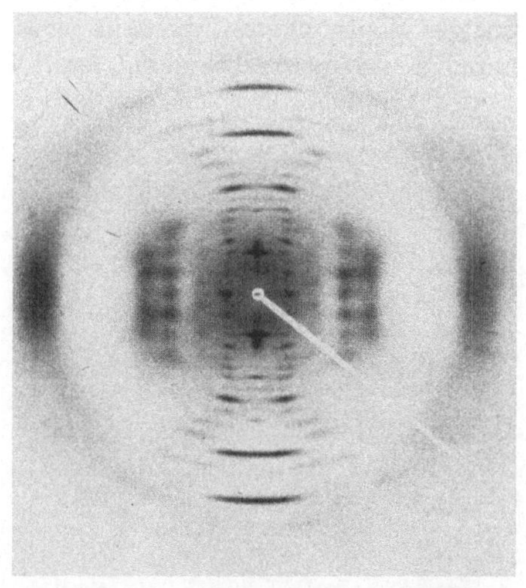

Abb. 4. Kleinwinkeldiagramm vom β-Keratin des Kieles einer Seemöwenfeder, lufttrocken (BEAR-RUGO).

Die in Abb. 4 auf dem Äquator liegenden Weitwinkelreflexe zeigen eine „Feinstruktur“, die von den mehr oder weniger „zusammengewachsenen“ Reflexen des Makrogitters hervorgerufen wird. So läßt sich der bei allen α-Keratinen beobachtete „Mondsichelhabitus“ (BEAR) des innersten Äquator-Weitwinkelreflexes, der einem mittleren Netzebenenabstand von 2 · 4,8 Å entspricht, erklären (5). Abb. 5 gibt hierzu ein Beispiel. Aber auch die anderen Aufnahmen, vor allem Abb. 6, zeigen, welch charakteristisches Aussehen die Weitwinkelreflexe durch diese Feinstruktur erhalten können. Fast kann man davon sprechen, daß die Diagramme ein „Gesicht“ haben. Beim feuchten Chymotrypsin liegt ein besonders interessanter Fall vor: In Abb. 1 oben sieht man, daß die beiden Weitwinkel-Flüssigkeitsringe in jeweils etwa 50 bis 100 ungestörte

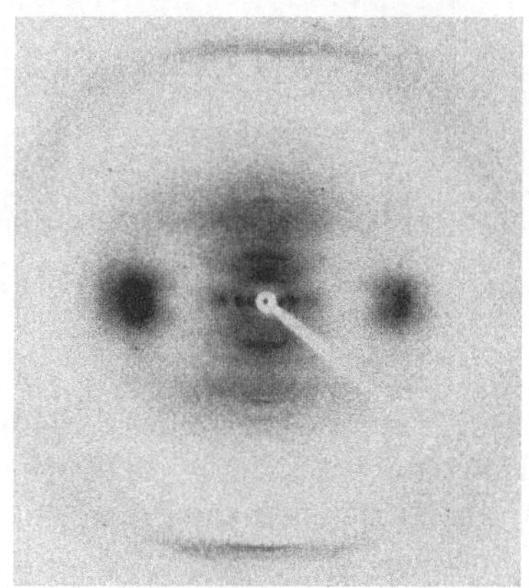

Abb. 5. Kleinwinkeldiagramm vom α-Keratin der Stachelspitze des afrikanischen Stachelschweines (BEAR).

oder sehr wenig gestörte Makrogitterreflexe wie bei einem Rasterabzug förmlich zerfallen sind. In entgegengesetzter Richtung extrem sind die Verhältnisse bei Cellulose (Abb. 2): Kein einziger Weitwinkelreflex zeigt eine Feinstruktur. Ja, nicht einmal bei kleinsten Winkeln treten wenig gestörte Makrogitterreflexe auf, wie dies wenigstens beim trockenen Chymotrypsin zu beobachten war.

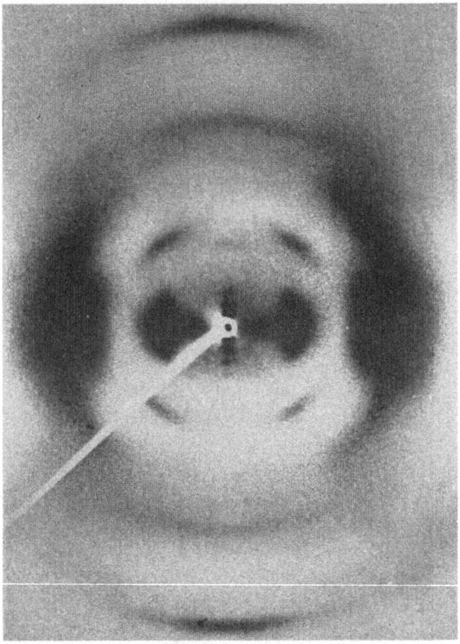

Abb. 6. Weitwinkeldiagramm vom Kollagen der Känguruhschwanzsehne, trocken und unbehandelt (BEAR).

5. *Intensitätsverschiebung bei diskontinuierlichen Kleinwinkelreflexen.*

Abb. 7 zeigt die Kleinwinkelmeridianreflexe von verschieden behandeltem Kollagen (*5*). Das trockene unbehandelte Kollagen der Abb. 7a war in gleicher Weise auch von KRATKY untersucht worden (*31*). Man sieht, daß der 2., 3., 6., 9. und 11. Reflex besonders intensiv ist. Da je Makrozelle etwa 2 Histidinbausteine, 5—6 Asparaginsäure-, 8—9 Lysin- und etwa 11 Leucin- bzw. Isoleucin-Bausteine vorkommen, könnte man mit KRATKY die Intensitätsverteilung im trockenen unbehandelten Kollagen also unter Vernachlässigung von Phasenbeziehungen zwischen den verschiedenen Bausteinsorten damit erklären, daß sich jeweils die Bausteine einer Sorte ziemlich äquidistant längs der Faser verteilen. Es ist aber sehr auffallend, daß im feuchten Kollagen (Abb. 7c) die ungeraden Reflexe bis auf den neunten besonders intensiv werden und von der oben beschriebenen Intensitätsverteilung nichts mehr zu erkennen ist. In dem mit Phosphor behandelten Kollagen herrschen bei den Kleinwinkelmeridianreflexen je nach Wassergehalt wieder andere Intensitätsverhält-

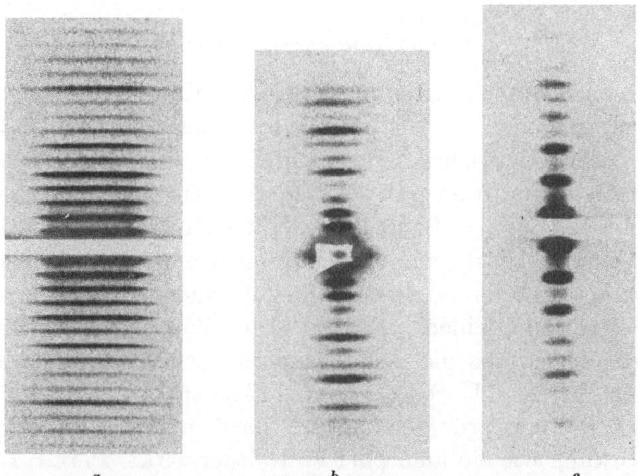

Abb. 7. Die Meridian-Kleinwinkelreflexe vom Kollagen der Känguruhschwanzsehne, mit Schlitzblenden aufgenommen (BOLDUAN-BEAR). *a* Trocken und unbehandelt. *b* Mit Phosphor behandelt. *c* Mit Wasser befeuchtet.

nisse. Da es nicht angenommen werden kann, daß sich durch die chemische Behandlung die Reihenfolge der einzelnen Eiweißgruppen längs der Faser ändert, so muß man zur Erklärung dieser Intensitätsverschiebungen größere Freiheitsgrade für den Ordnungszustand innerhalb jeder Makrozelle erwarten. Abb. 8 zeigt schematisch einen derartigen, durch die Feinstruktur bedingten Freiheitsgrad (*25*), zu dem natürlich noch Freiheitsgrade der chemischen Umlagerung von Eiweißgruppe zu Eiweißgruppe usf. hinzukommen. Zu sehr ähnlichen Vorstellungen kommt BEAR (*3*). Es weist demnach jedes Gitter Γ_r einer Makrozelle bedingt durch diese Freiheitsgrade gewisse

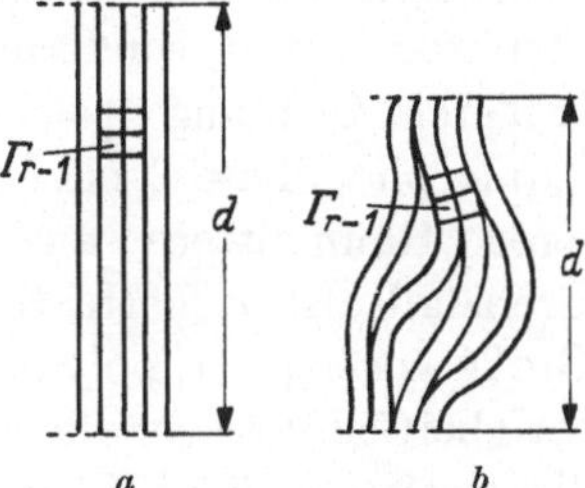

Abb. 8. Strukturschema einer faserigen Makrozelle Γ_r der Länge *d* in Faserrichtung. *a* Wenig gestörtes Eigengitter Γ_r, das Anlaß zu zahlreichen diskontinuierlichen Weitwinkelreflexen gibt. Das Makrogitter Γ_{r+1} hat wenig Freiheitsgrade, sich ungestört aufzubauen. *b* Stark gestörtes Eigengitter Γ_r, dessen Gitterzellen Γ_{r-1} nur in kleinen Bereichen ungestört zusammenlagern („Pseudozellen"). Es stehen nun weit mehr Freiheitsgrade zum Aufbau eines ungestörten Makrogitters Γ_{r+1} zur Verfügung.

Unregelmäßigkeiten auf, deren Statistik durch chemische Einflüsse beeinflußbar ist und in eine regelmäßigere Struktur verschiedener Einzeltypen überführt werden kann.

6. *Röntgenamorphe Phase.*

Das Kleinwinkeldiagramm des α-Keratins (Abb. 5) zeigt im Gegensatz zu dem des β-Keratins besonders deutlich, daß sehr scharfe diskontinuierliche Meridianreflexe auf einem sehr verschmierten Untergrund mit deutlicher Eigenstruktur liegen. Bei geeigneter chemischer Behandlung läßt sich dieser diskontinuierliche Streuanteil fast ganz zurückdrängen oder je nachdem auch verstärken, ohne dabei wesentliche Änderungen an seinem relativen Verlauf zu erleiden[1]. Es liegt also nahe, von 2 „Phasen" zu sprechen, deren eine die diskontinuierlichen Reflexe, die andere aber den diffusen Untergrund mit Eigenstruktur erzeugt. Die letztere nennt man „röntgenamorph", da sie in bezug auf ihre Interferenzwirkung wie ein amorpher Festkörper wirkt. P. H. HERMANS hat an Hand von Photometrierungen vieler Cellulose-Weitwinkeldiagramme (Abb. 3) den gewichtsmäßigen Anteil der amorphen Phase in Cellulose berechnet (*14*). Entsprechend dieser Arbeitshypothese hat man es dann also nicht mit Gittern einheitlicher Struktur zu tun, sondern muß neben dreidimensionalen Bereichen größerer Ordnung solche mit größerer Unordnung fordern („amorphe Phase") oder aber annehmen, daß neben ausgedehnteren Raumgittern auch mikrokrystalline Gitterbereiche, im Grenzfall also isolierte Kreuz- und Fadengitter unterschiedlicher Größe vorliegen („polydisperses System"). Die erste Möglichkeit wird bei Cellulose vor allem von der HERMANSschen Schule vertreten, die zweite erblickt RANDALL in allen organischen Fasern (*41*). Im allgemeinen werden beide Möglichkeiten gleichzeitig zusammenwirken. Denn die Kreuz- und Fadengitter sind gegen Verbiegungen und Verzerrungen weit weniger resistent als die in Raumgittern eingebetteten Netzebenen. Die röntgenamorphe Phase wird also im allgemeinen Fall durch Gitterbereiche repräsentiert, die in gewissen Richtungen minimale Ausdehnungen haben (RANDALL) und dadurch bedingt auch weit größere Gitterstörungen aufweisen können, so daß im Endeffekt diskontinuierliche Reflexe

---

[1] Nach einer mündlichen Mitteilung von Herrn KRATKY.

kaum mehr erzeugt werden können[1]. Diese Frage führt schließlich auf ein besonderes komplexes Problem:

7. *Die kontinuierliche Kleinwinkelstreuung.*

Abb. 9 zeigt ein von HESS und KIESSIG aufgenommenes Kleinwinkeldiagramm eines Polyurethans. Es ist dort mit aller Deutlichkeit ein einziger diskontinuierlicher Meridianreflex zu erkennen! Der bei größeren Winkeln auf dem Äquator auf-

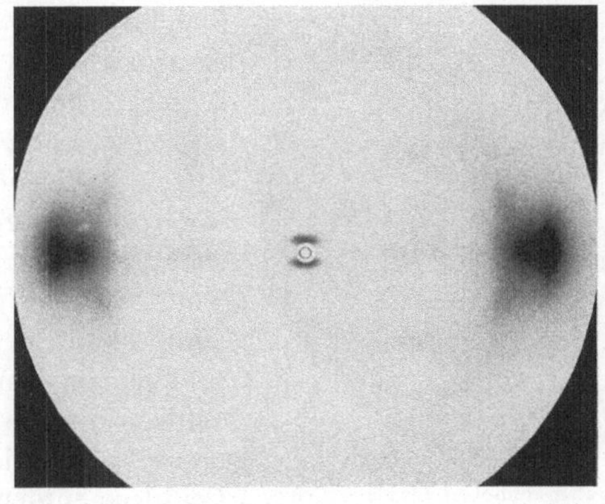

Abb. 9. Röntgendiagramm von Polyurethan, kalt verstreckt und getempert (HESS-KIESSIG). Es tritt nur noch *ein* diskontinuierlicher, aber stark gestörter Kleinwinkelmeridianreflex auf.

tretende Reflex ist dagegen schon so außerordentlich diffus, daß man ihn fast als kontinuierlich ansprechen möchte. Wenngleich es den Autoren in gewissen Fällen auch gelungen zu sein scheint, noch einen zweiten Kleinwinkelmeridianreflex zu beobachten, so ist der relative Intensitätsverlauf dieser Reflexe doch weit verschmierter als der in Abb. 9 vom Auffängernäpfchen fast verdeckte Reflex 000. Offensichtlich zeigen diese synthetischen Eiweiße im Gegensatz zu den in Abb. 4—8 dargestellten

[1] Der Begriff „amorph“ ist in jedem Fall für die Feinstrukturforschung höchst irreführend. Durch „röntgenamorph“ wird dagegen klar ausgedrückt, daß Ausdehnung und innere Ordnung der Gitterbereiche so herabgesetzt sind, daß zum mindest in gewissen Streuwinkelbereichen eine völlig kontinuierliche Röntgenstreuung auftreten kann. Daß ein Stoff, der diese Bedingung erfüllt, dennoch durchaus nicht „gestaltlos“ zu sein braucht, werden die späteren Ausführungen zeigen.

natürlichen Eiweißen so erhebliche Unregelmäßigkeiten in der Nahordnung ihrer Makrozellen, daß die Zahl der diskontinuierlichen Reflexe ihres Makrogitters äußerst beschränkt ist. Noch reflexärmer ist das in Abb. 10 dargestellte Kleinwinkeldiagramm, das eine von KRATKY, SEKORA und TREER in Faserrichtung aufgenommene gewalzte Cellulose zeigt. Die Streustrahlung sinkt hier monoton mit wachsendem Streuwinkel ohne jede diskontinuierliche Erhebung gegen Null (*30*). Als diskontinuierlicher Reflex existiert hier also nur noch 000. Aus seiner Form kann man mit KRATKY schon rein qualitativ schließen, daß die Makrozellen in Richtung senkrecht zur Walzebene weit weniger ausgedehnt sind als in der Walzebene und darum den durch das Walzen in die Walzebene gepreßten „Micellen" der Cellulose entsprechen müssen. Offenbar ist es also erlaubt, den Reflex 000 wie einen Krystallreflex zu behandeln und ähnlich der v. LAUEschen Methode aus seiner Breite die „Krystallitgröße" abzuschätzen. Warum erzeugt nun aber das aus derartigen Micellen zusammengesetzte „Makrogitter" keine wahrnehmbaren Reflexe *hkl*? Die meisten Forscher neigen heute der Ansicht zu, daß die Ursache hierfür in der äußerst unregelmäßigen Nahordnung der Micellen zu suchen ist. RILEY wählt für derartige kolloide Systeme die Bezeichnung „Festkörper vom Gastyp" (*42*), wobei sich ähnlich wie beim Begriff „röntgenamorph" die Bezeichnung „Gastyp" nicht auf den physikalischen Raum, sondern auf den durch das Beugungsdiagramm repräsentierten FOURIER-Raum bezieht. Denn wie bei der Streuung am Gas darf man bei entsprechender Auswertung auch hier die „äußeren Interferenzen" zwischen den einzelnen Streupartikeln außer Rechnung

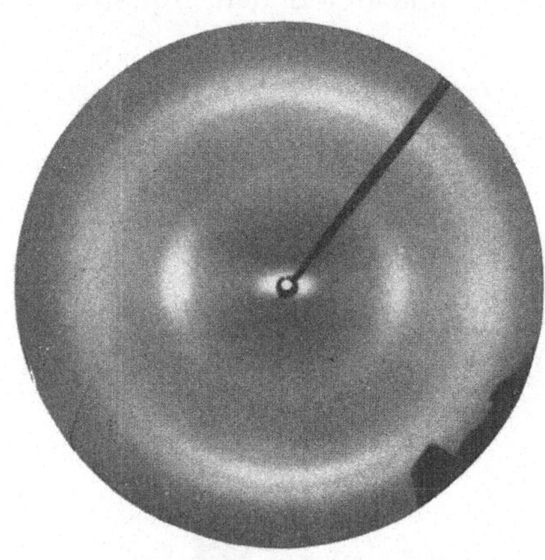

Abb. 10. Röntgendiagramm von gewalzter Cellulose, in Faserrichtung aufgenommen (KRATKY-SEKORA-TREER). Die Walzebene liegt in der Vertikalen der Zeichenebene. Kontinuierliche Kleinwinkelstreuung, die auf lamellenförmige Gitterbereiche schließen läßt („Micellen"), die sich in die Walzebene legen.

stellen und vielmehr von einer interferenzfreien Superposition der Streubilder der einzelnen Partikel sprechen. Dieses für dichtgepackte Systeme durchaus neuartige Streuphänomen sei „Partikelstreuung“ genannt. Die meisten Sole und Gele und in erster Näherung auch amorphe Kohle, Ovalbumine, kurz alle genügend polydispersen kolloiden Systeme weisen eine derartige kontinuierliche Kleinwinkelstreuung auf. Abb. 2 zeigt auf dem Äquator die kontinuierliche Kleinwinkelstreuung, wie man sie bei allen Cellulosen beobachtet. Sie entspricht dem in Abb. 10 über alle Azimuthwinkel bei konstantem Streuwinkel 2ϑ gemittelten Kleinwinkelstreuverlauf, wobei bei nicht zu kleinen Streuwinkeln also der dort nach links und rechts gehende Schwärzungsverlauf den Hauptanteil der in Abb. 2 beobachteten Kleinwinkelstreuung ausmacht.

III. Der Weg zu einer umfassenden Interferenztheorie.

So problematisch auch manches des im vorangegangenen Abschnitt Gesagten erscheinen mag, so klar vorgezeichnet ist der Weg, der zu einer die vielen oben erwähnten Erscheinungsformen berücksichtigenden Interferenztheorie führt. Man muß dazu nur von dem bereits Bekannten ausgehen und die folgenden Gesichtspunkte im Auge halten:

1. Die zu bildende Interferenztheorie soll möglichst viele der in Abschnitt II geschilderten Interferenzphänomene wiedergeben, gleichgültig, ob diese im Weitwinkel- oder Kleinwinkelgebiet oder direkt im Zentralfleck beobachtet wurden (Ganzheitsproblem).

2. Die gesuchte Interferenztheorie soll das Gedankengut der bestbewährten klassischen Interferenztheorien, soweit als mit der Wirklichkeit verträglich, in sich aufnehmen. Bei entsprechender Wahl ihrer Feinstrukturparameter entartet diese allgemeinere Theorie dann also wieder in die klassischen Sonderfälle. Als solche bezeichnen wir im folgenden die Theorie des idealen Krystalls nach M. v. Laue (*36*), die Theorie des idealen Mischkrystalls (*37*) unter Berücksichtigung der thermischen Unordnung der Gitterbausteine nach einer von Debye gegebenen vereinfachten Betrachtung (*6*), die Flüssigkeitstheorie von Debye-Menke (*7*) und Zernicke-Prins (*48*) und die röntgenamorphen Haufwerke nach Guinier (*11*).

3. Zur vereinfachten Beschreibung des an sich schon sehr mannigfaltigen Erscheinungsbildes bedient man sich einer

geeigneten mathematischen Sprache. Hervorragend eignet sich hierzu die von EWALD (*8*) für den idealen Krystall geschaffene Darstellungsweise. Das Röntgendiagramm ist danach nichts weiter als Teil einer im FOURIER-Raum berechneten Intensitätsverteilung, die auf der EWALDschen $1/\lambda$-Ausbreitungskugel liegt. Eine Rückrechnung auf Streuwinkel ist dann in jedem Fall leicht möglich und eine zweitrangige Frage. Besonders übersichtlich sind die Verhältnisse bei der Kleinwinkelstreuung, da sich diese nur auf einen praktisch ebenen Teil der um den Zentralfleck liegenden Ausbreitungskugel erstreckt.

4. Die gewonnenen Ausdrücke für Streuamplitude und Streuintensität sollen in geschlossener Form vorliegen und die Ausgangsgrößen der Feinstruktur explicit enthalten, selbst wenn dadurch in gewissen Fällen nur eine erste Näherung zu erreichen ist. Eine derartige Näherung hat GUINIER bereits für röntgenamorphes Haufwerk verwandt (*11*). Die Forderung nach einer geschlossenen Darstellung aber ist um so begründeter, als die vielfach in der Literatur übliche Behandlung spezieller numerischer Beispiele die Gültigkeitsgrenzen der benutzten Gittermodelle nicht klar erkennen läßt.

5. Die Berechnung von Gittern mit statistischen Gitterstörungen wird ganz wesentlich durch das Faltungstheorem der FOURIER-Transformation erleichtert. Dieses wurde von EWALD erfolgreich zur Berechnung der Gestalt von Krystallreflexen (*8*), von J. J. HERMANS im Eindimensionalen als Faltungstheorem der LAPLACE-Transformation zur Ermittlung der diffusen Streukomponente gestörter Gitter benutzt (*13*). Wesentlich waren hierzu auch Untersuchungen von ZERNICKE und PRINS (*48*).

6. Die von KRATKY (*28*) schon vor Jahren bei der Diskussion von „amorphen Festkörpern“ und flüssigem Quecksilber angestellten Betrachtungen über „verwackelte Raumgitter“ erweisen sich bei der Ausgestaltung der Theorie des „idealen Parakrystalls“ als äußerst fruchtbar (*32*).

IV. Die klassischen Interferenztheorien.

1. Die allgemeine Grundbetrachtung.

Gegeben seien 2 Elektronen m und n (Abb. 11), von denen das „Bezugselektron“ m im Anfangspunkt, das „kombinierte

Elektron" n im Endpunkt eines Radiusvektor x liegt[1]. Es sei ferner s_0 der Einheitsvektor, der die Einfallsrichtung einer Planwelle von Röntgenstrahlen der Wellenlänge λ und Energiedichte 1 bezeichnet und s der Einheitsvektor in Richtung der kohärent gestreuten Röntgenstrahlung. Die Amplitude der von jedem Elektron gestreuten kohärenten Röntgenstreuung sei $f_e\ (\vartheta)$. Der Gangunterschied der von m und n gestreuten Wellenzüge ist also durch das skalare Produkt $(x, s - s_0)$ der Vektoren x und $s - s_0$ gegeben. Und allgemein findet man in der bekannten komplexen Zeigerdarstellung für die auf $x = 0$ bezogene Streuamplitude, die ein Haufwerk von M Elektronen erzeugt:

$$f(b) = f_e \sum_{t=1}^{M} \exp\left(-2\pi i (b x_t)\right), \quad (1)$$

wo b, der „reziproke" Ortsvektor im FOURIER-Raum, gegeben ist durch

$$b = (s - s_0)/\lambda\,; \quad |b| = 2\sin\vartheta/\lambda\,. \quad (2)$$

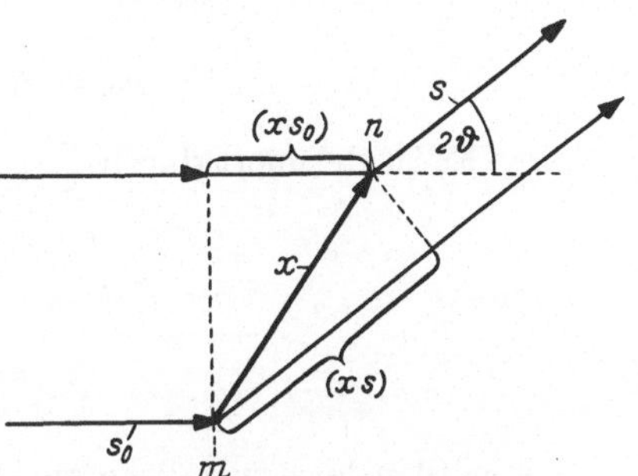

Abb. 11. Zur Berechnung des Phasenunterschiedes der von den Elektronen m, n gestreuten Amplituden.

$2\,\vartheta$ aber ist nach Abb. 11 der Streuwinkel. Diese M Elektronen nun mögen irgendeinem Stoff zugehörig sein, gleichgültig, ob dies ein Einkrystall, ein polykrystallines Präparat, eine Flüssigkeit, ein amorpher Festkörper oder irgendein hochmolekularer Stoff oder ein kolloides System ist. Der Begriff „Gitter" sei aber in einem äußerst allgemeinen Sinn verstanden. In jedem Fall trifft man nämlich in diesem Stoff gewisse größere oder kleinere Bereiche an, innerhalb derer jeweils eine gewisse, mehr oder weniger gestörte Gitterordnung festzustellen ist. Der Begriff „Gitter" kennzeichnet lediglich, daß z. B. in diesem Stoff Gitter Γ_r vom mittleren Volumen v_{r+1} vorhanden sind, die im Mittel jeweils aus N_r „Gitterzellen" des mittleren Volumens v_r bestehen. Jede derrti ge Gitterzelle kann einen oder mehrere „Bausteine" enthalten.

[1] In Anlehnung an die Darstellung von EWALD (*8*) werden auch hier die Vektoren x und b mit kleinen lateinischen Buchstaben gekennzeichnet, da sie als Radiivektoren zugleich den Ort x und b bezeichnen. Eine Begriffsverwechslung mit den übrigen skalaren Größen der Abhandlung ist nach dieser Feststellung ausgeschlossen.

Der Gesamtinhalt einer Zelle sei „Gitterbaustein“ genannt. Liegt nun ein irgendwie definierter Bezugspunkt der Gitterzelle p des Gitters Γ_r am Orte x_p und ist A_{rp} die Streuamplitude dieser Gitterzelle bezogen auf x_p, so ergibt sich die Streuamplitude A_{r+1} dieses Gitters Γ_r, bezogen auf einen irgendwie definierten, innerhalb des Gittervolumens v_{r+1} liegenden Bezugspunkt $x = 0$ zu:

$$A_{r+1}(b) = \sum_{p=1}^{N_r} A_{rp} \exp(-2\pi i (b x_p)). \tag{3}$$

2. *Der ideale Krystall nach* v. LAUE.

Er ist definiert durch

$$A_{rp} = A_r \text{ für alle } p \tag{4}$$

und

$$x_p = \sum_{k=1}^{3} p_k a_k. \tag{5}$$

A_r wird in der Krystalltheorie „Strukturamplitude“, $|A_r|^2$ „Strukturfaktor“ genannt. Alle Gitterzellen und Gitterbausteine haben also die gleiche Gestalt. Ihre Bezugspunkte x_p liegen auf einem idealperiodischen Raumgitter. a_k sind drei nichtkomplanare Vektoren, die bei geeigneter Wahl den Kanten einer Gitterzelle entsprechen. Die p_k sind positive oder negative ganze reelle Zahlen und numerieren die Gitterpunkte eindeutig durch. Da der ideale Krystall keine Fehlstellen hat, erfüllen die p_k innerhalb eines geschlossenen Bereiches alle möglichen Zahlenkombinationen lückenlos. Man sieht in (3) sofort, daß $A_{r+1}(b)$ immer dann besonders groß ist, wenn die Projektionen aller x_p auf die Richtung von b ein ganzzahliges Vielfaches von $1/|b|$ sind. Das ist nur möglich für solche b-Vektoren, die senkrecht auf Krystallnetzebenen stehen und bei gegebener Wellenlänge ganz bestimmten selektiven Streuwinkeln 2ϑ entsprechen (BRAGGsches Reflexionsgesetz). Sicher müssen entsprechend (5) auch die Projektionen der Kantenvektoren a_k ein ganzes Vielfaches sein von $1/|b|$. Bezeichnet man nun mit h_k ein weiteres Tripel ganzer positiver oder negativer reeller Zahlen, so ist die Lage jedes h_k-Reflexes im FOURIER-Raum gegeben durch

$$(a_k b) = h_k. \tag{6}$$

Die h_k sind als MILLERsche Indices bekannt. Führt man die Zellenkanten b_k des „reziproken Gitters“ ein:

$$b_1 = [a_2 a_3]/v_r\,;\ b_2 = [a_3 a_1]/v_r\,;\ b_3 = [a_1 a_2]/v_r$$

$$v_r = (a_1 a_2 a_3), = 1/(b_1 b_2 b_3)\,,$$

wobei also v_r das Volumen des vom Kantentripel a_k ausgespannten Parallelepipedes und $[a_2 a_3]$ das Vektorprodukt von a_2 und a_3 ist, so läßt sich (6) auch in der Form schreiben:

$$b_h = \sum_{k=1}^{3} h_k b_k\,. \tag{7}$$

Genau wie die Bausteinbezugspunkte x_p gemäß (5) im physikalischen Raum, so liegen die Reflexmitten b_h gemäß (7) im FOURIER-Raum auf einem idealperiodischen Raumgitter.

M. v. LAUE bewies darüber hinaus allgemein (*36*), daß eine merkliche Streuamplitude aber auch noch in der Nachbarschaft dieser Gitterpunkte (7) bemerkbar ist, wenn nur der Gitterbereich Γ_r nicht unendlich groß ist. Aus der Breite *jedes* Reflexes kann man also nach v. LAUE die Krystallitgröße bestimmen. Denn alle Krystallreflexe haben den gleichen relativen Verlauf der Amplitude oder Intensität.

3. Der ideale Mischkrystall nach v. LAUE *mit einfachen Temperaturstörungen nach* DEBYE *(1913). Definition der Gitterstörungen 1. Art.*

Der ideale Mischkrystall ist dadurch definiert, daß im Gegensatz zu (4) nun die einzelnen A_{rp} verschieden sein können, wobei aber Gleichung (5) nach wie vor streng gilt. Es dürfen nun also die Elektronenverteilungen in den einzelnen Bausteinen verschieden sein. Es wird aber dabei ausdrücklich vorausgesetzt, daß sich die N_r verschiedenen Bausteinen rein statistisch auf die N_r zur Verfügung stehenden Gitterplätze verteilen. So einfach diese Voraussetzung auf den ersten Blick scheinen mag, so reichhaltig ist doch die physikalische Realisierung dieser als Gitterstörungen 1. Art bezeichneten Strukturvariante (*21, 22*). Sie umfaßt nämlich u. a.:

a) Vorhandensein verschiedener Bausteinsorten im Gitter,

b) statistisch verteilte SMEKALsche Fehlstellen. In diesem Fall liegt also ein idealer Mischkrystall vor, dessen eine Bausteinsorte die Elektronendichte 0 hat;

c) statistische Schwankung der Bausteinschwerpunkte in den Gitterzellen;

d) statistische Schwankung der Elektronenkonfiguration in den Bausteinen einer Sorte.

Die Störungen a) und b) umschließen also die Eigenschaften eines Mischkrystalls ohne Ausscheidungs- und Entmischungsvorgänge und ohne Gitterverzerrungen, die Störungen c) und d) die thermischen Gitterstörungen nach der vereinfachten DEBYEschen Theorie (*6*). Sie schließen aber auch die Möglichkeit in sich ein, daß das Gitter aus plastischen oder leicht deformierbaren Gitterbausteinen aufgebaut ist, wie man sie wahrscheinlich bei den Glucoseringen und anderen komplizierteren Bausteinen vor sich hat. Wesentlich ist aber, daß sich durch diese Gitterstörungen 1. Art das durch (5) beschriebene idealperiodische Raumgitter nicht verändert. Es wird dann mit anderen Worten die „Fernwirkung" der Bausteine im Gitterbereich nicht gemindert. Und man kann allgemein beweisen, daß auch jetzt jeder Reflex den gleichen relativen Intensitätsverlauf aufweist und die Zahl der Gitterpunkte (7) des reziproken Gitters nach wie vor unbeschränkt groß ist. Wesentlich bei derartigen Gitterstörungen ist aber zum zweiten, daß keinerlei statistische Kopplung zwischen den Elektronenkonfigurationen der einzelnen Gitterbausteine stattfindet. Fehlstellen mit kooperativer Wechselwirkung sind also z. B. im idealen Mischkrystall nicht möglich.

4. Die Flüssigkeitstheorie nach DEBYE-MENKE *und* ZERNICKE-PRINS.

Diese Theorie (7) läßt sich etwa folgendermaßen beschreiben: Betrachtet werde über eine längere Zeitdauer ein Bezugsmolekül m einer Flüssigkeit. Das x-Raumkoordinatensystem werde stets auf seinen irgendwie definierten Bezugspunkt x_m bezogen, so daß also stets $x_m = 0$ ist. Betrachtet werde ein zweites Molekül n am Orte x_n, das sich nun infolge der thermischen Vorgänge im Lauf der Zeit an alle möglichen Orte x begibt. Infolge von Nahordnungseffekten wird es sich aber in gewissen Entfernungen x vom Bezugsmolekül länger, in anderen weniger häufig aufhalten. Es sei

$$W_{nm}(x) \frac{d v_m}{v_{r+1}} \frac{d v_n}{v_{l+1}}$$

die Wahrscheinlichkeit, den Bezugspunkt des Moleküls m im

Volumelement dv_m und denjenigen von n gleichzeitig im Volumelement dv_n anzutreffen. Die Ortsfunktion $W_{nm}(x)$, genannt a-priori-Wahrscheinlichkeit, drückt also in irgendeiner Weise die Ordnung oder Unordnung der Bausteine (= Flüssigkeitsmoleküle) innerhalb des „Gitterbereiches" mit dem Volumen v_{r+1} aus.

Von wesentlicher Bedeutung für die weitere Betrachtung ist der Begriff des Wirkungsbereiches eines Gitterbausteines. Er ist dadurch definiert, daß in ihm die a-priori-Wahrscheinlichkeit noch nicht ihren Endwert 1 erreicht hat. Es sei $|x_w|$ sein Radius, w_r sein Volumen, so ist also

$$W_{nm}(x) = 1 \text{ für } |x| \geqq |x_w|. \tag{8}$$

Die DEBYEsche Flüssigkeitstheorie ist nun durch die folgenden Voraussetzungen gekennzeichnet:

a) Bei genügend langer Beobachtungsdauer in einer isotropen Flüssigkeit ist nicht einzusehen, daß für die Ortsfunktion W_{nm} irgendwelche Vorzugsrichtungen bestehen sollen. Sie wird vielmehr kugelsymmetrisch sein, also nur vom Betrag des Ortsvektors abhängen.

b) Bei Betrachtung einer Flüssigkeit aus *einer* Molekülsorte wird W_{mn} für alle Kombinationen m, n gleich sein.

c) Das Wirkungsbereichvolumen w_r eines Bausteines ist klein gegenüber dem Gittervolumen v_{r+1}, so daß praktisch alle Bausteine bis an die Grenze ihrer Fernwirkung noch von Bausteinen umgeben sind, die Zahl der „inneren" Bausteine also groß ist gegen diejenigen in den Randpartien des Volumens v_{r+1}.

Aus Bedingung a) und b) folgt

$$W_{nm}(x) = W(x) \text{ für alle } m \neq n. \tag{9}$$

$$A_{rp} = A_r \text{ für alle } p. \tag{9a}$$

Und c) läßt sich schreiben[1]:

$$w_r \lll v_{r+1}. \tag{10}$$

Um nun in (3) die Streuamplitude zu berechnen, genügt es also, die Abstandshäufigkeit eines einzelnen Flüssigkeitsmoleküls $n \neq m$

[1] Das Symbol $\lll$ soll hier und im folgenden stets ausdrücken, daß das links von ihm stehende Volumen in allen drei Querdimensionen klein ist gegenüber dem rechtsstehenden Volumen. Diese Bedingung stellt also nicht nur Anforderungen an den Inhalt, sondern auch an die Form der Volumina.

etwa durch zeitliche Mittelung dort einzusetzen und diesen Mittelwert $N_r - 1$ mal zu nehmen:

$$A_{r+1} = A_r\left(1\,(+\,N_r - 1)\,\overline{\exp\,(-\,2\pi\,i\,(b\,x))}\right). \qquad (11)$$

Dieses kann man unter Benutzung von W auch in Form eines Raumintegrals anschreiben. Um dabei den Fall $n = m$ nicht zu vergessen, führt man als Häufigkeitsstatistik für das Bezugsmolekül eine „Punktfunktion" $P^1(x)$ ein, die folgendermaßen definiert ist:

$$P^1\,(x) = 0 \text{ für alle } x \neq 0;\; \int P^1\,(x)\,d v_x = 1. \qquad (12)$$

Für die Streuamplitude ergibt sich dann

$$A_{r+1}\,(b) = A_r \int \left[P^1\,(x) + \frac{N_r - 1}{v_{r+1}}\,W\,(x)\right] \exp\,(-\,2\pi\,i\,(b\,x)\,d v_x. \qquad (13)$$

Dabei ist A_r die Streuamplitude eines Flüssigkeitsmoleküls.

Wegen der Kugelsymmetrie von W läßt sich dieses Integral dann wie bekannt sehr leicht auswerten.

Nun weiß man aber, daß der Interferenzeffekt stets auf den Momentanwert der geometrischen Verhältnisse reagiert. Es ist innerhalb eines Wirkungsbereiches eines Bausteines daher $W(x)$ in keinem Fall kugelsymmetrisch. Da das Integral (13) über den zeitlichen Mittelwert der Bausteinlagen aber gleich ist dem zeitlichen Mittelwert der momentanen Integralwerte, so ist die DEBYEsche Annahme (9) solange nicht bedenklich, als man wirklich nur über das Volumen v_{r+1} eines momentanen Gitterbereiches integriert. Es ist aber sicher nicht statthaft, mit DEBYE nun dieses Volumen mit dem Gesamtvolumen v des durchstrahlten Flüssigkeitsbereiches zu identifizieren. Denn man weiß allzu gut, daß selbst in so einfach gebauten Flüssigkeiten wie flüssigem Quecksilber eine Vielzahl kleinster Gitterbereiche des Volumens v_{r+1} existiert („cluster"-Bildung!). Man wird auch aus statistischen Überlegungen einen engen Zusammenhang zwischen dem Volumen w_r eines Wirkungsbereiches und dem Volumen v_{r+1} des Gitterbereiches erwarten müssen, die beide etwa in der gleichen Größenordnung liegen werden. Daher ist die Gültigkeit der DEBYEschen Annahme (10) mehr als problematisch. Und es wird nach dem oben Gesagten überhaupt nicht möglich sein, mit nur einer Abstandsstatistik W auszukommen, da außerhalb jedes Gitterbereiches Γ_r über eine Zwischenschicht erhöhten Störungsgrades hinweg wieder neue gleichgebaute W-Statistiken wirken, die gegen erstere statistisch verdreht sind. Es wird auch Abstandsstatistiken der Gitterbereiche selbst geben.

Es wird weiter unten gezeigt werden, was passiert, wenn Bedingung (10) nicht mehr erfüllt ist. Innerhalb des ersten Flüssigkeitsringes treten dann in jedem Fall gegenüber der DEBYEschen Theorie neuartige Erscheinungen auf. Und es darf darum auch nicht verwundern, daß diese Interferenztheorie bei der Erklärung der Kleinwinkelstreuung mehr oder weniger stark versagen muß.

5. *Das röntgenamorphe Haufwerk nach* GUINIER.

GUINIER (*11*) betrachtet ein Haufwerk regellos verteilter gleichgebauter Bausteine. Aus (3) folgt dann ein Gleichung (11) durchaus entsprechender Ausdruck, wenn der Querstrich nicht eine zeitliche, sondern eine räumliche Mittelung über viele sonst gleichgebaute Haufwerke bedeutet. Die Reihenentwicklung von (11) gibt dann

$$\overline{A_{r+1}(b)} = A_r \sum_{p=1}^{N_r} \sum_{q=0}^{\infty} \frac{\overline{(-2\pi i (b x_p))^q}}{q!} . \tag{14}$$

Bezeichnet man mit x_{pb} die Projektion des Vektors x_p auf den reziproken Vektor b und legt den Nullpunkt des x-Koordinatensystems in den Streumassenschwerpunkt des Haufwerkes, so ist also $\overline{x_p} = 0$. Schreibt man weiterhin zur Abkürzung

$$A_{2b} = \sqrt{\frac{1}{N_r} \sum_p x_{pb}^2}, \tag{15}$$

so erhält man mit GUINIER als Näherung

$$\overline{A_{r+1}(b)} = A_r N_r \exp(-2\pi^2 b^2 A_{2b}^2) . \tag{16}$$

Man kann zeigen, daß diese Näherung angewandt auf Partikel mit völlig amorpher Struktur, d. h. mit konstanter Elektronendichte in ihrem Inneren, verschwindender Elektronendichte außerhalb ihrer Oberfläche, das Beugungshauptmaximum gut wiedergibt. Die Beugungsnebenmaxima können durch die „kontinuierliche" Ortsfunktion (16) natürlich nicht dargestellt werden. Doch mittelt (16) über alle diese Nebenmaxima in den meisten Fällen in außerordentlich befriedigender Weise (*25*, *26*). Für Haufwerke mit Symmetriezentrum verschwinden in (14) alle Summanden mit ungeraden Potenzen q. Dann gibt (16) also die Summanden

$q \leqq 3$ exakt wieder. Innerhalb der Halbwertsbreite der Streuamplitude sind, wie man beweisen kann (*25*), stets auch alle höheren Potenzen so gut durch (16) angenähert, daß diese GUINIERsche Näherung selbst für scheibchen- und stäbchenförmige Partikel dort sehr gut ist.

Es erhebt sich nun hier die erst später klärbare Frage, wie unregelmäßig die Bausteine nun eigentlich im Haufwerk gelagert sein müssen, daß die oben gemachte Annahme einer „röntgenamorphen Struktur" der Partikel erlaubt ist. Für Haufwerke mit Krystallstruktur können wir als Näherungslösung nämlich schon jetzt nach dem in Abschnitt III. 2 Gesagten anschreiben:

$$\overline{A_{r+1}} = N_r\, A_r \sum_h \exp\left(-\,2\pi^2 A_2^2\, (b - b_h)^2\right). \tag{17}$$

Denn jeder Krystallreflex hat ja die gleiche Form, also sicher auch die des durch Gleichung (16) allein beschriebenen „Zentralflecks" (= Reflex 000). Von einer Gültigkeit der GUINIERschen Näherung im gesamten Streubereich ist hier natürlich keine Rede mehr.

In Tab. 1 sind nochmals einige der wesentlichen Voraussetzungen zusammengestellt, unter denen die klassischen Interferenztheorien entwickelt wurden. Nur die GUINIERsche Theorie

Tabelle 1. *Einige wesentliche Voraussetzungen verschiedener Interferenztheorien.*

Voraussetzung	Ausgangstheorie			Allgemeinere Theorie		
	Krystall v. LAUE	Flüssigkeit DEBYE	amorph. Partik. GUINIER	ideal. Parakryst.	poly-disp. globulär. Haufwerk	planpar. fibrill. polydisp. Lam. Bünd.
Abstandsstatistik der Bezugspunkte der Gitterbausteine ist für alle Bausteine dieselbe	ja	ja	keine Aussage	ja	nein	nein
Abstandsstatistik zweier Gitterbausteine ist abhängig von den Sorten, zu denen sie gehören	nein	nein	„	nein	ja	ja
Abstandsstatistik ist in ihrer Auswirkung auf das Röntgendiagramm als kugelsymmetrisch angenommen . .	nein	ja	„	nein	ja	nein
Bausteinkonfiguration schwankt statistisch unabhängig von Abstandsstatistik	ja	ja	„	ja	nein	nein

ist nach den hier besprochenen Gesichtspunkten zunächst voraussetzungslos. Unter welchen Bedingungen diese Theorien in einem großen Streuwinkelbereich gelten, ersieht man aus Tab. 4 und Abb. 20. In der Tab. 1 sind außerdem die Voraussetzungen für einige neuere und allgemeinere Interferenztheorien zusammengestellt. Aus der Diskussion dieser Theorien ergibt sich dann später auch, daß im allgemeinen die klassischen Theorien nur jeweils in bestimmten Streuwinkelbereichen Gültigkeit haben, die einander grundsätzlich nie überlappen können. Die Anwendung dieser Theorien über ihren Gültigkeitsbereich hinaus hat in der Literatur zu mancherlei Fehlschlüssen Anlaß gegeben.

V. Das Faltungstheorem der Fouriertransformation.

In den ersten beiden Abschnitten werden Beispiele dafür gebracht, daß die Faltungsoperation zweier beliebiger Ortsfunktionen gewisse physikalische Vorgänge besonders einfach darzustellen gestattet. In den weiteren Abschnitten wird gezeigt, wie einfach sich das Faltungsprodukt, in den FOURIER-Raum transformiert, berechnen läßt.

1. Der Kollimationsfehler.

Um sich ein anschauliches Bild von der Bedeutung der Faltung zu machen, sei der Abbildungsfehler besprochen, der entsteht, wenn man zur Parallelisierung eines Röntgenstrahlbündels nicht genügend feine Loch- oder Spaltblenden verwendet (*25*, *34*):

Es sei b ein auf einem Röntgenfilm endigender, geeignet gewählter Ortsvektor und $Z(b)$ die Intensitätsverteilung auf diesem in irgendeiner Streukammer angebrachten Film, wenn bei Verwendung irgendeines Blendensystems und irgendeiner Strahlenquelle im Strahlengang kein Präparat liegt (Blindaufnahme). Falls man umgekehrt durch irgendwelche Maßnahmen diesen Parallelstrahl im Punkt $b = 0$ konzentrieren könnte, so möge das Streudiagramm eines nun in den Strahlengang gebrachten Präparates den Intensitätsverlauf $J_0(b)$ zeigen. Verwendet man in Wirklichkeit den verschmierteren $Z(b)$-Strahl, so erzeugt jeder seiner in c auf dem Film endigenden Teilstrahlen den Intensitätsanteil $Z(c) J_0(b - c)$. Im Punkt b entsteht darum auf dem Film insgesamt:

$$J(b) = \widehat{J_0 Z} = \int Z(c)\, J_0(b - c)\, df_c. \tag{18}$$

Dabei ist df_c ein Flächenelement des Filmes am Ort c. Das Integral ist über alle Orte c zu erstrecken. Die dadurch durchgeführte Operation nennt man die Faltung von Z mit J_0 (oder umgekehrt).

Damit kein Kollimationsfehler auftritt, ist es notwendig und hinreichend, daß die Breite des Primärstrahles in allen Richtungen klein ist gegenüber der Breite der abzubildenden Feinheit des Diagramms J_0 in derselben Richtung. In diesem Fall entartet (18) also einfach zu

$$J(b) = J_0(b) \int Z(c)\, df_c . \tag{19}$$

In diesem Fall tritt also ein nicht verschmiertes Streudiagramm auf, das proportional ist zur integralen Primärintensität. Ganz anders aber sehen die Verhältnisse aus, wenn Z in gewissen Richtungen nicht mehr schmal genug ist. Es wird dann das Streudiagramm durch diesen Kollimationsfehler verschmiert. Ist im Extremfall die integrale Breite von $Z_0(b)$ in allen Richtungen breit gegenüber einem bei $b = b_h$ liegenden Reflex oder irgendeiner sonstigen Feinheit des ursprünglichen J_0-Verlaufes, so ist dann im Bereich um b_h im Gegensatz zu (19) der Intensitätsverlauf proportional zur Energiedichte Z des Primärstrahls gegeben durch

$$J = Z(b - b_h) \cdot \int J_0(c)\, df_c . \tag{19a}$$

Man tut gut daran, sich den Mechanismus dieses Faltungsprozesses an diesem einfachen Beispiel recht klar zu machen. Denn weiter unten werden derartige Faltungsoperationen auch im dreidimensionalen FOURIER-Raum vorzunehmen sein. Sie geben dann eine besonders anschauliche Erklärung für die mannigfachen Erscheinungsformen, die bei der Röntgenstreuung an gestörten Gitterwerken auftreten können.

2. *Statistische Entfaltung.*

Ein Beispiel für eine dreidimensionale Entfaltung ist für die späteren Betrachtungen besonders wichtig: Es komme in irgendeiner Beobachtungsreihe der Vektor $a_1 = z$ mit der Häufigkeit $H_1(z)$ und ein anderer Vektor $a_2 = y$ davon unabhängig mit der Häufigkeit $H_2(y)$ vor. Da bei jeder Einzelbeobachtung irgendein Vektor a_1 und a_2 gemessen werde, so ist beider Häufigkeit „normiert" zu

$$\int H_1(z)\, dv_z = 1\,; \quad \int H_2(y)\, dv_y = 1 . \tag{19b}$$

Wie immer, so ist auch hier dv_y und dv_z ein Volumelement am Orte y und z. Und beide Integrale sind über den ganzen Raum zu erstrecken. Gefragt ist nach der Häufigkeit $H(x)$, mit der die Vektorsumme $x = a_1 + a_2$ beobachtet wird. Infolge der vorausgesetzten statistischen Unabhängigkeit der Schwankungen von a_1 und a_2 ergibt sich die Teilhäufigkeit für eine beliebige Kombination $x = y + z$ zu $H_1(z)\,H_2(y)$. Um die Gesamthäufigkeit $H(x)$ zu erhalten, hat man also einfach über alle Summen zu integrieren, die den Vektor x ergeben. Man findet also sofort:

$$H(x) = \widehat{H_1 H_2} = \int H_1(x-y)\,H_2(y)\,dv_y. \tag{19c}$$

Das Integral ist über den ganzen Raum zu erstrecken. H ist wieder normiert, wie man leicht beweisen kann. ZERNICKE und PRINS (*48*) und J. J. HERMANS (*13*) haben diesen auf den eindimensionalen Fall übertragenen Faltungsprozeß benutzt zur Berechnung linearer Gitter mit „flüssigkeitsstatistischen" Gitterstörungen. Daß derartige Faltungsprozesse große Mannigfaltigkeiten von Einzelstatistiken analytisch außerordentlich leicht zu beherrschen sind, soll der nächste Abschnitt lehren.

3. FOURIER-*Transformation und Faltungstheorem.*

Gegeben sei irgendeine beliebige skalare reelle oder komplexe stückweise glatte Ortsfunktion $g(x)$ im physikalischen Raum ohne Singularitäten. Ihre FOURIER-Transformierte $G(b)$ ist dann definiert durch

$$G(b) = \mathfrak{F}(g) = \int g(x)\,e^{-2\pi i (bx)}\,dv_x, \tag{20}$$

wobei das Integral über den ganzen physikalischen Raum zu erstrecken ist. Umgekehrt gewinnt man durch Inverstransformation dann eindeutig aus G wieder g zurück:

$$g(x) = \mathfrak{F}^{-1}(G) = \int G(b)\,e^{2\pi i (bx)}\,dv_b. \tag{21}$$

Das Faltungstheorem der Fouriertransformation lautet:

$$\begin{aligned} &\mathfrak{F}(\widehat{g_1 g_2}) = \mathfrak{F}(g_1)\,\mathfrak{F}(g_2)\,; \quad \mathfrak{F}(g_1 g_2) = \widehat{\mathfrak{F}(g_1)\,\mathfrak{F}(g_2)} \\ &\mathfrak{F}^{-1}(\widehat{G_1 G_2}) = \mathfrak{F}^{-1}(G_1)\,\mathfrak{F}^{-1}(G_2)\,; \quad \mathfrak{F}^{-1}(G_1 G_2) = \widehat{\mathfrak{F}^{-1}(G_1)\,\mathfrak{F}^{-1}(G_2)}. \end{aligned} \tag{22}$$

Zum Beweis schreibt man beispielsweise unter Benutzung von (14) und (15)

$$\mathfrak{F}(\widehat{g_1 g_2}) = \int dv_x \int dv_y\, g_1(y)\, g_2(x-y)\, e^{-2\pi i (bx)}.$$

Substituiert man hier $\exp(-2\pi i(bx)) = \exp(-2\pi i(by)) \cdot \exp(-2\pi i(b, x-y))$ und integriert bei konstantem $x - y$ über den ganzen y-Raum, so erhält man

$$\int dv_x \, g_2(x-y) \, e^{-2\pi i (b, x-y)} \, G_1(b) \, .$$

Hier ist das Integral von dem speziellen Wert von y völlig unabhängig, so daß sich insgesamt ergibt $G_2(b) \cdot G_1(b)$, was zu beweisen war.

4. FOURIER-*Transformierte als Streuamplitude.*

Ist $\varrho(x)$ eine beliebige, aber fest im ganzen physikalischen Raum vorgegebene reelle Ortsfunktion, die die örtliche Elektronendichte multipliziert mit der Streuamplitude f_e eines Elektrons [Gleichung (1)] angibt, so ist die Streuamplitude dieses im allgemeinen Fall unbegrenzt großen Gebildes entsprechend (3) und (13) gegeben durch

$$A(b) = \mathfrak{F}(\varrho) = \int_{\infty} \varrho(x) \, e^{-2\pi i (bx)} \, dv_x .$$

Will man nur den Wert für ein begrenztes Gitter des Volumens v berechnen, so hat man das Integral entweder nur über dieses Volumen v zu erstrecken. Besser führt man aber mit EWALD (*8*) die Gestaltfunktion $\sigma(x)$ dieses Volumens ein. Sie ist folgendermaßen definiert:

$$\sigma(x) = \begin{cases} 1 & \text{für alle im Volumen } v \text{ endigende Ortsvektoren } x, \\ 0 & \text{für alle anderen } x. \end{cases} \tag{22a}$$

Es ergibt sich dann:

$$\int_{v} \varrho(x) \, e^{-2\pi i (bx)} \, dv_x = \mathfrak{F}(\varrho\sigma) = \widehat{\mathfrak{F}(\varrho) \, \mathfrak{F}(\sigma)} \, . \tag{23}$$

Man hat also die FOURIER-Transformierte des unendlich ausgedehnten Gebildes $\varrho(x)$ im FOURIER-Raum mit der FOURIER-Transformierten der Gestaltsfunktion σ zu falten. Durch Gleichung (23) wird mit EWALD die Streuamplitude endlicher Streukörper beliebiger Gestalt in anschaulicher Weise durch einen von der äußeren Gestalt und einen von der inneren Struktur abhängigen Anteil ausgedrückt. Damit ist auch in komplizierter gelagerten Fällen eine Analyse der Feinstrukturparameter der Krystallform und der Gitterart ermöglicht.

VI. Der ideale Parakrystall.

1. Allgemeines.

In Abb. 12 ist schematisch die Elektronendichte von vier beliebig geformten Gitterbausteinen eines idealen Parakrystalles dargestellt. Sie schwankt statistisch infolge der in Abschnitt IV 3 definierten Gitterstörungen 1. Art von Baustein zu Baustein, dabei den verschiedensten in jenem Abschnitt dargestellten Variationsmöglichkeiten der Gitterfeinstruktur Rechnung tragend. Im Gegensatz zum idealen Mischkrystall ist es nun aber nicht mehr möglich, ein völlig idealperiodisches Gitterwerk um diese Bausteine herum aufzubauen, wie es etwa durch Gleichung (5) definiert worden war. Damit vielmehr die Bausteinkonfigurationen in bezug auf die Ecken der Gitterzellen statistisch unabhängig schwanken, ist die Einbringung eines „verwackelten“ Gitterwerkes notwendig, wie dieses schon wiederholt von Kratky diskutiert worden ist (*28, 32*). Natürlich bestehen noch verschiedene Freiheitsgrade für die Art und Weise, in der man die Konstruktion eines derartigen verwackelten Gitterwerkes bei gegebenen Bausteinhaufwerken vornehmen kann. Unter diesen Möglichkeiten werde diejenige ausgewählt, die den folgenden Bedingungen am besten entspricht:

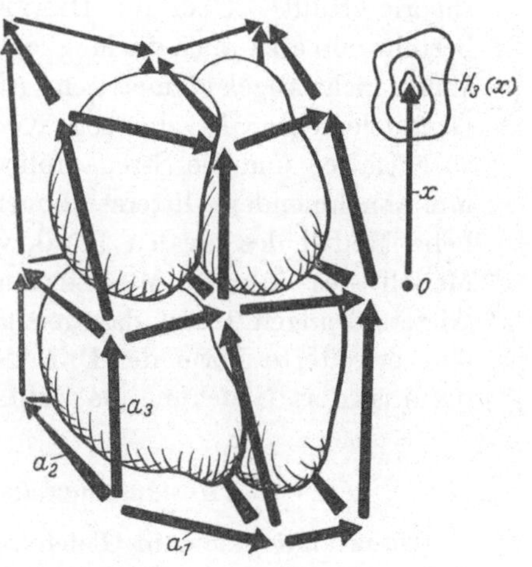

Abb. 12. Modell des idealen Parakrystalls mit 4 Gitterbausteinen. Nach gewissen Gesichtspunkten ist um diese eine „verwackelte“ Gitterkonstruktion aus Koordinationsvektoren a_1; a_2; a_3 errichtet.

a) Das nichtkomplanare Zellenkantenvektorentripel a_k $(k=1,2,3)$ schwanke statistisch von Zelle zu Zelle unabhängig von den Werten benachbarter Kantenvektoren derart, daß die Häufigkeit $H_k(x)$ für den Kantenvektor $a_k = x$ für alle Zellen die gleiche ist. Diese Gitterstörungen werden Gitterstörungen 2. Art genannt (*21, 22*).

b) Die auf jeweils eine Zellenecke bezogene, durch die Gitterstörungen 1. Art beschriebene Variation der Konfiguration und

Lage aller Elektronen einer Gitterzelle gehe gleichfalls statistisch unabhängig von den Gitterstörungen 2. Art vonstatten.

Wie auch Tab. 1 lehrt, besagt die oben gegebene Definition der Gitterstörung 2. Art nichts anderes, als daß die Abstandsstatistik der Gitterzelleneckpunkte für jede beliebige Bezugsecke die gleiche ist. Durch sie wird damit in jedem Fall auch die fundamentale Voraussetzung (9) der DEBYEschen Flüssigkeitstheorie erfüllt[1]. Über die DEBYEsche Flüssigkeitstheorie hinaus besteht nun aber auch die Möglichkeit, in einfacher und eindeutiger Weise nicht kugelsymmetrische Abstandsstatistiken aus ihren drei Grundelementen H_k, den sog. Koordinationsstatistiken, eindeutig zu entfalten und die Streuamplitude recht einfach zu berechnen. Mit abnehmenden Gitterstörungen 2. Art geht das hier beschriebene Modell des idealen Parakrystalles zwanglos wieder in das Modell des idealen Mischkrystalles über. Mit abnehmenden Gitterstörungen 1. Art dagegen gewinnt man nichts anderes als eine erweiterte Form der DEBYEschen Flüssigkeitstheorie. Denn dann ist dort Gleichung (9a) erfüllt.

2. *Abstandsstatistik und Gitterfaktor.*

Ganz analog dem in Gleichung (19c) beschriebenen einfachen Beispiel ergibt sich die Häufigkeitsverteilung des Gitterpunktes $p_1 p_2 p_3$ vom Bezugspunkt 000 durch Entfaltung aus den drei Koordinationsstatistiken H_k zu

$$H_p(x) = H_{p_1 p_2 p_3}(x) = P^1 \overbrace{\widehat{H_1}\widehat{H_1}\ldots\widehat{H_1}}^{p_1\,\text{mal}}\overbrace{\widehat{H_2}\widehat{H_2}\ldots\widehat{H_2}}^{p_2\,\text{mal}}\overbrace{\widehat{H_3}\widehat{H_3}\ldots\widehat{H_3}}^{p_3\,\text{mal}}, \quad (24)$$

wobei stets gilt[2]:

$$\int H_{p_1 p_2 p_3}\, dv_x = 1 \text{ für alle } p_1 p_2 p_3. \quad (25)$$

Man definiert als Gesamtstatistik $z^1(x)$ nun:

$$z^1(x) = \sum_{p_1=-\infty}^{\infty} \sum_{p_2=-\infty}^{\infty} \sum_{p_3=-\infty}^{\infty} H_{p_1 p_2 p_3}(x). \quad (26)$$

---

[1] Trivialer Weise genügt auch das Krystallgitter (5) dieser Bedingung (9). Vgl. auch Tab. 1, erste Zeile.

[2] Bedingung (25) ergibt sich automatisch aus der (19b) entsprechenden „Normierungsgleichung" für die drei Koordinationsstatistiken H_k ($k = 1, 2, 3$

Führt man die FOURIER-Transformierte $F_k(b)$ der Koordinationsstatistik H_k, den sog. „Statistikfaktor“, ein:

$$F_k(b) = \mathfrak{F}(H_k) \tag{27}$$

und beachtet, daß nach Voraussetzung $H_{-p_1-p_2-p_3}(x)$ inversionssymmetrisch ist zu $H_{p_1p_2p_3}(x)$, so ist nach dem Faltungstheorem für positive $p_1 p_2 p_3$ ganz entsprechend (22)

$$\mathfrak{F}(H_{p_1p_2p_3}) = F_1^{p_1} F_2^{p_2} F_3^{p_3},$$

also

$$\mathfrak{F}(H_{-p_1-p_2-p_3}) = F_1^{*p_1} F_2^{*p_2} F_3^{*p_3}. \tag{28}$$

Dabei ist F_k^* konjugiert komplex zu F_k. Als Gitterfaktor Z^{1/v_r} definiert man die FOURIER-Transformierte der Gesamtstatistik $z^1(x)$:

$$Z^{1/v_r}(b) = \mathfrak{F}(z^1). \tag{29}$$

Dieser Gitterfaktor läßt sich außerordentlich leicht berechnen, indem man entsprechend (28) die Summe der geometrischen Reihen der Statistikfaktoren zu bilden hat. Man erhält dann:

$$Z^{1/v_r}(b) = \prod_k \mathfrak{Re} \frac{1+F_k}{1-F_k}. \tag{30}$$

Da sich jeder Statistikfaktor mittels der GUINIERschen Näherung (16) darstellen läßt als (*26*)[1]

$$F_k(b) = e^{-2\pi^2 b^2 \Delta_2^2 a_{kb}} \cdot e^{-2\pi i (b\bar{a}_k)} \tag{31}$$

mit

$$\Delta_2 a_{kb} = \sqrt{\overline{a_{kb}^2} - \overline{a_{kb}}^2}, \tag{32}$$

wo a_{kb} wieder die Projektion des Kantenvektors a_k auf die Raumrichtung b darstellt, so ist der Gitterfaktor in guter Näherung allein durch die Mittelwerte und die mittleren Schwankungen der Koordinationsvektoren festgelegt. Der Gitterfaktor (30) des idealen Parakrystalls ist weiter nichts als das Produkt der Realteile von 3 Quotienten, die jeweils von einem Statistikfaktor abhängen. Nennen wir im folgenden der Einfachheit halber

[1] Denn es ist $F_k(b) = e^{-2\pi i (b\bar{a}_k)} \cdot \int H_k(x)\, e^{-2\pi i (b,\, x-\bar{a}_k)}\, dv_x$ und $\bar{a}_k = \int x H_k(x)\, dv_x$; $\overline{a_{kb}^2} - \bar{a}_{kb}^2 = \int H_k(x)(x_k - \bar{a}_{kb})^2\, dv_x$ usf. Gleichung (31) entspricht der GAUSSschen Näherung der Fehlertheorie.

jeden dieser Realteile „k-Faktor". Abb. 13 stellt schematisch einen dieser k-Faktoren von Gleichung (30) längs einer durch $b = 0$ gehenden, zu $\overline{a_k}$ parallelen Ebene im FOURIER-Raum dar. Man erkennt, daß dieser k-Faktor aus einer Parallelschar fast äquidistanter Scheibchen besteht, die einander im Abstand $1/\overline{a_k}$ folgen und an der Stelle $|F_k| \sim 0{,}3$ (in Abb. 13

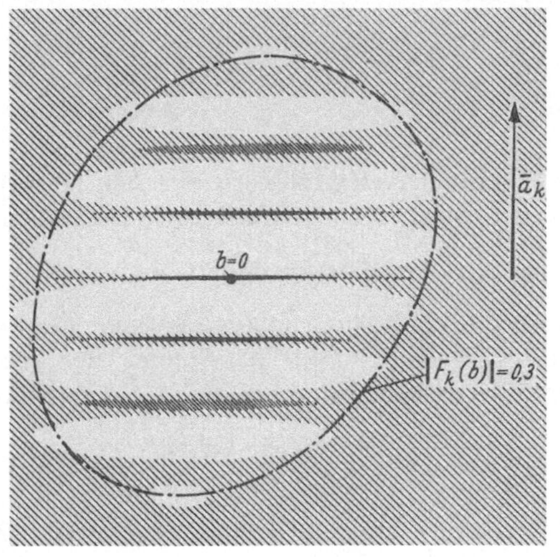

Abb. 13. Schematische Darstellung eines k-Faktors des Gitterfaktors des idealen Parakrystalls (Gleichung 30) längs einer Ebene im FOURIER-Raum, in der der mittlere Koordinationsvektor $\overline{a_k}$ und der $b = 0$-Punkt liegt.

—·—·—· Grenzlinie $|F_k| = 0{,}3$ um den Bereich der „diskontinuierlichen" Reflexe.

strichpunktiert gezeichnet) schon recht verwaschen, fast in einem diffusen Untergrund verlaufen[1]. Längs dieser im FOURIER-Raum angenähert ellipsoiden Oberfläche haben die Scheibchenmaxima (30) den Wert

$$\frac{1 + 0{,}3}{1 - 0{,}3} \sim 1{,}9\,,$$

[1] Erweitert man einen k-Faktor in (30) nämlich mit $1 - F_k^*$, so folgt:

$$\Re e\, \frac{1 + F_k}{1 - F_k} = \frac{1 - |F_k|^2}{|1 - F_k|^2}\,.$$

Aus dieser Gleichung lassen sich unter Benutzung von (31) alle im folgenden diskutierten Eigenschaften des k-Faktors direkt ablesen.

während die Minima zwischen benachbarten Scheibchen dort den folgenden Wert haben:

$$\frac{1-0,3}{1+0,3} \sim 1/1,9.$$

Den Bereich innerhalb des Ellipsoides nennt man zweckmäßig den „Bereich der diskontinuierlichen Reflexe". In ihm geht mit abnehmenden $|b|$ der diffuse Untergrund zwischen den Scheibchen schnell gegen 0, wobei die Scheibchen selbst immer schmaler und intensiver werden. Außerhalb dieses Bereiches der diskontinuierlichen Reflexe aber geht der k-Faktor sehr schnell gegen seinen Endwert 1: Scheibchen und diffuser Untergrund sind völlig gegeneinander nivelliert. Der durch (30) dargestellte Gitterfaktor entsteht also durch die Multiplikation von drei derartigen nichtkomplanaren Scheibchenscharen. Im FOURIER-Raum entstehen dadurch statt der Gitterpunkte der Gleichung (7) des reziproken Gitters des idealen Krystalles knotenförmige Gebilde. Nur der bei $b = 0$ liegende Gitterpunkt ist stets wegen $\lim\limits_{b \to 0} |F_k| = 1$ eine Punktfunktion $P^1(b)$, wie sie schon in (12) für den physikalischen Raum definiert wurde.

Mit Hilfe der GUINIERschen Näherung (31) gelingt eine einfache Abschätzung der Zahl der existierenden diskreten Scheibchen eines k-Faktors. Führt man nämlich in (31) die durch (6) definierten MILLERschen Indices ein, so ergibt sich an der Grenze des Bereiches der diskontinuierlichen Reflexe einfach

$$\frac{\Delta_2 a_{kb}}{\overline{a_{kb}}} = g_{kb} = \sqrt{\frac{\ln(1/0,3)}{2\pi^2}} \cdot \frac{1}{h_{kb}} = \frac{0,246}{h_{kb}}. \tag{33}$$

Dies bedeutet in Worten: Die durch (32) definierte mittlere statistische Schwankung des Koordinationsvektors a_k in Richtung b dividiert durch die Projektion des Mittelwertes von a_k auf b liefert die „relative mittlere Schwankung" g_{kb}. „Relativ" bezieht sich also nicht nur auf den Betrag, sondern auch auf die Richtung von a_k. Je kleiner diese so definierte Schwankung g_{kb} ist, um so größer ist die Zahl h_{kb} der Scheibchen des k-Faktors, die in der betreffenden Richtung von b noch nicht ineinander verlaufen. Das Produkt von h_{kb} mit g_{kb} hat den Wert 0,246, wenn man als Maß der Verwaschung $|F_k| = 0,3$ einsetzt, wenn sich die Scheibchenmaxima also am Rande des Bereiches der diskontinuierlichen Reflexe gerade noch um das $(1,9)^2$fache aus dem Untergrund erheben. Definiert man die Oberfläche des Ellipsoides etwa durch $|F_k| = 0{,}2$, so ändert sich der Zahlenfaktor von (33) nur unwesentlich auf den Wert 0,286. Die Scheibchenmaxima liegen nun nur noch $(1{,}5)^2$fach oberhalb des Untergrundes.

Schon durch einfaches Abzählen der Zahl der existierenden Scheibchen ist es somit möglich, Einblick in die Gitterstörungen 2. Art zu gewinnen. Das Gebiet um den Zentralfleck $b = 0$, das von den Bereichen der diskontinuierlichen Reflexe aller drei k-Faktoren überdeckt wird, nennt man zweckmäßig den „Bereich der eigentlichen Reflexe“. Diese erheben sich also allseitig voneinander separiert deutlich aus einem nicht zu starken diffusen Untergrund. Mit wachsendem $|b|$ kommt man im allgemeinen Fall dann in den Bereich der „verwachsenen Reflexe“, der nur noch von den diskontinuierlichen Bereichen von zwei oder sogar nur einem k-Faktor überdeckt ist. Benachbarte Reflexe verlaufen hier zu Knotenreihen oder sogar zu Knotennetzen ineinander. Im „reflexlosen Streubereich“ schließlich, der außerhalb der diskontinuierlichen Bereiche aller drei k-Faktoren liegt, verlaufen die Knoten des Gitterfaktors in allen Raumrichtungen mehr und mehr völlig ineinander.

In der Tat ist es ein außerordentlich mannigfaches Erscheinungsbild, das durch den Ansatz des idealen Parakrystalls erschlossen wird. Man kann sich daher jetzt schon vorstellen, auf welche Weise die charakteristischen Unterschiede der in Abb. 1—10 dargestellten Röntgendiagramme entstehen können. So kompliziert die Verhältnisse auf den ersten Blick erscheinen mögen, so leicht ist es aber in vielen Fällen, schon durch bloßes Abzählen nicht ineinander verwachsener Reflexe zumindest schon die durch (32) definierten Schwankungstensoren der Koordinationsvektoren a_k abzuschätzen (*26*). Hierfür wird in Abschnitt VIII ein Beispiel gegeben.

3. Die mittlere Streuamplitude des idealen Parakrystalls.

Geht man wieder wie bei der klassischen Interferenztheorie von Gleichung (3) aus, so findet man ganz entsprechend (13) für die mittlere Streuamplitude eines unendlich ausgedehnten Parakrystalles wegen der in Abschnitt VI, 1 definierten statistischen Unabhängigkeit der Gitterstörung 1. und 2. Art:

$$\overline{A_{r+1}}(b) = \sum_{p_1 p_2 p_3}^{\infty} \overline{A_r e^{-2\pi i (b x_{p_1 p_2 p_3})}} = \overline{A_r} \sum_{p}^{\infty} \int H_p(x)\, e^{-2\pi i (b x_p)}\, dv_x. \tag{34}$$

Da man die Summation rechts auch vor der Integration vornehmen darf, so ergibt sich also einfach unter Benutzung von (26):

$$\overline{A_{r+1}}(b) = \overline{A_r}\,\mathfrak{F}(z^1) = \overline{A_r} \cdot Z^{1/v_r}(b). \tag{35}$$

Um auch die Streuamplitude endlicher Parakrystalle zu berechnen, darf man entsprechend (23) das Integral nur über das Krystallvolumen erstrecken und findet wieder unter Einführung der in (22a) definierten Gestaltsfunktion:

$$\overline{A_{r+1}}(b) = \overline{A_r}\,\mathfrak{F}(z^1\sigma) = \overline{A_r} \cdot \left(\widehat{Z^{1/v_r} S_{r+1}}(b)\right), \tag{36}$$

$$S_{r+1}(b) = \mathfrak{F}(\sigma). \tag{37}$$

$S_{r+1}(b)$ ist der „Gestaltfaktor", der die Streuamplitude des Parakrystalls angibt, falls er homogen mit Elektronen der Dichte 1 erfüllt wäre. Die Diskussion dieser Streuformel erfolgt in Abschnitt VII.

4. *Mittlere Streuamplitude eines parakrystallinen Stoffes.*

In der Natur hat man es im allgemeinen mit Haufwerken von Parakrystalliten zu tun. Jeder einzelne Krystallit wirkt nun also als Gitterbaustein in einem Übergitter Γ_{r+1} mit dem Gitterfaktor $Z^{1/v_{r+1}}$. Ist S_{r+2} der Gestaltfaktor dieses Übergitters, so ergibt sich in einfacher Analogie zu (36) die Streuamplitude dieses schon recht komplizierten Gebildes zu:

$$\overline{A_{r+2}(b)} = \overline{A_r}\left(\widehat{Z^{1/v_r}\,\overline{S_{r+1}}}\right)\left(\widehat{Z^{1/v_{r+1}}\,\overline{S_{r+2}}}\right). \tag{38}$$

In einem späteren Abschnitt wird die Frage gestreift werden, daß der ideale Parakrystall in Gittern aus sehr verschieden großen Bausteinen nur noch eine Näherung an die wahren Verhältnisse zu vermitteln vermag. Denn ausgedehntere Gitterbausteine weisen streng genommen eine andere Abstandsstatistik zu ihren Nachbarbausteinen auf als kleinere Gitterbausteine. Es besteht dann im Gegensatz zum Modell des idealen Parakrystalls also eine Kopplung zwischen den in Abschnitt VI, 1 als unabhängig voneinander angenommenen Statistiken 1. und 2. Art. Wie Tab. 1 zeigt, berücksichtigt die Gittertheorie des polydispersen, globulären Haufwerkes (Abschnitt IX) ebenso wie diejenige des Lamellenbündels (Abschnitt X) die Kopplung zwischen diesen beiden Gitterstatistiken. Wenngleich die Diskussion über diese Frage noch nicht ganz abgeschlossen ist, so zeigt es sich aber doch, daß auch in diesen Fällen die Theorie des idealen Parakrystalles im selben Maße eine gute Näherung für die wahren statistischen Verhältnisse zu liefern vermag, wie es die GUINIERsche Näherung für röntgenamorphe Haufwerke ist.

VII. Das Streuphänomen eines idealen Parakrystalles.

1. Einige allgemeine Eigenschaften der Strukturfaktoren.

Man erkennt aus (20) und (21) sofort die Gültigkeit folgender Grenzwerte:

$$\lim_{b \to 0} G(b) = \int g(x)\, dv_x\,; \quad \lim_{x \to 0} g(x) = \int G(b)\, dv_b\,. \tag{39}$$

Die durch (23) und (37) definierte Gestaltfunktion und ihr Gestaltfaktor sind bei $x = 0$ und $b = 0$ sicher stetig. Darum ist entsprechend (39):

$$S(0) = \int \sigma(x)\, dv_x = v\,; \quad \sigma(0) = \int S(b)\, dv_b = 1\,. \tag{40}$$

Als Maß für die integrale Breite ΔS des Gestaltfaktors kann man den Quotienten aus dem rechts- und linksstehenden Wert in (40) nehmen. Bezeichnet $\overline{N_k}$ die mittlere Zahl der Bausteine in Richtung des Koordinationsvektors a_k, so ist also

$$\Delta S = \frac{1}{v} = \frac{1}{v_r} \prod_k \frac{1}{\overline{N_k}}\,. \tag{41}$$

Schließlich ist:

$$\int |S|^2\, dv_b = \lim_{x \to 0} \mathfrak{F}^{-1}(SS^*) = \lim_{x \to 0} \widehat{\sigma(y)\,\sigma(-y)} = v\,. \tag{42}$$

Denn es gilt nach (18):

$$\lim_{x \to 0} \widehat{\sigma(y)\,\sigma(-y)} = \int \sigma^2(y)\, dv_y = v\,,$$

weil $\sigma = \sigma^2 = 1$ innerhalb des Gittervolumens v.

Ist speziell das Volumen des Gitterbereiches beliebig groß, $\sigma(x)$ also im ganzen physikalischen Raum vom Wert 1, so ist der Gestaltfaktor nun im FOURIER-Raum eine Punktfunktion $S(b) = P^1(b)$, wie man sofort durch Vergleich mit (40) und (41) erkennt. In gleicher Weise sieht man auch, daß die FOURIER-Transformierte der durch (12) definierten Punktfunktion im ganzen FOURIER-Raum den Wert 1 hat.

$$\mathfrak{F}(P^1(x)) = 1\,; \quad \mathfrak{F}^{-1}(P^1(b)) = 1\,. \tag{42a}$$

Auch für den Gitterfaktor kommt man zu allgemeinen Aussagen über seine Integralwerte. Bezeichnet v_r entsprechend (7) das Volumen des Parallelepipedes, das von den mittleren Koordinationsvektoren $\overline{a_k}$ im physikalischen Raum ausgespannt wird

$$v_r = (\bar{a}_1 \bar{a}_2 \bar{a}_3)\,, \tag{43}$$

so fällt wegen

$$\int x\, H_p(x)\, dv_x = \sum p_k\, \bar{a}_k$$

im Mittel auf jede Volumeneinheit v_r ein derartiger $H_{p_1 p_2 p_3}$-Knoten mit dem durch (25) gegebenen Inhalt 1. Im räumlichen Mittel hat also $z^1(x)$ den Wert $1/v_r$, also hat

$$z^{v_r} = v_r\, z^1$$

den räumlichen Mittelwert 1. Es ist also bei Integration über den ganzen physikalischen Raum

$$\int (z^{v_r} - 1)\, dv_x = 0\,. \tag{44}$$

Bezeichnet man entsprechend den mit v_r multiplizierten Gitterfaktor mit

$$Z^1 = v_r\, Z^{1/v_r}\,,$$

so ist nun ganz entsprechend (39)

$$0 = \lim_{b \to 0} \mathfrak{F}\,(z^{v_r} - 1) = \lim_{b \to 0} (Z^1(b) - P^1(b))\,. \tag{45}$$

Wenn man also vom Gitterfaktor Z^1 den bei $b = 0$ liegenden punktförmigen Knoten abzieht, so geht der Rest mit $|b|$ gegen 0. Es erhebt sich also der bei $b = 0$ liegende punktförmige Knoten aus einem verschwindenden diffusen Untergrund. Umgekehrt erkennt man, daß ganz analog (45) stets gilt:

$$\int (Z^{1/v_r} - 1)\, dv_b = \lim_{x \to 0} (z^1(x) - P^1(x)) = 0\,. \tag{46}$$

Denn auch die Gesamtstatistik $z^1(x)$ weist stets bei $x = 0$ die definitionsgemäß immer punktförmige Statistik $H_{000}(x)$ auf. Da an diesem Punkt $x = 0$ außerdem niemals der Bezugspunkt eines anderen Bausteines liegen kann, so hat der Limes von (46) genau wie derjenige von (45) stets den Wert 0. Es hat also der Gitterfaktor Z^{1/v_r} genau wie die Gesamtstatistik z^{v_r} im physikalischen Raum stets exakt den Mittelwert 1. Diese allgemein gültige Feststellung wird bei späteren Betrachtungen bedeutungsvoll sein.

Die folgende Bemerkung ist gleichfalls wichtig: Entsprechend (7) hat jede Gitterzelle des reziproken Gitters das Volumen $1/v_r$. Außerdem gehört zu jeder derartigen Gitterzelle ein Knoten des Gitterfaktors Z^{1/v_r}. Es ist somit der Integralwert über einen Knoten samt zugehörigem diffusen Untergrunde stets gegeben durch

$$\int_{Knoten} Z^{1/v_r}\, d v_b = 1/v_r. \tag{47}$$

Der Wert dieses Knoteninhalts jedes Knoten ist durch den Index am Gitterfaktor in der üblichen Weise markiert (*8*) genau so, wie der Index 1 der Gesamtstatistik (26) anzeigen soll, daß jeder ihrer ,,Knoten" entsprechend (25) den Inhalt 1 hat.

Aus (30) folgt für den Wert des Maximums eines Knotens:

$$Z_{max}^{1/v_r} = \prod_k \frac{1-\mu_k}{\mu_k}\,; \quad \mu_k = \frac{1}{2}(1 - |F_k|). \tag{48}$$

Folglich ist seine integrale Breite gegeben durch:

$$(\varDelta\, Z^{1/v_r})_{Knoten} = \frac{1}{v_r} \prod_k \frac{\mu_k}{1-\mu_k}\,. \tag{49}$$

Abb. 14 zeigt schematisch durch Niveaulinien gleicher Häufigkeit dargestellt die Gesamtstatistik $z^1(x)$ längs einer Gitternetzebene, wobei die Koordinationsstatistik H_1 etwa dreieckige, H_2 etwa kreisrunde Niveaulinien zeigen möge. Durch die Faltungsoperationen (24) werden die ,,Knoten" mit wachsendem $|x|$ immer verschmierter und verlaufen immer mehr und mehr ineinander. Außerhalb des der Gleichung (8) entsprechenden, nun aber nicht mehr kugelförmigen Wirkungsbereiches hat die Gesamtstatistik $z^{v_r}(x)$ ihren Endwert 1 erreicht. Genau so hat der durch die drei k-Faktoren

Abb.14. Schematische Darstellung der Gesamtstatistik $z^1(x)$ nach Gleichung 26 längs einer mittleren Gitterebene des idealen Parakrystalls, die durch $x = 0$ geht. — — — — Grenzlinie des Wirkungsbereiches des Gitterbausteines 000, dessen Bezugspunkt in P^1 liegt.

darstellbare Gitterfaktor außerhalb des diskontinuierlichen Streubereiches auch seinen Endwert 1 erreicht. In diesen nivellierten Endbereichen sind somit die Relationen (44) und (46) trivial. Sie gelten aber, wie oben allgemein bewiesen, in beiden Räumen im ganzen Bereich, sofern man nur jeweils über genügend viele Gitterzellen integriert. Auch diese fundamentalen Feststellungen werden für die spätere Diskussion des Streuphänomens bedeutungsvoll sein.

2. *Allgemeiner Verlauf der gestreuten Amplitude.*

Die Diskussion von Gleichung (36) bietet nun keinerlei Schwierigkeiten mehr. Bei nicht zu großen Streuwinkeln ist jeder Knoten des Gitterfaktors Z noch schmal gegenüber dem Gestaltfaktor S. Es vereinfacht sich damit diese Gleichung entsprechend (19) und (47) zu (vgl. auch die Fußnote S. 145):

$$\overline{A_{r+1}(b)} = \frac{1}{v_r} \overline{A_r(b)} \sum_h S_{r+1}(b - b_h), \quad \text{falls } \Delta Z^{1/v_r}(b_h) \lll \Delta S \qquad (50)$$

Es treten in diesem Bereich der sog. „ungestörten Reflexe“ also lauter gleichgeformte „Krystallreflexe“ auf, aus deren Form man entsprechend der LAUEschen Krystallitgrößenbestimmung die Größe der parakrystallinen Gitterbereiche berechnen kann.

Im Bereich der „stark gestörten Reflexe“ umgekehrt ist der Gestaltfaktor stets schmal gegenüber jedem Knoten des Gitterfaktors. Hier entartet (36) also wegen (40) zu

$$\overline{A_{r+1}(b)} = \overline{A_r(b)} \cdot Z^{1/v_r}, \quad \text{falls } \Delta Z^{1/v_r}(b_h) \ggg \Delta S \qquad (51)$$

Es ist nun in keinem Falle mehr möglich, aus dem relativen Verlauf dieser immerhin noch diskontinuierlichen Reflexe Rückschlüsse auf die Größe der parakrystallinen Bereiche zu ziehen. Die Form der Reflexe ist vielmehr ganz entsprechend der DEBYEschen Flüssigkeitstheorie nur abhängig von der Abstandsstatistik. Die maximale Amplitude in einem solchen Reflex ergibt sich entsprechend (30) und (48) zu

$$\overline{A_{r+1}(b_h)} = \overline{A_r(b_h)} \prod_k \frac{1 - \mu_k}{\mu_k}. \qquad (52)$$

Im „reflexlosen Streubereich“ schließlich, wo der Gitterfaktor seinen Endwert 1 erreicht hat, vereinfacht sich (51) noch weiter zu

$$\overline{A_{r+1}(b)} = \overline{A_r(b)}. \qquad (53)$$

Hier erkennt man nicht einmal mehr irgendwelche Interferenzwirkungen des die Gitterbausteine ordnenden Gitters. Der Parakrystall wirkt hier „röntgenamorph“. Die Streuamplitude ist nichts weiter als die interferenzfreie Superposition der von den einzelnen Bausteinen erzeugten Streuamplituden.

Abb. 15 zeigt schematisch durch Niveaulinien gleicher Amplitude oder Streuintensität den mittleren Verlauf der Röntgenstrahlung eines Parakrystalliten längs einer Ebene des reziproken Gitters. Sechs strichpunktiert umrandete Bereiche umschließen einander schalenförmig. Der Zentralfleck B_0 (Reflex 000) ist stets ungestört, da der bei $b = 0$ liegende Knoten des Gitterfaktors entsprechend (45) stets eine Punktfunktion $P^1(b)$ ist. Er läßt in jedem Falle also die Form der Parakrystallite erkennen. Die klassische Krystallinterferenztheorie hat aber auch in dem ihn umschließenden Bereich B_1 der ungestörten Reflexe Gültigkeit (Gleichung 50). Die DEBYEsche Flüssigkeitstheorie ist erst im Bereich $B_3 B_4 B_5$ der stark gestörten Reflexe usw. anwendbar (Gleichung 51). Im Zwischenbereich B_2 ist jeder Knoten des Gitterfaktors weder schmal noch breit gegenüber dem Gestaltfaktor. Hier treten also Reflexe verschiedensten „Störungsgrades“ auf, die in ihrem relativen Verlauf entsprechend (36) sowohl durch die Parakrystallitgröße als auch durch die Gitterstörungen 2. Art festgelegt sind. Im reflexlosen Streubereich B_5 superponieren sich die Streubilder der einzelnen Bausteine ohne gegenseitige Wechselwirkungen [Gasinterferenzen, „Festkörper vom Gastyp“ (*42*), „reine Partikelstreuung“, wobei Partikel = Baustein gesetzt ist] (Gleichung 53). Der Bereich B_4 weist die bereits ausführlich oben diskutierten „zusammengewachsenen Reflexe“ auf (vergleiche S. 158).

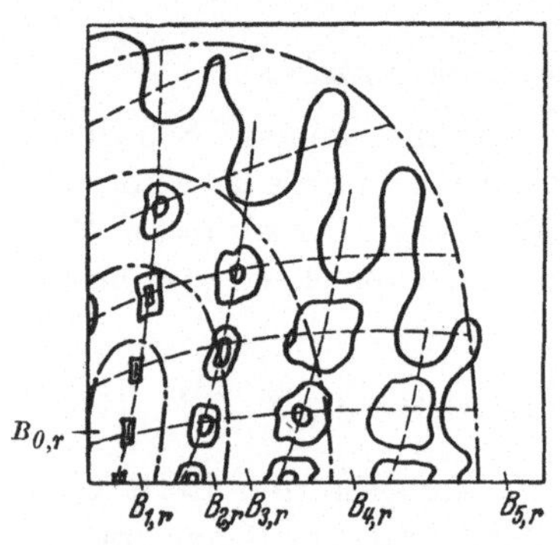

Abb. 15. Schematische Darstellung der Streuintensität des idealen Parakrystalls (Gleichung 54—57) längs einer Ebene des reziproken Gitters, die durch $b = 0$ geht. B_0 Zentralfleck (= Reflex 000). B_1 Bereich der ungestörten Reflexe („Krystallreflexe“). B_2 Bereich der gestörten Reflexe, auf die die Krystallitgrößenbestimmung nach VON LAUE nicht mehr anwendbar ist. B_3 Bereich der stark gestörten („diffusen“) Reflexe. B_4 Bereich der „verwachsenen“ Reflexe. B_5 Reflexloser Streubereich („Gasinterferenzen“, „reine Partikelstreuung“, „röntgenamorpher“ Bereich).

Tab. 2 gibt nochmals einen Überblick über die wichtigsten Formeln der Theorie des idealen Parakrystalls und ihrer Entartungen in die klassischen Interferenztheorien, die sie in den einzelnen Streubereichen erleiden.

Tabelle 2. *Gesamtstatistik* $z^1(x)$, *Gitterfaktor* $Z^{1/v_r}(b)$ *und mittlere Streuamplitude* $\overline{A_r(b)}$ *des idealen Parakrystalls und ihre Entartungen in die klassischen Interferenztheorien in den einzelnen Streubereichen.*

B_0 Zentralfleck; B_1 Bereich der ungestörten Reflexe; B_2 Bereich der gestörten Reflexe; B_3 Bereich der stark gestörten Reflexe; B_4 Bereich der zusammengewachsenen Reflexe; B_5 reflexloser Streubereich.

	Idealer Mischkrystall (v. LAUE, BRAGG)	Idealer Parakrystall	Flüssigkeitstheorie (DEBYE, MENKE)	Amorphe Stoffe (RANDALL, GUINIER)
Gültigkeitsbereich	B_0; B_1	überall	B_3; B_4; B_5	B_0; B_5
$z^1(x)$	$\sum\limits_{p_1p_2p_3} P^1(x - x_{p_1p_2p_3})$	$\sum\limits_{p_1p_2p_3} H_{p_1p_2p_3}(x)$	$P^1 + \frac{1}{v_r} W_r(x)$	$P^1(x)$; $\frac{1}{v_r}$
$Z^{1/v_r}(b)$	$\frac{1}{v_r} \sum\limits_h P^1(b - b_h)$	$\prod\limits_k \Re\mathrm{e}\, \frac{1+F_k}{1-F_k}$	$1 + \frac{1}{v_r} \mathfrak{F}\, W_r$	1; $P^1(b)$
$\overline{A_r(b)}$	$\frac{1}{v_r} \sum\limits_h \overline{A_r(b_h)}\, S_{r+1}(b - b_h)$	$(\widehat{\overline{A_r}^{1/v_r}})\, S_{r+1}$	$\overline{A_r}\left(1 + \frac{1}{v_r} \mathfrak{F}(W_r)\right)$	$\overline{A_r}$; $\varrho_0 S_{r+1}(b)$

Ein besonders interessanter Fall liegt dann vor, wenn die Gitterstörungen 2. Art größer sind als 30%. Dann tritt entsprechend (33) kein einziger diskontinuierlicher Reflex mehr außerhalb des Zentralflecks auf. Besteht insbesondere der Parakrystall aus genügend vielen Gitterzellen, so hat $\overline{A_r}$ innerhalb des Bereiches merklicher Werte von S_{r+1} noch praktisch seinen Maximalwert $A_r(0)$ behalten. Aus (39) folgt dann wegen $A_r(0)/v_r = \varrho_0$

$$\overline{A_{r+1}} \cong \varrho_0\, \overline{S_{r+1}} + \overline{A_r}\,. \tag{53a}$$

ϱ_0 ist die über den ganzen Parakrystall gemittelte Elektronendichte. Der erste Summand in (53a) repräsentiert die GUINIERsche Streuung (16) an einem Haufwerk (Parakrystall = Haufwerk von Gitterzellen), bei der die innere Struktur des Parakrystalliten ohne Einfluß bleibt auf das Streuphänomen. Dieses hängt allein von der mittleren Elektronendichte und der Form des Parakrystalls ab. Der zweite Summand in (53a) repräsentiert die „Gasinterferenzen" der Gitterbausteine. Beide Summanden in (53a) können als „röntgenamorph“ bezeichnet werden, da sie im allgemeinen einen monoton mit zunehmendem Streuwinkel abnehmenden Verlauf zeigen. Die Gleichung (53a) entspricht der Gleichung (69) der Streuintensität für eine „reine Partikelstreuung“, wobei als Partikel sowohl die Gitterbausteine selbst als auch ihr Haufwerk, das „cluster“, im Röntgendiagramm zur Wirkung kommt.

3. *Die gestreute Intensität.*

Die Berechnung der gestreuten Intensität ist in gewissen Fällen besonders einfach (*22*) und führt zum Resultat.

$$\overline{J_{r+1}} = J_1 + J_2 \; ; \; \overline{N}_r = \overline{N}_1 \, \overline{N}_2 \, \overline{N}_3 \; ; \tag{54}$$

$$J_1 = \overline{N}_r \left(\left| \overline{A_r^2} \right| - \left| \overline{A_r} \right|^2 \right) ; \tag{55}$$

$$J_2 = \frac{1}{v_r} \widehat{\left(\left| \overline{A}_r \right|^2 Z^{1/v_r} \right) \left| \overline{S_{r+1}} \right|^2} . \tag{56}$$

Dabei ist $\overline{N}_k$ wieder die mittlere Zahl von Gitterbausteinen, die sich längs der verwackelten a_k-Linienzüge in Krystall aufreihen. Gleichung (56) hat für ausgedehnte Raumgitter Gültigkeit, falls alle $\overline{N}_k \gg 1$, sie gilt auch für Kreuz- und Fadengitter, wo also eins oder zwei der $\overline{N}_k$ für alle Linienzüge den Wert 1 hat, die übrigen mittleren $\overline{N}_k$ aber wieder groß gegen 1 sein müssen.

Zur Berechnung von kleinen Gitterbereichen wählt man eine andere Methode (*22*), die speziell für verwackelte Parallelepipede aus $N_r = N_1 N_2 N_3$ Bausteinen neben der diffusen Komponente (55) für J_2 ergibt:

$$J_2 = \left| \overline{A}_r \right|^2 \prod_k \left\{ N_k \, \Re\mathrm{e} \, \frac{1+F_k}{1-F_k} - 2 \, \Re\mathrm{e} \, F_k \, \frac{1-F_k^{N_k}}{(1-F_k)^2} \right\} . \tag{57}$$

Tab. 3 zeigt die Entartungen dieser Gleichungen in den oben besprochenen 6 Streubereichen des FOURIER-Raumes.

Da gemäß (40) $S_{r+1}^2(0)/v_r^2 = \overline{N_r^2}$, so sind die Krystallreflexe, abgesehen von der durch (55) gegebenen Komponente J_1, also proportional zum Quadrat der Bausteinzahl, die diffusen Reflexe im Bereich B_3 usw. aber gemäß (42) nur proportional zur Zahl der Bausteine. Die DEBYEsche Flüssigkeitstheorie behandelt den Spezialfall

Tabelle 3. *Entartungen der allgemeinen Streuformeln* (54) *bis* (57) *des idealen Parakrystalls in den einzelnen Streubereichen.*
Erklärung des Symbols $\langle\langle\langle$ siehe Fußnote S. 145).

Interferenzart	Bereich	Streuintensität	Bedingung
Krystallreflexe (v. LAUE, EWALD)	B_0; B_1	$\overline{N}_r(\overline{\lvert A_r\rvert^2}-\lvert\overline{A_r}\rvert^2)+\frac{\lvert\overline{A_r}\rvert^2}{v_r^2}\sum_h \lvert\overline{S_{r+1}(b-b_h)}\rvert^2$	$\Delta Z^{1/v_r}(b_h)\langle\langle\langle\Delta\lvert\overline{S}\rvert^2$
Diffuse Reflexe	B_3 B_4 B_5	$\overline{N}_r\,[\overline{\lvert A_r\rvert^2}+\lvert\overline{A_r}\rvert^2\,(Z^{1/v_r}-1)]$	$\Delta Z^{1/v_r}(b_h)\rangle\rangle\rangle\Delta\lvert\overline{S}\rvert^2$
Reine Partikelstreuung	B_5	$\overline{N_r}\,\overline{\lvert A_r\rvert^2}=\sum_{p=1}^{N_r}\lvert A_{rp}\rvert^2$	$\lvert Z^{1/v_r}-1\rvert\ll 1$

eines „Pulverdiagramms" der in der 2. Zeile der Tab. 3 angegebenen weit allgemeineren Intensitätsformeln. Bei der röntgenamorphen Streuung schließlich handelt es sich wieder um die interferenzfreie Superposition der Streubilder A_r^2 der einzelnen Bausteine.

Man erkennt aus Tab. 3, daß eine Anwendung der in Abschnitt 4 besprochenen klassischen Ausgangstheorien über den ihnen zukommenden Gültigkeitsbereich hinaus notwendigerweise zu falschen Resultaten führen muß. Es gibt aber auch besonders gelagerte Fälle, wo eine dieser klassischen Theorien praktisch für alle Streuwinkel Gültigkeit hat:

4. *Die sechs entarteten Fälle des Streuphänomens.*

Am einfachsten erkennt man schon bei der Diskussion der Streuamplitude, in welchen Fällen eine der klassischen Ausgangstheorien praktisch bei allen Streuwinkeln anwendbar ist. In Gleichung (58) ist hierzu entsprechend (36) die mittlere Streuamplitude und ihre Inverstransformierte nochmals dargestellt:

$$\overline{A_{r+1}}=\overline{A_r}\left(\widehat{Z^{1/v_r}\,S_{r+1}}\right);\quad \overline{\varrho_{r+1}}=\overline{\varrho_r}\,\widehat{(z_r^1\cdot\sigma_{r+1})}$$

mit

$$\overline{A_{r+1}}=\mathfrak{F}(\overline{\varrho_{r+1}});\ \overline{A_r}=\mathfrak{F}(\overline{\varrho_r});\ Z^{1/v_r}=\mathfrak{F}(z_r^1);\ S_{r+1}=\mathfrak{F}(\sigma_{r+1}). \quad (58)$$

In Tab. 4 sind sechs derartige Sonderfälle zusammengestellt. Der „röntgenflüssige" Fall ist dann und nur dann verwirklicht, wenn schon die ersten Gitterknoten neben dem Zentralfleck breiter als der Gestaltfaktor sind. Als notwendige und hinreichende Bedingung findet man aus (41) und (49):

$$\Delta\,S\,\langle\langle\langle\,\Delta\,Z^{1/v_r}(b_h),\ \text{wenn}\ N_k\,\mu_k(b_h)\gg 1. \quad (59)$$

Setzt man hier die GUINIERsche Näherung (31) ein, so ergibt sich ganz analog (33):

$$g_{kb}\, h_{kb} \gg \frac{1}{\pi \sqrt{\overline{N_b}}} \quad \text{für alle } h_k \neq 0\,. \tag{60}$$

Diese Gleichung muß schon für $h_k = 1$ erfüllt sein. Es folgt also aus (60):

$$\Delta_2\, a_{kb} \sqrt{\overline{N_b}} \gg 0{,}32 \cdot \overline{a_{kb}}\,. \tag{61}$$

Links steht die mittlere statistische Schwankung eines aus $\overline{N_b}$ Koordinationsvektoren a_k zusammengesetzten Linienzuges bezogen auf die Richtung b. Da diese Ungleichung für alle $k = 1; 2; 3$ erfüllt sein muß, verlangt sie nichts weiter, als daß die mittlere Schwankung zweier Bausteine, die zu zwei möglichst entfernt voneinander liegenden Netzebenen gehören, in Richtung der Netzebenennormalen groß sein muß gegenüber dem mittleren Abstand benachbarter Netzebenen. Wie ein Blick auf Abb. 14 lehrt, ist dies dann und nur dann der Fall, wenn entsprechend Bedingungsgleichung (10) der Wirkungsbereich w_r eines Gitterbausteines klein ist gegenüber dem Volumen v_{r+1} des Gitterbereiches. Bei der Anwendung der DEBYEschen Flüssigkeitstheorie vor allem auf Fragen der Kleinwinkelstreuung ist es oftmals nicht genügend beachtet worden, daß diese Bedingung (10) durchaus nicht erfüllt zu sein braucht, daß die Streustrahlung also dann eine nichtdiffuse, d. h. zu N_r^2 proportionale Streukomponente enthält. Vor allem der Zentralfleck $h_k = 0$ ist stets ein ungestörter Reflex und liegt darum immer außerhalb des Gültigkeitsbereiches dieser Theorie.

Der „pseudokrystalline" Fall ist umgekehrt durch die Bedingungsgleichung charakterisiert:

$$w_r \rangle\rangle\rangle\, v_{r+1}\,. \tag{62}$$

Statt (60) gilt nun für alle Vektoren b:

$$g_{kb}\, h_{kb} \ll \frac{1}{\pi \sqrt{\overline{N_b}}} \tag{63}$$

für mindestens einen diskontinuierlichen Reflex und seinen Gegenpart. Das bedeutet, daß für ihn der Gestaltfaktor weit breiter ist als der entsprechende Gitterknoten[1]:

$$\Delta S \rangle\rangle\rangle\, \Delta Z^{1/v_r}(b_h)\,. \tag{64}$$

[1] Erklärung des Symbols $\rangle\rangle\rangle$ siehe Fußnote, S. 145.

Es gibt also beim pseudokrystallinen Fall außer dem Zentralfleck noch mindestens einen außerhalb liegenden Reflex, auf den die LAUEsche Krystallitgrößenbestimmung anwendbar ist[1]. Die Gleichung (63) aber besagt nichts anderes, als daß in der Darstellung nach Abb. 14 die Gitterstörungen 2. Art innerhalb des Gitterbereiches keine merkliche Verschmierung des idealperiodischen Raumgitters hervorrufen können. Entsprechend (58) hat die Gestaltfunktion σ also schon innerhalb des Wirkungsbereiches eines Bausteins ihren Außenwert 0 erreicht.

Der entsprechende Fall im FOURIER-Raum ist dann vorhanden, wenn der Bausteinfaktor A_r schon im Bereich der diskontinuierlichen Reflexe auf 0 abgesunken ist.

Als Ungleichung formuliert ist hierfür also zu schreiben:

$$\text{Bereich von } B_1 \text{ bis } B_4 \rangle\rangle\rangle \text{ Bereich von } \overline{A_r}. \tag{65}$$

Es ist dies natürlich nichts weiter als die Bedingung für eine nur diskontinuierliche Röntgenstreuung mit beschränkter Reflexzahl. Während bei der Theorie des idealen Parakrystalles diese Beschränkung der Reflexzahl aber dadurch zustande kommt, daß die höher indizierten Reflexe von einem diffusen Untergrund aufgesaugt werden, wird sie bei diesem „erweiterten Fall nach EWALD“ durch die spezielle Form der Gitterbausteine herbeigeführt (vgl. Abschnitt II. 1).

Die umgekehrte Bedingung

$$\text{Bereich von } B_1 \text{ bis } B_4 \langle\langle\langle \text{ Bereich von } \overline{A_r} \tag{66}$$

bedeutet, daß der größte Teil des Bereiches merklicher A_r-Werte in den reflexlosen Streubereich B_5 fällt. Dieses ist dann sicher erfüllt, wenn der Durchmesser jedes Gitterbausteines klein ist gegenüber jedem außerhalb $x = 0$ liegenden Knoten der Gesamtstatistik z^1, so daß man ganz analog der links in (59) stehenden Gleichung nun die folgende Bedingung für den physikalischen Raum erhält.

$$\text{Breite von } \bar{\varrho}_r \langle\langle\langle \Delta_2 a_{kb} \,. \tag{67}$$

[1] Ein „partiell krystalliner“ Fall liegt vor, wenn statt (62) der Wirkungsbereich mit dem Volumen w_r nur in gewissen Richtungen des phys. Raumes ausgedehnt ist gegenüber dem Gitterbereichvolumen $v_{r,1}$. Dann gilt auch (63) und (64) nur „partiell“ für gewisse Fourierraumrichtungen, während der betrachtete Reflex in einer dazu senkrechten Richtung stark gestört, flüssigkeitsartig oder „röntgenamorph“ sein kann.

Durch (67) wird z. B. jedes kolloide System geringer Packungsdichte, insbesondere also auch ein Gas gekennzeichnet. Besonders KRATKY (*33*) hat Betrachtungen über hochverdünnte Eiweißlösungen angestellt.

Bedingung (66) ist aber auch in dichtgepackten Systemen realisierbar, und zwar im Gegensatz zu dem eben behandelten Fall bis zu den kleinsten Streuwinkeln hin, wenn der Gitterfaktor überhaupt keine diskontinuierlichen Knoten mehr aufweist. Entsprechend (33) muß hierzu die relative Abstandsschwankung benachbarter Gitterpunkte genügend groß sein. Man kann zeigen, daß hierzu die Bedingung (68) genügt, in der g_{kk} die relative Schwankung des Betrages des Zellenkantenvektors a_k bedeutet.

$$g_{kk} \gg 0{,}3 \text{ für alle drei k.} \tag{68}$$

Die Streuintensität ist dann im ganzen Winkelbereich in guter Näherung beschrieben durch

$$\overline{J_{r+1}} \sim \frac{1}{v_r^2} \, |\overline{A_r}\,^2 \, \overline{S_{r+1}|^2} + \sum_{p=1}^{N_r} A_{rp}\,^2 \,. \tag{69}$$

Bei diesem schon in (53a) behandelten „röntgenamorphen" Fall macht sich also der Gitterfaktor und damit die „äußeren Interferenzen" zwischen den Bausteinen in keiner Weise mehr im Streudiagramm bemerkbar. Dieser interessante Fall wird in Abschnitt IX und X noch eingehender besprochen. Die Theorie des idealen Parakrystalles vermag ihn nur in Näherung zu beschreiben.

Besonders aufschlußreich ist der „röntgenkrystalline" Fall, zu dessen Diskussion man aber die Intensitätsformeln hinzuziehen muß. Er sei dadurch definiert, daß zwar nur eine beschränkte Zahl von Reflexen auftritt, weil der diffuse Untergrund sie schließlich verschluckt, daß diese Reflexe aber alle ungestört sind, also als „Krystallreflexe" anzusprechen sind. Seine Verwirklichung ist schon beim idealen Mischkrystall unter gewissen Bedingungen denkbar. Die allgemeinere Bedingungsgleichung erkennt man wie folgt:

Alle mit merklicher Intensität gegenüber dem diffusen Untergrund auftretenden Reflexe haben der Bedingungsgleichung (64) zu genügen. Als nicht mehr wahrnehmbar seien die Reflexe bezeichnet, für die gilt:

$$(J_2)_{max} \ll J_1 \,. \tag{70}$$

Tabelle 4. *Sonderfälle totaler Entartungen, in denen die klassischen Interferenztheorien praktisch für alle Streuwinkel Gültigkeit haben.*

g_A und g_{kb} die zahlenmäßigen mittleren relativen Schwankungen des Bausteinfaktors A_r und der Komponente a_{kb} einer Zellenkante. $\overline{\overline{g_y}}$ die massenstatistische relative Schwankung des Bausteinradius y. h_k MILLERscher Index eines Reflexes. N_r Gesamtzahl der Gitterbausteine (= Gitterzellen) in einem Parakrystall Γ_r, v_r Volumen einer Gitterzelle. v_{r+1} Volumen des Gitterbereiches. w_r Volumen des Wirkungsbereiches eines Gitterbausteines. ε^3 Packungsdichte.

Sonderfall	$\overline{J_{r+1}}$	Bedingung	Abb.
Pseudokrystallin	$N_r(\overline{\lvert A_r\rvert^2} - \lvert\overline{A_r}\rvert^2) +$ für mindestens einen Reflex	$w_r \gg v_{r+1}$	20 d
Röntgenkrystallin (LAUE-Fall)	$\frac{1}{v_r^2}\lvert\overline{A_r}\rvert^2 \sum_h \overline{\lvert S_{r+1}(b-b_h)\rvert^2}$ für alle Reflexe	$w_r \rangle\rangle\rangle\, v_{r+1}$ und $g_A\sqrt{\overline{N_r}} > 1$	20 e
Röntgenflüssig (erweiterter DEBYE-Fall)	$\overline{N_r}\,[\overline{\lvert A_r\rvert^2} + \lvert\overline{A_r}\rvert^2\,(Z^{1/v_r} - 1)]$ für $b \neq 0$	$w_r \langle\langle\langle\, v_{r+1}$	20 f
Röntgenamorph (Fall nach RILEY-WARREN)	$\frac{1}{v_r^2}\lvert\overline{A_r}\rvert^2\,\overline{\lvert S_{r+1}\rvert^2} + \sum_{p=1}^{N_r}\overline{\lvert A_{rp}\rvert^2}$	$g_{kk} \gg 0{,}3$ bzw. $\overline{\overline{g_y}}/\varepsilon^3 \gtrsim 1$	20 l
Verdünntes System (Fall nach KRATKY)	$\sum_{p=1}^{N_r}\overline{\lvert A_{rp}\rvert^2}$ falls $\lvert b\rvert$ nicht zu klein	$\varepsilon^3 \ll 1$	20 h
Nur diskontinuierliche Streuung (erweiterter EWALD-Fall)	$\overline{J_{r+1}} = 0$ im Bereich B_5	Bereich von B_1 bis B_4 ist groß gegenüber Bereich von $\overline{\lvert A_r\rvert^2}$	20 i

Die wahrnehmbaren Reflexe sind wegen (64) in ihrer Höhe gegeben durch:

$$(J_2)_{max} = \overline{N_r^2}\ \overline{|A_r|^2}. \tag{71}$$

Noch ehe mit zunehmendem Streuwinkel die Gitterknoten breiter als der Gestaltfaktor werden, muß (70) zur Wirkung kommen. Das ist dann und nur dann der Fall, wenn die mittlere Schwankung des Bausteinfaktors größer ist als die reziproke Wurzel aus der Bausteinzahl:

$$(\overline{|A_r|^2} - |\overline{A_r}|^2)/|\overline{A_r}|^2 = g_A^2 \gg 1/\overline{N_r}. \tag{72}$$

Der röntgenkrystalline Fall ist also verwirklicht, sobald die Gitterstörung 2. Art ein gewisses Maß nicht übersteigt, das mit zunehmender Gitterstörung 1. Art in charakteristischer Weise wachsen darf.

Beobachtet man auf einem Röntgendiagramm nur eine beschränkte Zahl von Reflexen, so läßt sich zwischen den verschiedenen hier diskutierten Möglichkeiten schon durch eine visuelle Betrachtung der Diagramme eine Entscheidung fällen. Beim EWALDschen Fall versinken die Reflexe im Gegensatz zum röntgenkrystallinen und parakrystallinen Fall nicht in einem diffusen Untergrund. Beim röntgenkrystallinen Fall schließlich haben alle Reflexe im Gegensatz zum parakrystallinen Fall den gleichen relativen Intensitätsverlauf. Tab. 4 gibt die Zusammenstellung. In Abb. 20 sind die betreffenden Streudiagramme schematisiert dargestellt[1].

VIII. Die Makrogitter von Eiweißen als Beispiel eines idealen Parakrystalls.

Die in Abb. 4—10 dargestellten Röntgendiagramme verschiedener Eiweiße lassen sich durch die Theorie des idealen Parakrystalles in allen wesentlichen Zügen erklären. Im folgenden soll eine Auswertung nur durch visuelle Betrachtung dieser Diagramme durchgeführt werden. Eine Photometrierung des gesamten Intensitätsverlaufes wird darüber hinaus noch manche weiteren Feinheiten in Erscheinung bringen lassen.

---

[1] Neben den dort behandelten Sonderfällen „totaler Entartungen" im Fourierraum gibt es noch eine große Mannigfaltigkeit „partiell entarteter" Röntgendiagramme, bei denen die Bedingungsgleichungen (60 bis 68) jeweils nur in gewissen Raumrichtungen erfüllt sind. Vgl. hierzu die Fußnote S. 169 und die Beispiele in Abschnitt VII.

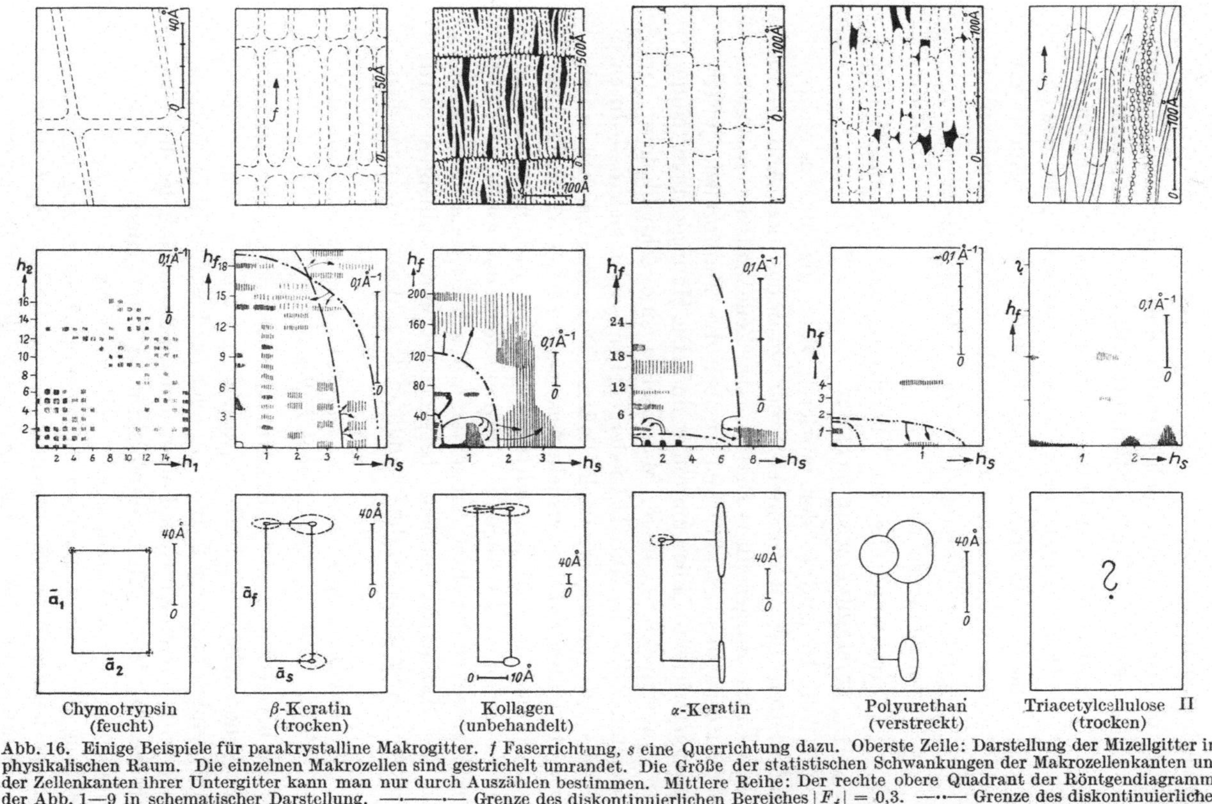

Abb. 16. Einige Beispiele für parakrystalline Makrogitter. f Faserrichtung, s eine Querrichtung dazu. Oberste Zeile: Darstellung der Mizellgitter im physikalischen Raum. Die einzelnen Makrozellen sind gestrichelt umrandet. Die Größe der statistischen Schwankungen der Makrozellenkanten und der Zellenkanten ihrer Untergitter kann man nur durch Auszählen bestimmen. Mittlere Reihe: Der rechte obere Quadrant der Röntgendiagramme der Abb. 1—9 in schematischer Darstellung. —··—— Grenze des diskontinuierlichen Bereiches $|F_f| = 0{,}3$. —·— Grenze des diskontinuierlichen Bereiches $|F_s| = 0{,}3$. Die Pfeile weisen jeweils auf die „zusammengewachsenen" Reflexe hin, die zur Bestimmung dieser Bereichsgrenzen verwandt worden sind. Unterste Zeile: Maßgetreue Darstellung der Makrozellen-Kanten und ihrer mittleren Schwankungen (———). Die Kurven (— — —) entsprechen dem vierfachen Schwankungsmittel (vgl. hierzu Tab. 5).

Zur Vereinfachung der Beschreibung werden die folgenden Bezeichnungen eingeführt:

A_r Streuamplitude der Elektronen einer Gitterzelle (= Gitterbaustein). Auch „Strukturamplitude" von Γ_r genannt.

A_{r+1} mittlere Streuamplitude einer Makrozelle des Weitwinkelreflexe erzeugenden Gitters Γ_r, das aus N_r der eben genannten Gitterzellen besteht und als Parakrystallit mit dem Volumen v_{r+1} und dem Gitter Γ_r anzusprechen ist.

A_{r+2} mittlere Streuamplitude eines Makrogitterwerkes Γ_{r+1} von Makrozellen.

A_{r+3} Streuamplitude des Übergitters, das sich aus Makrokrystalliten zusammensetzt.

In Abb. 16 sind in der mittleren Zeile die oberen rechten Quadranten der Kleinwinkel-Streudiagramme der Abb. 1—10 schematisch dargestellt. Die oberste Zeile enthält wiederum schematisch das Strukturbild, wobei die Makrozellen jeweils durch gestrichelte Linien umrandet sind. Die Häufigkeitsverteilung der Kantenvektoren dieser Makrozellen sind schließlich in der untersten Reihe der Abb. 16 wiedergegeben, soweit sich diese durch visuelle Auswertung ermitteln ließen. Das Fragezeichen unten rechts bedeutet, daß eine visuelle Auswertung nach (33) nicht mehr möglich ist, da das Mizellgitter Γ_{r+1} keine diskontinuierlichen Reflexe erzeugt. Im folgenden wird zunächst das Augenmerk auf die Makrozellen gerichtet, im späteren Abschnitt sodann die Statistik der Makrogitterbereiche besprochen, und schließlich wird versucht, Aussagen über die Eigengitter der Makrozellen zu machen.

1. *Schwankungsgrößen der Makrozellenkanten und zusammengewachsene Reflexe.*

Es bezeichne h_f und h_s die MILLERschen Indices der diskontinuierlichen Kleinwinkelreflexe parallel und quer zur Faser. Daß im folgenden meist ein 2. Index h_q quer zur Faser nicht in Erscheinung tritt, hat seinen Grund offensichtlich darin, daß der ihm entsprechende Makrozellenkantenvektor a_q um mehr als 30% schwankt, so daß entsprechend (68) in dieser FOURIER-Raumrichtung nur eine kontinuierliche Kleinwinkelstreuung existiert, entsprechend (69) im wesentlichen also nur Reflexe $(h_s, h_f, 0)$ auftreten können. Die Grenze $|F_f| = 0{,}3$ der diskontinuierlichen

Reflexe des $k = f$-Faktors der Gleichung (30) ist in den Röntgendiagrammen der Abb. 16 strichpunktiert, die Grenze $|F_s| = 0,3$ durch Punkt-Strich-Punkte dargestellt. Außerhalb der ersteren müssen entsprechend Abb. 13 also benachbarte Reflexe $(h_s, h_f, 0)$ – $(h_s, h_f + 1,0)$, außerhalb der letzteren benachbarte Reflexe $(h_s, h_f, 0)$ – $(h_s + 1, h_f, 0)$ ineinander zerfließen. Die FOURIER-Transformierte dieser in GAUSS-GUINIERscher Näherung (31) elliptischen Bereichgrenzen liefert dann entsprechend (31) und (32) die Schwankungsgrößen $\Delta_2 a_{ff}$, $\Delta_2 a_{fs}$, $\Delta_2 a_{ss}$, $\Delta_2 a_{sf}$, wie sie also in der untersten Abbildungsreihe der Abb. 16 durch ausgezogene Striche bzw. in vierfacher Vergrößerung punktiert dargestellt sind (*26*). Ein Beispiel möge die Konstruktion dieser Ellipsen erläutern.

Im β-Keratin der Abb. 4 sind die Kleinwinkelreflexe (300) – (310) – (320) – (330) im Gegensatz zu der Reflexgruppe (400) – (410) – (420) sicher noch nicht miteinander verwachsen. Es muß das strichpunktierte $|F_f| = 0,3$-Ellipsoid also zwischen diesen beiden Gruppen verlaufen. In den Originalaufnahmen kann man auch recht deutlich erkennen, daß die Reflexe (4, 18, 0) und (3, 19, 0) in Faserrichtung einander berühren, also muß das strichpunktierte Ellipsoid diese Reflexe in Abb. 16b rechts liegen lassen, nähert sich damit schon recht merklich dem Meridian $h_s = 0$. Der Schnittpunkt des Ellipsoides mit dem Meridian liegt sicher weit außerhalb des Diagrammes der Abb. 4. Spezialaufnahmen mit Fächerstrahlen, wie sie in Abb. 7 für die Meridianreflexe des Kollagens aufgenommen wurden, lassen erkennen, daß die Reflexe (0, 24, 0) und (0, 25, 0) noch getrennt sein dürften. Damit liegt der diskontinuierliche Streubereich der zum a_f-Kantenvektor gehörigen Scheibchenschar der Abb. 13 also in der ganzen $(h_q = 0)$-Ebene im FOURIER-Raum fest.

Das $|F_s| = 0,3$-Ellipsoid des β-Keratins ist gegenüber dem eben besprochenen Ellipsoid in Faserrichtung weniger weit, in Äquatorrichtung aber etwas weiter ausgedehnt. Denn die Reflexe (300) – (400) oder (310) – (410) oder (320) – (420) sind noch recht gut voneinander getrennt, während die Gruppen $(7, h_f, 0)$ – $(8, h_f, 0)$ völlig ineinander verlaufen sind. Der innerste Äquatorweitwinkelreflex, in Abb. 4 noch gerade am Rande erkennbar, zeigt also keine „Feinstruktur" mehr, wohl aber die für alle β-Keratine außerordentlich charakteristische längliche Gestalt. In der mittleren

Zeile der Abb. 16 weisen Pfeile von den einzelnen Ellipsoiden zu den verwachsenen Reflexen, die zur Auswertung Verwendung fanden. Der Schnittpunkt des F_s-Ellipsoides mit dem Meridian ist nur mit großer Unsicherheit festzulegen, da auch durch die Fasertextur die Reflexe $(0, h_f, 0) - (1, h_f, 0)$ usw. ineinander verschmiert werden.

Es ist in jedem Falle aber auf Grund der gegebenen Darstellung leicht möglich, die Fehler, die durch diese Unsicherheiten in der Bestimmung der Schwankungstensoren entstehen, abzuschützen. Man sieht dann, daß außerhalb dieser Fehlergrößen außerordentlich charakteristische Unterschiede bei den einzelnen untersuchten Stoffen festzustellen sind. Tab. 5 gibt hierüber einen Überblick. Die oberste Bildreihe in Abb. 16 zeigt anschaulich ein Schema für Form und Größe der Makrozellen, ihren Schwankungen und der Art ihrer Aneinanderlagerung im Makrogitter (= Mizellgitter).

Tabelle 5. *Mittlerer statistischer Wert $\bar{a}$ der Makrozellenkanten in Faserrichtung (f) und quer dazu (s), ihre mittleren Schwankungen Δ_2 sowie die Ausdehnung der Makrogitter $\bar{L}$ für einige natürliche und synthetische Eiweiße.*

$\Delta_2 a_{fs}$ bedeutet z. B. die mittlere Schwankung der Makrozellenkante a_f in Querrichtung s usf. Die Querrichtung s entspricht derjenigen der side-chain-linkage, die in bezug auf das Mizellgitter „röntgenamorphe“ Querrichtung q der back-bone-linkage.

(Å)	Chymotrypsin (feucht)	β-Keratin (trocken)	Kollagen (unbeh.)	α-Keratin	Polyurethan (verstreckt)
$\bar{a}_f$	49,6	95	655	198	~70
$\bar{a}_s$	67,8	34	110	83	~20
$\bar{a}_q$	66,5	?	?	?	?
$\Delta_2 a_{ff}$	0,7	<0,95	4	1,2	>11
$\Delta_2 a_{fs}$	0,7	2,5	60	3,5	>12
$\Delta_2 a_{ss}$	1	1,7	1,65	3,3	>4
$\Delta_2 a_{sf}$	1	1,2	1,35	29	>10
$\Delta_2 a_{qq}$	1,5%	>30%	>30%	>30%	>30%
$\bar{L}_f$	≳300	>950	>20000	>2000	?
$\bar{L}_s$	≳500	~130	~880	~160	?
$\bar{L}_q$	≳500	?	?	?	?

Wie Abb. 1 unten zeigt, liegt beim trockenen Chymotrypsin offensichtlich der röntgenkrystalline Fall vor (s. Tab. 4). Alle existierenden Makrozellenreflexe haben praktisch krystallinen Charakter, die Gitterstörungen im inneren Aufbau der Makrozellen übersteigen den durch (72) gegebenen Betrag. Beim β-Keratin zeigt der etwas höhere Wert von $\Delta_2 a_{fs}$ eine nicht mehr richtig krystalline Feinstrukturvariante, die offensichtlich in engem Zusammenhang mit der auch makroskopisch feststellbaren faserigen Struktur stehen muß. Offensichtlich ist bei allen Faserstoffen

$$\Delta_2 a_{fs} > \Delta_2 a_{ff} \,. \tag{73}$$

Die in Faserrichtung weisenden Makrozellenkanten schwanken also beim β-Keratin, Kollagen, α-Keratin dem Betrage nach wenig (1%, 0,6%, 0,6%), der Richtung nach aber beträchtlicher (1,4°, 3°, 0,9°). Während man aus diesen Schwankungen der in Faserrichtung weisenden Kanten stets den biegsamen Charakter der Makrogitter erkennt, zeigt die Nebenvalenzkante a_s bei den einzelnen Stoffen der Tab. 5 durchaus charakteristische Unterschiede. Diese Makroquerkante ist beim β-Keratin noch nahezu krystallin, weist beim Kollagen aber einen durchaus „röntgenflüssigen" Charakter auf. Doch ist es immer noch so, daß bei diesen beiden Stoffen eine Art smektischer Nahordnung der einzelnen Makrozellen vorliegt. Das Röntgendiagramm enthält darum recht viele diskontinuierliche Meridianreflexe, aber nur weit diffusere Äquator- und Nebenmeridianreflexe. Ganz anders beim α-Keratin, wo der Querkantenvektor der Richtung nach um $\pm$ 29 Å, dem Betrage nach aber nur um $\pm$ 3,3 Å schwankt. Hier sind alle Makrozellen also etwa gleich dick (die Dickenschwankung beträgt 4%, beim Kollagen dagegen 15%), dafür sind sie aber in Faserrichtung so stark gegeneinander verschoben, daß man es mit einer Art nematischer Nahordnung der Makrozellen zu tun hat[1]. In diesem Fall treten nun auf dem Äquator eine Reihe diskontinuierlicher, wenig gestörter Reflexe auf, während auf den übrigen Schichtlinien die Reflexe fast völlig ineinander verlaufen.

Bei den bisher besprochenen Diagrammen treten stets mehrere Kleinwinkelreflexe mit etwa gleichem relativen Intensitätsverlauf auf. Man darf aus diesen „ungestörten" Reflexen also nach VON LAUE eine Krystallitgrößenbestimmung durchführen und

[1] Doch liegt im Diagramm der Abb. 5 zweifellos auch noch eine schwache, stark smektische Komponente vor, die sich „röntgenkrystallin" in Meridianrichtung aus dem von der anderen, eben besprochenen Komponente erzeugten sehr diffusen Streuverlauf abhebt. Sie wird im folgenden nicht weiter besprochen. Vgl. hierzu auch Fußnote auf S. 136.

findet hierfür die gleichfalls in Tab. 5 angegebenen mittleren Werte $\overline{L_f}$ und $\overline{L_s}$ der Makrogitterbereiche parallel und quer zur Faser. Beim Polyurethan dagegen existiert nur noch ein diskontinuierlicher Meridianreflex (010). Schon dies weist darauf hin, daß er entsprechend (63) und (68) nur bei sehr kleinen Makrozellenzahlen je Gitterbereich ungestört sein kann. Da er außerdem, wie Abb. 9 zeigt, weit verwaschener als der kaum über das Auffängernäpfchen herausragende Reflex (000) ist, so muß er außerordentlich stark gestört sein. Eine Auswertung nach VON LAUE ist daher nicht erlaubt. In Tab. 4 können also aus der Betrachtung dieses Reflexes keine Angaben über die Größe der Makrogitter gemacht werden. HESS und KIESSIG (*15, 16*) sprechen statt von Makrozellen von krystallisierenden Bereichen höherer mittlerer Elektronendichte, die zumindest in Faserrichtung von gestörteren Bereichen niedrigerer Elektronendichte umgeben sind. Diese Bezeichnungsweise verdient im Hinblick auf die großen Störungen des Makrogitters synthetischer Eiweiße wohl den Vorzug, beschreibt aber letzten Endes dieselben physikalischen Vorgänge. Denn zu einer Makrozelle gehört dieser „krystallisierte" Bereich und ein Teil des gestörten Bereiches dazu.

Schließlich ist in Abb. 16 ganz rechts noch die Kleinwinkelstreuung der in Abb. 2 aufgenommenen Cellulose schematisch dargestellt. Sie ist vollständig kontinuierlich und darum nach der in diesem Abschnitt beschriebenen Methode nicht auswertbar. Rein qualitativ aber läßt sich sagen, daß die Unordnung des Makrogitters hier noch weit erheblicher sein muß als beim Polyurethan. Dieses in allen Fourierraumrichtungen „röntgenamorphe" Mizellgitter wird in Abschnitt XII, 3 eingehender untersucht werden.

2. *Statistik der Makrogittergrößen.*

Grundsätzlich muß es möglich sein, aus dem Streuverlauf in einem ungestörten Reflex entsprechend der ersten Zeile der Tab. 3 in jedem Falle auch Einblicke in die Größenstatistik der Makrogitterbereiche zu gewinnen. Jeder einzelne von ihnen erzeugt ein Streubild $|S_{r+2}|^2$. Ihre Summation ergibt die Form des ungestörten Reflexes. Es müßte sehr interessant sein, auch den Reflex (000) dieses Makrogitters zu untersuchen, denn durch Vergleich der Streuintensität mit derjenigen der anderen ungestörten Reflexe müßte man den Gitterfaktor $Z^{1/v_{r,1}}$ durch einfache

Differenzbildung gewinnen, der die Ordnungsverhältnisse zwischen den einzelnen Makrogittern beschreibt. Leider sind noch keine Streukammern gebaut worden, die bis zu solch kleinen Streuwinkeln vordringen.

Das Diagramm des α-Keratins der Abb. 5 macht es sehr wahrscheinlich, daß bei der Mittelwertbildung $\overline{|S_{r+2}|^2}$ sehr schmale Makrogitter, im Grenzfall sogar zweidimensionale Netze und eindimensionale Fäden mitwirken. Für die Cellulose hat P. H. HERMANS im Weitwinkelgebiet auf Grund von Photometrierungen, wie sie Abb. 3 darstellt, die Existenz einer derartigen „amorphen Phase" gefordert (*14*). Ihr entspricht der unterhalb der strichpunktierten Linie in Abb. 3 liegende Streuverlauf, der restliche Teil darüber stammt von den parakrystallinen dreidimensionalen Gitterbereichen. Die in Tab. 5 angegebenen Gitterbereichgrößen $\overline{L}$ sind geschätzte Mittelwerte. Zur exakten Erfassung der Gittergrößenstatistiken reicht eine visuelle Auswertung in keinem Falle mehr aus. Weiter unten werden wir auf diese Fragen noch einmal zurückkommen (Abschnitt XII).

3. Das Eigengitter der Makrozellen.

Die Streuformeln (54) bis (57) lehren, daß durch den Gitterfaktor Z die von den einzelnen Bausteinen erzeugte Streuintensität in den Gitterknoten des Gitterfaktors zusammengerafft wird, ohne daß sich dabei die Integralintensität je Zelle des reziproken Gitters ändert (vgl. hierzu Abb. 20). Würden nun die Makrozellen eine völlig ideale krystalline Eigenstruktur haben, so müßten die durch sie erzeugten Weitwinkelreflexe ungestört sein. Ihre Breite müßte also umgekehrt proportional zur Makrozellengröße sein und dürfte darum die Ausdehnung einer Zelle des reziproken Makrogitters nicht merklich übertreffen.

Interessanterweise ist dies beim feuchten Chymotrypsin (Abb. 1 oben) bei den Reflexen (1, 13, 0) und (3, 13, 0) auch wirklich der Fall (zur Indizierung vgl. Abb. 16a). Reflexe (1, 14, 0) usw. und (1, 12, 0) usw. fehlen. Die übrigen Weitwinkelreflexe verteilen sich aber in radialer Richtung jeweils über mehrere Zellen des reziproken Makrogitters. Offensichtlich sind darum die Eigengitter der einzelnen Makrozellen ziemlich gestört und zeigen eine „röntgenflüssige" Struktur. Der Bereich $B_{3,r}$ des Gitters Γ_r in einer Makrozelle beginnt also bei weit kleineren Streuwinkeln, wo der Bereich $B_{1,\,r+1}$ der ungestörten Reflexe des Makrogitters Γ_{r+1} noch existiert. Die Folge hiervon liest man in (38) ab: Die durch den Untergitterfaktor $Z^{1/v}\,r$ erzeugten „diffusen“ Weitwinkelreflexe sind durch den Makrogitterfaktor $Z^{1/v}{}_{r+1}$ in Makrogitterreflexe der Gestalt $\overline{S_{r+2}}$ „aufgerastert“. Bei den Fibroinen ist dagegen quer zur Faser das Untergitter Γ_r weniger, das Makrogitter Γ_{r+1} stärker gestört derart, daß $B_{3,\,r}$ und $B_{3,\,r+1}$ am Äquator etwa an der gleichen Stelle beginnen. Als Folge hiervon sind die Weitwinkelreflexe nicht mehr stark gerastert, sondern zeigen lediglich noch bei kleinen Streuwinkeln die Andeutung einer mehr oder weniger diffusen „Feinstruktur“. Vor allem BEAR (*3*) und MARK (*37a*) haben wiederholt darauf hingewiesen, daß die Makrozellen um so weniger schwanken, je stärker die Unterzellen variieren. Dieses antibate Verhalten beider Gitterstatistiken findet eine Erklärung in dem Strukturschema der Abb. 8. Je lockerer, also gestörter die Unterzellen in den Makrozellen lagern, um so mehr Freiheitsgrade haben letztere zur Betätigung der ihnen innewohnenden Feinbaumöglichkeiten.

IX. Haufwerke polydisperser, globulärer Partikel.

Man erkennt leicht aus Abb. 12, daß mit zunehmender Schwankung der Zellenkanten und Bausteingrößen unter Annahme der statistischen Unabhängigkeit beider Schwankungen immer häufiger Überlappungen benachbarter Gitterbausteine vorkommen müssen. Man kann zeigen, daß die beim idealen Parakrystall angenommene Unabhängigkeit der statistischen Schwankungen 1. Art von denen 2. Art in Wirklichkeit um so weniger realisiert sein kann, je unterschiedlicher die Größe der Gitterbausteine ist. Daß die Theorie des idealen Parakrystalles aber auch in solch „polydispersen“ Haufwerken noch immer eine gute Näherung höheren Grades ist, soll der Abschnitt X zeigen. Hier sei eine Theorie dargestellt, die entsprechend Tab. 1 auf die statistische Kopplung der Gitterstörungen 1. und 2. Art Rücksicht nimmt:

In Abb. 17 sind einige mit gestrichelten Linien umrandete Haufwerke dargestellt, die jeweils aus einer Anzahl nicht zu flacher und nicht zu langer, sonst aber beliebig geformter „Partikel“ bestehen. Die Bezugspartikel habe den irgendwie gemittelten Radius a, die kombinierte Partikel den Radius y, und es sei $z^{ay}(x)$ die irgendwie beschaffene Abstandsstatistik dieser beiden

Sorten. Wie immer sie auch gestaltet sein mag, der Integralwert (44) muß für sie Gültigkeit haben. Ihre FOURIER-Transformierte, der „partielle“ Gitterfaktor $Z^{ay}(b)$, aber hat entsprechend (46) im Raummittel den Wert 1. Ist nun der Wirkungsbereich w_{ay} eines ausreichenden Teiles der Sortenkombinationen a, y klein gegenüber dem in Abb. 17 gestrichelt umrandeten „Gittervolumen“, so hat man es wieder außerhalb des Zentralflecks mit dem in Tab. 4 diskutierten „röntgenflüssigen“ Fall zu tun. Für die Streuintensität ergibt sich dann einfach für nicht zu kleine Streuwinkel:

$$\overline{J_{r+1}} = N_r\,[\,\overline{|A_y|^2} + \overline{|A_a|\,|A_y|\,(Z^{ay}-1)}\,]$$
$$\gamma(z^{ay}) = Z^{ay}(b)\,. \qquad (74)$$

Abb. 17. Schema eines polydispersen Haufwerkes. Globuläre Partikel (mit ——— umrandet) lagern sich innerhalb eines gewissen „Gitterbereiches“ mit dem Volumen v (mit – – – umrandet) in einer gewissen Nahordnung zusammen, die durch die partiellen Gitterfaktoren $Z^{ay}(b)$ beschrieben werden kann (Gleichung 74). Dabei ist $2a$ der mittlere Durchmesser der Bezugspartikel und $2y$ der mittlere Durchmesser der kombinierten Partikel. Die Gitterbereiche v entsprechen den „clusters“ von WARREN und sind selbst wieder Partikel, die sich in einem Übergitter ordnen.

Dabei bedeutet A_y, A_a die Streuamplitude einer Partikel mit dem mittleren Radius y bzw. a und N_r die Zahl der Partikel in einem Haufwerk. Der erste Summand in (74) stellt die interferenzfreie Superposition der Beugungsbilder der einzelnen Partikel dar und wird „Partikelstreuung“ genannt. Der zweite berücksichtigt auch die Phasenbeziehungen zwischen den einzelnen Partikeln, wobei der Querstrich die Mittelung über alle möglichen Kombinationen a, y andeutet. Nun besagt Gleichung (45), daß Z^{ay} mit abnehmenden b stets vor seinem singulären Werte bei $b = 0$ gegen 0 geht. Wenn nun trotzdem, wie in vielen praktischen Fällen, eine reine kontinuierliche Kleinwinkelstreuung gefunden wird, so hängt dies einmal mit der Mittelwertbildung über alle $a - y$-Kombinationen zusammen. Denn die allerdings sehr verschwommenen Knoten jedes einzelnen Z^{ay}-Gitterfaktors liegen wegen der verschieden dicken Partikel an verschiedenen Stellen im FOURIER-

Raum, so daß die Mittelung (74) über alle ay-Kombinationen bei konstanten b im Effekt gleichkommt der Mittelung eines Gitterfaktors Z^{ay} über einen gewissen b-Bereich im FOURIER-Raum. Gleichung (46) aber lehrt, daß

$$\overline{Z^{ay} - 1} = 0 \tag{75}$$

ist, falls das Haufwerk genügend polydispers ist. Bei der Mittelung in (74) ist aber außerdem zu berücksichtigen, daß Z^{ay} von A_a und A_y abhängt und $|\overline{A_y}|\,|\overline{A_z}| \ll \overline{A_y^2}$ ist, je polydisperser die Partikel sind. Unter Zuhilfenahme MAXWELLscher Statistiken und der GUINIERschen Näherung (16) ist der röntgenflüssige Fall an anderer Stelle untersucht worden (*23*). Dabei zeigt es sich, daß die Packungsdichte ε^3 der Partikel innerhalb des Haufwerkes wesentlich in das Endresultat mit eingeht. Bei geeigneter Auswertung existiert eine reine Partikelstreuung immer dann, wenn die massenstatistische relative Schwankung $\overline{\overline{g_y}}$ der Partikelradien dividiert durch die Packungsdichte ε^3 den Wert 1 erreicht oder übertrifft:

$$\overline{\overline{g_y}}/\varepsilon^3 \gtrsim 1. \tag{76}$$

In diesem Falle also ist der 2. Summand in (74), das Wechselwirkungsglied, vernachlässigbar. Die Diskussion dieses etwas komplexen Gebietes ist allerdings noch nicht für den Fall durchgeführt, daß der Wirkungsbereich der Partikel die Größe der Haufwerke erreicht oder übertrifft. Dann hat man es nicht mehr mit dem röntgenflüssigen Fall der Gleichung (74) zu tun, sondern muß ganz entsprechend den Erscheinungen im Bereich der wenig stark gestörten Reflexe eines idealen Parakrystalles auch mit einer zu N_r^2 proportionalen Streukomponente rechnen. Soviel läßt sich aber schon jetzt vorher sagen, daß dann ein der Gleichung (69) entsprechender „röntgenamorpher" Sonderfall für den gesamten Streubereich Wirklichkeit wird. Daß diese relativ kleinen Haufwerke also die Hauptursache für eine kontinuierliche Kleinwinkelstreuung sind, wurde vor allem schon von WARREN erkannt, als er beim Studium der kontinuierlichen Kleinwinkelstreuung „amorpher Kohle" auf die „cluster"-Bildung hinwies (*46*).

Im Gegensatz dazu erklären KRATKY und POROD in manchen Fällen, wo sich scheibchenförmige Partikel zu „Bündeln" zusammenlagern, die dort beobachtete kontinuierliche Kleinwinkelstreuung als in erster Linie durch das Wechselwirkungsglied hervorgerufen (*33*, *35*, *37*, *39*). Freilich herrschen in derartigen Lamellenbündeln besondere Verhältnisse, die im folgenden Abschnitt X näher beleuchtet werden sollen. Das Streuphänomen ist in seinen physikalischen Grundzügen aber auch dort, wie man gleich sehen wird, den beiden eben behandelten Interferenztheorien im wesentlichen durchaus verwandt.

X. Das planparallele, fibrilläre, polydisperse Lamellenbündel.

1. Allgemeines.

Die Diskussion der Eiweißdiagramme zeigte schon, daß man es in sehr vielen hochmolekularen Stoffen mit lamellenförmigen Makrozellen zu tun hat. Diese sog. „Micellarstruktur" ist schon früh von Kratky (*27*) für Cellulose (vgl. Abb. 10) und Seidenfibroin, von Astbury (*1*) für die β-Keratine nachgewiesen worden. Man kann nun in einfacher Weise eine recht allgemeingültige Interferenztheorie eines Lamellenbündels von vielgestaltiger Feinstruktur mathematisch umfassend durchdiskutieren. Wie Tab. 1 zeigt, ist auch hier die statistische Kopplung zwischen Gitterstörung 1. und 2. Art berücksichtigt. Die schon mehrfach zitierte Arbeit von J. J. Hermans (*13*) hat für diese Theorie die Grundlagen geschaffen, die vom Verfasser auf den Bereich der ungestörten Reflexe ausgedehnt wurde (*20*). Die im folgenden gegebenen Gleichungen (82) bis (85) lassen sich leicht aus diesen Voruntersuchungen ableiten. Eine erste Diskussion hierüber findet man in (*24*). Im folgenden soll das Gewicht der Untersuchungen vor allem auf die Frage gelegt werden, wann eine Übereinstimmung mit der Theorie des idealen Parakrystalles stattfindet und was das grundsätzlich Neue an dieser Lamellenbündeltheorie ist. Auch hier gibt es wieder eine Reihe von entarteten Sonderfällen, die in Tab. 6 zusammengestellt, besonders übersichtlich sind.

2. Die Streuformeln.

In Abb. 18 ist das zu berechnende planparallele, fibrilläre, polydisperse Lamellenbündel dargestellt. Auf der Bündelachse $c - c'$ stehen jeweils 2 Seiten des gleichen Flächeninhaltes φ_k jeder Lamelle k senkrecht. Die Lamellendicke ist über die ganze Seitenfläche konstant gleich y_k, das Lamellenvolumen also $v_k = y_k \cdot \varphi_k$. Man numeriert die Lamellen von links nach rechts durch das ganze Bündel durch. Die Flächenschwerpunkte benachbarter φ-Flächen werden durch den Zwischenraumvektor z_k miteinander verbunden. Hat z_k stets eine nach rechts weisende Komponente z_{kc} auf die Bündelachse, so ist eine Überlappung

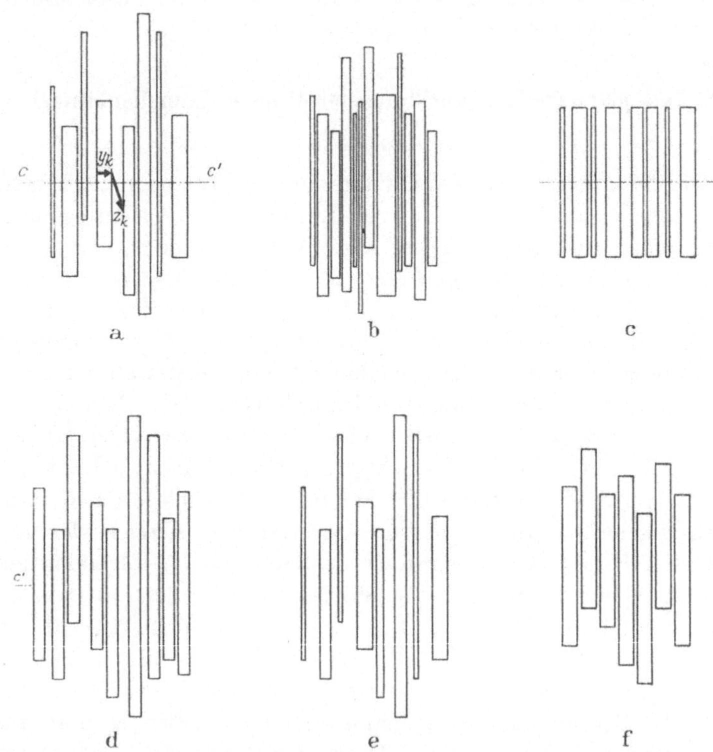

Abb. 18. Das planparallele, fibrilläre, polydisperse Lamellenbündel. c—c' Lamellenachse, y_k Dicke der Lamelle k, z_k Zwischenraumvektor zwischen den Lamellen k und $k+1$, z_{kc} intermicellarer Zwischenraum. *a*) Allgemeiner Fall *b*) Bündel hoher Packungsdichte. *c*) Bündel ohne Fibrillärität. *d*) Keine Lamellenpolydispersität. *e*) Keine Gitterstörungen *f*) Keine Strukturpolydispersität.

benachbarter Lamellen also unmöglich, wie groß auch die Schwankung ihrer Dicken y_k sein möge.

Es komme nun $z_k = x$ mit der Häufigkeit $h_z(x)$ und $y_k = x$ mit der Häufigkeit $h_y(x)$ im Bündel vor. h_z kann eine beliebige, aber fest vorgegebene normierte Raumfunktion sein. Da die y_k aber definitionsgemäß stets parallel zur Bündelachse liegen, so ist h_y

also eine zu $c - c'$ parallele „Strichfunktion". Es bezeichne ψ_k ferner eine zu $c - c'$ senkrechte Flächenfunktion, die innerhalb der Lamellenfläche φ_k den Wert 1, außerhalb den Wert 0 hat. ψ_k ist also ganz analog (22a) die Gestaltfunktion der Lamellenseitenfläche φ_k. Man definiert nun die folgenden FOURIER-Transformierten:

$$\begin{array}{ll} \text{Dickenfaktor} & F_y = \mathfrak{F}(h_y), \\ \text{Zwischenraumfaktor} & F_z = \mathfrak{F}(h_z), \\ \text{Flächenfaktor} & R = \mathfrak{F}(\psi_k). \end{array} \tag{77}$$

Die Mittelwerte von y und z_c ergeben die Packungsdichte ε:

$$\varepsilon = \frac{\bar{y}}{\bar{y} + \bar{z}_c}. \tag{78}$$

Die mittleren relativen Schwankungen von y, z, $y + z = x$ und R und A seien g_y, g_z, g_x, g_R und g_A genannt und ergeben ein quantitatives Maß für die folgenden Eigenschaften des Lamellenbündels:

g_y die Polydispersität der Lamellendicken,

g_{zc} die Polydispersität der intermicellaren Zwischenräume,

$\sqrt{g_y^2 + g_{zc}^2}$ die Strukturpolydispersität des Bündels,

g_x der Störungsgrad des „Gitters",

g_R die Fibrillarität des Bündels,

g_A die mittlere relative Schwankung des Lamellenfaktors A

ε die Packungsdichte des Bündels,

$1 - \varepsilon$ die Verdünnung des Bündels,

$g_x \sqrt{N}$ der relative Störungsgrad.

Dabei ist N die Zahl der Lamellen im Bündel. Abb. 18a zeigt also den allgemeinen Fall eines derartigen Bündels, während das Lamellenbündel von Abb. 18b dicht gepackt ist. Abb. 18c zeigt keinerlei Fibrillarität. In Abb. 18d ist die Lamellenpolydispersität = 0, während das Bündel in Abb. 18e keinen Störungsgrad hat. In ihm sind die Gitterstörungen 2. Art, um in der Sprache des idealen Parakrystalles zu sprechen, nicht vorhanden. Abb. 18f schließlich zeigt keine Strukturpolydispersität. Automatisch ist dann auch der Gitterstörungsgrad = 0.

Falls innerhalb jeder Lamelle die Elektronendichte konstant ist vom Wert ϱ_P, außerhalb aber durch ϱ_D gegeben ist, so findet man für die Streuamplitude einer Lamelle, bezogen auf den Schwerpunkt ihrer linken Seitenfläche:

$$A_k(b) = R_k f_e(\varrho_P - \varrho_o) \int_0^{Y_k} e^{-2\pi i b_c \xi} d\xi = \frac{Q R_k}{i} (1 - e^{-2\pi i b_c y_k}) . \quad (79\text{a})$$

b_c ist die Projektion des reziproken Vektors auf die Bündelachse $c - c'$. (79a) läßt sich umformen zu

$$A_k(b) = f_e(\varrho_P - \varrho_D) R_k \frac{\sin \pi b_c y_k}{\pi b_c} \exp(-2\pi i b_c y_k/2) \quad (79)$$

mit

$$Q = \frac{f_e(\varrho_P - \varrho_D)}{2\pi b_c} .$$

Der Ausdruck (79) zeigt die bekannte Form: das zu y_k proportionale Hauptmaximum bei $b_c = 0$ mit den bei $b_c y_k = n$ liegenden, zu $1/b_c$ proportionalen Nebenmaximis n. Aus dem Ausdruck in (79a) kann man leicht die mittlere Streuamplitude der Lamelle berechnen. Es sei dazu wie bei den Gitterstörungen 1. und 2. Art des idealen Parakrystalls auch hier angenommen; daß die Größen y_k, z_k, φ_k völlig unabhängig voneinander statistisch schwanken. Dann folgt aus (77) bis (79) für die mittlere, jeweils auf die linke Seitenfläche bezogene Streuamplitude einer Lamelle:

$$\overline{A_k} = \frac{Q \overline{R}}{i} (1 - F_y) ; \quad |\overline{A_k}| = Q \overline{R} \, |(1 - F_y)| . \quad (80)$$

Der quadrierte mittlere Amplitudenbetrag ist also

$$|\overline{A_k}|^2 = Q^2 |\overline{R}|^2 |(1 - F_y)|^2 . \quad (81)$$

Für die mittlere Streuintensität einer einzelnen Lamelle findet man ganz entsprechend:

$$\overline{|A_k|^2} = \int_0^\infty A_k A_k^* h_y(x) \, dx = 2 Q^2 \overline{|R|^2} \, \mathfrak{Re} (1 - F_y) . \quad (82)$$

Die Ausrechnung der mittleren Streuintensität des Lamellenbündels entspricht völlig derjenigen eines gestörten Strichgitters bei senkrecht einfallendem Strahlengang (*20*) und führt auf

$$J = J_a + J_b + J_c = J_d + J_e + J_c \quad (83)$$

$$J_c = 2 Q^2 |\overline{R}|^2 \, \mathfrak{Re} \, F_z \frac{(1 - F_y)^2 (1 - (F_y F_z)^N)}{(1 - F_y F_z)^2} \quad (84)$$

$$J_a = N \, 2 Q^2 \overline{|R|^2} \, \mathfrak{Re} (1 - F_y) ; \quad J_b = - N \, 2 Q^2 |\overline{R}|^2 \, \mathfrak{Re} \, F_z \frac{(1 - F_y)^2}{1 - F_y F_z} . \quad (85)$$

Statt (85) kann man auch eine andere Zerlegung vornehmen und findet sofort:

$$J_d = N\,2\,Q^2 \Delta^2 |R|\,\Re e\,(1 - F_y)\,; \quad J_e = N\,2\,Q^2\,|\overline{R}|^2\,\Re e \frac{(1-F_y)(1-F_z)}{1 - F_y F_z}.$$

$$\Delta^2 |R| = \overline{|R|^2} - |\overline{R}|^2. \tag{86}$$

Der Vergleich mit (82) zeigt, daß J_a nichts weiter ist als die Summe der Streubilder A_k^2 der Einzellamellen und J_d die Summe der Streubilder aller aus den Bündeln herausragenden Lamellenenden. Würden J_a bzw. J_d also gegenüber den übrigen Intensitätskomponenten dominieren, hätte man es wieder mit einer „reinen Partikelstreuung" zu tun, wobei bei J_a Partikel gleich Lamelle und bei J_d Partikel gleich freies Lamellenende zu setzen ist. Weiter unten findet man in Tab. 6 die Bedingungen für die Lamellenbündeleigenschaften angegeben, bei denen eine solche Partikelstreuung auftreten kann.

3. *Vergleich mit der Theorie des idealen Parakrystalles.*

Interessant ist der Vergleich der Streuformeln (83) bis (86) des Lamellenbündels mit den in (54) bis (57) für den idealen Parakrystall wiedergegebenen. Beachtet man, daß die Abstandsstatistik benachbarter linker (oder rechter) Seitenflächenmittelpunkte gegeben ist durch $\widehat{h_y h_z}$, so ist ihre Fourier-Transformierte also nach dem Faltungstheorem (22) durch den Statistikfaktor (27) gegeben:

$$\mathfrak{F}\,(\widehat{h_y h_z}) = F_y F_z = F_1\,; \quad N_2 = N_3 = 1\,; \quad N_1 = N_r = N. \tag{87}$$

Führt man zur Abkürzung den komplexen Ausdruck Y ein

$$Y = -\frac{1}{F_y}\left(\frac{1 - F_y}{|1 - F_y|}\right)^2, \tag{88}$$

ergibt sich aus (84) bis (86):

$$J_a = N\,\overline{A^2}\,; \quad J_b = N\,\overline{A}^2\,\Re e\left[Y\left\{\frac{1+F_1}{1-F_1} - 1\right\}\right] \tag{89}$$

$$J_c = -2\,\overline{A}^2\,\Re e\left[Y F_1 \frac{1 - F_1^N}{(1 - F_1)^2}\right]. \tag{90}$$

Abgesehen von gewissen untergeordneten Abweichungen der Feinstruktur diskontinuierlicher Reflexe herrscht also völlige

Übereinstimmung mit der Theorie des idealen Parakrystalles, wenn die folgende Ungleichung erfüllt ist.

$$\left| 1 \frac{\Re e \, \frac{F_1}{1 - F_1}}{\Re e \, Y \frac{F_1}{1 - F_1}} \right| \ll 1 \,. \tag{91}$$

Bezeichnet 2ϱ das Azimut des Dickenfaktors F_y und $\Delta\varrho$ den Winkel zwischen den Zeigern $1 - \exp(i\,2\varrho)$ und $1 - F_y$ (Abb. 19a), so ist

$$Y = \frac{1}{|F_y|} e^{i\,2\Delta\varrho} \,.$$

In Reflexmitte ist stets $F_1/(1 - F_1) = |F_1|/(1 - |F_1|)$. Genau zwischen 2 Reflexen ist weiterhin $F_1/(1 - F_1) = -|F_1|/(1 + |F_1|)$.

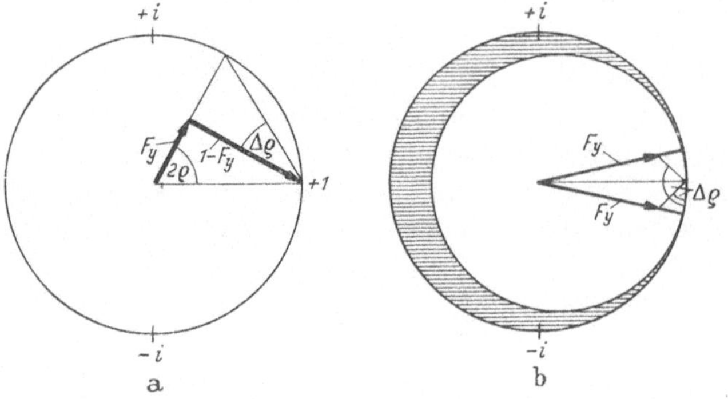

Abb. 19. Darstellung des Dickenfaktors F_y (Gleichung 77) in der komplexen Zahlenebene. a) F_y, $1 - F_y$ und der Winkel $\Delta\varrho$. b) Stellung von F_y, wo $\cos 2\Delta\varrho = 0$ (Gleichung 93). Schraffiert ist der Bereich „parakrystalloider" Reflexe dargestellt (Gleichung 91).

An diesen ausgezeichneten Stellen des Diagrammes ist (91) also stets erfüllt, wenn die Ungleichung gilt:

$$\left| 1 \frac{|F_y|}{\cos 2\Delta\varrho} \right| \ll 1 \,. \tag{92}$$

Abb. 19b zeigt schraffiert das Gebiet, in dem (92) erfüllt ist. Man erkennt nämlich, daß für $1 - |F_y| \ll 1$ bei einem Azimut ϱ_n von

$$2\varrho_n \sim n\,2\pi \pm (1 - |F_y|) \tag{93}$$

$\cos 2\Delta\varrho = 0$ ist, da dort $\Delta\varrho$ einen Wert von $\pm 45°$, $\pm 135°$ usw. hat, außerhalb (93) aber für $1 - |F_y| \ll 1$ schnell wieder den Wert 1 annimmt. Je besser also

$$1 - |F_y| \ll 1 \tag{94}$$

erfüllt ist, um so schmaler ist der Bereich um $2\varrho = n\,2\pi$, innerhalb dessen (91) nicht erfüllt ist. Da die Intensität eines innerhalb (93) liegenden Reflexes aber wegen (81) sowieso sehr gering ist, so kann man das Folgende sagen: Alle mit merklicher Intensität auftretenden diskontinuierlichen Reflexe sind in bezug auf ihr Maximum und das Minimum ihres Untergrundes genau so groß wie parakrystalline Reflexe, sie unterscheiden sich bloß von diesen etwas an den Flanken ihres Intensitätsverlaufes. Dieser Spezialfall sog. „parakrystalloider" Reflexe ist in der ersten Zeile der Tab. 6 aufgenommen.

Die dort angegebene Bedingungsgleichung für die Existenz derartiger parakrystalloider Reflexe im Lamellenbündel ersieht man sofort aus Abb. 19b: Damit in das dort schraffiert gezeichnete Gebiet auch wirklich einige Reflexe fallen, darf der Betrag des Dickenfaktors noch nicht allzu sehr von seinem Maximalwert 1 bei $\varrho = 0$ abgesunken sein. Notwendig und hinreichend ist hierzu, daß

$$\Delta y \lesssim \overline{y} + \overline{z}\,.$$

Führt man hier die durch (78) gegebene mittlere Packungsdichte ε des Bündels ein, so ergibt sich also

$$g_y\,\varepsilon \lesssim 1\,. \tag{95}$$

Es darf also im Gegensatz zu (76) hier die Polydispersität der Lamellendicken bezogen auf die Lockerheit $1/\varepsilon$ des Bündels den Wert 1 nicht überschreiten. Im Bereich der verwachsenen Reflexe B_4, erst recht aber im reflexlosen Streubereich bleibt die parakrystalloide Natur des Streuphänomens dann und nur dann erhalten, wenn die Schwankung der Zwischenraumgrößen Δz_c ganz wesentlich größer ist als diejenige der Lamellendicken Δy:

$$\Delta z_c \ll \Delta y\,. \tag{95a}$$

Andernfalls macht sich schließlich bei genügend großen Streuwinkeln auch die neuartige Komponente J_b bzw. J_e des Lamellenbündels bemerkbar, die dem Streuphänomen gewisse, beim idealen Parakrystall noch nicht bekannte Eigenzüge verleiht. Im folgenden Abschnitt sollen derartige Fälle besprochen werden. Soviel läßt sich aber jetzt schon ganz allgemein feststellen:

Solange die Gitterstörungen 1. Art (gemessen durch Δy) klein sind gegenüber den Gitterstörungen 2. Art (gemessen durch Δz, genauer $\Delta x = \sqrt{\Delta y^2 + \Delta z^2}$) und solange entsprechend (95) die Packungsdichte noch nicht zu groß ist, gibt auch der ideale Parakrystall die Verhältnisse im Lamellenbündel getreu wieder. Andernfalls treten durch die häufigeren, beim idealen Parakrystall dann nicht vermeidbaren Überlappungen benachbarter Gitterbausteine gewisse neue Varianten im Streuphänomen auf. Doch ist die Theorie des idealen Parakrystalles auch dann im Sinne der GUINIERschen Näherung (16) bzw. (31) in vielen Fällen eine noch gute Annäherung.

4. Die entarteten Sonderfälle.

Der in Tab. 6 in der ersten Zeile beschriebene parakrystalloide Fall ist bereits vorhin behandelt. Der diffuse Fall nach J. J. HERMANS in der zweiten Zeile der Tabelle besagt, daß die „krystalline" Komponente J_c gegenüber den übrigen „diffusen" Komponenten vernachlässigbar ist. Wir wissen, daß eine Proportionalität zur Zahl N der Gitterbausteine höchstens nur außerhalb des Zentralflecks möglich ist (in Tab. 6 durch $b \neq 0$ markiert). Ganz entsprechend (60) müssen dazu also schon die dem Zentralfleck benachbarten Reflexe „stark gestört" sein, was nur möglich ist, wenn der auf S. 185 definierte relative Störungsgrad den Wert 0,3 übertrifft:

$$g_x \sqrt{N} \gtrsim 0,3 \,. \tag{96}$$

Es darf also das Lamellenbündel hierzu aus nicht zu wenig Lamellen bestehen, wobei die Gitterstörungen 2. Art um so größer sein müssen, je kleiner das Lamellenbündel ist. Es entspricht dieses völlig dem „röntgenflüssigen Fall" der Tab. 4.

Der von KRATKY oftmals zitierte Fall der Gültigkeit des Reziprozitätsgesetzes der Optik (*29a*) beschränkt sich wieder auf diesen „röntgenflüssigen" oder „diffusen" Fall, wobei zusätzlich noch verlangt wird, daß in (86) die Komponente J_d gegenüber J_e vernachlässigbar ist. Diese letztere, in den Statistiken h_y und h_z völlig symmetrische Komponente hat mit abnehmendem Streuwinkel einen Grenzwert, der sich leicht mittels der GUINIERschen Näherung (31) berechnen läßt[1]:

$$\lim_{b \to 0} J_e = N (\varrho_P - \varrho_D)^2 \, f_e^2 \, \overline{(y+z)}^2 |\overline{R}|^2 \varepsilon (1-\varepsilon) (g_y^2 + g_z^2). \quad (97)$$

Diese dem Reziprozitätsgesetz unterworfene Komponente J_e ist bei einer mittleren Packungsdichte $\varepsilon \sim 0{,}5$ stets besonders intensiv und geht mit zunehmender oder abnehmender Packungsdichte erst langsam, dann schnell gegen 0 ganz entsprechend den KRATKYschen Überlegungen. Bei einer Strukturpolydispersität nahe bei 1 sinkt sie mit zunehmendem Streuwinkel monoton ab, und hat bei geringeren Strukturpolydispersitäten aber mehr oder weniger ausgesprochene diffuse Maxima. Damit sie gegenüber der Komponente J_d bei allen Streuwinkeln stark in Erscheinung tritt, muß, wie ein Vergleich mit (81) zeigt, die Fibrillärität g_R genügend klein sein gegenüber dem Produkt aus Strukturpolydispersität und Verdünnung des Bündels:

$$g_R \ll (1-\varepsilon) \cdot \sqrt{g_y^2 + g_z^2} \, / \, \sqrt{1 + g_y^2} \, . \quad (98)$$

Bei dichtgepackten Lamellenbündeln nicht zu großer Strukturpolydispersität werden also an die Kleinheit der Fibrillärität hohe Anforderungen gestellt, wenn das Reziprozitätsgesetz der Optik wirklich einen merklichen Einfluß auf das Streuphänomen gewinnen soll. Man tut gut daran, wenn man diese außerordentlich scharfe Forderung im Auge behält bei der Anwendung der hier abgeleiteten Streuformeln auf hochmolekulare Stoffe mit „Micellarstruktur“.

Eine weitere Entartung dieses schon recht beschränkten Sonderfalles liegt bei dem in Zeile 4 der Tab. 6 behandelten Lamellenbündel vor. Dort wird mit KRATKY der Fall diskutiert, in dem die intermicellaren Zwischenräume eine „Partikelstreuung“

---

[1] Es ist nämlich z. B. entsprechend (*14*)

$$1 - F_y = 2\pi i b_c \overline{y} + 2\pi^2 b_c^2 \overline{y^2} \;\ldots, \text{ also}$$

$$\lim_{b_c \to 0} \frac{1}{2\pi^2 b^2} \Re\mathrm{e}\,(1 - F_y) = \overline{y^2}\,; \quad \lim_{b_c \to 0} \Re\mathrm{e} \frac{(1-F_y)(1-F_z)}{1 - F_y F_z} =$$

$$= \frac{\overline{(y+z)}\,(\overline{z}\overline{y^2} + \overline{y}\overline{z^2}) - \overline{y}\,\overline{z}\,\overline{(y+z)^2}}{\overline{(y+z)}^2},$$

woraus dann (97) und (98) folgt.

erzeugen. Partikel ist hier also gleich Zwischenraum zwischen benachbarten Lamellen eines Bündels gesetzt. Dieser Fall ist dann verwirklicht, wenn außerdem noch in J_e

$$\frac{1 - F_y}{1 - F_y F_z} \sim 1, \text{ also } J_e \sim N\, 2\, Q^2\, \overline{R}^2\, \Re e\, (1 - F_z) \tag{99}$$

ist. Damit die linksstehende Bedingungsgleichung der Phase nach erfüllt ist, muß $\bar{z} \ll \bar{y}$, die Packungsdichte ε also sehr groß sein, so daß in dem Winkelbereich, wo $|F_y|$ schon merklich abnimmt, F_z noch immer praktisch reell und vom Werte 1 ist. Entsprechend (82) wird damit also nur der Streuwinkelbereich erfaßt, in dem J_e in (99) nur um einen Bruchteil von seinem bei $b = 0$ bestehenden Maximalwert abgesunken ist. Wegen der geforderten geringen Verdünnung (Definition der Verdünnung siehe S. 185) ist entsprechend (98) die Forderung an die Kleinheit der Fibrillarität außerordentlich hoch, so daß es außerordentlich fraglich ist, ob dieser Sonderfall der Zwischenraumpartikelstreuung überhaupt in irgendeinem natürlichen Stoff verwirklicht sein kann. In jedem Falle aber ist sein Gültigkeitsbereich beschränkt auf den Streubereich in Nähe des Maximums:

$$\frac{J_e(b)}{J_e(0)} \gtrsim 0{,}5\,. \tag{100}$$

Andernfalls wird die links in (99) stehende Bedingungsgleichung dem Betrage nach nicht erfüllt.

Der umgekehrte Fall $J_d \gg J_e$ der in der fünften Zeile der Tab. 6 behandelten Partikelstreuung der Lamellenenden liegt vor bei fibrillären, dichtgepackten Lamellen und geringer Strukturpolydispersität:

$$g_R \gg (1 - \varepsilon) \sqrt{g_y^2 + g_z^2} \;/\; \sqrt{1 + g_y^2}\,. \tag{101}$$

Allerdings darf hierbei die Strukturpolydispersität nicht weit unterhalb 0,5 liegen, weil sonst J_e wieder, wie schon oben erwähnt, ausgesprochene diffuse Maxima aufweist. Diese würden dann J_d übertönen, das selbst ja von unwesentlichen Beugungsnebenmaximis abgesehen monoton mit wachsendem Streuwinkel gegen 0 geht.

In der sechsten Zeile der Tab. 6 ist der schon auf S. 187 angedeutete Fall der Partikelstreuung der Lamellen selbst behandelt. Wie man sofort aus (85) erkennt, muß dazu $J_a \gg J_b$ sein. Wie beim idealen Parakrystall ist dieser Fall stets im reflexlosen Streubereich

B_5 des Lamellenbündels realisiert. Das erkennt man sofort auch aus (89). Denn in B_5 hat die geschweifte Klammer von J_b den Wert 0 erreicht. Interessanterweise setzt dieser Effekt aber auch bei kleineren Packungsdichten schon weit früher ein. Denn aus (89) erkennt man, daß dazu einfach identisch in b außerhalb des Zentralflecks gelten muß:

$$\begin{gathered} J_a \geqq c \cdot J_b \text{ mit } c \gg 1\,,\text{ also} \\ 1 + g_A^2 \geqq c \cdot \Re\left\{Y\left(\frac{1+F_1}{1-F_1} - 1\right)\right\}. \end{gathered} \tag{102}$$

Eine elementare Ausrechnung führt hiervon auf:

$$g_{zc}(1-\varepsilon) \gtrsim \sqrt{\frac{\ln 3c}{2\,\pi^2}}\,(1 - g_A^2/2\ln 3\,c)$$

und speziell für z. B. $c = 30$, also $J_a/J_b \gg 30$ außerhalb des Zentralflecks:

$$g_{zc}(1-\varepsilon) \gtrsim 0{,}5\,(1 - g_A^2/9)\,. \tag{103}$$

In der letzten Zeile der Tab. 6 schließlich ist der von KRATKY gleichfalls diskutierte Fall behandelt, daß Lamellenbündel mit verschiedenen Eigenstatistiken h_y und h_z im makromolekularen Stoff vorkommen (*35*). Es treten somit verschiedene Gitterfaktoren

$$Z^{1/(\overline{y}+\overline{z})} = \Re\,\frac{1+F_y F_z}{1-F_y F_z} \tag{104}$$

in dem betreffenden Stoffe auf. Die gegenseitige Lage ihrer einzelnen „Gitterknoten" verschiebt sich also um so mehr, je unterschiedlicher diese Eigenstatistiken der Lamellenbündel sind. Durch die dadurch stattfindende Glättung der geschweiften Klammer in (89) wird entsprechend (75) die Komponente J_b noch weit stärker als bisher gegen J_a in den Hintergrund gedrängt. Der Fall einer reinen Partikelstreuung der Lamellen (sechste Zeile der Tab. 6) kann nun also entgegen (103) auch bei höheren Packungsdichten und geringerer Strukturpolydispersität Wirklichkeit werden.

Die Ausführungen dieses Abschnittes mögen zeigen, wie vielgestaltig das Streuphänomen eines Lamellenbündels sein kann. In sehr vielen praktischen Fällen wird man keinen großen Fehler machen, wenn man bei der Diskussion einer *kontinuierlichen* Kleinwinkelstreuung die Komponenten J_b und J_e vernachlässigt, also das Phänomen einer reinen Partikelstreuung in den Vordergrund stellt. Nur bei sehr geringer Fibrillärität der Bündel ist den Komponenten J_b und J_e eine erhöhte Aufmerksamkeit zu schenken.

Tabelle 6. *Entartete Sonderfälle des Streuphänomens an planparallelen, fibrillären, polydispersen Lamellenbündeln.* J_1 und J_2 vergleiche Gleichungen (*55*) und (*56*), J_a, J_b, J_c, J_d und J_e vergleiche Gleichungen (*83*) bis (*90*). Definition der verschiedenen statistischen Parameter siehe S. 185.

Sonderfall	$J =$	Bedingungsgleichungen	Realisierung
Parakrystalloide Reflexe	$J_1 + J_2$, nur in B_1, B_2, B_3	$g_y\,\varepsilon \lesssim 1$	Die auf die Packungsdichte bezogene Lamellenpolydispersität ist klein
Diffuse Streustrahlung (Fall n. J. J. HERMANS)	$J_a + J_b,\ b \neq 0$	$g_x\sqrt{N} \gtrsim 0{,}3$	Bündel hohen relativen Störungsgrades
Reziprozitätsgesetz der Optik (Fall nach KRATKY)	$J_e,\ b \neq 0$	$g_x\sqrt{N} \gtrsim 0{,}3$ und $g_R \ll (1-\varepsilon)\dfrac{\sqrt{g_y^2+g_{zc}^2}}{\sqrt{1+g_y^2}}$	Hoher relativer Störungsgrad, wobei die auf die Verdünnung bezogene Fibrillärität klein ist gegenüber der Strukturpolydispersität
Partikelstreuung der intermicellaren Zwischenräume (Fall nach KRATKY)	$N\,2\,Q^2\,\overline{R}^2\,\overline{\left(\dfrac{\sin\pi\,\lvert bz\rvert}{\pi\,\lvert b\rvert}\right)^2}$, $b \neq 0$, $\dfrac{J(b)}{J(0)} \gtrsim 0{,}5$	$g_x\sqrt{N} \gtrsim 0{,}3$ und $g_R \ll (1-\varepsilon)\dfrac{\sqrt{g_y^2+g_{zc}^2}}{\sqrt{1+g_y^2}}$ und $1-\varepsilon \ll 1$	Hoher relativer Störungsgrad bei kleiner Fibrillärität, großer Strukturpolydispersität und nicht zu großen Streuwinkeln
Partikelstreuung der Bündel und Lamellenenden	$J_c + J_d$	$g_x\sqrt{N} \gtrsim 0{,}3$ und $g_R \gg (1-\varepsilon)\dfrac{\sqrt{g_y^2+g_z^2}}{\sqrt{1+g_y^2}}$	Hoher relativer Störungsgrad und ausreichend hohe Strukturpolydispersität. Bei hoher Packungsdichte genügt schon minimale Fibrillärität
Partikelstreuung der Bündel und Lamellen (röntgenamorpher Fall)	$J_c + J_a$	$\sqrt{g_y^2+g_z^2} \gtrsim 0{,}5$, $g_x \gtrsim 0{,}3$ und $g_z(1-\varepsilon) \geqq 0{,}5\,(1-g_A^2/9)$	Hoher Störungsgrad, hohe Polydispersität der intermicellaren Zwischenräume und nicht zu große Packungsdichte.
Partikelstreuung der Bündel und Lamellen (röntgenamorpher Eall eines entmischten kolloiden Systems)	$J_c + J_a$	$g_x\sqrt{N} \gtrsim 0{,}3$ und Bündel verschiedener Eigenstatistiken	Bündel hohen relativen Störungsgrades und verschiedene Bündelsorten

XI. Anschauliche Darstellung des Einflusses der Gitterstatistiken auf das Röntgendiagramm.

Die vorangegangenen Betrachtungen lehrten, daß die drei neuen Interferenztheorien des idealen Parakrystalls (Abschnitt VI und VII), des polydispersen Haufwerks (Abschnitt IX) und des Lamellenbündels (Abschnitt X) trotz mancher feinerer Unterschiede doch in manchem recht ähnliche Merkmale gemeinsam haben:

Die statistischen Schwankungen der Kanten der Gitterzellen setzen die Zahl der diskontinuierlichen Reflexe herab. Schwanken diese Kanten dem Betrage nach um mehr als 30%, so treten kaum mehr diskontinuierliche Reflexe auf. Das Gitterwerk übt dann fast keinen Einfluß mehr auf das Streudiagramm aus. Krystallreflexe treten nur auf, wenn die statistischen Abstandsschwankungen auch der entferntesten Bausteine eines Gitters kleiner als ihr mittlerer Netzebenenabstand sind. Nur dann also wirkt sich die Größe der Gitterbereiche auf den relativen Intensitätsverlauf zumindest des innersten, außerhalb des Zentralflecks liegenden diskontinuierlichen Reflexes aus. Der Zentralfleck (Reflex 000) eines Gitters ist dagegen immer ein ungestörter Reflex. Im allgemeinen werden sich die einzelnen Gitterbereiche wieder in einem mehr oder weniger geordneten Übergitter zusammenlagern. Der eben besprochene Zentralfleck ist dann also nichts weiter als die Summe der Beugungsbilder aller Bausteine dieses Übergitters. Wenn die Kanten der Zellen dieses Übergitters nun aber weniger als um 30% schwanken, so machen sich in den inneren Partien des Zentralflecks des zuerst besprochenen Gitters wieder durch eine Knotenbildung des Übergitterfaktors „Reflexe“ dieses Übergitters bemerkbar. Aus dem Studium der Zahl und Form all dieser mannigfachen Weitwinkel-, Kleinwinkel- und Kleinstwinkelreflexe und der quantitativen Erfassung des diffusen Untergrundes zwischen ihnen, ebenso wie aus der Photometrierung „kontinuierlicher“ Streubereiche gewinnt man dann, wie Tab. 7 zeigt, eine Reihe von Statistiken, die die Feinstruktur der untersuchten Stoffe in ganz wesentlichen Zügen festlegen:

In Abb. 20 sind die wesentlichen Merkmale dieser Interferenztheorien an einigen Beispielen veranschaulicht und die in den Tab. 4 und 6 bereits ausführlich behandelten entarteten Sonderfälle nochmals dargestellt. Abb. 20a zeigt N_r Gitterbausteine irgendwelcher Form und Größe, deren gegenseitige Lage als

Tabelle 7. *Ausgangstheorien, allgemeine Theorien und die durch sie erfaßten Feinstrukturstatistiken.*

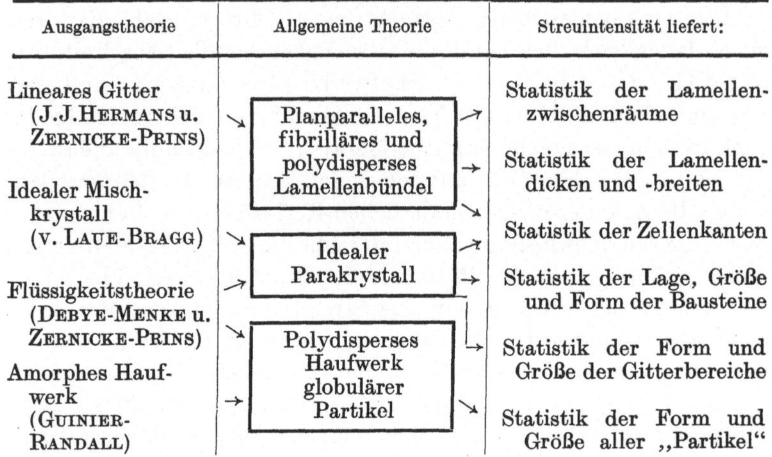

Ausgangstheorie	Allgemeine Theorie	Streuintensität liefert:
Lineares Gitter (J. J. HERMANS u. ZERNICKE-PRINS)	Planparalleles, fibrilläres und polydisperses Lamellenbündel	Statistik der Lamellenzwischenräume
Idealer Mischkrystall (v. LAUE-BRAGG)		Statistik der Lamellendicken und -breiten
	Idealer Parakrystall	Statistik der Zellenkanten
Flüssigkeitstheorie (DEBYE-MENKE u. ZERNICKE-PRINS)		Statistik der Lage, Größe und Form der Bausteine
Amorphes Haufwerk (GUINIER-RANDALL)	Polydisperses Haufwerk globulärer Partikel	Statistik der Form und Größe der Gitterbereiche
		Statistik der Form und Größe aller „Partikel"

Gitter Γ_r bezeichnet wird. Jeder Baustein besteht wieder aus N_{r-1} Unterbausteinen, deren gegenseitige Lage das Gitter Γ_{r-1} kennzeichnet. Abb. 20b zeigt den Gestaltfaktor, der den Streueffekt des Gitterwerkes Γ_r vollständig darstellen würde, falls seine Eigenstruktur interferenzmäßig nicht zur Wirkung kommt. Abb. 20c zeigt das Mittel der quadrierten Bausteinfaktoren A_r und stellt somit den Streueffekt dar beim Fehlen von Wechselwirkungen zwischen den Beugungsbildern der einzelnen Bausteine Γ_{r-1}. Außerdem ist das Quadrat der mittleren Streuamplitude und als Differenz dieser beiden Kurven durch eine Linie (— · · · —) das mittlere Schwankungsquadrat des Bausteinfaktors dargestellt. In den übrigen Diagrammen Abb. 20d bis 20m ist stets $\overline{A_r^2}$, meistens auch $\Delta^2 A$ dargestellt. Nur in Abb. 20i geht ersteres zur Veranschaulichung des von EWALD behandelten Falles bei einem gewissen Streuwinkel gegen 0. In Abb. 20e ist $\Delta^2 A$ bei größerem Streuwinkel stark erhöht eingezeichnet. Hierdurch wird die zweite Möglichkeit einer beschränkten Zahl von Reflexen, „der röntgenkrystalline" Fall veranschaulicht. Denn bei relativ zu den Gitterstörungen 1. Art nicht zu großen Gitterstörungen 2. Art können entsprechend (72) dann alle auftretenden diskontinuierlichen Reflexe ungestört sein. Der allgemeinste Fall dagegen ist in Abb. 20d dargestellt, wo alle 6 Streubereiche der Abb. 15 existieren. Im

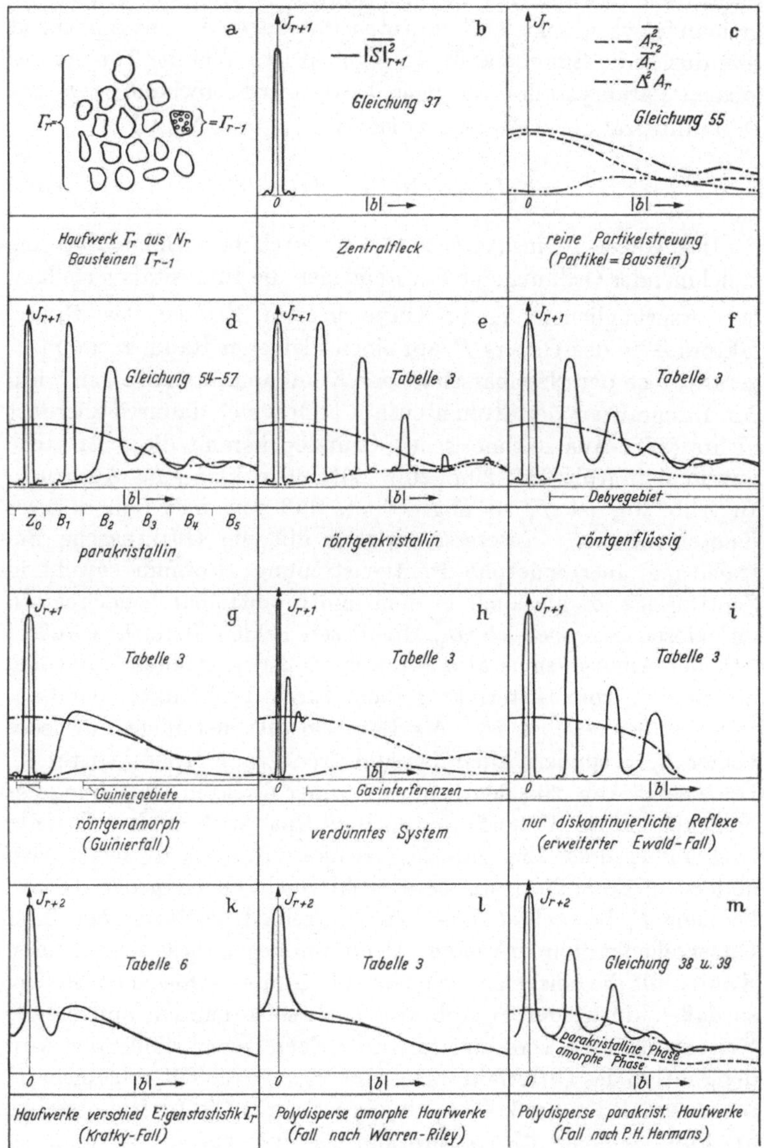

Abb. 20. Einige Beispiele für partiell oder ganz entartete Streudiagramme. Näheres siehe im Text.

reflexlosen Streubereich B_{5r} des Gitters Γ_r sind die Reflexe so ineinander vermischt, daß die Intensitätskurve J_{r+1} entsprechend (69) durch die Summe aller A_r^2 gegeben ist. Wie die Theorie des idealen Parakrystalles allgemein beweist, verschwindet stets das Raumintegral der Differenz zwischen J_{r+1} und $N_r \overline{|A|_r^2}$

$$\int (J_{r+1} - N_r \overline{|A|_r^2})\, dv_b = 0\,. \tag{105}$$

Das Gitter Γ_r macht sich also dadurch bemerkbar, daß mit zunehmender Ordnung der Bausteinlagen die Intensitätsverteilung der ursprünglichen $N_r \overline{|A|_r^2}$-Kurve in den Knoten des Gitterfaktors Z^{1/v_r} des Gitters Γ_r auf einen kleineren Raum zusammengerafft, also der Nachbarschaft der Knotenpunkte entzogen wird. Am Integralwert der Streuintensität ändert sich dadurch aber fast nichts (*22*). Aus zeichnerischen Gründen kommt diese Tatsache nur in den Abb. 20f, 20g, 20h, 20l, 20m klar zum Ausdruck. In Abb. 20g ist Γ_r so ungeordnet, daß nur noch ein diffuser Knoten existiert. Interessanterweise gilt die GUINIERsche Betrachtung über amorphe Röntgenstreuung also nun sowohl in Zentralfleck Z_0 als auch in dem ihm unmittelbar benachbarten reflexlosen Streubereich B_5. In diesen beiden Bereichen äußert sich der Amorphismus also dadurch, daß der Streuverlauf völlig unabhängig vom Gitterfaktor allein durch die Struktur der Bausteine selbst gegeben ist. Als Baustein gilt hier nicht nur jedes Gitter Γ_{r-1}, sondern auch das nun „röntgenamorphe“ Gitter Γ_r. Doch zeigt Abb. 20g deutlich, daß in der direkten Umgebung des Zentralflecks der Gitterfaktor noch „diffus“ wirksam ist. Denn es tritt immer noch eine Intensitätssenke auf. Das ist schon ganz anders in Abb. 20k, wo man wohl noch gleich große Gitterbereiche Γ_r betrachtet, diese aber verschiedene Statistiken ihrer Gitterzellenkanten aufweisen. Denn nun liegen diese sehr diffusen Knoten für die einzelnen Gittersorten Γ_r an verschiedenen Stellen, so daß dadurch der in Abb. 20g noch sehr deutlich auftretende Sattelwert stark verschmiert wird. Noch verschwindender wird der Einfluß des Gitterfaktors in Abb. 20l, wo die Gitterbereiche Γ_r sehr verschieden groß, also polydispers sind. Die Intensitätssenke am Fuß des Zentralflecks wird nun fast ganz zugedeckt, da dieser selbst von Gitterbereich zu Gitterbereich verschieden ausgedehnt ist. Um zu kennzeichnen, daß man in Abb. 20l und 20m Haufwerke aus Gittern Γ_r, also „Übergitter" oder „Makrogitter" oder „Micellgitter" Γ_{r+1} mit „Makrozellen" eines Eigengitters Γ_r (vgl. S. 40) betrachtet, ist als Ordinate die Intensität J_{r+2} angegeben. Es wird bei diesen polydispersen Haufwerken der Einfluß des Übergitterfaktors $Z^{1/v_{r+1}}$ aus dem gleichen Grunde wie der eben behandelte Gitterfaktor Z^{1/v_r} ganz vernachlässigt. Aus dem Intensitätsverlauf aus Abb. 20l gewinnt man also entsprechend (69) die Statistik der Form und Größe aller Bausteine, nämlich der Gitterbereiche Γ_r und Γ_{r+1}. In Abb. 20m schließlich wird zusätzlich zu Abb. 20l angenommen, daß die Gitter Γ_r wieder weniger gestört sind. Diejenigen von ihnen, die die Größe von räumlichen Bereichen erreichen, erzeugen also wie in Abb. 20d wieder parakrystalline Reflexe, die über der gestrichelten Linie gezeichnete Streuintensität entspricht der Zahl der Elektronen in dieser „parakrystallinen" Phase. Die zwei- und eindimensionalen Gitter dagegen erzeugen im Bereich dieser Reflexe nur eine mehr oder weniger kontinuierliche Streustrahlung, die zusammen mit der $\Delta^2 A_r$-Komponente den unterhalb der gestrichelten Linie gekennzeichneten diffusen Untergrund erzeugen. P. H. Hermans (*14*) errechnet aus seiner integralen Intensität den Prozentsatz der „amorphen" Phase, wobei aber der letztgenannte $\Delta^2 A_r$-Anteil noch mit in Rechnung gestellt werden müßte. Die Verhältnisse werden noch weit unübersichtlicher, wenn dreidimensionale Parakrystallite aus nur 2, 3 oder 4 Netzebenen und zweidimensionalen Netzen aus nur 2, 3 oder 4 Einzelfäden vorkommen. Denn diese erzeugen entsprechend (57) besonders verschmierte Reflexe, die z. T. einen Beitrag zur amorphen, z. T. auch einen Beitrag zur parakrystallinen Phase beisteuern werden. Der gestrichelten Trennlinie in Abb. 20m kommt in derartigen Fällen äußerst verschmierter Partikelgrößenstatistiken dann nur sehr bedingt eine physikalische Bedeutung zu (*24*). Zeigen die Übergitter Γ_{r+1} darüber hinaus geringe Gitterstörungen, indem etwa die Gitterbereiche Γ_r von nicht zu unterschiedlicher Größe sind, so erzeugt Γ_{r+1} zusätzlich zu den von Γ_r herrührenden Weitwinkelreflexen eine Reihe von Makrogitterreflexen. Dieser Fall ist in Abb. 20 nicht aufgenommen, da er in Abschnitt VIII und Abb. 16 ausführlich zur Sprache kam.

In Abb. 20h ist der triviale Fall eines Systems sehr geringer Packungsdichte behandelt. Falls diskontinuierliche Reflexe entstehen (was meist nicht der Fall sein dürfte), liegen sie bei sehr kleinen Streuwinkeln, wo der Bausteinfaktor noch fast seinen maximalen Wert hat. Bei der Untersuchung von Gasinterferenzen liegt dieses Gebiet bei Streuwinkeln, die experimentell wohl noch nicht erschlossen worden sind. Der eigentliche Weitwinkelstreubereich aber liegt völlig im reflexlosen Streubereich B_5 dieses „Gasgitters“ Γ_r.

XII. Die kontinuierliche Kleinwinkelstreuung kolloider Stoffe.

1. Komplexität des Problems. Die Näherung fast 4. Grades.

Wie Abb. 201 veranschaulicht, ist eine kontinuierliche, d. h. monoton mit wachsendem Streuwinkel abnehmende Streuintensität in allen polydispersen Systemen zu erwarten. Die Auswertung dieser Streudiagramme ist besonders einfach, da man sich hierzu der Gleichung (69) der „reinen Partikelstreuung“ bedienen kann.

An anderer Stelle (*25*) sind 9 Methoden beschrieben, mittels derer man aus den photometrierten kontinuierlichen Kleinwinkeldiagrammen die Statistik der Partikelgrößen gewinnen kann. Diese Auswertung gibt im Sinne der GUINIERschen Näherung (31) und (16) die Partikelstatistiken dann in einer Näherung „fast vierten Grades“ wieder. Nachträglich hat man dann aber zu diskutieren, was jeweils unter einer Partikel zu verstehen ist.

WARREN und BISCOE (*46*) haben bei der Untersuchung der Kleinwinkelstreuung des „amorphen“ Kohlenstoffes wohl als erste auf die Tatsache hingewiesen, daß man neben dem Streubild der einzelnen Graphit-Lamellenbündel auch die „clusters“, das sind die Gitterbereiche, in denen diese Bündel sich nach irgendeinem Ordnungsprinzip zusammenklumpen, mit erfassen muß. Wenngleich es einer eingehenden Untersuchung noch vorbehalten ist zu prüfen, wie stark der Einfluß des Gitterfaktors auch bei der kontinuierlichen Kleinwinkelstreuung polydisperser Systeme bleibt, so sollen im folgenden unter Hinweis auf die eben besprochenen Fehlermöglichkeiten doch einige Beispiele für Partikelstatistiken gegeben werden. Zuvor sei noch bemerkt, daß ähnlich wie bei der DEBYEschen Flüssigkeitstheorie zur Gewinnung dieser Statistiken die Form der Partikel bekannt sein müßte. Streng genommen kann man also nur „isomorphe“ Kombinationen von Partikelformen und Größenstatistiken in der Auswertung erhalten. SHULL und ROESS (*43*) haben hierfür einige rechnerische Beispiele gegeben.

Die dadurch auftretenden Unterschiede für die Statistiken sind im Hinblick auf die noch immer recht große Ungenauigkeit der Messungen nicht sehr bedeutungsvoll. Wieder kann man mit Hilfe der GUINIERschen Näherung (16) beweisen, daß in jedem Falle die gewonnenen Statistiken eine gute Näherung an die Wirklichkeit darstellen, wenn nur die Partikel sich nicht allzu sehr von der globulären Form unterscheiden (*23*). Die in Abschnitt X behandelten Bündel lamellenförmiger Partikel bestätigen aber, daß auch bei scheibchen- und stäbchenförmigen Partikeln das Streuphänomen in seinen Grundzügen das gleiche bleibt, sofern man sich nur auf die Auswertung wirklich kontinuierlicher Kleindiagramme beschränkt. Und dieses ist bei den folgenden Beispielen der Fall:

2. *Globuläre Partikel.*

Abb. 21 zeigt die von YUDOWITCH aufgenommene Kleinwinkelstreuung eines getrockneten, also ziemlich dicht gepackten Goldsoles (*47*). Wie die elektronenoptische Betrachtung lehrt, sind die einzelnen Partikel fast kugelförmig. Eine Kugel vom Radius y erzeugt die Streuintensität

$$A_r^2 = f_e^2\, v_r^2\, \varrho_0^2 \left[3\,\frac{u y \cdot \cos u y - \sin u y}{(u y)^3}\right]^2 \tag{106}$$

wobei

$$u = 2\pi |b|\,; \quad v_r = \frac{4\pi}{3}\, y^3. \tag{107}$$

ϱ_0 ist die mittlere Elektronendichte innerhalb des Kügelchens. Das erste Beugungsnebenmaximum liegt bei $uy = 5{,}8$, das zweite bei $uy = 9{,}1$, das dritte bei $uy = 12{,}3$. Diese Nebenmaxima sind bei Probe 1 in Abb. 21 noch deutlich zu erkennen und mit II, III, IV bezeichnet. Aus ihrer Lage ergibt sich in Übereinstimmung mit dem elektronenoptischen Befund ein mittlerer Radius $\bar{y} = 232$ Å. Daß das dritte Beugungsmaximum noch so deutlich in Erscheinung tritt, weist auf einen Wert der relativen Radiusschwankung g_y in dem Sol von höchstens 10% hin. Dieses wird gleichfalls elektronenoptisch bestätigt. In Probe 3 ist die Polydispersität schon größer (elektronenoptisch $g_y \sim 0{,}2$), das erste Nebenmaximum II tritt kaum mehr auf. Besonders interessant an diesen Aufnahmen ist nun, daß selbst bei Probe 1 der Reflex 1. Ordnung der Abstandsstatistik der kolloiden

Partikelchen kaum mehr in Erscheinung tritt (in Abb. 21 mit I bezeichnet). Nimmt man eine Packungsdichte von etwa 50% an, so liegt die relative Polydispersität dieser Probe 1 entsprechend (76), also etwa bei 0,2, diejenige der Probe 3 aber etwa bei 0,5. Das Streudiagramm der Abb. 21 kann darüber hinaus nur dadurch verstanden werden, daß man auch für die Goldkügelchen eine

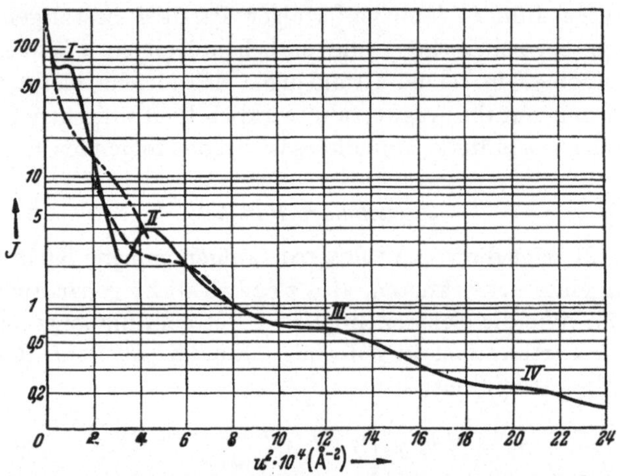

Abb. 21. Fast kontinuierliche Kleinwinkelstreuung eines dicht gepackten Goldsoles geringer Polydispersität (Yudowitch). Bei Probe 1 (———) mit einer elektronenoptisch bestimmten Partikelradienschwankung von 13% treten die Beugungsnebenmaxima II, III, IV der Kugelstreufunktion (Gleichung 106) noch deutlich auf. Die Flüssigkeitsinterferenz *I* der Partikel-Überstruktur ist weniger stark als das Nebenmaximum *II* ausgeprägt. Probe 3 (— · —) mit einer Partikelradienschwankung von etwa 20% liefert eine praktisch kontinuierliche Kleinwinkelstreuung. Bei Probe 2 (— — —) wurden größere Blendenöffnungen verwendet (Einfluß des Kollimationsfehlers auf das Streudiagramm, vgl. Gleichung 18).

Cluster-Bildung annimmt und bei den dort herrschenden Polydispersitätsgraden also Verhältnisse vorfindet, die zwischen den in Abb. 20k und 20l dargestellten liegen müssen. Soviel aber ist schon durch diese Aufnahmen bewiesen: Wenn die relative Polydispersität in irgendeinem Stoff den Wert 1 erreicht, so wird entsprechend (76) praktisch mit einer reinen Partikelstreuung gerechnet werden dürfen, wie sie durch (69) genähert dargestellt werden kann.

Shull, Roess und Elkin (*43, 44*) untersuchten die Kleinwinkelstreuungen von getrockneten Metalloxyd- und Siliziumgelen. Auf den Röntgendiagrammen sind auch nicht mehr Andeutungen von Beugungsnebenmaximis und „äußeren Interferenzen“ zu entdecken, wie sie etwa noch in Abb. 21 auftraten. Der

Streuverlauf ist vielmehr entsprechend Abb. 201 stets vollkommen kontinuierlich. In Abb. 22 sind Beispiele für die aus den Mikro-

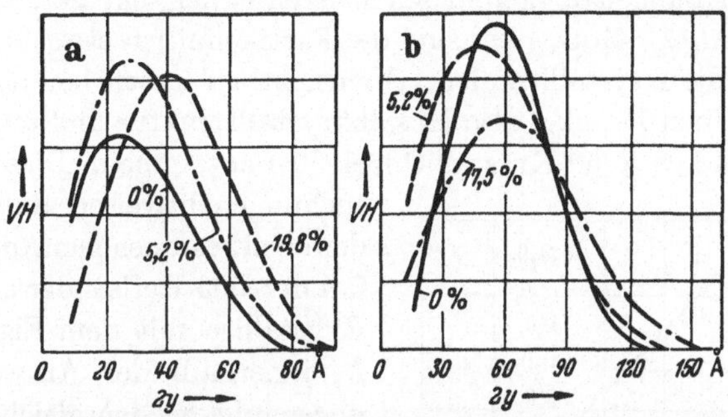

Abb. 22. Massenhäufigkeit $VH(y)$ der kolloiden Partikel von verschiedenen Gelen, aus ihrer kontinuierlichen Kleinwinkelstreuung berechnet (SHULL-ROESS-ELKIN). a) Silikagel *I* mit verschiedenem Prozentgehalt von α-$Al_2O_3 \cdot H_2O$. b) Silikagel *II* mit γ-Al_2O_3-Zusatz. Die Massenstatistiken sind nicht normiert.

photogrammen errechneten Partikelstatistiken gegeben. Es ist dort die Massenstatistik $VH(y)$ dargestellt, die den gewichtsmäßigen Anteil von Partikeln mit dem Radius y angibt. Die mittlere massenstatistische Schwankung $\overline{\overline{g_y}}$ liegt bei allen Proben der Abb. 22 bei etwa 50%. Doch sieht man deutlich charakteristische Unterschiede zwischen den einzelnen Silikagel-Aluminiumhydroxyd-Gemischen. Da die Packungsdichte stets bei 50% liegt, die relative Polydispersität also den Wert 1 erreicht, so sind ganz entsprechend (76) nun Phasenwirkungen zwischen den einzelnen kolloiden Partikeln im Streubild nicht mehr wirksam.

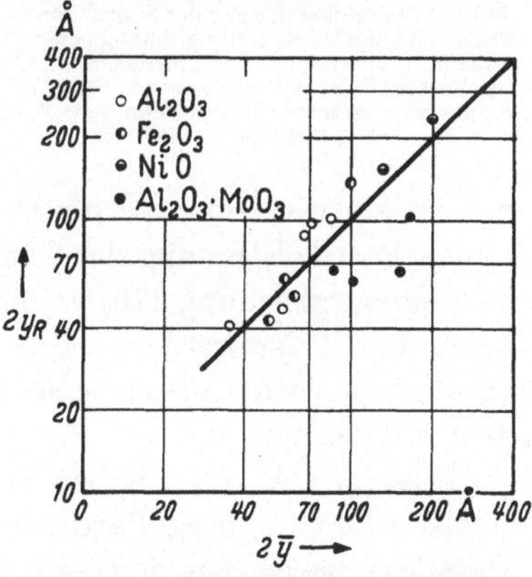

Abb. 23. Vergleich des nach der v. LAUEschen Weitwinkelmethode errechneten Krystallitdurchmessers $2\,y_R$ mit dem aus der Kleinwinkelstreuung berechneten Mittelwert $2\,\overline{\overline{y}}$ der Massenstatistik $VH(y)$ verschiedener getrockneter Gele (ELKIN-SHULL-ROESS).

Da die einzelnen Gelpartikelchen krystallisieren, also auch ungestörte Weitwinkelreflexe erzeugen, können die Autoren aus diesen nach der v. LAUEschen Methode die mittleren Krystallitdurchmesser $2y_R$ errechnen. Sie sind in Abb. 23

gegen die aus den Partikelstatistiken gewonnenen Mittelwerte aufgetragen. Die Übereinstimmung ist innerhalb der noch recht großen Meßungenauigkeit in den meisten Fällen sehr gut. Vor allem für das $Al_2O_3 \cdot MoO_3$ aber sind die Partikelradien etwa viermal so groß als die Krystallitradien. Offensichtlich haben bei diesem Gel die einzelnen Partikel also Mosaikkrystallstruktur und setzen sich im Mittel aus je 50 Krystallitblöckchen zusammen. Diese Untersuchungen beweisen, daß bis auf den eben besprochenen Ausnahmefall der 000-Reflex der einzelnen Krystallite mit dem Eigengitter Γ_r innerhalb der Auswertungsungenauigkeit den gleichen relativen Intensitätsverlauf hat wie die Weitwinkelreflexe. Es ist also wegen der großen Polydispersität dieser Γ_r-Bausteine das Übergitter Γ_{r-1} (die „clusters") offensichtlich so gestört, daß genau wie in dem Fall der Abb. 20 die Knoten dieses Gitterfaktors Z^{1/v_r+1} im Röntgendiagramm überhaupt nicht in Erscheinung treten. Damit ist ein weiterer experimenteller Beweis für die Existenz einer reinen Partikelstreuung der Gleichung (69) erbracht, wenn nur die Bedingungsgleichung (76) erfüllt ist. Daß aber auch die errechneten Partikelstatistiken selbst innerhalb der Auswertefehler den wirklichen Verhältnissen sehr gut entsprechen, ersieht man aus dem Folgenden:

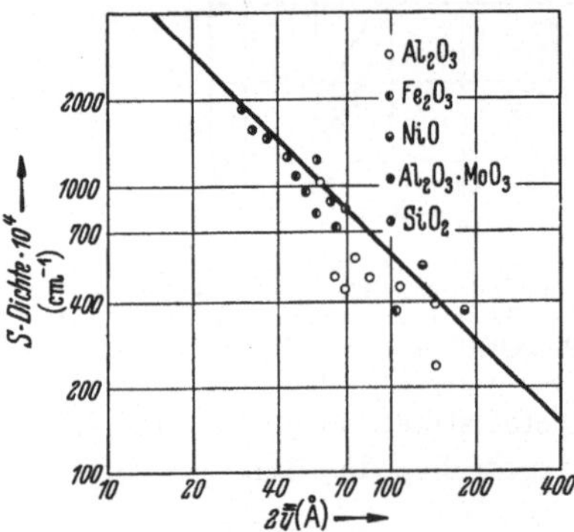

Abb. 24. Vergleich der aus der kontinuierlichen Kleinwinkelstreuung berechneten inneren Oberfläche verschiedener getrockneter Gele mit der aus der Gasadsorption bestimmten inneren Oberfläche S. (SHULL-ROESS-ELKIN).

Dieselben Autoren haben in Abb. 24 den errechneten massenstatistischen mittleren Partikelradius $\overline{\overline{y}}$ verschiedener getrockneter Metalloxydgele gegen den reziproken Wert der aus Gasadsorptionsmessungen bestimmten inneren Oberfläche S aufgetragen. Man beweist leicht, daß bei globulären Partikeln S umgekehrt proportional ist zu $\overline{\overline{y}}$. Die Meßpunkte der meisten Gele liegen auch tatsächlich auf der theoretisch postulierten Geraden. Vor allem das Al_2O_3-Gel aber hat eine zu große innere Oberfläche, was vielleicht mit der stärkeren Abweichung von der globulären Gestalt der Krystallite erklärt werden könnte.

3. *Micellarsysteme.*

In gleicher Weise kann man die Partikelstatistiken der Cellulose aus ihrer kontinuierlichen Kleinwinkelstreuung berechnen (vgl. Abb. 2 und Abb. 10). Infolge ihrer Fasertextur kann man dabei aus dem quantitativen Studium der Kleinwinkelstreuung in Faserrichtung die Statistik der Partikellängen $2\,L$ in Faserrichtung und aus der Untersuchung der Kleinwinkelstreuung längs des Äquators die Statistik der mittleren Partikelquerdimensionen

$$2\,a_v = 2\,a \sqrt{\frac{1+v^2}{2}} \tag{108}$$

berechnen. $2\,a$ ist die Dicke, $2\,a v$ ist die Breite, v also ein Maß für die Scheibchengestalt. $v = 1$ bedeutet Stäbchen. Schon die visuelle Betrachtung der Abb. 2 lehrt, daß zumindest gewisse Sorten der Partikel in Faserrichtung weit ausgedehnter als quer dazu sein müssen. Abb. 10 weist darauf hin, daß gewisse Partikel (es sind dies die Micellen) lamellenförmige Gestalt haben. Zumindest für gequollene Cellulose wird die Existenz einer reinen Partikelstreuung nach Gleichung (69) heute allgemein anerkannt, was vor allem neuere Untersuchungen von HEYN unterstreichen (*17*).

Wenngleich die Möglichkeit des Nichtbestehens der Gleichung (91) in Lamellenpaketen aus sehr verschieden dicken Lamellen die Existenz einer dem Reziprozitätsgesetz der Optik unterworfenen Komponente J_e [Gleichung (86)] bei sehr geringer Fibrillärstruktur der Lamellenbündel erwarten läßt, kann der Vortragende nicht umhin, im Hinblick auf die erwiesene Fibrillärstruktur gefällter Cellulosen die in Abschnitt X dargestellten Überlegungen einer reinen Partikelstreuung zumindest in einer guten Näherung fast vierten Grades auch auf nicht gequollene, wiedergefällte Cellulosepräparate auszudehnen, wenn nur die Kleinwinkelstreuung wirklich kontinuierlich einen Abb. 201 entsprechenden Verlauf zeigt. Das ist aber sicher bei der sehr sorgfältig bis zu sehr kleinen Streuwinkeln untersuchten HESSschen Triacetylcellulose II der Fall (*19*). Abb. 25 zeigt schematisch in perspektivischer Darstellung die Massenhäufigkeit $VH\,(2\,L, 2\,a_v)$ ihrer Partikel in Abhängigkeit von $2\,L$ und $2\,a_v$. Sie entspricht der wahrscheinlichsten in einer eingehenden Fehlerdiskussion berechneten Verteilung (*19*, *24*). Es ist dabei angenommen, daß diese Statistik darstellbar ist durch

$$VH\,(2\,L, 2\,a_v) = VH_1\,(2\,L) \cdot VH_2\,(2\,a_v)\,. \tag{109}$$

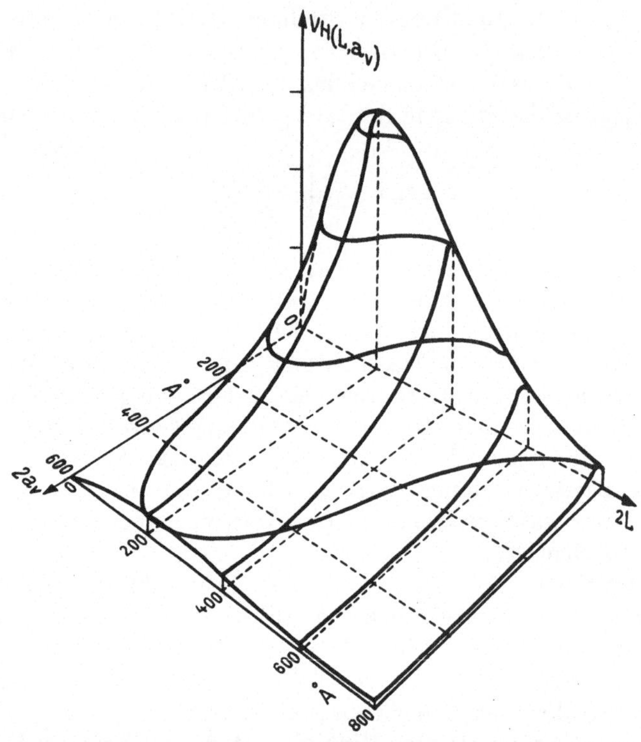

Abb. 25. Massenhäufigkeit $VH\,(2L, 2\,a_v)$ der kolloiden Partikel der HESSschen Triacetylcellulose *II* (HOSEMANN). Sie umfaßt die Statistik der Mikrofibrillen, Lamellenbündel, Lamellen bzw. Lamellenenden, der Fransen, Ultrafibrillen und der übrigen Bestandteile der „amorphen" Phase. $2L$ Partikellänge in Faserrichtung, $2\,a_v$ über den Querschnitt gemittelte Partikeldicke quer zur Faser (Gleichung 108). Angenommen ist in dieser perspektivischen Darstellung (nach F. H. MÜLLER), daß $VH\,(2\,L, 2\,a_v) = VH_1\,(2\,L) \cdot VH_2\,(2\,a_v)$.

In dem Diagramm der Abb. 25 kommt es also nicht zum Ausdruck, wenn in Wirklichkeit längere Partikel etwa dicker sind. Die massenstatistisch mittlere Partikellänge ergibt sich zu

$$2\,\overline{\overline{L}} = 310\ \text{Å}\,,$$

die wahrscheinlichste Länge zu

$$2\,L_w = 210\ \text{Å}\,.$$

Die mittlere relative Längenschwankung beträgt

$$\bar{g}_L = 0{,}6\,,$$

so daß entsprechend Abb. 25 auch noch Längen von 600 Å, aber auch solche von 30 Å mit einer gewissen Häufigkeit vorkommen. Die mittlere Querdimension $2\,a_v$ dagegen schwankt um etwa 100% und hat einen Mittelwert von

$$\overline{\overline{2\,a_v}} = 234\ \text{Å}.$$

Sie hat im Gegensatz zur Längenstatistik also eine sehr verwaschene Statistik, die mit abnehmendem $2\,a_v$ bis herab zu etwa 10 Å immer weiter zunimmt. Hier wird das Auswerteverfahren aber ungenau. Es ist deshalb in Übereinstimmung mit den wahren Verhältnissen in Abb. 25 bei etwa 10 Å der Maximalwert der Querstatistik angenommen. Gewichtsmäßig die Hälfte der Partikel hat Dicken oberhalb 310 Å, die andere unterhalb dieses Wertes. Zu einer Identifizierung der Partikel kommt man leicht, wenn man die Untersuchungen am Elektronenmikroskop, die KRATKYschen Studien über die Micellarstruktur und die HERMANSschen Befunde über den Anteil an „amorpher Phase" berücksichtigt. Es haben demnach in Triacetylcellulose die Micellen eine häufigste Länge von 210 Å. Den kürzeren Partikeln entsprechen in erster Linie die aus den Micellbündeln herausragenden Lamellenenden und die aus den Lamellenenden heraussplitternden Fransen, wie diese etwa durch die „Fransentheorie" von GERNGROSS-HERRMANN-ABITZ (*10*) und durch die „Ultrafibrillärstruktur" nach STAUDINGER-SAUTER (*45*) gefordert werden. Die Partikel über 200 Å Länge entsprechen den sich durch mehrere Bündel hindurchziehenden „nicht individuellen" Micellen nach KRATKY-MARK (*29*) und einzelnen Netzen und Hauptvalenzfäden, wie sie STAUDINGER in den „Makromol"-Gittern linearer Hochpolymerer fordert. Derartige Längen haben RÅNBY und RIBI auch elektronenoptisch in abgebauten Cellulosefasern festgestellt (*40*). Das gewichtsstatistische Überwiegen sehr dünner Partikel rührt von den Splittern in der HERMANSschen „amorphen Phase" (*14*) her und macht sich in bekannter Weise hier auch im Weitwinkelgebiet in dem starken diffusen Untergrund bemerkbar (vgl. Abb. 3). Wie schon gesagt, sind auch singuläre Netze und Ketten, die lateral aus den Micellbündeln und Micellen herausragen, für dieses Überwiegen dünner Partikel verantwortlich.

Das entspricht auch ganz dem von HESS-KIESSIG bei Makrogittern synthetischer Eiweiße gefundenen stark gestörten „zwischenkrystallinen" Bereichen (*15, 16*). Die Partikel von ungefähr 50 Å Dicke entsprechen den Micellen [vgl. die „Krystallit"-Größenbestimmungen von HENGSTENBERG-MARK (*12*)]. Die noch dickeren sind auf die Micellbündel zurückzuführen. Daß die Dickenstatistik auch bei 300 Å noch merkliche Werte hat, weist auf die „Mikrofibrillen" hin, wie sie von FREY-WYSSLING und WYCKOFF elektronenoptisch nachgewiesen werden konnten (*9*). Die noch größeren Dicken entsprechen schließlich den Fibrillen selbst, wie man sie schon im Lichtmikroskop erkennen kann. Das Auflösungsvermögen der benutzten Streukammer reichte jedoch nur herauf bis 1800 Å (*19*), so daß der Anschluß an die Lichtmikroskopie noch nicht ganz erreicht ist.

XIII. Grenzen und Bedeutung der Röntgenmethode.

Wenngleich die im Vorangegangenen vorgetragenen Interferenztheorien die Streuintensität einer außerordentlich großen Mannigfaltigkeit geometrischer Gebilde in einem weiten Bereich verschiedenster Eigenstatistiken in expliciter Form darzustellen gestatten, zeigen die in der Natur vorkommenden Stoffe doch noch mancherlei weitere Feinheiten, die hier zunächst nur idealisiert, also in gewisser Näherung Berücksichtigung finden konnten. Man denke etwa daran, daß im realen Micellenbündel die Seitenflächen φ_k durchaus nicht wie in Abb. 18 senkrecht zur Bündelachse zu stehen brauchen, sondern in sich mehr oder weniger gekrümmt sein können, wobei die Lamellen auch von Punkt zu Punkt in ihrer Dicke schwanken.

Die oben durchgeführte Diskussion dieser ersten, idealisierten statistischen Gittertheorien zeigt aber schon eine außerordentlich große Zahl der durch sie erfaßten Erscheinungsformen. Beim augenblicklichen Stand vor allem auch der experimentellen Forschung dürfte der Ansatz zu diesen Theorien aber im allgemeinen umfassend genug sein. Mancherlei interessante Einzelfragen sind bei der Diskussion noch zu kurz gekommen. Auf diese soll im folgenden nur andeutungsweise eingegangen werden. Wie weit die Auswertung nach den hier dargelegten Interferenztheorien zu verfeinern ist, wie weit aber darüber hinaus noch neue Feinheiten in diese Theorien selbst einzubauen sind ähnlich der genaueren, oben nicht behandelten Berücksichtigung des Temperatureinflusses in den späteren DEBYEschen Arbeiten, wird Gegenstand späterer Untersuchungen sein. Ähnliche Betrachtungen am idealen Mischkrystall haben jedoch gezeigt, daß derartige Nuancierungen mehr oder weniger „strukturunempfindlich" sind (*37*).

1. Gitterentmischung.

Es wird hierunter verstanden, daß sich innerhalb eines Gitterbereiches die einzelnen Gitterbausteine nicht rein statistisch verteilen, sondern in gewissen Unterbereichen beispielsweise die Zellenkantenvektoren einander ziemlich gleich sind. Dennoch bleibt die Gesamtstatistik der Kantenvektoren in diesem Gitter dieselbe wie vor Entmischung. Ein Beispiel hierfür gibt Abb. 8, wo sich in gewissen dichter gepackten Bereichen der Gitterzelle Γ_r (Länge d) des Makrogitters Γ_{r+1} einige Zellen Γ_{r-1} zu einem partiellen Gitterblöckchen zusammenlagern, während andere Zellen Γ_{r-1} das Schicksal haben, in einer „amorphen Phase" placiert zu sein. Ähnliche Verhältnisse liegen sicher auch vor, wenn die Gitterzellen Γ_r des Gitters Γ_{r+1} eine Art „Mosaikstruktur" haben. Die im idealen Parakrystall rein statistisch schwankenden Kantenvektoren a_k sind also in solchen Fällen zu Gruppen etwa gleich großer a_k entmischt, ohne daß sich dadurch die Gesamtstatistik H_k zu ändern braucht. Im Hinblick auf die auch an viel ungeeigneteren Objekten angewandte DEBYEsche Flüssigkeitstheorie (*7*) und an Beobachtungen, die KRATKY an optischen entmischten Strichgittern gemacht hat (*29a*), wird man aber auch in solchen Fällen die Theorie des idealen Parakrystalles als erste gute Näherung auffassen. Zumindest wird sie der Ausgangspunkt für weitere Verfeinerungen sein ähnlich wie die Theorie des idealen Mischkrystalls Ausgangspunkt war für diejenige des idealen Parakrystalls (vgl. Tab. 1).

2. Röntgenisomorphie.

Eine besonders interessante, im Vorangegangenen nur gestreifte Frage ist die der „Röntgenisomorphie". Sie ist schon aus der klassischen Krystalltheorie bekannt. Da in die gestreute Intensität nur der Betrag der Amplitude eingeht, so läßt sich aus dieser nicht, wie in (21), durch Invers-FOURIER-Transformation die Elektronendichte eindeutig zurückgewinnen. Diese Röntgenisomorphie tritt vor allem bei der kontinuierlichen Kleinwinkelstreuung besonders stark in Erscheinung. Vor allem SHULL und ROESS haben gezeigt, daß z. B. Kugeln mit dem Radius y einer Mengenstatistik $VH_1(y)$ eine gewisse Streuintensität liefern, die auch von polydispersen Stäbchen und Scheibchen der Exzentrizität v einer gewissen anderen Statistik $VH_2(y, v)$ exakt erzeugt werden kann (*25*, *43*). Ebenso besteht eine Vielzahl von Röntgenisomorphien zwischen der Zellenkantenstatistik H_k und der Statistik VH der Gitterbereichgrößen im zunehmenden Maße, je reflexärmer die Röntgendiagramme sind. Im Gültigkeitsbereich der GUINIERschen Näherung (16) und (31) dagegen gewinnt man gemäß (15) die mittlere Partikel-Ausdehnung A_{2b} und gemäß (32) die mittlere Zellenkantenschwankung $\Delta_2\, a_{kb}$ in der zum reziproken Vektor b parallelen Richtung im physikalischen Raum meist eindeutig aus den experimentellen Ergebnissen. Es wird also die Aufgabe weiterer Untersuchungen sein, derartige mit den Toleranzen der Aufnahme- und Auswertetechnik verträgliche Mannigfaltigkeiten von Kombinationen zwischen Partikelformen und Formen der verschiedenen Häufigkeitsverteilungen aufzufinden. Erst durch geeignete Zusatzbeobachtungen kann man dann eine engere Auswahl für die Lösung finden. Bekannt ist auch die bei der DEBYEschen Flüssigkeitstheorie auftretende Isomorphie: Um aus dem experimentell gewonnenen Streuverlauf $\overline{A_{r+1}}$ (Vergleich 13) bzw. $\overline{J_{r+1}}$ (vgl. Tab. 4) die Abstandsstatistik W bzw. $z^1(x)$ zu berechnen, muß man den Molekülfaktor A_r bzw. $\overline{A_r^2}$ und $\overline{A_r}^2$ kennen. Andernfalls gibt es eine röntgenisomorphe Lösungsmannigfaltigkeit $(W, \overline{A_r^2}, \overline{A_r}^2)$.

3. Vieldeutigkeit der Interpretation kontinuierlicher Streudiagramme.

Solange man es mit irgendwelchen nicht allzu gestörten Gitterwerken von nicht zu uneinheitlicher Größe zu tun hat, erzeugen diese diskontinuierliche Reflexe, aus deren Winkellage eineindeutig die mittleren Gitterzellengrößen bestimmbar sind. In stark gestörten Gitterwerken jedoch fehlt diese Zuordnungsmöglichkeit zwischen FOURIER-Raum und physikalischem Raum völlig, weil dort ja der Gitterfaktor bis auf den Bereich des Reflexes 000 völlig in den Hintergrund tritt. Eine kontinuierliche Kleinwinkelstreuung ist dann in vielen Fällen ja nichts weiter als die Summation der Reflexe 000 dieser Gitterwerke, ihrer Übergitter und Überübergitter usw. („cluster"). Falls die Überübergitter wesentlich ausgedehnter sind als die Übergitter und diese wieder ausgedehnter als die Gitter, ist eine Zuordnung aber auch jetzt noch eindeutig möglich. In allen anderen Fällen aber ist man nicht mehr in die Lage gesetzt, zu entscheiden, welche der aus dieser „Partikelstreuung" gewonnenen Größenhäufigkeiten den Gittern, seinen Übergittern und Überübergittern usw. entsprechen. Die Röntgenmethode liefert in diesem Falle also nur die Gesamtstatistik aller „Partikel" (vgl. hierzu Abb. 25).

4. *Unbestimmtheit der Feinstruktur.*

Im strengen Sinn ist die Feinstruktur eines Stoffes erst dann genau bekannt, wenn man ähnlich wie bei einem optischen Bild angeben kann, wie die spezielle Elektronendichteverteilung in einer Zelle der speziellen Kantenvektoren a_k aussieht und sich entsprechend den Gitterstörungen 1. Art für alle Zellen mit völlig gleichgeformten Kantenvektoren a_k ein Bild darüber machen kann, wie sich in diesem die Elektronenkonfiguration von Fall zu Fall ändert. Die im Vorangegangenen behandelten Interferenztheorien liefern jedoch nur die Häufigkeitsverteilungen der Zellenkanten und davon getrennt diejenigen der Elektronenkonfigurationen innerhalb dieser Zellen. Nun kann man z. B. aus dem Altersaufbau eines Volkes und der algebraischen Summe der Produktions-, Import- und Exportgüter auch ohne weitere Zusatzbeobachtungen die Frage nicht beantworten, welche Altersklasse einem gewissen Nahrungsmittel besonders stark zuspricht. Und dennoch vermitteln jene Statistiken weitgehende Einblicke in die Gesamtstruktur dieses Volkes. Als erster hat wohl F. H. Müller darauf hingewiesen (*37b*), daß die durch die Röntgenmethode quantitativ erschlossenen Statistiken der Tab. 7 auch ohne Zusatzbeobachtungen schon interessante Einblicke in die physikalischen, physikochemischen, kolloid-chemischen und technologischen Eigenschaften der untersuchten Stoffe gewähren. Die sinnvolle Auswertung der nach der Röntgenmethode gewonnenen statistischen Feinstrukturparameter verlangt also Betrachtungsweisen, wie sie aus anderen Gebieten der statistischen Physik hinreichend bekannt sind.

5. *Mischstrukturen.*

Gerade bei vielen biologischen Objekten liegt der Fall vor, daß nur in gewissen räumlichen Bezirken Stoffgruppen gewisser

Eigenschaften auftreten. Wenn es der Präpariertechnik nicht gelingt, diese einzelnen Bezirke voneinander zu trennen und einer gesonderten Röntgenuntersuchung zugängig zu machen, so mittelt die Röntgenmethode natürlich über alle diese verschiedenen Strukturen. In einfach gelagerten Fällen wird es manchmal möglich sein, dabei auch noch zwei verschiedene „Phasen“ voneinander zu unterscheiden. In allen anderen Fällen aber gewinnt man nach der oben beschriebenen Auswertemethode dann nur die Gesamtstatistik der Einzelstatistiken. Hierbei treten dann wieder Fehler auf, wie sie bereits unter 1. bei der Entmischung besprochen worden sind. Auch die Frage einer nicht weiter reduzierbaren Fasertextur und mangelnder sonstiger Orientierung der einzelnen parakrystallinen Bereiche gehört zu diesem Fragenkomplex. Gerade das Fehlen wirklicher „Einkrystalle“ erschwert darum ja auch die Erforschung vieler hochmolekularer Stoffe so bedeutend, wie wir dies schon im Vorwort zum Ausdruck gebracht hatten.

6. Bedeutung der Röntgenmethode.

Trotz all der vielen oben genannten Einschränkungen lassen sich nach dem augenblicklichen Stand der Erkenntnis aber doch schon eine Reihe von Einzelpunkten erwähnen, die die Bedeutung der Röntgenmethode auf statistisch gestörte Stoffe hervorheben:

a) Erfassung der statistischen Feinstrukturgrößen von atomarer Dimension bis weit hinauf in das Gebiet der Elektronenmikroskopie, bei besonders leistungsfähigen Kleinwinkelstreukammern sogar bis in das Gebiet der Lichtmikroskopie. Die optisch abbildenden Methoden lassen die Statistiken dagegen höchstens durch Auszählung gewinnen.

b) Erfassung eines allein durch die Eindringtiefe der Röntgenstrahlen in seiner Größe beschränkten Volumens, so daß die Einführung statistischer Betrachtungsweisen bis auf wenige gesondert gelagerte Fälle sinnvoll ist.

c) Möglichkeit, unter Anwendung geeigneter Interferenztheorien diese mannigfachen Statistiken quantitativ zu errechnen.

d) Vertiefte Auffassung, daß in vielen hochmolekularen Stoffen die ideale Krystallinität ein höchstens in einigen statistischen Feinstrukturparametern partiell erreichbarer Grenzzustand ist. Der „röntgenamorphe“ Zustand stellt den anderen extremen Grenzfall dar, der hauptsächlich in „Gittern“ aus Bausteinen hoher „relativer Polydispersität" erreicht wird. Zwischen diese beiden Grenzfälle läßt sich die große Mannigfaltigkeit aller nicht krystallinen Gitterarten einordnen, wobei als quantitatives Maß dieser Einordnung also die statistischen Feinstrukturparameter der Tab. 7 zur Anwendung kommen.

e) Die unterkühlten Flüssigkeiten und die Gläser stellen gleichfalls einen Zwischenzustand zwischen diesen Grenzfällen dar und können je nach Lage der Verhältnisse auch einige partiell krystalline und einige partiell röntgenamorphe Züge aufweisen.

f) Sehr viele Faserstoffe zeigen schon in den Mikrobereichen ihrer Micellgitter partielle Züge mit Fasercharakter. Und es werden diejenigen Faserstoffe, die nach der bisherigen Auffassung aus „krystallinen" und „amorphen" Mikrobereichen zusammengesetzt sind, auch wieder nur einen entarteten Grenzfall darstellen.

g) Für gewisse spezielle Größenverhältnisse zwischen den in Tab. 7 dargestellten statistischen Feinstrukturparametern kann auch das Röntgendiagramm in einem größeren oder kleineren Streuwinkelbereich mehr oder weniger partiell in Formen entarten, wie sie aus den klassischen Interferenztheorien bekannt sind. Die Tab. 3 und 6 ebenso wie Abb. 20 geben hierfür eine Reihe von Beispielen.

Literatur.

1. Astbury, W. T., u. J. Woods: J. Text. Ind. **23**, T. 17 (1932).
2. Bear, R. S.: J. Amer. Chem. Soc. **66**, 1297 (1944); **67**, 1625 (1945).
3. Bear, R. S., u. O. E. A. Bolduan; J. Appl. Phys. **22**, 191 (1951).
4. Bear, R. S., u. H. J. Rugo: Conn. N.Y. Acad. Sci. **53**, 627 (1951).
5. Bolduan, O. E. A., u. R. S. Bear: J. Appl. Phys. **20**, 983 (1949).
6. Debye, P.: Verh. dtsch. phys. Ges. **15**, 738 (1913).
7. Debye, P., u. H. Menke: Erg. techn. Röntgenkde. **2**, 1 (1931).
8. Ewald, P. P.: Proc. Phys. Soc. **52**, 167 (1940).
9. Frey-Wyssling, A., K. Mühletaler u. R. W. G. Wyckhoff: Experientia **4**, 475 (1948).
10. Gerngross, O., K. Herrmann u. W. Abitz: Z. phys. Chem. **10**, 371 (1930).
11. Guinier, A.: Thèses, Série A Nr. 1854 u. 2721 (1939).
12. Hengstenberg, J., u. H. Mark: Z. Kryst. **69**, 271 (1928).
13. Hermans, J. J.: Rec. Trav. chim. Pays-Bas **63**, 5 (1944).
14. Hermans, P. H., u. A. Weidinger: J. Appl. Phys. **19**, 491 (1948).
15. Hess, K., u. H. Kiessig: Naturwiss. **31**, 171 (1943).
16. Hess, K., u. H. Kiessig: Z. phys. Chem. **193**, 196 (1944).
17. Heyn, A. N. J.: J. Amer. Chem. Soc. **72**, 5768 (1950).

18. HOSEMANN, R.: Z. Phys. **113**, 751 (1939).
19. HOSEMANN, R.: Z. Phys. **114**, 133 (1939).
20. HOSEMANN, R.: Z. Phys. **127**, 16 (1950).
21. HOSEMANN, R.: Z. Phys. **128**, 1 (1950).
22. HOSEMANN, R.: Z. Phys. **128**, 465 (1950).
23. HOSEMANN, R.: Kolloid-Z. **117**, 13 (1950).
24. HOSEMANN, R.: Kolloid-Z. **119**, 129 (1950).
25. HOSEMANN, R.: Erg. exakt. Naturwiss. **24**, 142 (1951).
26. HOSEMANN, R.: Acta cryst. **4**, 520 (1951).
26a. HOSEMANN R., u. S. N. BAGCHI; Acta. cryst. **5** (1952) (in Druck).
27. KRATKY, O.: Z. Kryst. **76**, 261 (1929).
28. KRATKY, O.: Phys. Z. **34**, 482 (1933).
29. KRATKY, O., u. H. MARK: Z. phys. Chem. **36**, 129 (1937).
29a. KRATKY, O.: Z. phys. Chem. **46**, 535 (1940).
30. KRATKY, O., A. SEKORA u. R. TREER: Z. El. Chem. **48**, 587 (1942).
31. KRATKY, O., u. A. SEKORA: J. Makromol. Chem. **3**, 113 (1943).
32. KRATKY, O.: Mh. Chem. **76**, 313 (1946).
33. KRATKY, O.: J. Polym. Sci. **3**, 195 (1948).
34. KRATKY, O., G. POROD u. L. KAHOVEC: Z. El. Chem. **55**, 53 (1951).
35. KRATKY, O.: Kolloid-Z. **120**, 24 (1951).
36. LAUE, M. v.: Z. Kryst. **64**, 115 (1926).
37. LAUE, M. v.: Röntgenstrahlinterferenzen, Physik und ihre Anwendung in Einzeldarstellung, 2. Aufl. Leipzig 1948.
37a. MARK, H.: Hochpolymere Chemie I, 1940.
37b. MÜLLER, F. H.: Chemie und Technologie der Kunststoffe I, S. 175, 1942.
38. POROD, G.: Acta phys. Austriaca **3**, 66 (1949).
39. POROD, G.: Z. Naturforsch. **4a**, 401 (1949).
40. RÅNBY, B. G., u. E. RIBI: Experientia **6**, 12 (1950).
41. RANDALL, J. T.: The Diffraction of X-Rays and Electrons by amorphous solids, liquids and gases. S. 200ff. London 1934.
42. RILEY, D. F.: Proc. Conf. Ultrafine Struct. of Coals, S. 232, 1944.
43. ROESS, L. C., u. C. G. SHULL: J. Appl. Phys. **18**, 308 (1947).
44. SHULL, C. G., P. B. ELKIN u. L. C. ROESS: J. Amer. Chem. Soc. **70**, 1410 (1948).
45. STAUDINGER, H., M. STAUDINGER u. E. SAUTER: Z. phys. Chem. **37**, 403 (1937).
46. WARREN, B. E., u. J. BISCOE: J. Appl. Phys. **13**, 364 (1942).
47. YUDOWITCH, K. L.: J. Appl. Phys. **20**, 174 (1949).
48. ZERNICKE, F., u. J. A. PRINS: Z. Phys. **41**, 184 (1927).

Diskussion.

O. KRATKY (Graz): Es ist sicher sehr verdienstvoll, daß Herr HOSEMANN die Interferenztheorie des Parakrystalls zu einem gewissen ersten Abschluß gebracht hat. Wenn ich einige Bemerkungen mache, so sind diese keinesfalls als Kritik der Theorie an sich aufzufassen, sondern beschäftigen sich mit der Frage ihrer Anwendung. Ich darf darauf hinweisen, daß ich selbst gelegentlich der Diskussion der Abstandsfunktion von flüssigem

Quecksilber im Jahre 1932 (*1*) jene Operation — wohl erstmalig — durchgeführt habe, die in der von Herrn HOSEMANN verwendeten Ausdrucksweise als „Faltung“ der Abweichungen aus einer krystallgittermäßigen Anordnung zu bezeichnen wäre. Vor einigen Jahren sind am GLOCKERschen Institut (*2*) interessante Untersuchungen an amorphem Eisenoxyd gemacht worden, die ebenfalls zu einer Abstandsfunktion führten. Auch hier ließ sich durch eine entsprechende Faltung eine vernünftige Interpretation der Abstandsfunktion herleiten (*3*).

Wendet man diese Faltung der Schwankungen auf ein Krystallgitter an, so wird sich beim Fortschreiten entlang einer Gitterrichtung diese nach und nach verlieren. Es ist nun die erste Grundfrage, welche mit der Theorie an sich nichts zu tun hat: ob die Natur in den gut geordneten Bereichen der hochmolekularen Stoffe in der Regel oder immer derartige Ordnungszustände realisiert hat, ob hier also „anisotrope Flüssigkeiten“ vorliegen. Von vielen Seiten wurde ja die Auffassung in den Vordergrund gestellt, daß man Cellulose hinsichtlich des zwischenmolekularen Ordnungszustandes nicht homogen interpretieren dürfte, sondern heterogen, d. h. daß es gut und schlecht geordnete Bereiche gibt. Bekanntlich ordnet P. H. HERMANS bei seinen quantitativen Messungen die mehr oder weniger scharfen Interferenzen dem gut geordneten Anteil zu, den amorphen Untergrund dem schlecht geordneten Anteil. Herr HOSEMANN war mit dieser Interpretation zunächst nicht einverstanden, sondern seine Darlegungen habe ich so verstanden, daß im Prinzip beide Effekte aus ein und demselben einheitlichen gestörten Gitter entstehen; eine Auffassung, die zweifellos nicht leicht exakt bewiesen oder widerlegt werden kann. Wie immer es sei, man muß meiner Ansicht nach auf jeden Fall in Betracht ziehen, daß in einem solchen Parakrystall oder gestörten Krystall, oder wie man ihn sonst nennen mag, Gebiete sehr verschiedenen Ordnungszustandes nebeneinander bestehen. Man hat heute Gründe für die Vorstellung, daß die Krystallisation (oder „Parakrystallisation“) an manchen Stellen gut geht, an anderen aber starke geometrische Hemmungen einsetzen, wie das von uns so oft zum Ausdruck gebracht worden war, wenn wir davon sprachen, daß das Zusammenwirken von „Verknäuelungstendenz“ und „Krystallisationstendenz“ zu einem Nebeneinander von krystallinen und amorphen Bereichen führt, die untereinander mittels durchgehender Fadenmoleküle verhängt sind. Zur Diskussion möchte ich also die Frage stellen, ob die Auffassung der parakrystallinen Struktur bei Hochmolekularen grundsätzlich immer anzuwenden ist, oder ob es auch Fälle gibt, wo normale Krystallisation mit Gitterstörungen anderer Art vorliegt.

Nun noch eine Bemerkung zur Kleinwinkelstreuung. Herr HOSEMANN hat ausgeführt, daß bei der Kleinwinkelstreuung in erster Näherung die von den einzelnen Partikeln herrührenden Interferenzen einfach addiert werden dürfen und Messungen von SHULL, ROESS usw. angeführt, wo heute Übereinstimmung zwischen der aus der Linienbreite und Kleinwinkelstreuung berechneten Teilchengröße besteht. Das erste Studienobjekt für die Kleinwinkelstreuung war aber die Cellulose. Nun muß man bedenken, daß Cellulose eine röntgenographische Dichte von etwa 1,60 und im trockenen

Zustand eine Wichte von 1,52[1] hat, also das Hohlraumvolumen nur etwa 5% beträgt. Man weiß ferner, daß Cellulose große Hohlräume enthält; z. B. zeigen die FREY-WYSSLINGschen Metalleinlagerungen, daß Löcher in der Größenordnung von 1000 Å vorhanden sind. Von den 5% entfällt daher vermutlich ein beträchtlicher Teil auf die großen Löcher und nur der Rest auf die fein verteilten zwischenmicellaren Spalten, auf die es vor allem ankommt und deren Lage die Größe der Micellen überhaupt definiert (die großen Löcher sind zu selten, als daß ihre Lage die Größe der Micellen erkennen ließe). Die fein verteilten Hohlräume werden also vielleicht in der Größenordnung von 2% liegen, vielleicht auch darunter. Nimmt man die Vorstellung des Aufbaues aus Lamellen hinzu, so wird man bei Betrachtung in Richtung der Lamellenfläche ein Bild von der Art der Abb. 26 erhalten; die Hohlräume sind bei dieser projizierenden Anordnung feine Striche, deren Fläche also nur in der Größenordnung von 2% der Gesamtfläche liegt. Als ich vor längerem eine quantitative Diskussion der Kleinwinkeleffekte versuchte (*4*), bin ich vom Interferenzeffekt eines solchen Lamellenpaketes ausgegangen. Eine Zone mit etwa einheitlicher Lamellendicke wird einen flüssigkeitsartigen verwaschenen Reflex geben, dessen Lage durch die mittlere Lamellendicke gegeben ist, und zwar genähert durch das BRAGGsche Gesetz. Ist nun an einer anderen Stelle z. B. eine sehr viel feinere Aufsplitterung vorhanden („Fransenbereich"), so wird der zugehörige Reflex bei entsprechend größeren Winkeln liegen. Alle diese Reflexe setzen sich zusammen und es kann nach einem damals angegebenen einfachen Verfahren — das allerdings nur als eine grobe Näherung aufzufassen ist — aus dieser Superpositionskurve auf die Häufigkeit der den verschiedenen Ablenkungswinkeln entsprechenden Micelldicken zurückgerechnet werden. Diese Art der Interpretation bzw. ihre Verfeinerung, die vor allem von meinem Mitarbeiter Dr. POROD (*5*) gegeben worden ist, hat Herr HOSEMANN in seinen Arbeiten als V_2 bezeichnet (im Gegensatz zum V_1, wo einfach die von den einzelnen Partikeln herrührenden Formstreuungen ohne Berücksichtigung der interferenzmäßigen Wechselwirkung superponiert werden) und die Berechtigung dieser Betrachtungsweise zugebilligt, wenn das System tatsächlich kolloid inhomogen ist, d. h. an verschiedenen Stellen verschiedene mittlere Teilchendimensionen (in unserem Falle Lamellendicken) vorliegen.

Wenn also bei der Anwendung einer solchen Betrachtungsweise auf entsprechend gebaute inhomogene Systeme, soviel ich sehe, keine wesentliche Meinungsverschiedenheit besteht, so wendet Herr HOSEMANN gegen unsere Rechnungen, insbesondere die exakte Betrachtung des Lamellenbündels

[1] Die nach dem Schwebeverfahren bestimmte Dichte, die in der gleichen Gegend liegt, wäre nicht beweisend für die Kleinheit des Hohlraumvolumens, denn es könnte sein, daß hier ein Teil der Hohlräume vom Suspensionsmittel erfüllt wird, also bei der makroskopischen Dichtebestimmung nur die kleinsten, nicht erfüllten Hohlräume miterfaßt werden. Nun verdanke ich Herrn JANESCHITZ Messungen der Wichte, bei denen das Gewicht von HERMANS-Fäden durch das aus den äußeren Dimensionen sorgfältig bestimmte Volumen dividiert wird.

durch POROD ein, daß in diesen Bündeln die Dickenschwankung zu gering sei, denn seine (HOSEMANNs) Auswertungen führen auf eine sehr viel breitere Statistik. Dazu ist folgendes zu bemerken:

Wenn man die elektronenmikroskopischen Ergebnisse nicht vollkommen ignorieren will, so drängt sich zumindest bei nativer Cellulose — auf welche sich die HOSEMANNschen Betrachtungen ebenfalls beziehen — die Vorstellung auf, daß dort eine gewisse Einheitlichkeit in den Dimensionen der übermolekularen Teilchen herrscht. Daneben wird es vielleicht durch Aufsplitterung auch viel kleinere Dimensionen geben. Es scheinen also im großen und ganzen nicht Lamellen sehr stark variierender Dicke im bunten Wechsel nebeneinander zu liegen.

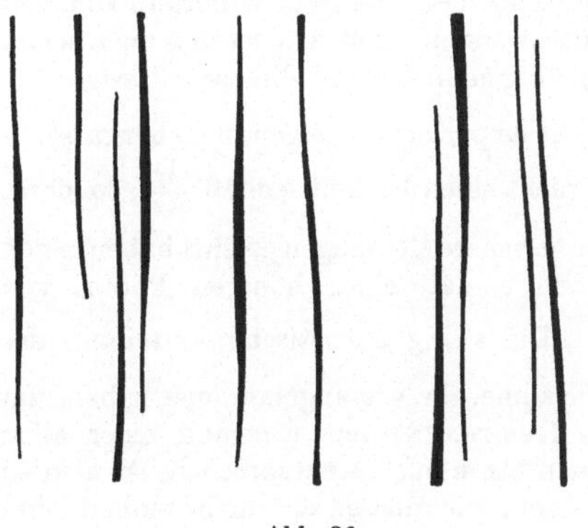
Abb. 26.

Wir wollen uns aber einmal probeweise auf einen solchen Standpunkt stellen und ein in der Lamellendicke statistisch sehr stark schwankendes System mit sehr kleinen Hohlräumen betrachten. In Abb. 26, die wir uns unendlich ausgedehnt denken müssen, sind dann die vertikalen dünnen Striche statistisch verteilt zu denken. Fragen wir nach der Kleinwinkelstreuung dieses Systems, so erkennen wir ohne weiteres, daß es sich nach dem in diesem Falle sicher anwendbaren Reziprozitätsgesetz verhalten muß wie ein „eindimensionales Gas“ von sehr dünnen, parallel gelagerten Spalten. Von einem „Gas“ sprechen wir deshalb, weil die streuenden Spalten voneinander völlig statistische Abstände haben, um im Sinne des Einwandes von HOSEMANN die Micelldicken recht uneinheitlich zu machen. Die Streuung ist dann einfach der Formfaktor der Einzelspalten, der bei unendlicher Ausdehnung der Lamellen nach Länge und Tiefe im Kleinwinkelgebiet gegeben ist durch $\frac{1}{\vartheta^2}$ (= LORENTZ-Faktor einer Fläche). Hätte man die Partikelstreuungen summiert, so würde man natürlich zu einem völlig anderen Verlauf kommen, der von der Größe der Micellen und der Statistik abhängt. Es ist damit unmittelbar gezeigt, daß bei einem genügend dichten System mit genügend schwankender Micelldicke das V_1 nicht mehr zu richtigen Resultaten führen kann. Bei so hoher Dichte wird also die Rechnung gemäß V_1 durch die starke Schwankung nicht besser; im Gegenteil, es tritt überhaupt nur mehr die Streuung des Hohlraums auf, woraus sich ergibt, daß sich die von den einzelnen Partikeln ausgehenden Streuungen nicht mehr intensitätsmäßig addieren, sondern durch Interferenz ausgelöscht haben. Was übrig blieb, ist die Wirkung des Hohlraumes, ohne daß man noch die Größe der dazwischenliegenden Micellen erkennen könnte.

Starke Streuung der Micelldicken allein ist also offenbar im Grenzfall genügend dichter Packung nicht der Weg, welcher die Annäherung an V_1 bewirkt. Wenn sich die Idee der Addition der Partikelstreuungen an diesem einfachen Modell ad absurdum führen läßt, so ist zweifellos bei der Verallgemeinerung dieses Ergebnisses Vorsicht geboten. Die obige Betrachtung gilt — wie gesagt — nur im Grenzfall sehr dichter Packung, der aber bei trockener Cellulose weitgehend realisiert ist. Man wird nicht ohne weiteres abzuschätzen vermögen, wie sich die Verhältnisse bei mehr loser Packung z. B. bei gequollener Cellulose gestalten.

Es mag durchaus berechtigt sein, etwa auf die kolloiden Pulver von SHULL und ROESS mit wahrscheinlich viel mehr als 50% Hohlraumvolumen V_1 anzuwenden; vielleicht ist dies auch schon bei mäßig gequollener Cellulose zulässig.

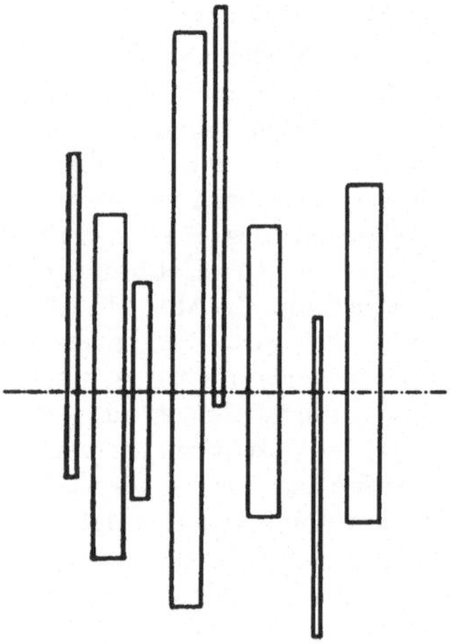

Abb. 27.

Die Experimente zeigen nun aber tatsächlich nicht einen Verlauf gemäß $\frac{1}{\vartheta^2}$, sondern, wie uns neuere Messungen gelehrt haben, einen solchen gemäß einer höheren Potenz von $\frac{1}{\vartheta}$. Die völlig statistische Verteilung der Hohlräume, die wir angenommen haben, um dem HOSEMANNschen Einwand einer allzu kleinen Streuung zu entsprechen, ist also zu verlassen, wir müssen ein mehr einheitliches System annehmen. Dr. POROD (*6*) beschäftigt sich derzeit mit der entsprechenden weiteren Verfeinerung des V_2.

Nun hat Herr HOSEMANN gewisse Rechnungen explicite durchgeführt, welche die Berechtigung der reinen Partikelstreuung an bestimmten Modellen beweisen. Von dem in Abb. 27 dargestellten Lamellenpaket sagt Herr HOSEMANN auf Grund seiner Rechnungen, daß es sich so verhält, als würden die einzelnen Lamellen streuen und setzt hinzu: „Einzellamelle = herausschauende Lamelle". Daß sich die herausschauenden Lamellenteile wie selbständige Partikel in einem verdünnten System verhalten, glaube ich ohne weiteres. Man würde derartige Effekte auch experimentell sicher finden können, wenn man Cellulose in einer Kolloidmühle so weit zerkleinerte, daß nur Lamellenbündel erhalten bleiben, wobei aus den Paketen die Fransen in der Art der Abb. 27 herausschauen. Aber solche in den freien Raum hinausstehende Lamellen gibt es in einem kompakten Faden nur an der Oberfläche, wohingegen sie im weit überwiegenden Teil der Masse nicht vorkommen können, denn da käme man mit den 2% Hohlraumvolumen nicht aus. Vielmehr müssen wir uns in die „Zahnlücken" eines solchen Lamellenpaketes recht dicht andere Lamellen (von benachbarten Paketen) eingefügt denken, so daß schließlich ein System zustande kommt, das wieder vielmehr der Abb. 26 entsprechen wird. Die HOSEMANNschen Rechnungen dürften wahrscheinlich unmittelbar auf gequollene Cellulose anwendbar sein, wo bei 50% und mehr Hohlraumvolumen grundsätzlich andere Verhältnisse herrschen.

Zusammenfassend läßt sich demnach sagen, daß interferenzmäßige Wechselwirkung der von den Einzelpartikeln ausgehenden Streuung hinsichtlich der Form der Streukurve vernachlässigbar sein wird

1. wenn die Abstände zwischen den Teilchen relativ groß und unregelmäßig sind (verdünntes System im Sinne des gewöhnlichen Sprachgebrauches);

2. auch noch bei relativ großen Dichten, wenn die Teilchengrößen genügend schwanken (Graphitpulver, Eisenoxydpulver usw.).

Zweifellos ist die Vernachlässigung aber nicht zulässig, wenn eine extrem dichte Packung vorliegt, d. h. nur wenige Prozent Hohlraumvolumen gegeben sind, wie etwa bei den Lamellenbündeln der trockenen Cellulose. Hier unterscheiden wir wieder drei Grenzfälle:

1. Die Teilchen schwanken in ihrer Größe wenig, dann liegt eine krystallgittermäßige Struktur vor und wir erhalten flüssigkeitsartige bis krystallartige Interferenzen.

2. Sie schwanken extrem stark, d. h. die Hohlräume sind statistisch eingestreut, dann stellt das Kleinwinkelinterferenzbild nur den Formfaktor des Hohlraumes dar und ist nicht mehr charakteristisch für die Teilchendimensionen. Im Falle des Lamellenpaketes bringt der Verlauf gemäß $\frac{1}{\vartheta^2}$ nur die zweidimensionale Ausdehnung der Hohlräume zum Ausdruck.

3. Das System ist kolloid inhomogen, d. h. die mittlere Teilchendimension ist an verschiedenen Stellen des Systems verschieden groß. Dann ist eine Superposition im Sinne des V_2 durchzuführen. Mit der Verfeinerung derartiger Betrachtungen ist Dr. Porod (*6*) beschäftigt.

Der Übergang zu extrem dichter Packung — die allerdings nicht bei jeder Teilchenform realisierbar ist — hat also verschiedene Wirkung je nach der Teilchenstatistik. Geringe Schwankung führt zu einer krystallgitterartigen Struktur, extrem große Schwankung zu einer Streuung der Hohlräume und inhomogen kolloide Verteilung im Prinzip zu V_2. Alle drei Ergebnisse sind der Ausdruck einer starken Wechselwirkung, die auch hinsichtlich der Winkelverteilung ein anderes Ergebnis bedingt, als es bei der Superposition der Partikelstreuungen erhalten wird.

Literatur.

1. Kratky, O.: Phys. Z. **34**, 482 (1933).

2. Geiling, S., u. R. Glocker: Z. Elektrochem. **49**, 269 (1943).

3. Kratky, O.: Mh. Chem. **76**, 311 (1947).

4. Kratky, O.: Naturwiss. **26**, 94 (1938); **30**, 542 (1942).

5. Porod, G.: Acta phys. Austriaca **3**, 66 (1949); Z. Naturforsch. **4a**, 401 (1949). — Kratky, O., u. G. Porod: J. Colloid Sci. **4**, 35 (1949).

6. Porod, G.: Kolloid-Z. **124**, 1 (1951); **125**, 51 (1952).

R. HOSEMANN (Berlin): Es ist wohl das Los jeder Theorie, die wahren Verhältnisse stets nur in einer gewissen Näherung wiederzugeben. Es wurde von mir auch stets betont, daß nichts im Wege steht, in Zukunft weitere Verfeinerungen je nach Bedarf anzubringen. Was die Ausgestaltung der Interferenztheorien betrifft, so hätte man vielleicht vor 39 Jahren nicht den Mut gehabt, jene einfachen Krystalltheorien zu schaffen und im Laufe der Jahre auf fast alle realen Krystalle anzuwenden, wenn man gewußt hätte, daß nur ganz wenige, ausgezeichnete Stoffe dem wirklich ideal krystallinen Zustand nahekommen. Die historische Entwicklung verlief hier aber anders und ließ das Pendel gerade nach der entgegengesetzten Seite ausschlagen: Man wendete bis auf den heutigen Tag vielerorts diese Theorien noch auf hochmolekulare Stoffe an, die mit Krystallen wenig oder gar nichts zu tun haben. Ganz ähnlich verhält es sich auch mit der DEBYEschen Flüssigkeitstheorie. Einer strengen Prüfung werden nur wenige Flüssigkeiten genügen, die die Bedingung (10) meines Vortrages erfüllen. Darum sind die von Herrn KRATKY erwähnten Anomalien zwischen der nach DEBYE aus dem Flüssigkeitsdiagramm gewonnenen Gesamtstatistik und einer aus Koordinationsstatistiken H_k entfalteten derartigen Ortsfunktion auch so besonders interessant: Offensichtlich ist im flüssigen Quecksilber Bedingung (10) nicht erfüllt, die innersten Interferenzen sind also wenig gestört, vielleicht sogar „krystallin".

O. KRATKY (Graz): Gelegentlich der Durchrechnung von Quecksilber sprach ich mit Dr. BEWILOGUA, einem Mitarbeiter Prof. DEBYEs. Er beruhigte mich hinsichtlich der Diskrepanz und meinte, diese läge innerhalb der Fehlergrenzen der Experimente. Danach läßt sich also nicht mit Sicherheit sagen, ob der von Herrn HOSEMANN vermutete Effekt vorliegt; es könnte aber sein.

R. HOSEMANN (Berlin): Gerade diese Fälle, in denen das von Ihnen verwandte Entfaltungsverfahren nicht genau stimmt, sind ja so besonders interessant. Denn nun wirken sich auch die Größen der Gitterbereiche, innerhalb derer die Flüssigkeitsmoleküle eine gewisse Nahordnung zeigen, auf die Form der Weitwinkelreflexe aus.

O. KRATKY (Graz): Ich bemerke nochmals, daß ich die Theorie des Parakrystalls an sich in keiner Weise kritisiere; wenn sie auch zweifellos sehr viel mit der Natur zu tun hat, so ist deshalb nicht von vornherein bewiesen, ob nicht viele Effekte durch das Nebeneinander eines mehr oder weniger echten Krystallzustandes und eines stark gestörten Anteiles zustandekommen.

R. HOSEMANN (Berlin): Die Bedeutung der KRATKYschen Auffassung einer verwackelten Gitterstrukur für den Entwurf der Theorie des idealen Parakrystalls ist von mir nicht nur heute, sondern auch bei allen früheren Publikationen über diesen Gegenstand eingehend gewürdigt worden. Herr KRATKY, der diesen Gedanken an Flüssigkeiten und amorphen Festkörpern entwickelte, äußert meines Erachtens sehr zu Unrecht heute Bedenken, diese Betrachtungsweise auch auf hochmolekulare Stoffe u. dgl. auszudehnen. Vielleicht ist es im Vortrag noch nicht deutlich genug zum Ausdruck gekommen, daß die Theorie des idealen Parakrystalls bei entsprechender

Wahl der Koordinationsstatistiken H_k durchaus auch „partiell krystalline“ statistische Feinstrukturzüge trägt. Ich darf vielleicht auch darauf hinweisen, daß diese Theorie nicht nur die „zusammengewachsenen“ Reflexe der Fibroine der Abb. 20, sondern den gesamten Streuverlauf quantitativ wiederzugeben vermag, genau so wie dieses KRATKY bei den amorphen Festkörpern und dem Quecksilber offensichtlich gelungen ist. Wie immer auch die Koordinationsstatistiken H_k beschaffen sein mögen, irgendeine Gefahr der „Irrflucht“ besteht nicht. Denn jeder Zellenkantenvektor a_k „kennt“ seine mittlere Richtung $\overline{a_k}$, gleichgültig, ob er zu einer Gitterzelle des Gitterbereiches einer Flüssigkeit, eines amorphen Festkörpers oder eines hochmolekularen Stoffes gehört. Der Hinweis von Herrn KRATKY, daß in einer Reihe von Stoffen auch Gitterbereiche verschiedenen Störungsgrades vorkommen können, ist in jedem Falle bemerkenswert und fand ja auch bei der Besprechung des α-Keratins der Abb. 16 andeutungsweise Beachtung. Ich freue mich, auch mitteilen zu können, daß eine Meinungsverschiedenheit zwischen Herrn P. H. HERMANS und mir durchaus nicht besteht. Parakrystalline Bereiche, ihre Größenstatistik, ihre Übergitter usw. geben ganz entsprechend der Aufstellung in Tab. 7 dem Röntgendiagramm sein wesentliches Gepräge. Die Auffassung von Herrn HERMANS, der röntgenkrystalline und röntgenamorphe Anteile unterscheidet, bedeutet eine wesentliche Entwicklungsstufe einer sich langsam vertiefenden Auffassung[1].

Die von Herrn KRATKY angeschnittene Frage der Röntgenstreuung an Micellbündeln (= Lamellenpakete) konnte im Vortrage nur am Rande gestreift werden. In der oben wiedergegebenen schriftlichen Ausarbeitung ist sie in Abschnitt X ausführlicher behandelt. Sicher werden dadurch eine Reihe der Bedenken, die Herr KRATKY heute äußerte, ihre Aufklärung finden. So zeigt ja Tab. 6, welch große Zahl verschiedenartiger entarteter Sonderfälle je nach den statistischen Feinstrukturparametern möglich sind. Auch hier liegt Herrn KRATKY besonders die Frage am Herzen, wie es aussieht, wenn Micellbündel mit verschiedenen Eigenstatistiken in einem Stoff wie etwa der nativen Cellulose vorkommen. Es liegt mir fern, die Bedeutung zu unterschätzen, die Herr KRATKY einer derartigen Möglichkeit beimißt. Es handelt sich auch hier um einen in Abschnitt XIII, 1 behandelten Fall einer „Gitterentmischung“. Es übersteigt aber den Rahmen meines Vortrages, auf diese Gitterentmischungen näher einzugehen, die, wie man aus einer Reihe anderer Betrachtungen weiß, „strukturunempfindlich“ sind, d. h. den Intensitätsverlauf nicht allzu sehr verändern, sofern sie sich in tragbaren Grenzen halten. Abb. 16k und Abb. 16l geben schematisch für den idealen Parakrystall diesen Fall wieder. Auch für das Micellbündel sehen die Verhältnisse ähnlich aus: Die partiellen, durch die Strukturfaktoren F_y und F_z gegebenen Gitterfaktoren der einzelnen Bündelsorten, dargestellt in der Intensitätskomponente J_b der Gleichung (89), mitteln sich ganz entsprechend Gleichung (75) bei Vorhandensein einer kontinuierlichen Kleinwinkelstreuung derartig stark weg, daß die Intensitätskomponente J_a

[1] Vgl. hierzu meine Diskussionsbemerkungen zum Referat HERMANS auf der Marburger Tagung über den festen Zustand hochpolymerer Substanzen [Kolloid-Z. **120**, 9ff. (1951)].

einer reinen Partikelstreuung in Gleichung (89) das durch J_b repräsentierte „Wechselwirkungsglied“ zwischen den einzelnen Micellen bei weitem übertrifft. Das Nichterfülltsein der Gleichung (91) in Micellbündeln aus stark verschieden dicken Micellen macht natürlich, wie im Vortrag und Tab. 6 auch ausdrücklich bemerkt, das ganze Erscheinungsgebiet noch etwas komplizierter. Es wird darum noch mancher theoretischen und rechnerischen Überlegung bedürfen, um eine völlige Diskussion des Streuphänomens abzuschließen. Soviel aber steht doch schon heute fest: Die von Herrn KRATKY zur Erklärung der kontinuierlichen Kleinwinkelstreuung micellarer Systeme immer wieder betonte „dominierende Wirkung“ des Wechselwirkungsgliedes existiert dann und nur dann, wenn Bündel aus Micellen etwa gleicher Dicke vorkommen, die also eine diskontinuierliche Kleinwinkelstreuung erzeugen. Überlagert man nun mit KRATKY die Streubilder von Bündeln, deren Micellen je Bündel eine verschiedene mittlere Dicke haben, so werden die diskontinuierlichen Reflexe der einzelnen Bündelsorten gegeneinander verschmiert. Die Streukurve nähert sich dann nach Gleichung (75) immer mehr derjenigen der isolierten Micellen und der Micellbündel. Die bei Cellulose ja stets experimentell beobachtete völlig kontinuierliche Kleinwinkelstreuung hängt dann in ihrem Gesamtverlauf in guter Näherung von dem Wechselwirkungsglied J_b nicht mehr ab. Diesen Extinktionseffekt des Wechselwirkungsgliedes kann man leicht auch nach dem KRATKYschen Verfahren V_2 erhalten, wenn man nicht wie KRATKY nur den Reflex erster Ordnung zur Diskussion stellt.

Über die Existenzbedingungen von Glaszuständen.

Von

ADOLF SMEKAL, Graz.

Mit 2 Textabbildungen.

Einleitung. Ideal-amorphe Festkörper.

Der Grenzfall des *ideal-amorphen Festkörpers* hat dem Krystallphysiker eine Reihe von interessanten Möglichkeiten zu bieten. Unregelmäßigkeiten der Bausteinanordnung, die in Krystallen nur kleine Bausteingruppen anbetreffen, sind hier für die Gesamtmenge aller Bausteine vorausgesetzt und bedingen makroskopische Ausmaße an *Energiemehrgehalt* und *Metastabilität* gegenüber dem Idealgitterbau. Die strenge Homogenität des letzteren wird ersetzt durch ein nur mehr *statistisch gemeintes Homogenitätsverhalten*, das makroskopisch-statistische Anisotropien mit dem Grenzfall der Isotropie gemeinsam umfaßt und stetig ineinander überführbar erscheinen läßt. Das physikalische Stoffverhalten wird ferner durch weitgehende *Unterbindung aller kooperativen Vorgänge* gekennzeichnet, die eine Fortleitung durch molekulare Ordnungsmechanismen voraussetzen. Dazu gehört die Betätigung von krystallographischen Gleit- und Zwillingsebenen sowie der Spaltbarkeit, oder die Ermöglichung weiterreichender Elektronenbewegungen im Körperinneren.

Indem die vorausgesetzte Unregelmäßigkeit der Bausteinanordnung den molekularen Wechselwirkungskräften veränderte Spielräume zumutet, entsteht die Frage nach der Beschaffenheit von Bindekräften, welche diesen Anforderungen zu entsprechen vermögen. In stofflicher Ausdrucksweise bedeutet das: Können *alle* krystallisierten Stoffe auch in festen amorphen Zuständen erhalten werden oder gilt dies *nur für bestimmte Stoffgruppen*? Gibt es Stoffe, die *nur amorpher* fester Zustände fähig sind? — Können strukturelle Eigenschaften von Krystallzuständen bei den zugehörigen amorphen Zuständen wiedergefunden werden?

Der nachstehende Bericht sucht diese Fragen so weitgehend als gegenwärtig möglich zu beantworten. Seine Ergebnisse gründen sich vielfach auf rein empirisch-experimentelle Feststellungen. Die zu behandelnden wirklichen amorphen Festkörper verhalten sich zum Grenzfall des ideal-amorphen Körpers im übrigen ähnlich wie die wirklichen Krystalle zum Grenzfall des Idealkrystalls (*1*).

§ 1. Terminologisches.

Die dem Bilde eines amorphen Festkörpers am deutlichsten entsprechenden stofflichen Erscheinungsformen sind unter der Bezeichnung *Gläser* bekannt. Seiner ursprünglichen Herkunft nach ist „Glas" eine technologische Stoffbezeichnung, welche silikatische und andere oxydische Bestandteile sowie ihre Vereinigung in einem erstarrenden Schmelzflusse voraussetzt. Diese spezielle Sinngebung entspricht auch heute noch bestimmten technologisch-wirtschaftlichen Interessen, wie aus der amerikanischen ASTM-Definition C 162 von 1945 ersichtlich ist: Glass is an inorganic product of fusion which has cooled to a rigid condition without crystallizing. (Etwa: Glas ist ein anorganisches Schmelzprodukt, das durch Abkühlen ohne Krystallbildung einen erstarrten Zustand angenommen hat.) Auch hierin ist unter „Glas“ nur das erstarrte feste Gebilde verstanden, von dem die mehr oder minder hochviscos-flüssige „Glasschmelze“ unterschieden wird.

Der angegebene Glasbegriff ist sowohl hinsichtlich der stofflichen Bestandteile als auch des Herstellungsverfahrens so eng gefaßt, daß für wissenschaftliche Zwecke eine umfassendere Begriffsbildung entwickelt wurde. Hierzu hat TAMMANN, von der Vorstellungsschicht der „Aggregatzustände“ ausgehend, den Begriff des „Glaszustandes“ eingeführt (*2*), der grundsätzlich jeder stofflichen Beschaffenheit offenstehen soll, jedoch immer noch bevorzugt mit der Erstarrung unterkühlter Schmelzen verknüpft erscheint. Da sich zeigen wird, daß wesentlich gleichartige Produkte auch von den anderen Aggregatzuständen ausgehend erhalten werden können, und bei der Entstehung aus flüssigen Zuständen Unterkühlung nicht immer erforderlich ist, soll der Terminus *Glaszustand* im folgenden *unabhängig von besonderen Realisierungswegen* als *allgemeine Zustandsbezeichnung* benutzt werden.

Die Anwendung des gleichen Wortstammes wie in der technologischen Stoffbezeichnung „Glas“ ist bedauerlicherweise nicht ohne Künstlichkeiten zu umgehen, da im Deutschen kein anderer sprachlicher Ausdruck verfügbar ist; im Englischen dagegen besteht hier die Möglichkeit, *glass* und *vitreous state* einander gegenüberzustellen. Die TAMMANNsche Wahl hat zur Folge, daß *Glaszustand als struktureller Oberbegriff* dann auch auf eine Reihe von Produkten mit selbständigen technologischen Stoffbezeichnungen anzuwenden ist, wie etwa „Harze“ (Colophonium, Phenol-Formaldehyde) oder zahlreiche der sog. „Kunststoffe“. Zur Milderung solcher terminologischer Härten wird gelegentlich die Alternativbezeichnung *glasig-amorpher Stoffzustand* angewendet werden. Damit soll — in Unterscheidung von gasförmig-amorph und flüssig-amorph — vor allem die *Amorphie*eigenschaft des Zustandes (§ 2) hervorgehoben werden, bei unverändert betonter Wesensverschiedenheit von den normalen festen und flüssigen Aggregatzuständen.

Beachtet man, daß der Glaszustand eines Stoffes wegen der Unregelmäßigkeit seiner Bausteinanordnung einer großen Anzahl molekular-physikalischer Realisierungen fähig sein wird, die im Falle makroskopischer Verschiedenheiten der Anisotropie- und Homogenitätseigenschaften Unterscheidungsmöglichkeiten besitzen, so erkennt man die Notwendigkeit, allgemein von *den Glaszuständen eines Stoffes* im Plural zu sprechen (*3*) und solchen

Unterschieden Beachtung zu schenken. Sie sind vornehmlich mit der Fähigkeit zur Bewahrung innerer elastischer Spannungen verknüpft sowie mit den bei spinnfähigen Stoffen auftretenden Anisotropien in Faden- und Folienformen.

§ 2. Allgemeines zur Definition von Glaszuständen.

Aus dem Vorstehenden ist ersichtlich, daß Glaszustände *makroskopisch durch Formbeständigkeit* und *molekularphysikalisch durch unregelmäßige Bausteinanordnungen* zu kennzeichnen sind. Ersteres rechnet sie den Festkörpern zu, wenn Formbeständigkeit als wesentliche Festkörpereigenschaft anerkannt wird. Entscheidend ist offenbar nur, *daß die Bausteinanordnung „fixiert" ist und gleichzeitig keine durchlaufenden Symmetrien oder Periodizitäten besitzt* (*3*).

Beide Aussagen sollen weder grundsätzlich noch vom Experiment aus mit beliebiger Schärfe verstanden werden. Auch die Bausteine eines Krystalls sind „fixiert", ohne daß damit ihre Wärmeschwingungen und ein gewisses Selbstdiffusionsvermögen geleugnet würden; das gilt ebenso für die Bausteine in Glaszuständen. Bemerkt sei ferner, daß das Fixiertsein von Bausteinanordnungen durch ihre Interferenzerscheinungen mit Röntgen- oder Elektronenstrahlen allein *nicht* feststellbar ist. Dazu benötigt man noch eine Eigenschaft des Untersuchungsobjektes, die seine Formfestigkeit bestätigt, z. B. durch entsprechende Angaben über seine Elastizität, Viscosität oder mechanische Festigkeit[1].

Eigenvolumen und Wechselwirkungskräfte der Bausteine bedingen, daß die Nachbarschaft jedes Bausteins in kondensierten Zuständen durch gewisse *Nahordnungen* gekennzeichnet ist. Das Bestehen solcher Nahordnungen in den unregelmäßigen Bausteinanordnungen von Glaszuständen gehört somit zu den Voraussetzungen des auf sie angewendeten *Amorphie*begriffes (*4*).

Im allgemeinen kann jedoch nicht erwartet werden, daß einschließlich gewisser statistischer Schwankungen für sämtliche Bausteine die gleiche Nahordnung besteht und daß diese aus den Interferenzergebnissen mit Röntgen- oder Elektronenstrahlen in jedem Falle eindeutig erschlossen werden könne (*5*). Kleinere Bausteingruppen von abweichender Anordnung tragen zum Interferenzbild nur unmerklich bei, selbst wenn sie in beträchtlicher Anzahl zugegen sind. Daher kann die Abwesenheit von Krystallinterferenzen in keinem Falle ausschließen, daß ein Glaszustand auch *Krystallkeime* des Stoffes enthält, sofern diese Keime *nicht wachstumsfähig* sind.

Die Polymorphie vieler Stoffe in ihren festen und flüssigen Gleichgewichtszuständen sowie das Vorkommen von Übermolekülen verschiedener

---

[1] Vgl. den Versuch einer Glasdefinition bei W. HÜCKEL: Anorganische Strukturchemie, S. 701, Stuttgart 1948: „Glas ist ein amorph-isotroper Körper mit hoher innerer Reibung und großer Verschiebungselastizität."

Zähligkeit in der gleichen Flüssigkeitsphase weisen darauf hin, daß in Glaszuständen auch mit *Mischungen verschiedener Nahordnungen* gerechnet werden muß. So kann bei langgestreckten Bausteinformen das Interferenzbild gebietsweise unterschiedliche Parallelorientierungen sichtbar machen, wie sie in verschiedenen Ordnungsgraden von anisotropen Flüssigkeitsphasen geläufig sind (*6, 7*); zwischen diesen besonderen Nahordnungsbereichen befinden sich weniger stark geordnete Übergangsgebiete. Bei kettenförmiger Aneinanderreihung gleicher Bausteine, etwa den „monomeren Resten" eines unverzweigten Hochpolymeren, entstehen vielfach streckenweise Parallellagerungen, die zur Bildung raumgitterscharfer Anordnungen der monomeren Reste führen. Diese allenfalls durch elastische Dehnung begünstigte „Krystallisation" von Hochpolymeren ist auf bestimmte Raumteile oder „Micellen" beschränkt und nicht dazu geeignet, die unregelmäßige Anordnung der Bausteinketten in den „amorphen" Zwischengebieten aufzulösen.

Diese Beispiele für Mischungen verschiedener Nahordnungen in Glaszuständen belegen überdies, daß die allgemeinen Kennzeichen solcher Zustände selbst dann hinreichend erfüllt sein können, wenn für gewisse Symmetrien und Periodizitäten charakteristische Interferenzerscheinungen vorhanden sind. In den technischen Trübgläsern sowie in gewissen Farbgläsern liegen sogar mikroskopisch sichtbare Krystallausscheidungen vor, die keine Gefährdung des Glaszustandes darstellen. *Symmetrien und Periodizitäten* von Bausteinanordnungen in Glaszuständen können daher ohne weiteres zugelassen werden; sie dürfen aber *nicht durchlaufend* vorhanden und die zugehörigen geordneten Raumteile *nicht unbegrenzt wachstumsfähig* sein.

§ 3. Kinetische Entstehungsbedingungen von Glaszuständen.

Ursprünglich kannte man nur die von alters her technisch angewendete Bildung von Glaszuständen durch Erstarren unterkühlter Flüssigkeiten. Nunmehr hat sich herausgestellt, daß von jedem thermodynamischen Gleichgewichtszustand geeigneter Stoffe ausgehend, Glaszustände hervorgebracht werden können. Dabei bestätigt sich ganz allgemein die Notwendigkeit einer Herstellung und Fixierung ungeordneter Molekularverteilungen.

a) Dampfkondensation an gekühlter Unterlage.

Unterhalb einer für Stoff und Unterlage charakteristischen Temperaturgrenze, die seitliche Diffusionsbewegungen praktisch ausschließt, werden ungeordnet ankommende Dampfmoleküle fixiert, so daß glasig-amorphe Kondensate gebildet werden (*2*). Amorphe Struktur der Unterlage ist vorteilhaft, bei manchen Stoffen vielleicht wesentlich (*8*). An der Fixierung können adsorbierte Gasmengen entscheidenden Anteil haben, z. B. für

Ge, As, Sb, Se, Si (*9*). Chemische Verbindungen können auch unmittelbar als Produkte geeigneter Gasreaktionen niedergeschlagen werden, z. B. SiO, Al_2O_3, TiO_2 (*10*).

b) Erstarren von Flüssigkeiten.

1. *Oberhalb der Schmelztemperatur* ist Erstarren möglich, wenn durch *Schwarmbildung* so große Masseneinheiten gebildet werden, daß die Wärmebewegung zu ihrer weiteren Durchmischung nicht mehr hinreicht. Der so entstandene Glaszustand kann bei Unterschreitung der Schmelztemperatur durch Krystallisation wieder aufgehoben werden, wie bei höheren aliphatischen Alkoholen (**11**), oder in tieferen Temperaturen fortbestehen, wie bei zahlreichen krystallin-flüssigen Phasen[1].

2. *Unterhalb der Schmelztemperatur* muß Behinderung der Krystallbildung durch ausreichende Temperatursenkung und Viscositätszunahme erzielt werden, damit der ungeordnete Flüssigkeitszustand erhalten bleibt, bis fortschreitende Assoziation oder Polymerisation wiederum ein Erliegen der thermischen Durchmischungsvorgänge verwirklichen (*2*).

3. *Polymerisations- und Polykondensationsreaktionen* von Flüssigkeiten, die unter Wärmeentbindung ablaufen, führen ohne Temperatursenkung zur Bildung großer Masseneinheiten und ihrer Fixierung in Glaszuständen. — Während die Vorgänge 1 und 2, von Verzögerungserscheinungen abgesehen, im wesentlichen reversibel sind, entstehen durch Vorgang 3 zahlreiche Produkte, die nicht unzersetzt erweicht oder aufgeschmolzen werden können.

c) Abscheidung aus Lösungen.

1. *Polymerisation im Lösungszustande,* die eine Krystallbildung des Gelösten zu behindern geeignet wäre, kann die Bildung eines Glaszustandes durch Abdampfen des Lösungsmittels ermöglichen[2]. Der Vorgang ist trivialer Art, wenn von vornherein die Lösung eines Polymeren vorliegt.

2. *Fällung amorpher Niederschläge*[3] sowie

3. *Elektrolytische Bildung amorpher Schichten* erfordern ähnlich wie unter a), daß seitliche Diffusionsbewegungen der abgeschiedenen Bausteine bzw. der bei ihrem ungeordneten Eintreffen entladenen Ionen durch Temperaturlage und Lösungsmitteleinfluß unterbunden sind. Als Beispiel ist vor allem das „explosible“ Antimon bekannt geworden[3].

d) Amorphisierung krystalliner Zustände.

1. *Mechanische Amorphisierung von Krystallzuständen.* Fehlerfreie Krystallgittergebiete[4] ermangeln der „Kerbstellen“, die für das Einsetzen

---

[1] Zahlreiche derartige Stoffe sind von D. VORLÄNDER sowie C. WEYGAND und ihren Schülern hergestellt und beschrieben worden.

[2] Beobachtungen an $C_6H_6Cl_6$ oder $C_{14}H_9Cl_5$ in Trichlormethylen, nach freundlicher Mitteilung von H. LANG (Goslar) vom 9. März 1950.

[3] Beispiele in den unter (*8*) und (*9*) zitierten Arbeiten von H. RICHTER sowie H. RICHTER und O. FÜRST.

[4] Innerhalb derartiger Gittergebiete entfällt nicht nur die gewöhnliche Spaltbarkeit, sondern auch die Möglichkeit zur Entstehung banaler Bruchvorgänge einschließlich des „muscheligen“ Bruches.

krystallographisch gelenkter Verformungserscheinungen (Gleit-, Zwillings- und Spaltebenen) notwendig sind; ihre Verformung kann daher unter direkter mechanischer Überwindung der Gitterkräfte durch *regelloses Übereinandergleiten der Gitterbausteine* bewirkt werden, wobei die Verformungsarbeit die Größenordnung der Schmelzwärme besitzt (*12*). Im *Mikroritzversuch* (*13*) werden durch solche Vorgänge nur winzige Stoffmengen bewegt (z. B. 10^{-10} mm^3 je Mikron Ritzweg), so daß der als Wärmemenge freiwerdende Teil des Arbeitsäquivalentes binnen kürzester Zeit dissipiert wird. Stoffe mit fixierbaren unregelmäßigen Bausteinanordnungen können daher durch den Mikroritzvorgang in beständiger Weise amorphisiert werden, z. B. SiO_2 (Krystallquarz) und Al_2O_3 (Korund) (*14*) sowie neuerdings $CaCO_3$ (Kalkspat)[1], was durch Unterbleiben von Rekrystallisation erkennbar ist[2]. Grundsätzlich gleichartige Vorgänge werden beim *Polieren* benutzt (*15*) und begrenzen die *Feinmahlung der Stoffe* (*16*), so daß auf letzterem Wege bei Cellulose und Rohrzucker größere Substanzmengen hergestellt wurden, deren Amorphisierung durch das Verschwinden der Krystallinterferenzen belegt und durch erneute Krystallisation oder Feststellung anomaler Lösungswärmen weiterverfolgt worden ist (*17*).

2. *Amorphisierung durch energiereiche Strahlungen* liegt nach neueren Untersuchungen bei den von W. C. Brögger beschriebenen, in „metamikten" Zuständen bekannten natürlichen Mineralen der seltenen Erden und der Metallsäuren vor, etwa beim Gadolinit $FeBeY_2(SiO_5)_2$ oder beim Zirkon $ZrSiO_4$ (*18*). Innerhalb kleinster Krystallbereiche aufgenommene große Energiebeträge begünstigen auch hier das Zurückbleiben fixierbarer Unordnungszustände.

§ 4. Existenzbereich und Metastabilität von Glaszuständen.

Die vorstehend berichteten kinetischen Entstehungsbedingungen zeigen, daß ein Erstarren nicht-unterkühlter Flüssigkeitszustände infolge Schwarmbildung (§ 3, b 1) als grundsätzlich wichtiger Sonderfall anzusprechen ist, weil hier im gleichen Temperaturbereich kein zweiter, durch größere Stabilität ausgezeichneter Aggregatzustand vorliegt. Energieärmere Flüssigkeitszustände, die etwa durch verlangsamten Wärmeentzug erreichbar wären, würden durch verstärkte Ordnungstendenz und erhöhte Erstarrungstemperatur gekennzeichnet sein. Von solchen Möglichkeiten abgesehen, fehlt hier demnach die sonst für Glaszustände

---

[1] Unveröffentlichte Versuche mit cand. phil. F. Puchegger in Graz (1951). Die bruchfreien Ritzspuren entstehen dabei unmittelbar auf den unvorbehandelten Rhomboederspaltflächen des Kalkspatkrystalls. Vgl. dazu jetzt F. Puchegger und A. Smekal, Anz. Österr. Akad. Wiss. **1951**, 350—352, Nr. 13.

[2] Bei Steinsalz ist unter vergleichbaren Umständen Rekrystallisation beobachtet.

charakteristische Metastabilität. Dadurch ist der Existenzbereich solcher Zustände auf das Intervall zwischen Einfrier- und Krystallisationstemperatur, somit auch gegen tiefere Temperaturen hin begrenzt. Eine Herausnahme derartiger Fälle aus dem hier behandelten Problemkreis ist nicht angängig, nachdem zahlreiche eingefrorene anisotrope Flüssigkeitszustände, wie bereits vorhin betont, auch unterhalb der Krystallisationstemperatur weiterbestehen können, wo sie dann metastabil gegenüber dem Krystallzustande sind.

In allen übrigen Fällen beginnt der Existenzbereich von Glaszuständen erst unterhalb der Krystallisationstemperatur und erstreckt sich entweder zu beliebig tiefen Temperaturen oder endet ebenfalls bei einer bestimmten unteren Temperaturgrenze. Die Beständigkeit von Glaszuständen muß demnach von *stoff-* und *temperaturveränderlichen* Eigenschaften abhängen; sie kann ferner durch Beimengungen und adsorbierte Fremdstoffe beeinflußbar sein.

Für das Verständnis der oberen Beständigkeitsgrenze ist es wesentlich zu wissen, ob ihre Überschreitung mit irreversiblen Veränderungen (chemische Zersetzung, Krystallisation) verbunden oder reversibel möglich ist. Im letzteren Falle erhält man unterkühlte hochviscose Flüssigkeitszustände, die mehr oder minder rasch zu Krystallisation befähigt sind. Bei lebhafter Krystallisationstendenz sind eingehendere Versuche darüber notwendig, ob beobachtete Krystallbildung unmittelbar aus dem Glaszustande erfolgt oder ein Erweichen zur hochviscosen Flüssigkeit vorangegangen sein muß. Solche Feststellungen sind grundsätzlich in allen Fällen erforderlich, in denen der glasig-amorphe Zustand aus Dampf, Lösung oder vom Krystallzustande her erhalten wurde.

Eingehendere Untersuchungen galten bisher allein dem Erweichungs- und Erstarrungsvorgang sowie der Krystallbildung aus unterkühlten Schmelzen[1]. Letztere ergaben, daß die Krystallisationsbehinderung in der Nachbarschaft des Erweichungsgebietes im wesentlichen als Beweglichkeitsbehinderung der Bausteine der Schmelze aufzufassen ist, wodurch selbst in Gegenwart von Krystallisationskeimen eine geordnete Stoffanlagerung unter-

[1] Vgl. z. B. die ausgedehnten Untersuchungen der TAMMANNschen Schule, zitiert unter (*2*).

bunden bleibt[1]. Nachdem das Erstarren der unterkühltenSchmelze weitere Beweglichkeitshemmungen bedeutet, die auf eine praktische Fixierung der Bausteine abzielen, darf das Unterbleiben von Krystallbildung in solchen Glaszuständen auf die gleichen Ursachen zurückgeführt werden. Die mehr oder minder weitgehende Stillegung der Bausteine durch den Einfriervorgang (§ 7) kann auch durch die Beziehung zwischen der Lage der Erstarrungstemperatur und der Bausteinform veranschaulicht werden: die Einfriertemperaturen werden desto höher gefunden, je längere und unregelmäßigere Bausteinformen gewählt werden (*19*).

Innerhalb des Existenzbereiches solcher Glaszustände kann nach Erfahrungen an technischen Silicatgläsern Krystallbildung nur durch langdauernde energiereiche Bestrahlung erzwungen werden, so daß Keimbildung und Krystallwachstum hier durch sehr beträchtliche Aktivierungsenergien und Aktionszeiten gekennzeichnet sind. Die Beständigkeit solcher Glaszustände ist demnach sehr groß, trotzdem ihr Energieüberschuß über Krystallzustände gleicher chemischer Beschaffenheit die Größenordnung der halben Schmelzwärme besitzen kann (*20*). Weitere Energiegehalte können Glaszuständen einverleibt werden als elastische Deformationsenergien geeignet eingefrorener Spannungsgehalte oder als Oberflächenenergien von Fäden- und Folienformen. Glasig-amorphe Stoffzustände sind demnach, soweit es allein auf Energiemehrbesitz ankommt, als hoch,,aktive" Festkörperformen anzusprechen, die zugleich durch besondere Stabilität ausgezeichnet sind.

Wenn Glaszustände der betrachteten Art nach tiefen Temperaturen hin nicht unbegrenzt beständig sind, muß ihre Metastabilität wieder abnehmen und die Fixierung der unregelmäßigen Bausteinanordnung an der unteren Grenze des Existenzbereiches durch beliebig kleine Energiezufuhren aufgehoben werden[2]. Da dies erneute Beweglichkeit der Bausteine besagt, muß Krystallisation eintreten, wie sie von bestimmten Keimstellen ausgehend, bei Schwefel und Arsentrioxyd tatsächlich beobachtet ist. Auf den Zusammenhang dieser Vorgänge mit den bei den entsprechenden

---

[1] Das kann auch aus der Untersuchung von H. WIEHR: Diss. Halle 1937, Sprechsaal **70**, 11, 146, 158, 173, 182, 198 (1937), an Natriummetasilicat und Disilicat geschlossen werden.

[2] Daher ist diese Grenze auch durch Fremdstoffe beeinflußbar.

krystallinen Zuständen vorliegenden Modifikationsänderungen wird noch zurückzukommen sein (§ 6D).

Die nach anderen Verfahren hergestellten glasig-amorphen Zustände scheinen nur bei gewissen Aufdampfschichten oder Niederschlägen aus Lösungen Besonderheiten darzubieten, indem dort an der oberen Grenze des Existenzbereiches Krystallbildung ohne Vermittlung flüssiger Zwischenzustände wahrscheinlich ist. Beim explosiblen Antimon und ähnlichen Bildungen (*8*) genügt mechanische Erschütterung oder mäßige Temperatursteigerung zur Auslösung einer explosionsartig verlaufenden Krystallisation. Das Freiwerden des beträchtlichen Energieüberschusses über den Krystallzustand beschleunigt hier den Ordnungsvorgang nach Art einer Kettenreaktion — ähnlich beim „Verglimmen" metamikter Mineralien in geeigneten Temperaturniveaus. Solche Erscheinungen sind im übrigen auch bei „aktiven" krystallinen Metallpulvern bekannt und somit eher für *feinteilige* als für homogen-amorphe Zustände kennzeichnend. Die hier hervorgehobenen halbmetallischen Schichtbildungen und Niederschläge haben tatsächlich unternormale Dichten; wenn sie sowohl feinteiligen als auch amorphen Bau besitzen, dürfte ihre Sonderstellung genügend verständlich sein (*21*).

§ 5. Molekularanordnungen in homogenen Glaszuständen.

Nachdem Beispiele für Glaszustände mit teilweise geordneten Raumgebieten oben bereits ausreichend gewürdigt sind (§ 2), beschränken wir uns im folgenden auf möglichst einheitlich beschaffene Glaszustände, deren Molekularanordnungen durch das Fehlen jedweder Art von Symmetrien und Periodizitäten gekennzeichnet sind und die im einfachsten Falle statistisch-einheitliche Nahordnungen besitzen. Solche Nahordnungen können zumeist als „verwackelte" Gitterordnungen aufgefaßt werden (*22*), deren Kenntnis für ein Verständnis der stofflichen Eigenschaften in solchen Zuständen von Wichtigkeit ist. Diese Gitterarten stimmen mit den Gittern der entsprechenden krystallinen Stoffzustände im allgemeinen *nicht* überein. Kann ein Glaszustand durch Erstarren einer unterkühlten Schmelze erhalten werden, dann wird eine solche Verschiedenheit nicht überraschen, da Krystalle und ihre Schmelzen zumeist *verschiedene Nahordnungen* besitzen (*23*), so daß der Schmelzvorgang bei den üblichen Drucken nicht nur den Zusammenbruch der Fernordnung des Krystallgitters bedeutet, sondern auch einen zusätzlichen „Quantensprung" der Nahordnung verlangt. Diese Verschiedenheit muß allerdings nicht auch bei beliebig hohen Drucken erhalten bleiben. Erwartet man das Bestehen eines kritischen Punktes auch für den Übergang fest-flüssig (*24*), dann wird dort Übereinstimmung der kompaktesten Nahordnungen für Krystall und Schmelze anzunehmen sein (*25*).

Die einfachsten Vergleiche zwischen Nahordnungen in krystallinen und in amorphen Zuständen kommen naturgemäß bei *elementaren Stoffen* in Betracht. Hiervon scheint bisher nur das Selen in seiner aus der erstarrten Schmelze erhaltenen glasig-amorphen Form als einheitliches Produkt darstellbar gewesen und genügend untersucht worden zu sein. Sein Röntgenbild stimmt mit jenem des flüssigen Selens überein und unterscheidet sich deutlich von jenem des hexagonalen Selens, das daraus durch Krystallisation erhalten werden kann (*26*). In beiden Fällen sind zwei erstnächste Nachbarn um jedes Selenatom vorhanden dagegen verschiedene Anzahlen von zweitnächsten Nachbarn, die beim hexagonalen Selen 4 + 2 betragen, für das glasige Selen dagegen mit 8 angegeben werden, wobei gewisse Abstandsunterschiede beachtlich sind[1]. Sowohl der Krystall als auch das Glas bestehen demnach aus langgestreckten Atomketten[2]; die Nahordnungsverschiedenheiten besagen, daß die Ketten unterschiedliche Form und Nachbarschaftsanordnung besitzen, was für das Verständnis bemerkenswerter Eigenschaftsunterschiede von Bedeutung ist (Selenglas ist Nichtleiter und besitzt in einem schmalen Temperaturgebiet Gummielastizität)[3].

Verschiedene Nahordnungen sind auch für das „explosible" und das krystalline Antimon gefunden worden (*26*), dagegen wird Übereinstimmung mit der krystallinen Nahordnung für „amorphes" Germanium angegeben und für gleichfalls „amorphe" Aufdampf- oder Niederschlagsprodukte von Selen, Antimon, Arsen und Silicium angekündigt (*27*). Aufgedampfte Selen- und Antimonschichten besitzen demnach andere unregelmäßige Atomanord-

[1] Nach freundlicher brieflicher Mitteilung von R. GLOCKER soll die Anzahl der zweitnächsten Nachbarn des glasigen Selens noch erneuter Nachprüfung unterworfen werden.

[2] Die Kettenlänge im Krystallgitter ist unbegrenzt; im flüssigen Selen scheinen ringförmig gebaute Moleküle mit größenordnungsmäßig 100 Atomen vorhanden zu sein; vgl. H. KREBS: Z. Metallkde. **40**, 29 (1949).

[3] Eine Wiedergabe der HENDUSschen Nahordnung des glasigen Selens sowie der erwähnten Eigenschaftsunterschiede gelingt, wenn an Stelle der schraubenförmigen Atomketten des Krystallgitters im glasigen Selen ebene gewinkelte Ketten vorausgesetzt werden; A. SMEKAL: Acta Phys. Austr. **4**, 507 (1950).

nungen als ihre aus der erstarrten Schmelze (Se) bzw. durch Elektrolyse (Sb) erhaltenen Formen. Die Aufdampfschichten sind tatsächlich verschieden, und zwar weniger kompakte Bildungen, wie im Falle des Selens durch Farbunterschied und Löslichkeit[1] (*28*) beim Antimon durch Dichteunterschied (*27*) dargetan wird. Beim „amorphen" Germanium wird gegenüber dem Krystall ein Dichteunterschied von 20% angenommen und die Stabilisierung der krystallinen Nahordnung in der amorphen Schicht dem nachgewiesenen beträchtlichen Gasgehalt zugeschrieben. Die Übereinstimmung der Nahordnungen in den nichtkrystallinen Aufdampfschichten mit jenen der Krystallformen der verdampften Metalle ist demnach nur eine scheinbare; sie kann offenbar höchstens für einen Teil der Metallatome des Gas-Metall-Verbandes zutreffen. Somit gelangt man auch hier zu dem Ergebnis, daß eine Gleichheit zwischen den Nahordnungen im glasig-amorphen und im krystallinen Zustande grundsätzlich *nicht* besteht.

Die eingehendste Untersuchung dieser Fragen für *chemische Verbindungen* ist den Metalloxyden gewidmet worden wegen ihrer Tragweite für die Herstellung der verschiedensten technischen Gebrauchsgläser sowie von optischen Sondergläsern. Die Anregungen dazu gingen von der röntgenographischen Aufklärung der krystallinen Silicatstrukturen aus, deren Verknüpfungsarten in einer grundlegenden theoretischen Arbeit von ZACHARIASEN auf Glaszustände übertragen wurden (*29*). Daß die aus den Krystallstrukturen entnommenen Koordinationseigenschaften dabei auf die Glasstrukturen angewendet wurden, postulierte eine Übereinstimmung der beiderseitigen Nahordnungen, die sich in den anfänglich geprüften Fällen als berechtigt erwies. Röntgenographische Untersuchungen an einer Anzahl von Oxydgläsern wurden von WARREN und seinen Mitarbeitern ausgeführt (*30*); sie lieferten direkte Aussagen über die in den Glaszuständen vorhandenen Nahordnungen. Wo derartige Ergebnisse nicht vorliegen, müssen die Nachbarschaftsverhältnisse aus den mit der Unregelmäßigkeit der Molekularanordnung verträglichen Verknüpfungsmöglichkeiten indirekt erschlossen werden.

Der Bau der krystallisierten Silicate wird von der Tatsache beherrscht, daß das Siliciumatom stets von vier Sauerstoffatomen

---

[1] Das Bestehen unterschiedlicher amorpher Zustände des gleichen Stoffes wird jetzt auch für Arsen mitgeteilt; vgl. H. RICHTER: Phys. Verh. **1951**, **96**, Nr. 5.

in tetraedrischer Anordnung umgeben ist; dadurch wird es vom Verhältnis der vorhandenen Silicium- und Sauerstoffatome abhängen, ob isolierte SiO_4-Tetraeder vorkommen („Inseln"), oder ob die SiO_4-Tetraeder eine Anzahl von Sauerstoffatomen, d. h. von Ecken, Kanten oder Flächen, gemeinsam haben, die dann zu Ringen oder Ketten, zu flächenhaften oder räumlichen Netzen aneinandergereiht sind[1]. Wenn man an der tetraedrischen Koordination auch für den Glaszustand festhält und an Stelle der aus SiO_4-Tetraedern bestehenden Krystallgitter durchlaufende, aus SiO_4-Tetraedern bestehende *unregelmäßige Netzwerke* fordert, dann dürfen die Sauerstofftetraeder nur gemeinsame Ecken haben, so daß die dort befindlichen Sauerstoffatome „Brücken" zwischen je zwei Siliciumatomen bilden. Das gesättigte Oxyd SiO_2 entspricht röntgenographisch durchaus diesen Erwartungen; das reine Quarzglas besitzt tatsächlich die erwartete Sauerstoff-Viererkoordination um die Siliciumatome und bildet gleichzeitig ein aus lauter „Sauerstoffbrücken" zwischen solchen Atomen bestehendes endloses *räumliches Netzwerk* (*31*). Ebenso verhalten sich die gesättigten Oxyde GeO_2, P_2O_5 und As_2O_5, die im Krystallzustande Sauerstofftetraeder aufweisen, vermutlich auch V_2O_5, vielleicht Sb_2O_5 (*32*). TiO_2 und ZrO_2 zeigen im Krystallgitter sechs nächste Sauerstoffnachbarn der Metallatome und sollten daraufhin zur Glasbildung nicht befähigt sein; TiO_2 ist aber neuerdings auch im Glaszustande erhalten worden (*33*), bei ZrO_2 besteht darüber noch Unsicherheit. Zumindest im Falle des Titandioxyds sind demnach in den krystallinen Formen und im Glaszustand *verschiedene Nahordnungen* anzunehmen[2].

Beim Boroxyd B_2O_3 mit Sauerstoff-Dreierkoordination im Krystallzustande erhält man ebenfalls unregelmäßige Netzwerke, wenn die gleichen Koordinationseigenschaften für den Glaszustand angenommen werden und wiederum alle Sauerstoffatome „Brücken" zwischen je zwei Boratomen darstellen; für das Boroxydglas („Borsäureglas") ist dies röntgenographisch sichergestellt (*34*). Bei As_2O_3 und Sb_2O_3 sind im Krystall um jedes Halbmetallatom

---

[1] Eine allgemeinere, auch Ionenladungen berücksichtigende Systematik beliebiger Isopolykomplexe bei L. Ebert: Mh. Chem. **81**, 61 (1950).

[2] Im zusammengesetzten Oxydgläsern betätigen sich Ti und Zr zweifellos als Netzwerksbildner und sind dabei von Sauerstoff-Viererkoordinationen umgeben. Vgl. etwa das Buch von J. E. Stanworth (*29*).

sechs Sauerstoffatome vorhanden, von denen allerdings drei einen geringeren Abstand haben. Nachdem beide Oxyde in Glaszuständen bekannt sind, dürfte darin ebenfalls das B_2O_3-Netzwerk vorliegen, was hier einer *veränderten Nahordnung* entsprechen würde (*35*). Dies gilt auch für Al_2O_3, das kürzlich in glasig-amorpher Form erhalten wurde (*33*), nachdem im Krystallgitter um jedes Aluminiumatom sechs Sauerstoffatome vorhanden sind. Bemerkt sei ferner, daß in geeignet zusammengesetzten Oxydgläsern mit B_2O_3 oder Al_2O_3 Bor und Aluminium von je *vier* Sauerstoffatomen umgeben werden, so daß unter diesen Umständen ein *Nahordnungswechsel im Glaszustande* sichergestellt ist (*36*).

Während die vorstehend besprochenen Oxyde von der Form A_2O_5, AO_2, A_2O_3 in zahlreichen, jedoch nicht allen Fällen (*37*) Glaszustände mit räumlichen Netzwerken bilden, sind unter den gleichen Voraussetzungen bei den Formen AO und A_2O keine derartigen Zustände möglich. Das ungesättigte Siliciumoxyd, SiO, ist jedoch in amorpher Form sichergestellt (*33*), so daß hier SiO_4-Tetraeder nicht bestehen können, sondern wahrscheinlich eine Ketten- oder Ringstruktur vorliegt. Selbst die sonst so beständige Silicium-Sauerstoff-Koordination der Silicate kann somit im Glaszustande eine grundlegende Abänderung erfahren.

Als interessante Einzelbeispiele seien ferner die Doppeloxyde

$$Na_2O \cdot SiO_2\,, \quad ZrO_2 \cdot SiO_2\,, \quad 12\,CaO \cdot 7\,Al_2O_3$$

hervorgehoben, die auch als Gläser darstellbar sind. Das Natriummetasilicat besitzt nach den Silicatbaugesetzen eine Ketten- bzw. Ringstruktur aus SiO_4-Tetraedern, so daß auch im Glaszustande eine derartige Kettenstruktur denkbar wäre, in der stets zwei von den vier Sauerstoffatomen jedes SiO_4-Tetraeders als „Brücke“ zwischen je zwei Siliciumatomen betätigt würden, die übrigen beiden dagegen der Natriumbindung gewidmet wären. Die molekulare Unordnung des Glaszustandes eröffnet andererseits die Möglichkeit, daß neben dieser gleichzeitig auch andere Verknüpfungsarten zustandekommen[1], im vorliegenden Falle also auch eines oder drei Sauerstoffatome von SiO_4-Tetraedern für Natriumbindung beansprucht sind (*38*). Am Beispiel des Glases

[1] Entsprechend den allgemeinen Gesichtspunkten für Silicatgläser bei H. O'DANIEL: Glastechn. Ber. **22**, 11 (1948).

mit der Zusammensetzung des Natriummetasilicates kann somit besonders anschaulich gemacht werden, daß trotz stöchiometrischer Zusammensetzung mehrere verschiedene Nahordnungen nebeneinander auftreten können, wobei nur ihr durchschnittlicher Ertrag mit der Nahordnung des Krystallzustandes übereinstimmt. In solchen Fällen von statistischen Schwankungen zu sprechen, wird dem Sachverhalt insofern nicht gerecht, als von vornherein nur drei verschiedene Möglichkeiten von Nahordnungen in Betracht kommen und jede von ihnen einen deutlich valenzchemischen Sinn besitzt.

Gläser von der Zusammensetzung des Zirkons, $ZrSiO_4$, wären vom Standpunkt der krystallinen Silicatstrukturen aus als extremste ,,Inselgläser" anzusprechen, da jene nur isolierte SiO_4-Tetraeder vorsehen, wodurch Sauerstoff,,brücken" ausgeschlossen wären. Der Glaszustand dürfte jedoch auch hier Sauerstoff-Viererkoordinationen um sämtliche Metallatome notwendig machen, womit Sauerstoff,,brücken" zwischen den beiden verschiedenen vierwertigen Atomarten Si und Zr zustandekämen. Sauerstoffbrücken zwischen unterschiedlichen drei- und fünfwertigen Partnern[1] gibt es bei BPO_4 und $AlPO_4$ bereits in den krystallisierten Formen, von denen das Alumophosphat alle SiO_2-Modifikationen nachzuahmen erlaubt hat (*39*). Die daselbst bestehende, bereits anderweitig erwähnte Sauerstoff-Viererkoordination des Aluminiums findet sich in dem Aluminat $12\,CaO \cdot 7\,Al_2O_3$ gewissermaßen in Reinkultur (*40*), nachdem das nicht-glasbildende CaO im Glaszustande dieser Verbindung nur die Bedeutung eines Stabilisators besitzt. — Für die Diskussion weiterer, insbesondere mehrfach zusammengesetzter Oxydsysteme und ihre Glaszustände muß auf diesbezügliche Spezialliteratur verwiesen werden (*41*).

Die Rolle der *Sauerstoff*,,brücken" kann in weiteren Typen von glasbildenden Stoffen offenbar durch *Schwefel*, *Selen* oder *Tellur* übernommen werden; ähnliche Bedeutung kommt den ,,*isosteren*" *Brückengruppen* NH und CH_2 in vielen organischen Hochpolymeren zu, die vorwiegend kettenförmigen Bau besitzen. Die nähere Betrachtung weiterer anorganischer und organischer Glasbildner zeigt, daß überdies *Wasserstoffbrücken* weit verbreitet und daß auch *Halogenatome als Brückenbausteine* gesichert sind.

[1] In Bleigläsern treten auch Sauerstoffbrücken zwischen zwei- und vierwertigen Partnern auf; vgl. das Buch von J. E. STANWORTH, S. 29—31.

Überblickt man die Gesamtheit der genauer diskutierbaren Molekularanordnungen der glasig-amorphen Zustände von *einheitlichen* Stoffen, so können daraus folgende Aussagen von grundsätzlicher Bedeutung entnommen werden:

1. Die in den Nahordnungen der Glaszustände auftretenden Koordinationszahlen besitzen die kleinsten überhaupt möglichen Anzahlen: zwei, drei und vier.

2. Bei Vorhandensein mehrerer Bausteinarten sind die höher koordinierten Bestandteile stets durch niedriger koordinierte in Form von „Brücken" miteinander verknüpft.

3. Glaszustände sind demnach ungeordnete polymere Stoffzustände und stellen entweder Raumnetzpolymere oder Kettenpolymere dar. Die gewöhnlichen chemischen Formelzeichen geben für sie somit nur die Zusammensetzung ihrer *monomeren* Baugruppen an.

4. Die krystallisierten Formen der glasbildenden Stoffe besitzen im allgemeinen andere, höher koordinierte Strukturen; entsprechen sie von vornherein den Bedingungen 1 und 2, dann können die krystallinen Nahordnungen im Glaszustande erhalten bleiben.

5. Die krystallinen Formen der glasbildenden Stoffe können vielfach, jedoch nicht ausnahmslos, als geordnete polymere Stoffzustände angesehen werden[1].

Die Allgemeinheit der vorstehenden Leitsätze legt die Vermutung nahe, daß ihre Ergebnisse allgemein gültig und auch bei noch unbekannten glasig-amorphen Stoffzuständen erfüllt sein könnten. Dieser Möglichkeit gegenüber muß jedoch die Begrenztheit des verfügbaren Tatsachenmaterials sowie die Notwendigkeit weiterer Prüfung ausdrücklich hervorgehoben werden.

§ 6. Chemische Bindungseigenschaften der glasbildenden Stoffe.

Die bisherigen Versuche zu weitergehender Kennzeichnung glasbildender Stoffe befaßten sich wesentlich nur mit Oxydgläsern. Man betrachtete solche Gläser als Lösungszustände, wodurch

[1] Während seit ZACHARIASEN (a. a. O.) vorwiegend versucht wurde, krystallchemische Eigenschaften anorganischer Verbindungen zur Voraussage oder Deutung von Glaseigenschaften heranzuziehen, können die vorstehenden Ergebnisse 1—3 nunmehr dazu benutzt werden, den krystallchemischen Daten als Forderungen gegenübergestellt zu werden. Vgl. dazu jetzt A. SMEKAL, On the Structure of Glass, Journ. Soc. Glass Techn. **35**, 411—420, December 1951.

zwischenmolekulare Polarisationswirkungen in den Vordergrund traten (W. A. WEYL, K. FAJANS, N. J. KREIDL). Eine andere vereinfachende Betrachtungsweise behandelt die Oxyde als *Ionenverbindungen* und sucht die Glasbildung auf Ionenradienverhältnisse und auf die Stärke von Ionenkräften zurückzuführen (V. M. GOLDSCHMIDT, W. H. ZACHARIASEN, A. DIETZEL, K. H. SUN, J. E. STANWORTH). Die Fruchtbarkeit beider Gesichtspunkte ist vielleicht noch nicht ausgeschöpft — die Hauptfragen sind ihnen jedoch unbeantwortbar geblieben. Offenbar beruht dies darauf, daß die beiden grundlegenden Eigenschaften von Glaszuständen — *Amorphie* und *Metastabilität* — solchen Ansätzen unzugänglich sind.

Daher wollen wir gerade von diesen beiden Fakten ausgehen und *nach den Eigenschaften chemischer Bindekräfte fragen, die eine Stabilisierung unregelmäßiger Molekularanordnungen ermöglichen*(*42*). Nachdem glasige und Krystallzustände nicht durch unendlich kleine Abänderungen auseinander hervorgehen, gegenüber denen nur der Krystallzustand beständig wäre, kann es sich nur um die *Beurteilung der Stabilität grundsätzlicher Konfigurationsverschiedenheiten* (§ 7) handeln, wie sie teilweise bereits im vorigen Abschnitt beschrieben wurden.

Die chemische Bindung zwischen zwei benachbarten Molekularbausteinen beruht auf der quantenmechanischen Wechselwirkung zwischen den beteiligten Kern- und Elektronensystemen, ist also grundsätzlich einheitlicher Art. Sie zeigt jedoch bekanntlich *vier einfache Grenzfälle*, die wegen ihrer *unterschiedlichen Richtungsqualitäten* bemerkenswert sind. Diese Verschiedenheiten konnten auch durch röntgenographische Bestimmungen der Elektronendichteverteilung in Krystallgittern erhärtet werden. In den Grenzfällen rein polarer oder Ionenbindung, bei metallischer Bindung oder bei den verschiedenen Unterarten von zwischenmolekularer Wechselwirkung bestehen *keine* bevorzugenden Richtungseinflüsse, so daß benachbarte Bausteine unter dem Einfluß dieser Wechselwirkungsarten ihre Ausgangslagen verlassen und den kürzestmöglichen Gleichgewichtsabstand annehmen würden, wenn dieser nicht von Anfang an verwirklicht wäre. Der Grenzfall unpolarer Hauptvalenzbindungen dagegen ist durch das Auftreten *streng gerichteter* Ladungsdichtebrücken gekennzeichnet; bei seiner Verwirklichung sind nur bestimmt orientierte Gleichgewichtslagen möglich. Gegenüber *Störungen quer zur Bindungsrichtung* besteht also bei ungerichteten Wechselwirkungsarten keinerlei Widerstandsfähigkeit, bei gerichteter Wechselwirkung dagegen keinerlei Nachgiebigkeit.

Man erkennt, daß Stoffe dieser vier einfachen Bindungsgrenzfälle keine Glaszustände bilden sollten. Tatsächlich sind solche in keinem Falle bekannt geworden. Die kubisch krystallisierenden Alkalihalogenide (z. B. NaCl), die normalen Metalle oder feste Edelgase (z. B. Argon) besitzen ebensowenig Glaszustände wie der Diamantkohlenstoff[1].

Wenn Stoffe in Glaszuständen den vier reinen Bindungsarten nicht angehören können, müssen sie durch *gemischte Bindungstypen* gekennzeichnet sein. Betrachtet man das *Zusammenwirken eines richtenden und eines ungerichteten Bindungsanteiles*, so erkennt man, daß damit tatsächlich die Möglichkeit einer Anpassung an räumlich unregelmäßige Bausteinanordnungen gegeben sein kann, insonderheit an die *gegenseitigen Richtungs- und Abstandsverschiedenheiten*, die den im vorigen Abschnitt beschriebenen *Bausteinbrücken in Glaszuständen* zugemutet sind. Nach jenen Ergebnissen ist das Bestehen von Bausteinbrücken und der ihre Anzahlen bestimmenden niedrigen Koordinationszahlen im allgemeinen nur für den Glaszustand wesentlich und braucht nicht auch im Krystallzustande gegeben zu sein. Doch wird man erwarten, die gemischte Bindungsart eines glasbildenden Stoffes auch seinen Krystallstrukturen entnehmen zu können, selbst wenn letztere keine Brückenbindungen enthalten sollten.

Bei den Quarzmodifikationen bestehen von vornherein ähnliche Sauerstoffbrücken wie im reinen Kieselglas; die Bestimmung der Elektronendichteverteilung im α-SiO_2-Gitter hat zwischen den Siliciumatomen und den Brückensauerstoffen tatsächlich Ladungsdichtebrücken ergeben, die einer polar-unpolaren Mischbindung entsprechen (*43*), so daß die Erwartung hier unmittelbar bewiesen ist (Abb. 1). Alle übrigen glasbildenden Stoffe, von denen Gitterstrukturen bekannt sind, zeigen darin keine dichtesten Kugelpackungen, sondern Bausteinanordnungen mit deutlichen Gruppenbildungen, die nur durch gleichzeitige Betätigung richtender und ungerichteter Bindungsanteile verstanden werden können.

---

[1] Hierzu sei daran erinnert, daß die durch Verdampfen erhältlichen amorphen Germanium- und Siliciumschichten [vgl. (*27*)] nicht die Diamantstruktur des kompakten krystallisierten Zustandes besitzen und daß die Germaniumschichten Metall-Gas-Verbände darstellen.

Die Forderung des Vorhandenseins *gemischter Bindungsarten mit richtendem Bindungsanteil* scheint somit bei allen der Prüfung zugänglichen Substanzen als eine *notwendige Eigenschaft glasbildender Stoffe* erfüllt zu sein. Danach können sämtliche glasbildenden

Abb. 1. Elektronendichteverteilung in α-Quarz, projiziert nach der Richtung der zweizähligen Achse. Nach R. BRILL, C. HERMANN und C. PETERS, 1942.

Stoffe je nach der Beschaffenheit des dominierenden ungerichteten Bindungsanteiles in drei selbständige Hauptgruppen eingeordnet werden. Im Falle raumnetzpolymerer Glaszustände wirken gerichtete und ungerichtete Bindungsanteile praktisch gemeinsam längs der Bausteinbrücken; bei kettenpolymeren Zuständen bestimmt der richtende Bindungsanteil die Kettenvalenz, während den ungerichteten Anteilen vorwiegend der seitliche Zusammenhalt der Kettenmoleküle anheimgegeben ist.

a) Glasbildner mit unpolar-polaren Mischbindungen.

Diese durch Ionenbindungsanteile gekennzeichnete Stoffgruppe besteht vorwiegend aus *anorganischen Verbindungen*. Sie umfaßt die zahlreichen bereits früher genannten Oxyde, ferner Sulfide, Selenide und Telluride, darunter Wasser, H_2O, B_2O_3, Al_2O_3, As_2O_3, Sb_2O_3, SiO, SiO_2 mit vielen Silicaten und Silikonen, GeO_2 P_2O_5; Al_2S_3, As_2S_3, Sb_2S_3, GeS_2; As_2Se_3, Tl_2Te. Halogenidgläser liefern z. B. BeF_2, $ZnCl_2$, $PbCl_2$, PbJ_2, AsJ_3, SbJ_3, weiter Hydrate wie $CuCl_2 \cdot 6\,H_2O$, $FeCl_3 \cdot 6\,H_2O$. Bemerkenswert sind ferner Carbonate $K_2Mg(CO_3)_2$, $CaCO_3$; Nitrate $NaNO_3$, KNO_3, $AgNO_3$, $K_4Ca(NO_3)_6$; Schwefeltrioxyd SO_3 und Thallosulfat Tl_2SO_4; HPO_3, H_3PO_4, Phosphornitrilchlorid und -fluorid $PNCl_2$, PNF_2. In allen diesen Beispielen werden insbesondere die Brückenatome in ionenartig gemischter Bindung betätigt, wie vorhin die Sauerstoffbrücken im α-Quarz; bei wasserstoffhaltigen Verbindungen (H_2O, HPO_3, H_3PO_4 sowie Hydraten) können Wasserstoffbrücken auftreten, die auch starke zwischenmolekulare Bindungsanteile mit sich bringen (*44*).

b) Glasbildner mit unpolar-metallischen Mischbindungen.

Diese Gruppe umfaßt vorwiegend *elementare Stoffe*, deren Bindung auch beträchtliche zwischenmolekulare Anteile miteinschließt, so daß man die Reihe der halbmetallischen Elemente wie Graphitkohlenstoff, Arsen, Antimon, Tellur, Selen, zwanglos fortsetzen kann zu unmetallischen Stoffen wie Schwefel, Sauerstoff, Phosphor. Die Verwandtschaftsbeziehungen zwischen vielen dieser Elemente bedürfen keiner zusätzlichen Ausführungen. Bei Germanium, Silicium, Arsen und ähnlichen Aufdampfschichten von Selen und Antimon liegen, wie schon wiederholt betont, keine einheitlichen amorphen Substanzen vor, sondern Gas-Metall-Verbände; die Frage nach dem Bestehen echter amorpher Graphitzustände ist nach wie vor kontrovers geblieben. Nachdem unregelmäßige Atomverteilung und metallisches Leitvermögen einander ausschließen, besitzen auch die einheitlichen amorphen

Zustände der Halbmetalle keine Elektronenleitfähigkeiten, so daß die metallischen Bindungsanteile hier fortfallen und in allen amorphen Elementzuständen schließlich nur unpolar-zwischenmolekulare Bindungsanteile wirksam sind — womit ein kontinuierlicher Übergang zur folgenden Stoffgruppe gegeben ist.

c) Glasbildner mit unpolar-zwischenmolekularen Mischbindungen.

Abgesehen von den bereits vorstehend genannten *unmetallischen Elementen* handelt es sich hier um das ausgedehnte Gebiet der glasbildenden *organischen Verbindungen*, deren planmäßige Sammlung und Systematisierung noch nicht in Angriff genommen ist. Als Bausteinbrücken treten sehr häufig *Wasserstoffbrücken* auf (*44*), ferner die zu den Sauerstoffbrücken der Oxyde isosteren NH- und CH_2-Gruppen. Die scharfe Richtungsqualität der organischen Kohlenstoffbindung zwischen benachbarten C-Atomen begünstigt ferner die Bildung reiner Kohlenstoffketten, wodurch die jeweilige Kettenrichtung praktisch unpolare Bindungen enthält, so daß die zwischenmolekularen Bindungsanteile vor allem im wechselseitigen Zusammenhalt benachbarter Ketten hervortreten. In den unverzweigten Kettenteilen solcher Moleküle besitzen alle C-Atome identische Brückenfunktion, analog den Einzelatomen von elementaren Glasbildnern. Eine wichtige Besonderheit stellt sich ein, wenn solche Ketten bei großer Gliederzahl in statistisch geknäuelten Formen durcheinandergewirrt vorliegen; Kettenpolymere dieser Beschaffenheit sind daher auch bei unverzweigter Bauart in krystallinen Formen unbekannt, so daß nur durch streckenweise Parallellagerung von benachbarten unverzweigten Kettenteilen krystalline „Micellen" von sehr beschränkten Abmessungen gebildet werden können, zwischen denen nichtentwirrbare Gebiete bestehen bleiben (§ 2). — Während bei den glasbildenden anorganischen Verbindungen (a) stets wohldefinierte Krystallzustände vorhanden sind, gibt es unter den glasbildenden organischen Verbindungen demnach neben *Glasbildnern mit Krystallzuständen* auch eine Vielzahl von natürlichen und künstlichen *Hochpolymeren*, von denen *keine Krystallzustände* herstellbar sind. Als Beispiele für Vertreter beider Gruppen mögen etwa genannt werden: Alkohole, Zucker, Glycerin, Colophonium, Naturkautschuk, Polyamide, Polystyrol, Polymethacrylsäuremethylester (Plexiglas). Alle diese Stoffe besitzen unverzweigt oder verzweigt-kettenpolymere Glaszustände; räumliche Netzwerke liegen bei den Kresol-Formaldehyd-Harzen vor (*45*). — Im übrigen ist hervorzuheben, daß die zwischenmolekularen Bindungsanteile aus drei, mit dem Abstande in verschiedener Weise veränderlichen Beiträgen zusammengesetzt sein können, den „Dispersionskräften", dem von der Polarisierbarkeit der Bausteine herrührenden „Induktionseffekt", schließlich dem nur bei Vorhandensein starrer Dipole auftretenden „Orientierungseffekt". Das Vorwiegen eines dieser Anteile kann von bestimmendem Einfluß auf die physikalischen Eigenschaften hochpolymerer Stoffe sein (*46*).

Zwischenmolekulare Wechselwirkungen sind naturgemäß so weit verbreitet, daß sie nicht nur an den glasig-amorphen Zuständen der elementaren Stoffgruppe (b) maßgeblichen Anteil haben, sondern auch an den Glaszuständen gewisser anorganischer Verbindungen der unpolar-polaren Stoffgruppe (a), wie AsJ_3 und SbJ_3. Daß am Auftreten von Wasserstoffbrücken polare und zwischenmolekulare Bindungskomponenten untrennbar zusammenwirken, wurde bereits erwähnt und stellt ebenfalls eine Gemeinsamkeit beider Stoffgruppen dar.

d) Temperaturveränderlichkeit von Mischbindungseigenschaften.

Wenn der Mischbindungscharakter eines Stoffes die Unregelmäßigkeiten der in seinen Glaszuständen auftretenden Bausteinbrücken zu stabilisieren vermag, muß das für den gesamten Existenzbereich dieser Zustände gelten, bei reversibel erstarrenden Schmelzen überdies für die dem Erstarrungsgebiet benachbarten Schmelzzustände. Tatsächlich findet man, daß viele Stoffe mit gemischten chemischen Bindungen bereits im normalflüssigen Zustande zu Assoziation oder Polymerisation neigen, wodurch ein Erstarren — mit oder ohne vorangegangene Unterkühlung — begünstigt wird (§ 3b). Besitzt der Existenzbereich von Glaszuständen eine untere Grenztemperatur (§ 4), dann muß erwartet werden, daß der Bindungscharakter dort eine grundsätzliche Änderung erfährt.

Veränderungen dieser Art sind vor allem bei anorganischen Kettenpolymeren bekannt, z. B. bei Schwefel und Phosphornitrilchlorid. Während des Abkühlens von hochpolymerem Schwefel wird ein Zähigkeitsmaximum durchlaufen, aus dem sich ergibt;

daß die dort vorhandenen langen Kettenmoleküle wieder zerfallen (*47*), wodurch die Aufrechterhaltung beständiger Glaszustände verhindert wird. Auch die Krystallisation des raumnetzpolymeren Arsentrioxydglases beim Lagern in Raumtemperatur dürfte auf ähnliche Ursachen zurückzuführen sein (*48*); während die Hochtemperatur-Krystallform dieses Stoffes ein geordnetes Netzwerk darstellt, scheint das Tieftemperatur-Krystallgitter aus Doppelmolekülen zu bestehen, so daß hier wenigstens im Krystallzustande ein Wechsel des Bindungscharakters aufweisbar ist (*48a*).

Die Polymorphie dieses sowie anderer glasbildender Oxyde beweist, daß das Verhältnis ihrer polaren und ihrer unpolaren Bindungsanteile im Krystallzustande temperaturabhängig ist, womit Gleiches allgemein für ihre Glaszustände anzunehmen sein wird. So kann man die erst kürzlich überwundenen Schwierigkeiten einer Herstellung glasiger Formen von Al_2O_3 und TiO_2 in Verbindung bringen mit dem stark temperaturempfindlichen Mischbindungscharakter dieser Oxyde im Krystallzustande. Schließt man aus der vielfachen Polymorphie von SiO_2 und $AlPO_4$ auf eine merkliche Temperaturabhängigkeit der Mischbindungsnatur dieser Stoffe in ihren Glaszuständen, dann wird man entsprechende Besonderheiten in ihren physikalischen Eigenschaften erwarten dürfen — wie eine solche in der bekannten Ausdehnungsanomalie des Quarzglases vorhanden ist (*49*).

e) Konzentrationsabhängigkeit von Mischbindungseigenschaften.

Der Übergang von einfachen Glasbildnern zu binären und mehrfach zusammengesetzten Systemen zeigt, daß die Mischbindungseigenschaften dann auch von den Konzentrationsverhältnissen abhängen. Das ist am deutlichsten erkennbar, wenn die Nahordnung im Glaszustande wechselt, wie bei Borat- und Aluminatgläsern der Oxydsysteme (§ 5). Ebenso werden durch Knicke in den Eigenschaftskurven binärer Glassysteme bei bestimmten Konzentrationen oder durch Mischungslücken im Glaszustande grundlegende Änderungen des Mischbindungscharakters angezeigt. Derartige Sachverhalte sind bei Oxydgläsern bereits mehrfach mit der Raumbeanspruchung der Glasbausteine in Verbindung gebracht worden[1] und können auch an anderen physikalischen Eigenschaften verfolgt werden. Treten im Zustandsdiagramm der Gleichgewichtszustände

[1] Vgl. etwa die Darstellung dieser Fragen im Buch von J. E. Stanworth.

binärer Systeme von Glasbildnern krystallisierte Verbindungen auf, dann *kann* ihr Gitterbau Anhaltspunkte dafür liefern, in welchem Sinne der Mischbindungscharakter der reinen Komponenten verändert wird; wie die berichteten Verschiedenheiten der Koordinationsverhältnisse in einander entsprechenden Krystall- und Glaszuständen gezeigt haben (§ 5), werden solche Schlüsse jedoch nur bindend sein, wenn die Abwesenheit derartiger Unterschiede gesichert ist. Die Tatsache, daß die erweichten Schmelzen bestimmter binärer Oxydsysteme von Glasbildnern leichter krystallisieren als die reinen Komponenten, mag demnach gelegentlich nur eine Eigenschaft der betreffenden Verbindungs-Gitterstrukturen darstellen (*50*). Gehören die glasbildenden Stoffe eines binären Systems qualitativ verschiedenen Verbindungsgruppen an, wie die gemischt anorganisch-organischen Gläser der Stoffpaare AsJ_3—Piperin und SbJ_3—Piperin (*51*), dann wird — ähnlich den Verhältnissen bei nichtpolymeren anorganisch-organischen Molekülverbindungen — eine gewisse Angleichung der wechselseitigen Bindungseigenschaften stattfinden, welche hier über die beiderseits vorhandenen zwischenmolekularen Bindungsanteile erleichtert wird[1].

Zur allgemeinen Beurteilung von Glaszuständen, die durch Erstarren binärer Schmelzen entstehen, empfiehlt sich die Betrachtung der Viscositätsverhältnisse in Flüssigkeitsgemischen. Von allen drei unter a), b) und c) besprochenen Mischbindungstypen sind Beispiele für Stoffpaare bekannt, deren Schmelzen bei bestimmten temperaturabhängigen Konzentrationen Zähigkeitsmaxima besitzen, wodurch das Vorhandensein temperatur- und konzentrationsabhängiger Bindungsanteile belegt und die Bildung entsprechender Assoziations- oder Polymerisationskomplexe angezeigt wird. Gelingt eine ausreichende Unterkühlung solcher Systeme, so können die verschiedensten Möglichkeiten von lückenloser oder partieller Glasbildung im verfügbaren Konzentrationsbereich verwirklicht werden (*52*).

[1] In diesem Zusammenhange würde die Auffindung und Untersuchung weiterer gemischt anorganisch-organischer Gläser von besonderem Interesse sein. Glasbildende Silikone sind derartigen Mischgläsern nicht beizuzählen, da sie wie die normalen Silicatgläser nur durch Sauerstoffbrücken verkettet sind; ihre organischen Bestandteile beschränken sich auf Alkylgruppen, die an Stelle einfach gebundener Sauerstoffatome eingeführt sind; vgl. R. Schwarz: Glastechn. Ber. **22**, 289 (1949).

Als besonders eingehend untersuchtes Beispiel der erstgenannten Art sei das System Chinolin—m-Kresol hervorgehoben, dessen Assoziationseffekte im Flüssigkeitsbereich außer durch Viscositätsdaten auch durch Messungen der Mischungsenthalpien, Molwärmen und Mischungswärmen, der Volumeffekte, Dielektrizitätskonstanten, Oberflächenspannung, sowie der Lichtabsorption im sichtbaren und ultraroten Spektralbereich festgelegt sind (*53*). Das System gehört zu den stärkst-exothermen Flüssigkeitsgemischen mit erheblicher Volumskontraktion; die Viscosität besitzt bei sinkender Temperatur ein steiles Maximum beim Molverhältnis 1:2, wo die Gemische der an sich farblosen Reinstoffe auch die stärkste Grünfärbung aufweisen. Die Ultrarotspektren sprechen für die *Bildung von N-H-Brücken zwischen Chinolin und m-Kresol.* Die dadurch hervorgerufene Assoziation ist so beträchtlich, daß zwischen 10 und 85% Chinolin trotz besonderer Bemühungen Krystallisation nicht erzwungen werden konnte. Ähnlich beständige Glaszustände bildet auch das System Pyridin—m-Kresol im mittleren Konzentrationsgebiet (*54*).

Von großem Interesse sind ferner jene Fälle, in denen *die reinen Komponenten keine Glasbildner* sind, sondern *nur ihre Gemische bestimmter Konzentrationsbereiche,* wobei auch hier wiederum einfache stöchiometrische Mengenverhältnisse bevorzugt sein können. Das gilt beispielsweise für eine ganze Reihe von organischen Verbindungspaaren wie Propionamid—Brenzkatechin oder p-Aminobenzoesäure—p-Phenylendiamin[1], sowie für die Umgebung der Zusammensetzungen $K_2Mg(CO_3)_2$ (*55*) und $K_4Ca(NO_3)_6$ (*56*) in den zugehörigen binären Carbonat- und Nitratsystemen. Hier wird sich allerdings stets die nicht leicht zu entscheidende Frage erheben, ob die reinen Komponenten auf anderen Wegen ebenfalls als Glasbildner erwiesen werden könnten. Bedenkt man, daß einfache Nitrate, darunter auch KNO_3, durch Abschrecken kleinster Stoffmengen glasig erhalten werden konnten (*57*), kann dies zumindest im Falle des Nitratsystems als wahrscheinlich gelten. Auch in solchen Fällen bleibt es jedoch offenkundig, daß der Mischbindungscharakter in zusammengesetzten glasig-amorphen Stoffzuständen von den Konzentrationsverhältnissen abhängig ist.

[1] Die freundliche Mitteilung von mehr als zwanzig derartigen organischen Verbindungspaaren verdankt der Verf. Herrn und Frau L. Kofler, Innsbruck, unter dem 8. August 1948.

Die in diesem Abschnitt zusammengestellten Eigenschaften zeigen, daß die glasbildenden Stoffe tatsächlich insgesamt gemischten chemischen Bindungsarten angehören, wobei stets ein richtender unpolarer Bindungsanteil vorhanden ist[1]. In welchem Spielraum der Betrag des richtenden Bindungsanteils vorhanden und veränderlich sein muß, um Glasbildung zu ermöglichen, ist jedoch vorerst nicht genauer angebbar, da solche Aussagen auf die tatsächlichen Glasstrukturen Bezug nehmen müßten, nicht aber auf die bei verschiedenen Stoffen davon stark abweichenden Verhältnisse in Krystallstrukturen (*58*). —

Verbindet man die Schlußfolgerungen des vorigen Abschnittes (§ 5) mit dem vorliegenden, dann zeigt sich jedenfalls, daß *das konkrete Ergebnis des Zusammenwirkens richtender sowie ungerichteter Bindungsanteile für Glaszustände in der Ermöglichung anpassungsfähiger Bausteinbrücken bestehen muß.* Kann das Problem der Glasbildung, unter diesem Gewichtspunkt betrachtet, eine noch weitergehende allgemeine Beantwortung zulassen? Wir halten das für unwahrscheinlich, nachdem es keine zwei Atomarten gibt, die identische Bindungseigenschaften besitzen, und selbst homologe Elemente zwar ähnliche, aber eben doch systematisch verschiedene Bindungsmöglichkeiten darbieten, die unter dem hier unausschaltbaren *Einfluß der Wärmebewegung* noch weitere Differenzierungen erfahren mögen[2].

---

[1] Daß einzelne glasbildende *Oxyde* unpolare („kovalente") Bindungsanteile zu besitzen scheinen, haben bereits W. H. ZACHARIASEN: J. Amer. Chem. Soc. **54**, 3841 (1932), und namentlich G. HÄGG: J. Chem. Phys. **3**, 42 (1935), angemerkt. Als auswählendes Prinzip für sämtliche glasbildenden Stoffe einschließlich der elementaren und der organischen Glasbildner [A. SMEKAL, vgl. (*57*)], ist die Forderung gemischter Bindungsart von anderer Seite jedoch nicht erhoben worden, obwohl das Ausmaß der kovalenten Bindungsanteile, von krystallchemischen Daten ausgehend, verschiedentlich bei Berechnungsversuchen für die Bindungsenergien oxydischer Glasbildner berücksichtigt wurde; vgl. etwa J. E. STANWORTH: J. Soc. Glass Techn. **30**, 54 (1946); **32**, 154 (1948); Glastechn. Ber. **23**, 297 (1950), und K. H. SUN: J. Amer. Chem. Soc. **30**, 277 (1947). Doch ist z. B. die Argumentation von H. COLE: J. Soc. Glass Techn. **31**, 114 (1947), besonders auf S. 116, dem entscheidenden Punkt ziemlich nahegekommen.

[2] Dies dürfte z.B. an Verschiedenheiten des Temperaturganges der Wärmeausdehnung von SiO_2- und GeO_2-Glas nachweisbar sein. — A. DIETZEL: Glastechn. Ber. **22**, 41 (1948), S. 48, hat erkannt, daß den Wärmeschwingungen der Brückenbindungen in der Valenzrichtung im Falle gemischter Bindungsart verhältnismäßig große Schwankungen der Bindungsfestigkeit entsprechen.

Zur Illustration der *Individualität von Brückenbindungen* können bereits im Bereiche der Oxydgläser und ihrer Homologen einfache Beispiele genannt werden: etwa das Glaspaar SiO_2, BeF_2, in welchem die Sauerstoffbrücken auf *Mischbindungen durch normale Elektronenzahlen* zurückzuführen sind, die Fluorbrücken dagegen *Mischbindungen mit Elektronendefizit beim Metallatom* darstellen[1], weil das Berylliumatom nur *zwei* Valenzelektronen besitzt, im Berylliumfluoridglas jedoch *vier* Brückenbindungen zu betätigen hat[2]. Ferner mögen die Sauerstoffbrücken der Gläser As_2O_3 und Sb_2O_3 erwähnt werden, die hinsichtlich der beteiligten Elektronensysteme keinem der übrigen glasbildenden Oxyde vergleichbar sind, weshalb ihre Bindungsenergien wenig mehr als die Hälfte der Bindungsenergien der letzteren betragen[3]; das gleiche gilt auch für den Größenunterschied der Bindungsenergien der Schwefelbrücken in den Sulfidgläsern As_2S_3 und GeS_2. Die Sauerstoffbrücken des Arsentrioxydglases dürften im übrigen als *metastabile Bindungszustände* anzusprechen sein, nachdem oben betont wurde, daß dieses Glas in Raumtemperatur nicht mehr beständig ist, die Fähigkeit zur Brückenbildung hier also bei Temperatursenkung verlorengeht. Aus ähnlichen Gründen sollten thermische Anregungszustände auch an den Stickstoffbrücken des polymeren Phosphornitrilchlorids und an den Schwefelbrückenbindungen im Fadenschwefel beteiligt sein; ferner sind sie wesentlich für die freie Drehbarkeit und Knäuelung der Kettenglieder von Hochpolymeren.

§ 7. Netzwerk-Gläser und Ketten-Gläser.

Die Zweiteilung der unregelmäßigen Molekularzustände von Glasbildnern in Raumnetzpolymere und Kettenpolymere (§ 5) bedingt zwei Typen von Glaszuständen, deren Eigenschaften in

[1] Vgl. die Untersuchungen von Rundle und Pauling über derartige „electron-deficient bonds", zuletzt am Beispiel des (offenbar nicht-glasbildenden) $Be(CH_3)_2$ bei A. J. Snow u. R. E. Rundle: Acta cryst. **4**, 348 (1951).

[2] Zur Beurteilung des Mischbindungseinflusses bei den Stoffpaaren SiO_2 und BeF_2 bzw. BeF_2 und BeO hat J. E. Stanworth: Glastechn. Ber. **23**, 297 (1950), S. 300, versucht, mit krystallchemischen Daten auszukommen, ohne den Mangelbindungscharakter des Berylliumfluorides zu berücksichtigen.

[3] Die Verschiedenheit dieser Bindungsenergien ist ohne Deutungsversuch auch bereits von J. E. Stanworth: J. Soc. Glass Techn. **32**, 154 (1948), bemerkt worden.

bestimmten Temperaturgebieten so grundsätzlich voneinander abweichen, daß dort der Charakter völlig verschiedenen Stoffverhaltens entsteht. Nachdem die Ausbildung dieser Verschiedenheiten bei reversibel erweichenden Glaszuständen mit dem Erstarrungsvorgang verbunden ist, sollen hier einige Hinweise darauf gegeben werden und die Veranlassung zur Kennzeichnung der Übergangstypen bilden. Vorausgeschickt sei noch, daß die „Netzwerkgläser“

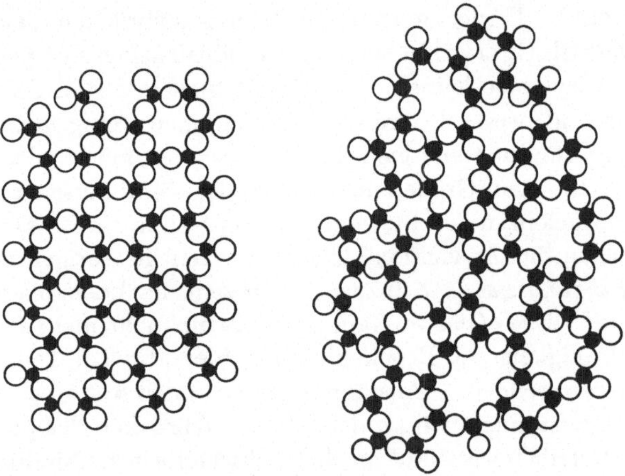

Abb. 2. Geordnetes Netzwerk des Krystallzustandes sowie ungeordnetes Netzwerk des Glaszustandes eines Oxydes von der Form A_2O_3 in schematischer zweidimensionaler Darstellung nach W. H. ZACHARIASEN, 1932.

ihre Vertreter vorwiegend, wenn auch nicht ausschließlich, unter den glasbildenden anorganischen Verbindungen (§ 6a) haben, die „Kettengläser“ vorwiegend unter den glasbildenden Elementen (§ 6b) und organischen Verbindungen (§ 6c). Diese *angenäherte* Koinzidenz der strukturellen und der chemischen Gruppierung der Glasbildner könnte dazu Veranlassung geben, *die technologische Stoffbezeichnung „Glas“ den Netzwerkgläsern anorganischer Verbindungen vorzubehalten*[1].

Zur Veranschaulichung des Unterschiedes zwischen Krystall- und Glaszustand eines Netzwerk-Glasbildners sind in Abb. 2 nach ZACHARIASEN schematische zweidimensionale Darstellungen für ein Oxyd von der Zusammensetzung A_2O_3 wiedergegeben unter der Voraussetzung, daß beiderseits eine Sauerstoff-Dreierkoordination um die A-Atome vorhanden ist.

[1] Diese terminologische Bemerkung ist zur Ergänzung von § 1 bestimmt; sie hätte an früherer Stelle nicht begründet werden können.

Während jede Masche des Krystallgitters hier sechs gleichwertige Dreiecksgruppen umfaßt, sind im Netzwerk des Glaszustandes ungleiche Maschen mit vier, fünf, sechs und mehr Dreiecksgruppen angenommen. Die Bedingung des Kräftegleichgewichtes für jeden Netzwerkbaustein fordert, daß die Winkel zwischen benachbarten Sauerstoffbrücken und die Längen dieser Brücken gewisse Verschiedenheiten aufweisen[1]. Die Mischbindungsnatur der von den Bausteinen betätigten Wechselwirkungskräfte (§ 6) stellt die molekular-physikalische Voraussetzung dafür dar, daß diese Abweichungen von den Normalwerten der Brückenlängen und Valenzwinkel, die hier im Krystallgitter verwirklicht sind, erhalten bleiben, anstatt den Zusammenbruch des Glaszustandes herbeizuführen. Für die thermodynamische Metastabilität des letzteren (§4) ist maßgebend, daß der Übergang in den Krystallzustand nicht durch Verrückung einzelner oder weniger Bausteingruppen erzielt werden kann, sondern die *Umordnung ausgedehnter Gebiete* erfordern würde, an denen zahlreiche Bausteingruppen beteiligt sind[2]. Daran ändert sich auch nichts, wenn man beliebige Krystallgitterbereiche in das unregelmäßige Netzwerk des Glaszustandes eingebaut voraussetzt, womit die Unbedenklichkeit der Anwesenheit von Krystallkeimen ersichtlich wird, solange keine die Einzelanlagerung von Bausteingruppen vermittelnde ausreichende thermische Beweglichkeit vorhanden ist (§ 4).

Zum Vergleich dieser Sachlage mit den Besonderheiten von „Kettengläsern" sei aus Gründen der Einfachheit vorausgesetzt, daß am Bau des Kettenpolymeren nur unverzweigte Kettenmoleküle beteiligt sein mögen. Die Unordnungsbedingung verlangt hier, daß die Ketten verknäuelt und gleichzeitig durcheinandergewirrt sind, wobei die Lage jedes Kettengliedes teils durch jene seiner beiden Kettennachbarn bestimmt wird, teils durch jene von Gliedern anderer Ketten, die der Nachbarschaft des betrachteten Kettengliedes angehören. Die von den Bausteinen betätigten Wechselwirkungskräfte sind hier verschieden je nachdem, ob es sich um Nachbarn der ersteren oder der letzteren Art handelt. Die Bedingung des Kräftegleichgewichtes verlangt auch bei wesentlich schwächeren zwischenmolekularen Bindungen, daß die Lage jedes einzelnen Kettengliedes durch die jeweiligen Anzahlen und Abstände seiner der eigenen Kette nicht angehörenden Nachbarn mitbestimmt wird. Das ist wiederum nur gewährleistet, wenn sämtliche Wechselwirkungen, insbesondere auch jene der Kettenvalenzen, den Charakter nachgiebiger Mischbindungen besitzen. Auch die thermodynamische Metastabilität gegenüber dem Krystallzustande ist wiederum dadurch gekennzeichnet, daß nicht die Lageänderung einzelner oder weniger Kettenglieder, sondern die *Umordnung ausgedehnter Gebiete* zur Herstellung der Regelmäßigkeit des Krystallgitters erforderlich wäre. Man erkennt, daß die Ketten*längen* dafür eine ausschlaggebende Rolle spielen und daß bei den

[1] Ausmaß und Häufigkeit solcher Schwankungen der Brückenlängen und Valenzwinkel bedingen z. B. die Verbreiterung der Ultrarot- und RAMAN-Frequenzen wirklicher Glaszustände gegenüber den Krystallzuständen. Vgl. dazu A. SMEKAL: Glastechn. Ber. **22**, 177 (1949).

[2] Bestimmungen der Abmessungen solcher Gebiete scheinen bisher nicht vorzuliegen.

Molekülen Hochpolymerer mit Zehn- oder Hunderttausenden von Kettengliedern, ein Krystallzustand überhaupt nicht verwirklichbar ist (§ 6 c).

Soweit die zwischenmolekularen Wechselwirkungen der Bausteine benachbarter Kettenmoleküle als lokalisierbare Nebenvalenzen gelten dürfen, werden die Ketten durch sie ebenfalls zu einer Art von Netzwerk verknüpft. Der Unterschied gegenüber den eigentlichen Netzwerkgläsern beschränkt sich dann darauf, daß diese Querbindungen merklich geringere Festigkeiten aufweisen. Wir betrachten nun den Einfluß dieser Verschiedenheit auf den Verlauf des Erstarrungsvorganges beider Arten von Glaszuständen.

Jede Temperatursenkung einer Glasschmelze bewirkt auch im hochviscosen Flüssigkeitszustande, daß die momentane Volumenabnahme einen Umordnungsvorgang der Molekularbausteine auslöst — weil die Nichtlinearität der Wechselwirkungskräfte die Einstellung neuer kinetischer Gleichgewichtsabstände verlangt (*59*). Diese Umordnung benötigt Zeit, da ihr die Viscosität der Schmelze entgegenwirkt; wegen der Verschiedenheiten der beteiligten Assoziat- oder Polymerisatformen und -größen ist der Vorgang überdies nicht einheitlich und wird auf verschiedene Teilvorgänge zurückführbar sein. *Faßt man das Erstarren der Glasschmelze als Erliegen der Umordnungserscheinungen auf, dann muß es somit mehrstufig vor sich gehen* (*60*). Zur quantitativen Beschreibung ist der Umordnungsvorgang von W. KUHN als Abklingen einer Störung seines Endzustandes betrachtet und durch Zuordnung einer Mehrzahl von *Relaxationszeiten* beschrieben worden (*61*), die den „Zusammenhaltsmechanismen" seiner Teilvorgänge im Sinne einer Verallgemeinerung des MAXWELL*schen Zusammenhanges zwischen Viscosität und Elastizität von Flüssigkeiten* zugehören, wodurch den Teilvorgängen auch bestimmte Viscositäts- und Elastizitätsanteile zukommen (*62*). Wegen ihrer einheitlichen Bindungsfestigkeiten sind die *Relaxationszeiten der Netzwerkgläser von übereinstimmender Größenordnung* (*63*), so daß sich der Erstarrungsbereich hier über ein *schmales Temperaturgebiet* erstreckt und für Zeiten von etwa 100 sec durch die ziemlich *einheitliche Einfrierviscosität von* $2 \cdot 10^{13}$ *Poisen* gekennzeichnet ist (*64*). Dagegen bedingt das Zusammenwirken von Haupt- und Nebenvalenzbindungen, daß die *Relaxationszeiten von Kettengläsern verschiedene Größenordnungen besitzen können* und infolgedessen *ausgedehnte Erstarrungsbereiche* aufweisen (*61*).

An der oberen Temperaturgrenze dieses Gebietes wird die gegenseitige Lage der Kettenmoleküle eingefroren und damit ihre „Makro-BROWNsche Bewegung" stillgelegt, während die Kettenglieder wegen der Schwäche der Nebenvalenzen in ihren Gelenken weiterhin thermisch beweglich bleiben, so daß erst das Erliegen dieser „Mikro-BROWNschen Bewegung" die untere Grenze des Erstarrungsbereiches bestimmt (*61*). Innerhalb dieses Erstarrungsgebietes ist das Stoffverhalten makroskopisch bereits form*fest*, molekular dagegen noch *flüssigkeits*ähnlich, wenn auch bereits bei „fixierter Struktur" (*65*). Nach seiner auffälligsten Eigenschaft bewertet, handelt es sich um einen *hochelastischen Stoffzustand*, weil durch die fortdauernde Beweglichkeit der Kettenglieder beträchtliche mechanisch-reversible Dehnungen ermöglicht werden. Dieser Zwischenzustand umfaßt auch den der „Kautschukelastizität", falls die Dehnung im Sinne von E. WÖHLISCH und

K. H. Meyer mit einer thermodynamisch-statistischen Entknäuelung von Makromolekülen verbunden ist. Für die an das Stoffverhalten in Raumtemperatur anknüpfende Beurteilung sind die normalen Eigenschaften des *Kautschuks* für einen Glasbildner durchaus ungewöhnlich; sein ausgedehntes Einfriergebiet reicht bis —65° C, so daß der vollfixierte Zustand dieses Kettenglases sich erst von da ab nach tieferen Temperaturen erstreckt. Beim Polymethacrylsäuremethylester dagegen befindet sich der hochelastische Bereich etwa zwischen +160° und +70° C, so daß in Raumtemperatur bereits sprödes *Plexi„glas“* vorliegt. Das kettenpolymere *Selenglas* existiert von +30° C abwärts (*66*) und besitzt ein bedeutend schmäleres hochelastisches Gebiet (*67*).

Ausgedehnte, durch Hochelastizität gekennzeichnete Erstarrungsbereiche stellen somit eine den kettenpolymeren Glasbildnern vorbehaltene, technisch sehr bemerkenswerte Eigenschaft dar.

Die Gegenüberstellung der Strukturen von Netzwerkgläsern und Kettengläsern zeigt im übrigen so weitreichende Entsprechungen, daß beide Typen als Grenzfälle der allgemeinen Möglichkeit einer gleichzeitigen Verwirklichung beider Bauprinzipien betrachtet werden können (*68*). Solche übergeordnete Strukturen erhält man, wenn in einem Netzwerkglas eine bestimmte Menge von Bausteinbrücken beseitigt und durch schwache Nebenvalenzbindungen ersetzt oder wenn in einem Kettenglas an Stelle einer Anzahl von Nebenvalenzbindungen Bausteinbrücken eingeführt würden. Zunehmende *Aufspaltung eines Netzwerks* muß seine Erweichungstemperatur herabsetzen, steigende *Vernetzung eines Kettenpolymeren* dessen thermische und chemische Widerstandsfähigkeit erhöhen. Zusatzstoffe, die ersteres bewirken, können ganz allgemein als „Weichmacher“, solche, die das Gegenteil hervorrufen, als „Vernetzer“ (Netzbildner) bezeichnet werden[1]. Beide Funktionen sind nur bezüglich eines ganz bestimmten Glaszustandes eindeutig definiert und können gegebenenfalls sowohl von anderen Glasbildnern als auch von nicht glasbildenden Stoffen erfüllt werden.

Als Beispiele für Vernetzungserscheinungen seien angeführt: die „Vulkanisierung“ des Kautschuks durch Einbau von *Schwefelbrücken*, die Verknüpfung der Kettenmoleküle des unterkühlten Äthylalkohols durch zusätzliche, von Wassermolekülen gelieferte *Wasserstoffbrücken* (*69*), die katalytische Oxydation von kettenpolymeren Silikonen zu vernetzten Silikonharzen, wobei Paare von endständigen Alkylgruppen durch *Sauerstoffbrücken* ersetzt werden (*70*).

Die Herstellung der gebräuchlichen Silicatgläser dagegen benutzt, vom reinen netzpolymeren Kieselglas aus gesehen, eine *Aufspaltung von Sauerstoffbrücken*, z. B. durch Einführung der nichtglasbildenden Oxyde von Alkali- oder Erdalkalimetallen als „Weichmacher“, wodurch eine bedeutende Herabsetzung der Schmelz- und Bearbeitungstemperaturen erzielt

[1] Diese Bezeichnungen entstammen dem Kunststoffgebiet, sind aber offenbar allgemein anwendbar. Auf den Einbau weiterer Zusatzstoffe, die Krystallausscheidungen ermöglichen (Silicatgläser) oder als „Füllstoffe“ benutzt werden (z. B. in synthetischen Kautschukarten), kann nicht näher eingegangen werden.

wird[1]. Über die Wirksamkeit der verschiedensten Oxydzusätze als „Vernetzer“ oder „Weichmacher“ in silicatischen oder anderen Oxydgläsern enthält die einschlägige Spezialliteratur nähere Angaben[2].

Anhang I. Mikrostrukturen von Glaszuständen.

Die bisherige Beschreibung der Molekularanordnungen in Glaszuständen hat stillschweigend angenommen, daß alle Ketten- und Netzwerkstrukturen grundsätzlich chemisch einheitlich und lückenlos ausgebildet sind. Nachdem eine Reihe von wichtigen Eigenschaften der wirklichen Glaszustände diesen Erwartungen nicht entspricht, bleibt noch zu prüfen, ob die Verschiedenheiten mit zu den *Existenzbedingungen* solcher Zustände gehören. Dabei kann die bereits mehrfach berührte Problematik amorpher Niederschläge und Aufdampfschichten hier außer Betracht bleiben (§§ 3, 4, 5) und die Fragestellung wesentlich der auf Erstarren von Flüssigkeiten beruhenden Glasbildung zugewendet sein.

Die Ungleichförmigkeit der Molekularanordnung und die damit zusammenhängende Mehrstufigkeit des Erstarrungsvorganges (§ 7) bedingen eine andersartige und stärkere Verspannung innerhalb des Netzwerks eines Glaszustandes als im Netzwerk der Glasschmelze kurz vor Einfrierbeginn. Solche Verspannungen sind durch die beträchtliche unsymmetrische Starkeffektverbreiterung einer Europium-Linie sichergestellt, deren Träger als Oxydzusatz einem Silicatglas beigefügt und dort in „Weichmacher“-Position eingebaut waren (*71*). Die Größenordnung der zugehörigen elastischen Zug- und Druckspannungen ergab sich bis zu rund 10000 kg/cm^2 (*72*), so daß im eigentlichen Netzwerk noch stärkere Anspannungen bestanden haben mögen, deren obere Grenze in jedem Falle durch die Bindungsfestigkeit der Sauerstoffbrücken bei rund 100000 kg/cm^2 gegeben war. Demnach hat es den Anschein, daß der Erstarrungsvorgang mit *spontanem innerem Aufreißen des Netzwerkes an Orten maximaler Zugspannungen* verbunden sein kann (*73*). Vergleichsversuche mit einem Kettenpolymeren lieferten keine merkliche Linienverbreiterung, im Einklang mit der Erwartung, daß der Einbau der Europium-Leuchtsonden hier nur im Bereich schwacher Nebenvalenzwirkungen zwischen den Kettenmolekülen stattfindet (*74*).

Die Ungleichförmigkeit der Molekularanordnung und die Mehrstufigkeit des Erstarrungsvorganges müssen ferner zur Folge haben, daß das Erstarren bei gleichförmiger Temperaturverteilung an zahlreichen voneinander unabhängigen Orten gleichzeitig beginnt und inselförmig fortschreitet (*75*). Bedingt dies unvollkommene Vernetzung der zusammentreffenden

---

[1] Das gleiche Produkt kann ebensogut auch als Ergebnis einer *Vermehrung von Sauerstoffbrücken* durch Einführung des „Vernetzers“ SiO_2 beschrieben werden, wenn der wenig vernetzte Glaszustand eines niedrig schmelzenden Alkali- oder Erdalkalisilicats als Ausgangszustand gewählt würde. Die im Text gewählte Darstellung entspricht dem technischen Herstellungsvorgang.

[2] Siehe etwa die in (*41*) gemachten Literaturangaben.

Erstarrungsbereiche, dann können auch auf diesem Wege *innere Grenzflächen* gebildet werden. Eine Entstehung *kolloidartiger Überstrukturen* ist auch für die durch verschiedene Arten von Polymerisationsvorgängen gelieferten Stoffzusammenhänge in synthetischen Hochpolymeren vermutet worden (*76*). Zur Homogenisierung des Erstarrungsvorganges kann man ein Temperaturgefälle benutzen und möglichst geringe Abmessungen wählen. Aus den mechanischen Festigkeitseigenschaften in dieser Weise hergestellter dünner Folien und Fäden ergibt sich tatsächlich eine weitgehende Abwesenheit von Wirkungen innerer Grenzflächen, indem Glasfäden mit Durchmessern von wenigen Mikron in Stücken von beträchtlicher Länge Zugfestigkeiten besitzen, die der Festigkeit der Sauerstoffbrücken des Netzwerkes (100000 kg/cm^2) nahekommen (*77*). Mechanische Festigkeiten dieser Größenordnung findet man auch an Silicatglasproben mit beliebigen Abmessungen, wenn die Größe der mechanisch beanspruchten Raumteile so klein gewählt wird, daß darin keine inneren Grenzflächen mehr vorkommen (*78*).

Die chemische Homogenität wirklicher Glaszustände ist beeinträchtigt durch in den Ausgangsstoffen vorhandene unvermeidliche *Fremdstoffgehalte,* die in den Gläsern *teils molekulardispers, teils als Ultramikronen eingebaut* sind[1]. Glasbildende Oxyde, Sulfide usw. sind ferner von den Halbleitereigenschaften ihrer Krystallzustände dafür bekannt, daß sie Abweichungen von der stöchiometrischen Zusammensetzung aufweisen; das gilt nicht nur für ungesättigte Verbindungsstufen, sondern auch für die gesättigten Verbindungen wie z. B. reines Kieselglas, SiO_2, das durch reduzierende Behandlung Sauerstoffbrücken einbüßt (*79*). Nachdem die Weichmachergehalte zusammengesetzter Gläser nicht durch Brückenbindungen fixiert sind, enthalten oder stellen sie vielfach verhältnismäßig leicht bewegliche Bestandteile dar, wie etwa Alkaliionen in Silicatgläsern oder Monomerengehalte in Kunststoffen; auch an solchen Bestandteilen treten in erhöhten Temperaturen Verluste ein. Ausgedehntere äußere Oberflächen, wie bei sehr dünnen Folien und Fäden, können daher zu merklichen Änderungen der chemischen Zusammensetzung Veranlassung geben[2].

Die abweichende Raumbeanspruchung molekulardispers oder kolloidal verteilter Fremdstoffe und ihre besondere Temperaturabhängigkeit machen derartige Ausscheidungen zu Zentren von Eigenspannungen im erstarrten Glasgerüst[3]. Das vorhin erörterte spontane innere Aufreißen infolge der inneren elastischen Verspannungen des Netzwerkes wird daher bevorzugt an solchen Eigenspannungszentren stattfinden. Anzahl und Wirksamkeit derartiger „Fehlstellen" sind ausreichend, um insbesondere von den dafür

[1] Nicht nur in technischen, sondern auch in optischen Gläsern sind ultramikroskopische Fremdstoffteilchen nachweisbar, ebenso in Kunststoffen wie Polystyrol und Polymethacrylsäuremethylester (Plexiglas).

[2] Beobachtungen an Silicatglasfäden verschiedener Sollzusammensetzung haben in einigen Fällen verminderte Dichten und veränderte elastische Eigenschaften ergeben.

[3] Nachgewiesen durch Untersuchungen an Bruchflächen von Silikatgläsern, Polystyrol und Plexiglas.

empfindlichen mechanischen Festigkeitseigenschaften der Glaszustände Rechenschaft abzulegen (*80*).

Die Gesamtheit der in einem Glase vorhandenen Abweichungen von einer idealen Ausbildung seiner molekularen Struktur werde, ebenso wie bei Krystallen, die *Mikrostruktur* des Festkörpers genannt (*81*). Ihre Beschaffenheit ist von der chemischen, thermischen und mechanischen Vorgeschichte abhängig und kann durch ähnliche Maßnahmen zusätzlich beeinflußt werden (*80*). Weder die Entstehung von Mikrostrukturen durch Vermittlung der vorhin aufgezeigten Störeinflüsse, noch ihre Tragweite für die Eigenschaften realer Glaszustände geben Veranlassung dazu, für die auf Erstarren von Flüssigkeiten beruhenden Glasbildungen auf die Notwendigkeit weiterer grundsätzlicher Existenzbedingungen zurückzuschließen.

Anhang II. Phasentrennung und Krystallisation in Glasschmelzen.

Von unterkühlten hochviscosen Glasschmelzen einheitlicher Zusammensetzung kann angenommen werden, daß sie gewissermaßen *innere Gleichgewichtszustände* darstellen, wie auch die erfolgreiche Beschreibung der Erstarrungsvorgänge voraussetzte (§ 7); jedenfalls handelt es sich um wohldefinierte Zustände, die *keinen Einfluß ihrer Vorgeschichte* erkennen lassen, *sobald Keimbildung und Krystallwachstum praktisch ausgeschaltet sind.*

ÄhnlicheVerhältnisse gelten in vielen Fällen auch für zusammengesetzte Glasschmelzen, die als mehrkomponentige Flüssigkeitsgemische anzusprechen sind. Aus der Temperaturabhängigkeit der Viscosität und der Alkaliionenleitfähigkeit derartiger Silicatglasschmelzen kann man ferner entnehmen, daß ihre molekulare Beschaffenheit im betrachteten Temperaturgebiet merklich unverändert bleibt. Diese hochviscosen Schmelzgemische verhalten sich demnach ähnlich wie normale Flüssigkeiten; dabei sind die wechselseitigen Löslichkeitseigenschaften der Komponenten offenbar die gleichen wie im niederviscosen Gebiet, trotz der veränderten Aggregationsbedingungen. Solches Verhalten ist nicht selbstverständlich. Da bei krystallisationsfähigen Schmelzen zwischen beiden Gebieten keine vermittelnden Gleichgewichtsübergänge bestehen, kann man nicht nachprüfen, ob die Löslichkeitseigenschaften im Zwischengebiet Änderungen erfahren. Demnach besteht die Möglichkeit, *unterkühlbare Flüssigkeitsgemische* zu finden, *die im unterkühlten Zustande Entmischung zeigen.*

Solche Entmischungen sind im ternären System SiO_2—B_2O_3—Alkalioxyd gefunden worden (*82*), das durch Aluminiumphosphat noch erweitert werden kann (*83*). Als Beispiel sei die Zusammensetzung 75% SiO_2, 20% B_2O_3, 5% Na_2O genannt, die eine normale Borosilicatschmelze liefert und zu einem einheitlichen Glase erstarrt. Wiedererweichen durch Erhitzung auf 600° C liefert nach entsprechender Wartezeit die durch bläuliche Lichtzerstreuung angezeigte Entmischung in eine nahezu reine SiO_2-Phase und eine Alkaliboratphase. Die letztere ist dabei räumlich so verteilt, daß sie aus dem wiedererstarrten Glase durch verdünnte Säuren nahezu vollständig herausgelöst werden kann, wobei im SiO_2-Gerüst ein Porensystem auftritt, das bei einem Leerraum von 30% mittlere Porendurchmesser von etwa

0,002 μ besitzen soll (*84*)[1]. Die Ausscheidung der Alkaliboratphase entsteht demnach keineswegs krystallin, wie man zunächst hätte erwarten können, sondern amorph-flüssig oder krypto-krystallin — im letzteren Falle offenbar ohne eigentliche Krystallisationszentren —, so daß tatsächlich von einer *Phasentrennung innerhalb der hochviscosen Glasschmelze* gesprochen werden darf[2]. Für ihr Auftreten gerade im System SiO_2—B_2O_3—Na_2O dürfte das Zusammentreffen mehrerer Besonderheiten maßgebend sein. Die Einzelwirkungen einer Aufspaltung des räumlichen SiO_2-Netzwerkes durch B_2O_3 und Na_2O scheinen einen größeren Energieaufwand zu bedingen als die Bildung des hier durch teilweise Sauerstoff-Viererkoordination des Bors ausgezeichneten Alkaliboratnetzwerkes — wodurch die aus dem leichtflüssigen Zustande mitgebrachte vollständige Vermischung metastabil wird[3]. Wesentlich ist ferner, daß die SiO_2-Phase unter beträchtlichem Viscositätsanstieg gebildet und für das Alkaliborat immer undurchlässiger wird, womit die für eine krystalline Ausscheidung des Borats unerläßliche Stoffzufuhr unterbunden bleibt.

Normale Ausscheidungsvorgänge in hochviscosen Glasschmelzen sind dagegen stets mit Krystallisation verbunden. Die Langsamkeit der Stoffzufuhr und die größere Raumbeanspruchung der amorphen Phasen begünstigen ein *tangentiales Flächenwachstum*, so daß die *Ausscheidungsprodukte stets von wohldefinierten Krystallflächen begrenzt* sind[4]. Darin tritt auch keine Änderung ein, wenn „Entglasung" in stoffgleicher Umgebung stattfindet, wie z. B. bei Na_2SiO_3 oder $Na_2Si_2O_5$, wo Behinderungen der Stoffzufuhr durch Schmelzbereiche anderer Zusammensetzung fortfallen(*85*)[5].

---

[1] Das glasige SiO_2-Gerüst kann dicht gesintert werden und stellt dann ein unter der Handelsbezeichnung Vycor verwendetes Quarzglas dar, welches etwa 96% SiO_2 enthält (Rest B_2O_3 und Spuren von Na_2O und Al_2O_3) und sich von reinem Quarzglas nur wenig unterscheidet, aber wesentlich billiger herstellbar ist.

[2] Handelt es sich bei der Alkaliboratphase um eine amorphe Ausscheidung, dann muß die Zwei-Phasen-Glasschmelze *zwei* verschiedene Erstarrungstemperaturen aufweisen. Die Leitfähigkeitsmessungen von H. Schönborn: Z. Phys. **22**, 305—316 (1924), enthalten tatsächlich Kurvenverläufe mit zwei verschiedenen Knickpunkten, während normale Gläser nur einen solchen Punkt aufweisen, der ihrer Erstarrungstemperatur entspricht.

[3] Als Gegenbeispiel möge auf das binäre System SiO_2—CaO verwiesen werden, in dem bereits von 1700° C abwärts *zwei* nicht mischbare Schmelzphasen auftreten. Vgl. dazu B. E. Warren: J. Appl. Phys. **13**, 602 (1942).

[4] Eine von Herrn H. R. Swift im Forschungslaboratorium der Libbey-Owens-Gesellschaft in Toledo, Ohio, beobachtete Ausnahme hiervon, die dem Verf. im Herbst 1949 freundlichst überlassen wurde, harrt noch der näheren Aufklärung.

[5] Die krystallographische Begrenzung der Entglasungsprodukte befindet sich in auffallendem Gegensatz zur Krystallausscheidung bei der Rekrystallisation, die ebenfalls inmitten stoffgleicher Umgebung stattfindend, im allgemeinen auf radialer Stoffanlagerung beruht und banale Kornbegrenzungen ergibt. Von Krystallflächen umgrenzte Rekrystallisationsprodukte konnten bisher nur bei der Tieftemperatur-Rekrystallisation von NaCl erzielt werden.

Die Mischbarkeit von Stoffen in krystallinen Zuständen ist auf verhältnismäßig geringe Eigenschaftsunterschiede beschränkt. *Die glasbildenden Substanzen erlauben von der viel ausgedehnteren Mischbarkeit im Schmelzflusse Gebrauch zu machen, um die kontinuierliche Abwandlung größerer Eigenschaftsunterschiede wenigstens in amorph-festen Zuständen zu verwirklichen.* In diesem Sinne stellen auch jene zusammengesetzten oder „Mischgläser", denen keine stoffgleichen Krystallformen entsprechen, eigene bemerkenswerte Stoffgruppen dar.

Zusammenfassung.

Der vorstehende Bericht über Natur und Existenzbedingungen von Glaszuständen führt zu folgenden Ergebnissen grundsätzlicher Art, die hier in möglichster Kürze und Allgemeinheit zusammengefaßt werden:

Glaszustände sind polymere Stoffzustände mit fixierten unregelmäßigen Bausteinanordnungen (§§ 1, 2, 5).

Strukturen dieser Beschaffenheit sind zurückführbar auf Vielzahlen kettenförmiger Bausteinfolgen, auf flächenhaft verknüpfte oder räumliche Netzwerke und auf die durch zusätzliche Vernetzungen entstehenden Übergangstypen (§§ 5, 7).

Jeder Baustein dieser Strukturen besitzt daher mindestens zwei und höchstens vier nächste Gerüstnachbarn, mit denen er durch Hauptvalenzen verbunden ist (§§ 5, 7).

Wegen der grundsätzlichen Unregelmäßigkeit der Strukturen *müssen die Valenzabstände und Valenzwinkel innerhalb gewisser Spielräume Schwankungen zulassen*, was *nur bei gemischten chemischen Bindungsarten möglich ist, die einen richtenden sowie ungerichtete Bindungsanteile besitzen* (§ 6).

Die empirischen Mischbindungsvalenzen der Glaszustände genügen dieser Forderung und bestehen entweder unmittelbar zwischen bestimmten gleichartigen Bausteinen oder werden durch bestimmte Arten von Bausteinbrücken vermittelt (§ 6).

Die empirisch gesicherten Bausteinbrücken umfassen neben *Wasserstoffbrücken* nur *Acht-Elektronen-Brücken* von Sauerstoff-, Schwefel- oder Selenatomen sowie dazu isosteren Gruppen wie CH_2 oder NH, sofern es sich um normale Elektronenbindungen handelt; ferner von Halogenatomen wie Fluor, bei Elektronen-Mangelbindungen (§§ 5, 6).

Den drei einfachsten Mischbindungsarten entsprechend sind die *einfachen glasbildenden Stoffe über drei ausgeprägte Stoffgruppen verteilt: anorganische Verbindungen* mit vorwiegend unpolar-polarer Bindungsart; *Elemente* mit unpolar-metallischer bis unpolar-zwischenmolekularer Bindungsart; *organische Verbindungen* mit vorwiegend unpolar-zwischenmolekularer Bindungsart (§ 6).

In zusammengesetzten Glaszuständen sind die Koordinationszahlen bestimmter Glasbildner veränderlich (§ 5).

Soweit mit den Glaszuständen stofflich übereinstimmende Krystallzustände vorhanden sind, bestehen im allgemeinen verschiedene Koordinations- und Bindungseigenschaften, so daß krystallchemische Daten nur unter bestimmten Voraussetzungen auf Glaszustände anwendbar sind (§ 5).

Die Entstehung von Glaszuständen kann von jedem Aggregatzustand aus durch Herstellung oder Benutzung und Fixierung von Unordnungszuständen bewerkstelligt werden. Die wirksamste Fixierung erfolgt durch Kondensation an gekühlten Oberflächen oder durch Amorphisierung krystalliner Zustände im Mikroritzversuch (§ 3).

Die *Beständigkeit der Glaszustände* beruht im wesentlichen darauf, daß in ihnen zur Herstellung der Ordnung von Krystallgittergebieten eine *Umordnung ausgedehnter Raumteile erforderlich* wäre und daß solche Gebiete innerhalb der fixierten Polymerstruktur *nicht wachstumsfähig* sind. Die Temperaturgrenzen der Existenzbereiche der Glaszustände sind demnach durch *Beweglichwerden oder Zerfall ihrer Polymerstrukturen* bestimmt (§§ 4, 6, 7).

Die *Mikrostruktur der Glaszustände* als Gesamtheit ihrer Abweichungen von der ideal-unregelmäßigen Ausbildung des Gerüstbaues ist auf die *elastischen Verspannungen des erstarrten Gerüsts* und auf die *Wirkung von Fremdstoffbeimengungen* zurückführbar (§ 8).

Die Existenzbedingungen von Glaszuständen, insbesondere die geforderten Koordinations- und Bindungseigenschaften, sind so einschränkend, daß ihnen nur eine sehr begrenzte Anzahl von Stoffarten genügt. *Befähigung zur Bildung glasig-amorpher Zustände ist daher eine Sondereigenschaft bestimmter Stoffgruppen.* Zu diesen gehören auch Polymerstrukturen, die als unregelmäßig vernetzte Gemische keine stoffgleichen Krystallzustände besitzen oder wegen hochpolymerer Beschaffenheit keine Überführung in krystalline Formen zulassen. In diesen Bildungen umfaßt das Sondergebiet der glasig-amorphen Zustände somit auch bemerkenswerte selbständige Beiträge zur stofflichen Welt.

Literatur.

1. SMEKAL, A.: Über die Mikrostruktur der Festkörper. Jb. Akad. Mainz **1950**, 200—211.
2. TAMMANN, G.: Der Glaszustand. Leipzig: Voß 1933. — Aggregatzustände, 2. Aufl. Leipzig: Voß 1923.
3. SMEKAL, A.: Über die Natur der glasbildenden Stoffe. Glastechn. Ber. **22**, 278—289 (1949).
4. GLOCKER, R., u. H. HENDUS: Z. Elektrochem. **48**, 331 (1942).
5. Vgl. jetzt auch J. A. PRINS: Über den amorphen Zustand. Z. Naturforsch. **6a**, 276—277 (1951).
6. Vgl. C. WEYGAND: Naturwiss. **31**, 571 (1943); Z. phys. Chem. (B) **53**, 75 (1942). — Vgl. ferner den Bericht von W. KAST: Z. Elektrochem. **45**, 130 (1939).
7. Vgl. dazu etwa die Berichte von P. H. HERMANS: Kolloid-Z. **120**, 3 (1951). — KRATKY, O.: Kolloid-Z. **120**, 24 (1951). — KAST, W.: Kolloid-Z. **120**, 40 (1951).
8. Vgl. H. RICHTER: Phys. Z. **44**, 408—442 (1943).
9. RICHTER, H., u. O. FÜRST: Z. Naturforsch. **6a**, 38—46 (1951).
10. HIESINGER, L., u. H. KÖNIG: Heraeus-Festschrift **1951**, 376—392.
11. OTT, H.: Z. phys. Chem. (A) **193**, 218 (1944).
12. Vgl. dazu die unter (*1*) genannte Veröffentlichung sowie bereits A. SMEKAL: Nova Acta Leop. (N.F.) **11**, 527 (1942); Naturwiss. **30**, 224 (1942).
13. SMEKAL, A., u. W. KLEMM: Mh. Chem. **82**, 411—421 (1951). — KLEMM, W., u. A. SMEKAL: Naturwiss. **29**, 688—690 (1941).
14. KLEMM, W., u. A. SMEKAL: Naturwiss. **29**, 688—690 (1941).
15. KLEMM, W., u. A. SMEKAL: erscheint in den Glastechn. Ber. **1952**; vgl. auch die unter (**14**) zit. erste Veröffentlichung.
16. SMEKAL, A.: Noch unveröffentlichte Vorträge vom Juli 1944 und April 1951.
17. Vgl. K. HESS, H. KIESSIG u. J. GUNDERMANN: Z. phys. Chem. (B) **49**, 64 (1941). — GUNDERMANN, J.: Kolloid-Z. **99**, 142 (1942).
18. v. STACKELBERG, M., u. K. CHUDOBA, Z. Krist. (A) **95**, 230 (1936); **97**, 252 (1937). — v. STACKELBERG, M., u. E. ROTTENBACH: Z. Kryst. (A) **102**, 173, 207 (1940). — FAESSLER, A.: Z. Kryst. **104**, 81 (1942). — BAUER, B.: N. Jb. Min. **75**, 159 (1940).
19. Vgl. etwa den Bericht von E. JENCKEL: Kolloid-Z. **120**, 160 (1951).
20. ROTH, W. A.: Glastechn. Ber. **21**, 14 (1943); ferner für Rohrzucker bei J. GUNDERMANN: Kolloid-Z. **99**, 142 (1942); für explosibles Antimon bei H. HENDUS: Z. Phys. **119**, 265 (1942); für den metamikten Gadolinit bei A. FAESSLER: Z. Kryst. (A) **104**, 81 (1942).
21. Vgl. dazu jetzt auch J. A. PRINS: Z. Naturforsch. **6a**, 276 (1951).
22. Siehe O. KRATKY: Phys. Z. **34**, 482 (1933); Mh. Chem. **76**, 311 (1946).
23. Für flüssige Metalle vgl. C. GAMERTSFELDER: Phys. Rev. **55**, 1116 (1939); **57**, 1050 (1940); **59**, 926 (1941). — HENDUS, H.: Z. Naturforsch. **2a**, 505 (1947); **3a**, 416 (1948). — Ähnliche Feststellungen für verschiedene Stoffe in der älteren Literatur.

24. Vgl. die grundlegenden statistischen Untersuchungen von A. MÜNSTER: Z. Naturforsch. **6a**, 139 (1951). — Z. Elektrochem. **55**, 593 (1951).
25. EBERT, L.: Österr. Chem.-Ztg. **48**, 206 (1947).
26. GLOCKER, R., u. H. HENDUS: Z. Elektrochem. **48**, 327 (1942). — HENDUS, H.: Z. Phys. **119**, 265 (1942); daselbst ältere Literatur.
27. RICHTER, H., u. O. FÜRST: Z. Naturforsch. **6a**, 38 (1951).
28. Siehe die bei H. KREBS: Z. Metallkde. **40**, 29 (1949), zusammengestellten Angaben.
29. ZACHARIASEN, W. H.: J. Amer. Chem. Soc. **54**, 3841 (1932). Ausführliche Wiedergabe bei J. E. STANWORTH: Physical Properties of Glass. Oxford 1950.
30. WARREN, B. E., u. Mitarbeiter: Zahlreiche Veröffentlichungen 1934 bis 1942, eingehend referiert bei J. E. STANWORTH, a. a. O. Chapt. II.
31. WARREN, B. E.: J. Appl. Phys. **8**, 645 (1937).
32. Vgl. dazu die kritischen Angaben im Buche von J. E. STANWORTH, a. a. O., sowie Glastechn. Ber. **23**, 297 (1950), ferner die Zusammenstellung von K. H. SUN: Glass Ind. **27**, 552 (1946).
33. HIESINGER, L., u. H. KÖNIG: Heraeus-Festschr. **1950**, 376.
34. WARREN, B. E., H. KRUTTER u. O. MORNINGSTAR: J. Amer. Ceram. Soc. **19**, 202 (1936).
35. Nach J. T. RANDALL u. H. P. ROOKSBY: J. Soc. Glass Techn. **17**, 287 (1933), existiert auch ein Bi_2O_3-Glas.
36. Vgl. etwa das Buch von J. E. STANWORTH (*29*).
37. Nach L. NAVIAS: J. Amer. Ceram. Soc. **24**, 167 (1941), kann das Tantaloxyd Ta_2O_5 *keinen* Glaszustand annehmen.
38. Vgl. R. W. DOUGLAS: J. Soc. Glass Techn. Trans. **31**, 50 (1947); ferner J. S. LUKESH: Proc. Nat. Acad. Sci. **28**, 277 (1942); G. L. CLARK: J. Amer. Ceram. Soc. **29**, 177 (1946).
39. HÜTTENLOCHER, H. P.: Z. Kryst. (A) **90**, 508 (1935). — DIETZEL, A.: Glastechn. Ber. **22**, 224 (1949).
40. Vgl. dazu J. E. STANWORTH: J. Soc. Glass Techn. Trans. **32**, 154 (1948), sowie das Buch des gleichen Autors, a. a. O. S. 15—16. Siehe auch K. H. SUN: Glass Ind. **30**, 199, 232 (1949).
41. EITEL, W.: Physikalische Chemie der Silicate, 2. Aufl. Leipzig 1941. — EITEL, W.: Die heterogenen Schmelzgleichgewichte silicatischer Mehrstoffsysteme. Leipzig 1945. — MOREY, G. W.: Properties of Glass. New York 1938. — STEVELS, J. M.: Progress in the Theory of the Physical Properties of Glass. Amsterdam 1948. — DIETZEL, A.: Glasstruktur und Glaseigenschaften. Glastechn. Ber. **22**, 41—50, 81—86, 212—224 (1948/49). — SCHWARZ, R.: Silikone und ihre Beziehungen zu den anorganischen Silicatgläsern. Glastechn. Ber. **22**, 289 (1949). — STANWORTH, J. E.: Physical Properties of Glass. Oxford 1950.
42. SMEKAL, A.: Nova Acta Leop. (N.F.) **11**, 511 (1942); Verh. dtsch. phys. Ges. (3) **23**, 39 (1942); siehe ferner A. SMEKAL: Struktur der Gläser und Kunststoffe. Naturforsch. u. Med. in Deutschland 1939—1946, 8, 84—101 (1947); Glastechn. Ber. **22**, 278—289 (1949).

43. BRILL, R., C. HERMANN u. C. PETERS: Naturwiss. **27**, 676 (1939); Ann. Physik (5) **41**, 233 (1942).

44. Über die Natur der Wasserstoffbrücken vgl. etwa H. HOYER: Z. Elektrochem. **49**, 97 (1943). — BRIEGLEB, G.: Z. Elektrochem. **50**, 35 (1944). — BRILL, R.: Z. Elektrochem. **50**, 47 (1944).

45. Angaben über „organische Gläser" vor allem bei G. TAMMANN: Der Glaszustand. Leipzig 1933. — Siehe ferner K. H. MEYER u. H. MARK: Makromolekulare Chemie, 2. Aufl., Leipzig 1950 (wo auch anorganische Hochpolymere berücksichtigt sind) sowie die ausgedehnte Kunststoffliteratur, z. B. R. HOUWINK: Chemie und Technologie der Kunststoffe, 2 Bände, 2. Aufl. Leipzig 1942.

46. Vgl. F. H. MÜLLER: Kolloid-Z. **108**, 66 (1944).

47. BACON, R. F., u. R. FANELLI: J. Amer. Chem. Soc. **65**, 639 (1943). — POWELL, R. E., u. H. EYRING: J. Amer. Chem. Soc. **65**, 648 (1943). — v. HIPPEL, A.: J. Chem. Phys. **16**, 372 (1948). — Aus dem in diesen Arbeiten gefundenen starken Einfluß von Fremdstoffen ergibt sich, daß die Resultate der älteren Untersuchungen über die „Viscositätsanomalie" des Schwefels davon mitbetroffen gewesen sein müssen. Siehe etwa die Angaben bei R. HOUWINK: Elastizität, Plastizität und Struktur der Materie, Kap. 13, S. 356—358. Dresden 1938.

48. Vgl. A. SMEKAL: Glastechn. Ber. **22**, 278 (1949), auf S. 280, 284.

(*48a*) Vergl. dazu jetzt H. BÖTTCHER, K. PLIETH, E. REUBER-KÜRBS u. I. N. STRANSKI: Z. anorg. allg. Chem. **266**, 302—312 (1951), ferner E. KÜRBS, K. PLIETH u. I. N. STRANSKI: Z. anorg. Chem. **258**, 238 (1949); K. A. BECKER, K. PLIETH u. I. N. STRANSKI: Z. anorg. allg. Chem. **266**, 293 (1951), sowie daselbst zitierte weitere Arbeiten.

49. DIETZEL, A.: Naturwiss. **31**, 22 (1943); nach Messungen von W. SOUDER u. P. HIDNERT: Sci. Papers Bureau Standards **21**, 1 (1926).

50. Siehe dagegen die unbedenklichere Auffassung bei A. DIETZEL: Glastechn. Ber. **22**, 81 (1948), insbesondere S. 85—86.

51. KORDES, E.: Z. phys. Chem. (B) **43**, 173 (1939). Vgl. auch P. RAMDOHR in P. KLOCKMANNS Lehrbuch der Mineralogie, 11. Aufl., S. 144. Stuttgart 1936.

52. Vgl. A. SMEKAL: Glastechn. Ber. **22**, 278 (1949), S. 284.

53. TSCHAMLER, H., u. H. KRISCHAI: Mh. Chem. **82**, 259 (1951). Für den Hinweis auf diese in seinem Laboratorium ausgeführte Untersuchung ist der Verf. Herrn L. EBERT zu besonderem Dank verpflichtet.

54. BRAMLEY, A.: Trans. Chem. Soc. London **109**, 496 (1916).

55. SKALIKS, W.: Schr. Königsb. Gelehrt. Ges. Naturwiss. Kl. **5**, H. **6**, 93 (1928). Dort auch nähere Angaben über Krystallform und Eigenschaften des Doppelsalzes. Ferner W. EITEL u. W. SKALIKS: Z. anorg. Chem. **183**, 275 (1929).

56. BERGMANN, A. G.: C. r. Acad. Sci. URSS **38**, 304 (1943). — DIETZEL, A., u. H. J. POEGEL: Glastechn. Ber. **22**, 86 (1948).

57. Vgl. G. TAMMANN: Der Glaszustand, S. 15. Leipzig 1933.

58. Vgl. dazu die bisherigen Versuche von A. DIETZEL: Glastechn. Ber. **22**, 41, 81, 212 (1948/49), und die Betrachtungen von J. E. STANWORTH: Glastechn. Ber. **23**, 297 (1950).

59. SMEKAL, A.: Erg. exakt. Naturwiss. **15**, 174 (1936); Glastechn. Ber. **15**, 268 (1937). — JENCKEL, E.: Erg. exakt. Naturwiss. **16**, 163 (1938). — Aus der statistischen Theorie der Flüssigkeiten abgeleitet bei R. W. DOUGLAS: J. Soc. Glass Techn. **31**, 50, 74 (1947).
60. SMEKAL, A.: Glastechn. Ber. **16**, 198 (1938).
61. KUHN, W.: Naturwiss. **40**, 661 (1938); Z. Elektrochem. **45**, 152 (1939).
62. KUHN, W.: Z. phys. Chem. (B) **48**, 1 (1939). — BENNEWITZ, K., u. H. RÖTGER: Phys. Z. **40**, 416 (1939). — HOLZMÜLLER, W., u. E. JENCKEL: Z. phys. Chem. (A) **186**, 359 (1940). — Die wichtige Ausdehnung auf unscharfe Relaxationsvorgänge bei E. JENCKEL u. J. FÜHLES: Kautschuk **19** (1943); Z. makromol. Chem. **1**, 203 (1943).
63. Vgl. dazu A. SMEKAL: Z. phys. Chem. (B) **44**, 286 (1939); **48**, 114 (1940). — RÖTGER, H.: Z. phys. Chem. (B) **48**, 108 (1940).
64. JENCKEL, E.: Z. Elektrochem. **45**, 151 (1939). Für Silicatgläser beträgt die Einfrierviscosität rund $3{,}7 \cdot 10^{13}$ Poisen.
65. UEBERREITER, K.: Z. phys. Chem. (B) **45**, 361 (1940); **46**, 157 (1940).
66. Seine Relaxationszeiten bei W. HOLZMÜLLER u. E. JENCKEL: Z. phys. Chem. (A) **186**, 359 (1940).
67. MEYER, K. H., u. J. F. SIEVERS: Naturwiss. **35**, 171 (1935).
68. Vgl. für Silicatgläser H. O'DANIEL: Glastechn. Ber. **22**, 11 (1948).
69. KAST, W., u. A. PRIETZSCHK: Z. Elektrochem. **47**, 112 (1941). — PRIETZSCHK, A.: Z. Phys. **117**, 482 (1941).
70. Vgl. R. SCHWARZ: Glastechn. Ber. **22**, 289 (1949).
71. TOMASCHEK, R., u. O. DEUTSCHBEIN: Glastechn. Ber. **16**, 155 (1938). — TOMASCHEK, R.: Erg. exakt. Naturwiss. **20**, 268 (1942).
72. SMEKAL, A.: Glastechn. Ber. **16**, 161 (1938).
73. Vgl. dazu A. SMEKAL: Erg. exakt. Naturwiss. **15**, 106 (1936); J. Soc. Glass Techn. **20**, 432 (1936); Glastechn. Ber. **15**, 259 (1937), § 7.
74. TOMASCHEK, R.: Erg. exakt. Naturwiss. **20**, 268 (1942). Dazu A. SMEKAL: Glastechn. Ber. **22**, 289 (1949).
75. SMEKAL, A.: Z. phys. Chem. (B) **48**, 114 (1940).
76. Zum Beispiel R. HOUWINK: Trans. Faraday Soc. **32**, 122 (1936), § 4 und Abb. 5. Ferner R. HOUWINK: Elastizität, Plastizität und Struktur der Materie, Kap. 6, S. 137. Dresden 1938.
77. Vgl. dazu A. SMEKAL: Glastechn. Ber. **22**, 278 (1949), § 10.
78. Siehe die unter (*14*) und (*15*) zitierten Veröffentlichungen. Bei A. SMEKAL u. W. KLEMM: Mh. Chem. **82**, 411 (1951) finden sich auch vergleichende Messungen dieser Art an einem Silicatglas und an Plexiglas.
79. Vgl. z. B. J. EWLES: Nature (Lond.) **165**, 812 (1950).
80. SMEKAL, A.: Unveröffentlicht, seither vorgetragen am 23. Mai 1951.
81. Vgl. Zitat (*1*).
82. HOOD, H. P., u. M. E. NORDBERG: US-Patente 2,106.744 (Februar 1938) und 2,221.709 (November 1940).
83. PLANK, C. J.: US-Patente 2,472.490 und 2,480.672 von 1949.
84. NORDBERG, M. E.: J. Amer. Ceram. Soc. **27**, 299 (1944). Weitere interessante Einzelheiten im Bericht von W. A. WEYL: Angew. Chem. **63**, 85 (1951).
85. WIEHR, H.: Diss. Halle 1937; Sprechsaal **70**, 11, 146, 158, 173, 182, 198 (1937).

Diskussion.

H. O'DANIEL (Frankfurt a. M.): Sie haben u. a. auch von „Insel"-Gläsern gesprochen. Wenn ich nun das Idealglas strukturell gesehen als einen extrem „unordentlichen" Zustand bezeichnen darf, so wäre interessant zu erfahren, wieweit Versuche geschritten sind, festzustellen, in welcher Weise und in welchem Grade diese Unordnung allmählich in eine vielleicht größere Ordnung innerhalb der (mehr oder weniger vereinzelten) Inseln übergeht, je kleiner die Inseln werden, d. h. je geringer die Fern-Unordnung, je stärker die Nah-Ordnungsenergie wird. Gibt es also unterdessen bereits Beweise für ein „Real"-Glas mit strukturell mehr oder weniger geordneten Inseln?

A. SMEKAL (Graz): Mein Ausdruck „Inselgläser" war ursprünglich auf Glaszustände von Silicaten gemünzt, deren Krystallgitter als Inselstrukturen bezeichnet werden, etwa weil darin überhaupt nur isolierte SiO_4-Tetraeder vorkommen. Es wäre konsequenter gewesen, diese Bezeichnung Glasstrukturen vorzubehalten, in denen abgrenzbare Strukturgebilde enthalten sind, eine Möglichkeit, die gerade von Ihnen seinerzeit zur Diskussion gestellt wurde und die ich ausdrücklich bejahen möchte.

Ihre Frage nach dem Bestehen von Glaszuständen mit „Ordnungsinseln" gibt der Anwendung des Inselbegriffes einen weiteren, unabhängigen Sinn. Solche Ordnungsinseln gibt es in erstarrten krystallin-flüssigen Phasen sowie namentlich in hochpolymeren organischen Gläsern mit unverzweigten Kettenmolekülen, die bei streckenweiser Parallellagerung krystallgitterscharfe „Micellen" bilden, außerhalb dieser Bereiche dagegen unregelmäßig durcheinandergewirrt sind. Aus den Abmessungen der Bereiche konnte gefolgert werden, daß jedes Makromolekül an mehreren solchen Ordnungsinseln beteiligt ist.

Im Gegensatz zu den eben genannten organischen Stoffen sind bei den raumnetzpolymeren Silicatgläsern noch keine Röntgeneffekte von Ordnungsinseln bekannt geworden. Als Krystallisationskeime betrachtet, die zufolge der Erstarrung des Glasgerüstes nicht wachstumsfähig sind, kann man ihnen hier kurz oberhalb der Erstarrungstemperatur Gelegenheit zum Wachstum geben, so daß ihre räumliche Verteilung durch Krystallausscheidungen sichtbar wird. Derartige Versuche an Natriumdisilicat (H. WIEHR: Diss. Halle 1937) zeigten uns, daß die Anzahl der an frischen Bruchflächen sowie an bearbeiteten oder feuerpolierten Oberflächen wachsenden Entglasungskeime verschieden groß ist, was zugunsten bereits vorhanden gewesener Ordnungsinseln gedeutet werden kann, soweit der Mitwirkung äußerer Faktoren nur auslösende oder beschleunigende Funktionen zugeschrieben werden dürfen.

W. KOSSEL (Tübingen): Ich bitte um eine kurze sachliche Information: Früher galt in der Literatur als Unterschied zwischen den Beugungsbildern von Gläsern und Flüssigkeiten, daß bei Flüssigkeiten in der Statistik Lagen beachtet werden müssen, die inmitten eines Platzwechsels vorkommen, während in den Gläsern eine erste Sphäre gegeben sei, die fest am Platz bleibt. Gerade damit wird dann auch für eine zweite Sphäre der Abstand vom Zentralatom genau definiert. Der stärkste Ring entspricht ja bei den

Glasinterferenzen, bei Quarzglas u. dgl., dem Zentralabstand der zweitnächsten Sauerstoffe, die in verhältnismäßig großer Zahl vorhanden sind. Gilt diese Unterscheidung zweier Nahordnungen nicht mehr? Sie sagten vorhin, daß in den Beugungsbildern kein Unterschied vorhanden sei zwischen Flüssigkeiten und Gläsern. Man glaubte damals, diesen Unterschied fest zu haben.

A. SMEKAL (Graz): Meines Wissens sind zwischen den Beugungsbildern von Glasschmelzen und daraus erstarrten Gläsern, soweit solche Vergleiche angestellt sind, keine Verschiedenheiten bekannt geworden. Die in der Temperaturabhängigkeit der Viscosität zum Ausdruck kommenden Platzwechselvorgänge haben oberhalb des Erstarrungsbereiches vorerst viel zu geringe Intensität, um beobachtbare Röntgeneffekte zu geben. Die Alkaliionen zusammengesetzter Silicatgläser sind unvergleichlich beweglicher, doch dürfte auch davon kein beobachtbares Beugungsresultat zu erwarten sein.

W. KOSSEL (Tübingen): Es handelt sich nicht um die Schmelze von Gläsern, man verglich z. B. etwa mit dem Beugungsbild von flüssigem Na oder Hg. Dort glaubte man, solche Lagen des Hereinschlüpfens und Weggehens, solche Mittellagen, im Spiel zu sehen.

A. SMEKAL (Graz): Nach den letzten an Quecksilber angestellten Beugungsversuchen von HENDUS stimmen jetzt die Nahordnungen in der Schmelze und im Krystall dort — ausnahmsweise — überein.

F. HUND (Frankfurt a. M.): Den theoretischen Physiker interessieren vor allem die Voraussetzungen, unter denen der Glaszustand möglich ist. Da hatte man bisher zwei sehr einsichtige Voraussetzungen: Einmal neigen hochpolymere Stoffe dazu (das ist ziemlich trivial und wir brauchen es jetzt nicht weiter zu betrachten), dann neigen Stoffe dazu, bei denen ein Atom oder Ion nur eine geringe Zahl von Nachbarn hat. Denn die Gitter solcher Stoffe kann man leicht unperiodisch verändern, ohne daß die unmittelbare Umgebung eines Ions sehr abgeändert wird. Ich würde gerne verstehen, wie Ihr Gesichtspunkt der gemischten Bindung mit diesem einfachen Gesichtspunkt zusammenhängt. Niedrige Nachbarzahlen haben wir im Ionenmodell bei extremen Radiusverhältnissen (kleines Kation und dickes Anion), also in erster Linie bei Oxyden und Sulfiden. Im homöopolaren Grenzfall haben wir niedrige Nachbarzahlen auch bei Sauerstoff und Schwefel, wobei der Valenzwinkel noch begünstigend wirkt. Man kommt also auf beiden Wegen dazu, daß Stoffe wie etwa SiO_2 zur Glasbildung geeignet sind. Bei TiO_2 sind die Koordinationszahlen zwar höher, aber doch nicht ganz einfach geometrisch erfüllbar und darum in verschiedener Weise erfüllbar. Da bei den genannten Stoffen der Ionengrenzfall und der homöopolare Grenzfall zu ungefähr gleichen Ergebnissen führt, wundern wir uns nicht, daß in Wirklichkeit eine gemischte Bindung vorliegt. Soll man nun die gemischte Bindung oder einfacher die niedrigere Koordinationszahl als Ursache der Glasbildung ansehen?

A. SMEKAL (Graz): Die Hervorhebung gemischter Bindungsart als einer Voraussetzung für Glasbildung scheint mir dadurch berechtigt zu sein, daß sie bisher die einzige sämtlichen Arten von Glasbildnern gemeinsame Eigenschaft darstellte, wenn auch nur eine dafür *notwendige*. Dazu kommt nun, weil die Stoffe in Glaszuständen grundsätzlich polymer-ungeordnet sind, daß damit allein die Koordinationszahlen zwei, drei und vier vereinbar sind. Auch dies gilt allgemein, nicht nur für die Abteilung der polar-unpolaren Glasbildner, und wird ebenfalls als eine *notwendige* Bedingung für Glasbildung anzusehen sein. Wichtiger als die Stoffe, bei denen diese Bedingungen bereits im Krystallzustande erfüllt sind, scheinen mir jene, die sie erst im Glaszustande verwirklichen. Daß auch die letzteren gemischte Bindungsart besitzen, möchte ich als Voraussetzung für die Stabilisierbarkeit unregelmäßiger Anordnungen betrachten, die ja von Ort zu Ort schwankende Valenzwinkel und Valenzabstände notwendig machen. Die gemischte Bindungsweise ermöglicht offenbar, daß die Bindung gegen Querbeeinflussungen eine Mittelstellung erhält zwischen völliger Nachgiebigkeit, wie z. B. bei Ionenbindung, und völliger Unnachgiebigkeit, wie bei homöopolarer Bindung. Dadurch allein scheint verhindert zu werden, daß das unregelmäßige Netzwerk zusammenbricht — eine Vorbedingung für die sehr bedeutende (Meta-) Stabilität zahlreicher Gläser gegenüber einem thermodynamischen Gleichgewichtszustande. In diesem Sinne möchte ich also dem Mischbindungscharakter der Glasbildner die bedeutendere Rolle zusprechen, weil ohne ihn niedrige Koordinationszahlen erfolglos bleiben müßten.

Wegen der geringen Anzahl der Glasbildner unter den anorganischen Verbindungen ist anzunehmen, daß nur sehr spezielle Eigenschaften beiden Erfordernissen zu entsprechen vermögen, also etwa bei Oxyden nur die Bildungsmöglichkeit von Sauerstoffbrücken zwischen höher koordinierbaren Atomarten.

W. KOSSEL (Tübingen): Es liegt doch nahe, die Glasbildung gerade bei SiO_2 in Zusammenhang damit deutlich zu machen, daß es auch im krystallinen Zustand viele Möglichkeiten zeigt, von Quarz, Tridymit, Cristobalit je mindestens zwei Modifikationen. Das macht doch wohl leichter verständlich, daß SiO_2 sich offenbar unter Umständen gar nicht einheitlich entscheidet, sondern mit den Nachbarschaftsbeziehungen, jenseits der in allen diesen Krystallen vorkommenden Viererkoordination des Si, statistisch wechselt.

Ich darf vielleicht auch hier sagen, daß ich eine besondere Isolierung der Extremfälle als „Ionenbaukasten" oder gar „Valenzbaukasten" stets als hart empfinde. Ich habe ausdrücklich mit dieser Begründung die Bezeichnungen heteropolar und homöopolar vorgeschlagen, um zu betonen, daß das nur Grenzfälle eines stetigen Zusammenhangs sind — um die alte Antithese „polar-unpolar" oder „dualistisch-unitarisch" nachdrücklich als unsachgemäß, als allzu hart zu kennzeichnen. Von Anfang an haben wir auch beim edelgasartigen Ion darauf hingewiesen, daß der Einbau Deformationen einleiten muß — daß, wie man dann präziser zu sehen lernte, Entartungen aufgehoben werden, die z. B. in den 6 gleichwertigen p-Zuständen vorliegen — und so der Übergang zu feinen strukturierten Zuständen sich entwickelt.

L. EBERT (Wien): Welche Anhaltspunkte hat man, daß bei den sehr hohen Schmelztemperaturen der Silicatschmelzen die bei tiefer Temperatur in Gläsern praktisch unendlich hohe Vernetzung aufrecht erhalten bleibt? Die Flüchtigkeit des SiO_2 aus der Quarzschmelze ist jedenfalls relativ hoch, so daß hier eine thermische Dissoziation in der Schmelze als Vorstufe der Verflüchtigung sehr wahrscheinlich ist; bei den ionenhaltigen Silicatglasschmelzen wird man ähnliches vermuten, wenn auch erst bei entsprechend höheren Temperaturen. Hiernach könnten scharf abgeschreckte Gläser Komplexe von entsprechend geringerer Mol- (bzw. Ionen-) größe enthalten als langsam gekühlte; umgekehrt könnte mit der Rekrystallisation eine echte chemische Reaktion, die Komplexvergrößerung, verbunden sein. Bei Temperatursteigerung würden hiernach $-\overset{|}{\underset{|}{\mathrm{Si}}}-\mathrm{O}-\overset{|}{\underset{|}{\mathrm{Si}}}-$-Verkettungen reißen und stellenweise $=\mathrm{Si}=\mathrm{O}$-Rümpfe (Endgruppen) auftreten. Ich weiß nicht, ob dies in der Literatur schon diskutiert wurde. Jedenfalls entspricht diese Annahme den bei anderen umkehrbaren Depolymerisationen bekannten Verhältnissen. Daher wäre es wichtig, direkt den Polymerisationsgrad bzw. Vernetzungszustand der Silicium—Sauerstoff-Komplexe abzuschätzen; hierzu sei besonders auf die Ultrarotabsorption im Gebiet zwischen 8 und 12 μ verwiesen. Für krystallisierte Silicate ist es jedenfalls bekannt, daß mit zunehmender Stärke der Vernetzung sich diese Ultrarotabsorption zu kürzeren Wellen verschiebt (also umgekehrt wie die Ultraviolettabsorption anderer Isopolykomplexe, die sich mit wachsender Vernetzung zu längeren Wellen verschiebt). Die chemische Analyse kann ja prinzipiell nur bei einem kleinen Teil aller möglichen Komplexe die Molgröße festlegen [vgl. Mh. Chem. 81, 61 (1950)].

A. Smekal (Graz): Ihren Hinweis auf die Ultrarotabsorptionsverhältnisse begrüße ich sehr; auch wir haben diesen Weg schon gelegentlich diskutiert. Im übrigen scheinen mir zu den wichtigen, von Herrn Ebert angeschnittenen Fragen vorerst nur wenige begründete Auskunftsmöglichkeiten vorhanden zu sein. Wenn man die Viscosität oder das Ionenleitvermögen silicatischer Glasschmelzen logarithmisch als Funktion der reziproken absoluten Temperatur aufträgt, findet man, wie mir zuerst 1929 aufgefallen ist, von der Erweichungstemperatur aufwärts zunächst einen bemerkenswert geradlinigen Verlauf. Diese Unveränderlichkeit der Aktivierungswärmen und Aktionskonstanten der Platzwechselvorgänge hat sich 1940 bei einer genaueren Viscositätsanalyse des Einfrierbereichs bestätigt, die durch Viscositäts- und Nachwirkungsmessungen von N. W. Taylor und Mitarbeitern ermöglicht wurde. Sie scheint zu besagen, daß das molekulare Netzwerk etwa 50° oberhalb des Erstarrungsgebietes im wesentlichen bereits so beschaffen ist, wie es dann einfriert, abgesehen von den die Volumenverringerung begleitenden Umordnungsvorgängen. Das dürfte mit den ersten Depolymerisationsvorgängen nicht unvereinbar sein. In höheren Temperaturen muß ein ausgeprägterer Übergang zur dünnflüssigen Schmelze vor sich gehen, entsprechend den Abnahmen der Temperaturkoeffizienten der Platzwechselvorgänge. Dietzel hat diesen Übergang 1949 auf Grund der Vorstellung erläutert, daß der Ionenbindungsanteil der gemischten Bindung des SiO_2 immer stärker hervortrete, wodurch offenbar die Bildung kleinerer Gruppen begünstigt wird. Die Erwartung, daß in abgeschreckten Gläsern kleinere Komplexe vorhanden sein sollten, ist für Silicatglasfäden in Verbindung mit der Abhängigkeit ihrer Eigenschaften von den

Herstellungsbedingungen diskutiert worden. Jedenfalls dürfen für Viscositäts- und Nachwirkungsmessungen an Glasfäden nur sorgfältig homogenisierte Proben verwendet werden; auch glaube ich mich an eine LILLIE zugeschriebene Beobachtung zu erinnern, wonach das Erweichen von stark verspannten Glasfäden in tieferen Temperaturen eintritt als für kompaktes Glas, was tatsächlich für ein Vorhandensein kleinerer Komplexe zu sprechen scheint.

Als Hinweis auf die thermische Dissoziation der hochviscosen Glasschmelze mag erwähnt werden, daß namentlich in reduzierender Atmosphäre Sauerstoffverluste eintreten können und daß dies bei Quarzglasfäden sogar fühlbare Eigenschaftsänderungen zu bewirken scheint.

A. NEUHAUS (Darmstadt): Ist die Struktur der Nahordnungsbereiche im Glas- bzw. Krystallzustand wirklich so grundsätzlich verschieden anzunehmen, wie Sie es getan haben? Wenn man *sämtliche* Modifikationen einer Substanz berücksichtigt, dann sollten die Nahordnungsbereiche von Krystall- und Glaszustand doch weitgehende Analogie erkennen lassen. Gerade das zitierte As_2O_3 scheint ein Beleg hierfür zu sein, wie die Kettenstruktur der Claudetitmodifikation des As_2O_3 und des As_2O_3-Glases zeigen.

A. SMEKAL (Graz): Nachdem man bisher geglaubt hatte, die Strukturfragen der Oxydgläser allein auf Grund krystallchemischer Erfahrungen behandeln zu dürfen, konnte den jetzt in größerer Zahl bekanntgewordenen andersartigen Glasbildnern die Gleichberechtigung nicht vorenthalten werden. Es erscheint wenig aussichtsreich, etwa von Al_2O_3 oder TiO_2 neue krystallisierte Modifikationen zu finden; daher ist es als besonders erfreulich zu bezeichnen, wenn auch beim glasigen As_2O_3 auf Analogien zum krystallchemischen Verhalten seiner *beiden* Krystallformen hingewiesen wird.

R. JÄGER (Bad Homburg): Darf ich zwei kurze Fragen stellen, die allerdings in erster Linie den Biologen interessieren, und zwar wegen der Umsetzung von Quarz und anderen Kieselsäureformen im Lungengewebe bei den Staublungenkrankheiten. Wie ist das mit den feinen Strichen des Schreibdiamanten auf Quarz? Bleiben sie amorph oder springen sie bald wieder ins Gitter zurück?

A. SMEKAL (Graz): Eine Krystallisation der im Mikroritzversuch bruchfrei verdrängten Stoffmengen haben wir bei Krystallquarz bisher nicht bemerkt, doch bleibt es fraglich, ob längere Zeitdauern, wie sie im Falle der Silikoseentstehung wichtig sein könnten, eine Änderung ergeben würden.

R. JÄGER (Bad Homburg): Seit der Staublungentagung in Münster 1949 rückt die Quarzoberfläche in den Vordergrund der Betrachtung. Während man früher immer von gelöster Kieselsäure gesprochen hat, interessiert uns heute die Struktur der Quarzoberfläche. Dabei ist es außerordentlich wichtig zu wissen, wie die sich von Quarzglas unterscheidet, das ja keine echte Silikose erzeugt, obwohl es leichter in Lösung geht als Quarz. Wäre es möglich, daß beim Zerkleinern von Quarz ähnliche amorphe Schichten entstehen, oder ist das nicht anzunehmen?

A. SMEKAL (Graz): Wir haben Gründe dafür, daß das Zerkleinern von Krystallquarz mit einer teilweisen Amorphisierung verbunden ist; die Mengen sind jedoch für einen röntgenographischen Nachweis zu geringfügig. Vielleicht darf, obwohl nicht zum Thema meines Berichtes gehörig, erwähnt werden, daß mikrophotographische Bilder von Quarzteilchen, die aus Silikoselungen herauspräpariert waren, mir für die Möglichkeit einer Art von Anätzung des Krystallmaterials durch seine organische Umgebung zu sprechen schienen.

R. JÄGER (Bad Homburg): Ich möchte annehmen, daß das Quarzteilchen in der Lunge nicht „gelöst", sondern angeätzt wird. Es wird also nicht von einem Quarzteilchen „Kieselsäure" in ein hypothetisches Lösungsmittel abgehen und zu einem entfernt liegenden Eiweißteilchen gelangen, sondern das Quarzteilchen wird unmittelbar vom Eiweiß berührt und beide reagieren unmittelbar, so daß durch Ätzung eine ständig frische Quarzoberfläche entsteht. Wahrscheinlich wird der Vorgang noch dadurch beschleunigt, daß die Abstände der reaktionsfähigen Stellen an der Quarzoberfläche mit denen am Eiweißmolekül übereinstimmen, wie eine Reihe Knöpfe mit der Reihe der Knopflöcher.

K. HAUFFE (Greifswald): Ich wollte auf den Ioneneffekt und die auffallend hohe Kationenbeweglichkeit in Gläsern hinweisen. Es ist ja bekannt, daß bei Anwesenheit eines elektrischen Feldes praktisch nur die Na-Ionen im Thüringer Geräteglas bzw. die K-Ionen in Kaliumgläsern beweglich sind. Dieses konnten wir aus einem anderen Zusammenhang heraus durch EMK-Messungen an geeigneten elektrochemischen Ketten, z. B.

$$\text{Alkalimetall}_{\text{flüssig}}/\text{Glas}_{\text{fest}}/\text{Alkali-Hg-Legierung}_{\text{flüssig}}$$

(bzw. Alkali—Tl-, Alkali—Pb-Legierung) bestätigen. Da es sich in jedem Fall um EMK-Werte handelte, die dem thermodynamischen Potential für die Überführung von einem Grammatom Alkalimetall in die jeweilig vorgegebene Alkalilegierung entsprachen, muß die Überführungszahl der Alkaliionen im festen Glas gleich 1 sein. Weiterhin konnte auch eine erhebliche Beweglichkeit von anderen Metallionen in Gläsern mit der Überführungszahl 1 nachgewiesen werden. So konnte dies KUBASCHEWSKI für Silberionen und wir für Thalliumionen in von Fa. Schott hergestellten Thalliumgläsern nachweisen. Dieses ist insofern bemerkenswert, als die Ionenradien von Ag^+ mit 1,13 und von Tl^+ mit 1,49 Å größer sind als die der Na-Ionen mit 0,98.

A. SMEKAL (Graz): Die Kaliumionen sind noch größer und ihre Beweglichkeit dementsprechend kleiner, wie am deutlichsten wohl durch B. v. LENGYEL mittels Überführungsversuchen an Kalium-Natrium-Silicatgläsern gezeigt wurde.

K. HAUFFE (Greifswald): Den Unterschied in den Beweglichkeiten konnten wir durch unsere Versuchsanordnung nicht feststellen — war auch nicht beabsichtigt. Jedoch war die Einstellgeschwindigkeit der EMK-Werte an den elektrochemischen Ketten des Kaliumlegierungssystems deutlich kleiner, was qualitativ auf kleinere Beweglichkeiten der K^+-Ionen im Glas hindeutet.

A. SMEKAL (Graz): Bei der Ableitung von Ionenbeweglichkeiten aus Leitfähigkeits- bzw. Überführungs- und Diffusionsmessungen wird meist ohne Diskussion vorausgesetzt, daß an diesen Vorgängen sämtliche Ionen einer bestimmten Art in gleicher Weise beteiligt sind. Diese Voraussetzung scheint bei Gläsern nicht zuzutreffen, wie zuerst KRAUS und DARBY 1930 vermutet haben. In der Tat könnte ein Teil der Alkaliionen wegen der Unregelmäßigkeiten des Glasgerüstes so abgekapselt sein, daß er an den Wanderungsvorgängen nicht oder nur sehr verlangsamt teilnimmt und daher auch nicht etwa gegen Silber ausgetauscht werden kann. Die Frage, ob kleine Mengen von Alkalioxyd in reines Quarzglas gleichförmig oder schwarmweise eingebaut werden, ist noch unentschieden; ihre Klarstellung würde von großem Interesse sein.

(Nachträglich hinzugefügt:) Ergänzend sei noch hervorgehoben, daß Diffusion und Leitvermögen der einwertigen Kationen in Silicatgläsern seit mehr als 40 Jahren bekannt sind und verschiedentlich ausführlicher untersucht wurden, zuletzt mit radioaktivem Natriumindicator durch BLAU und JOHNSON 1950. Näheres über die ältere Literatur findet sich in dem den elektrischen Eigenschaften der Gläser gewidmeten Buche von LITTLETON und MOREY 1937. Zum Diffusionsaustausch zwischen Natrium- und Silberionen sei noch besonders auf die bei uns entstandene Arbeit von H. RICHTER: Glastechn. Ber. **11**, 123 (1933), hingewiesen. Die verhältnismäßig große Beweglichkeit sämtlicher einwertiger Kationen in Silicatgläsern beruht darauf, daß ihre Oxyde als Nichtglasbildner am SiO_2-Netzwerk keinen Anteil haben, sondern stets in der Position von „Weichmachern" eingelagert sind.

H. v. PHILIPSBORN (Bonn): Zu der eben angeschnittenen Frage der Silikosewirksamkeit von Quarz und Nichtwirksamkeit von Kieselglas möchte ich auf die Arbeit von E. BRANDENBERGER und H. R. SCHINZ: Zielsetzung und Ergebnisse systematischer Feinstrukturuntersuchungen mittels der Röntgeninterferenzen beim Menschen [Bull. Schweiz. Akad. Med. Wiss. **3**, 262 (1947/48)] hinweisen. Hierin heißt es: „Hierher gehört das bekannte Beispiel, daß unter den SiO_2-Modifikationen Quarz silikotisch weitaus am wirksamsten ist, Tridymit und Cristobalit deutlich geringere Wirkung besitzen, amorph-glasiges SiO_2 keine eigentliche Silikose hervorrufen soll." Experimentelle Untersuchungen zur Klärung dieser merkwürdigen Erscheinung sind mir bisher nicht bekannt geworden.

R. JÄGER (Bad Homburg): Das ist durch Tierversuche einigermaßen gesichert. Ebenfalls experimentell gesichert ist die Tatsache, daß Quarzglas zwar eine schädliche Lungenverstaubung erzeugt, aber keine typische Silikose.

A. NEUHAUS (Darmstadt): Die bisherigen Aussagen scheinen mir anzudeuten, daß gerade die enantiomorphe Krystallform des SiO_2 Silikose verursacht. Da alle organisch-biologischen Substanzen optisch aktiv, also ebenfalls enantiomorph strukturiert sind, so liegt hier vielleicht eine analoge „Schlüssel-Schloß-Reaktion" vor, wie sie PASTEUR in seiner klassischen Untersuchung über die Isolierung von Aktivkomponenten aus einem Racematgemisch durch Bakterienfraß bekanntgemacht hat.

F. GILLE (Düsseldorf): Ich möchte in diesem Zusammenhang die Aufmerksamkeit auf die basischen Gläser lenken, d. h. Gläser, die neben glasbildenden möglichst viel nicht glasbildende Bestandteile (Kationen) enthalten.

Sie lassen einmal die Grenzen des Glaszustandes in Abhängigkeit vom Chemismus erkennen und andererseits sein Wesen vielseitiger studieren, als es bei den sauren chemisch widerstandsfähigeren Gläsern der Fall ist.

Man hat hier neben rein physikalischen Methoden auch die Möglichkeit, chemische und physikalisch-chemische Untersuchungsverfahren anzuwenden. So konnten wir [KEIL u. GILLE: Zement **28**, 429—434 (1939)] vor etwa 12 Jahren auf Grund von Abbauversuchen an glasigen, basischen Hochofenschlacken zeigen, daß die Bindungsart dieser Gläser weitgehend verschieden ist je nach der chemischen Zusammensetzung, vor allem abhängig vom Tonerdegehalt.

Aber nicht nur die Abbauversuche, sondern auch das hydraulische Verhalten dieser Gläser gestattet einen Einblick in die Eigenart des Glaszustandes. Sind doch manche basische Gläser selbsterhärtend, andere dagegen erhärten nur bei Zugabe von Anregern [KEIL u. GILLE: Hydraulische Eigenschaften basischer Gläser mit der chemischen Zusammensetzung des Gehlenits und Åkermanits. Zement - Kalk - Gips **2**, 229—232 (1949)]. Auch die durch Überhitzung und schnelle Abschreckung erhaltenen Glaszustände besonders hohen Energiegehalts werden unter Umständen diese Zustände außer durch das thermochemische auch durch das verschiedene hydraulische Verhalten anzeigen.

A. SMEKAL (Graz): Da sich mein Bericht mit den Existenzbedingungen des Glaszustandes befassen sollte, habe ich es von vornherein nicht als meine Aufgabe ansehen können, auch die Eigenschaften, insbesondere von zusammengesetzten Oxydgläsern ausführlicher zu behandeln, was auch unverhältnismäßig mehr Zeit erfordern würde. Ich stimme Herrn GILLE gerne darin zu, daß namentlich den Grenzen der Glasigkeit nahestehende Zusammensetzungen mehrfacher Systeme hier von Interesse sind und daß auch die hydraulischen Eigenschaften solcher Gläser in diesem Zusammenhange Beachtung verdienen.

Der Einfluß von Brillouin-Zonen auf physikalisch-chemische Eigenschaften von Legierungen*.

Von

H. WITTE, Darmstadt.

nach Arbeiten gemeinsam mit HJ. BODE, H. KLEE und K. H. LIESER.

Mit 14 Textabbildungen
und 4 Abbildungen in der Diskussion.

Seit der Feststellung HUME-ROTHERYs (*1*), daß gewisse intermetallische Phasen immer dann auftreten, wenn das Verhältnis der Valenzelektronen zu den Atomen einen bestimmten Wert annimmt, hat man in zunehmendem Maße versucht, die Ergebnisse der Elektronentheorie der Metalle auf krystallchemische Betrachtungen anzuwenden. Insbesondere hat man das Auftreten einzelner Phasen und die Grenzen ihrer Existenzgebiete mit Hilfe der Auffüllung von BRILLOUIN-Zonen gedeutet und dabei eine Reihe wesentlicher Erfolge erzielt (*2*). Sucht man aber nach experimentellen Unterlagen, die als Stütze für derartige Betrachtungen dienen könnten, so findet man mit ganz wenigen Ausnahmen (*3*), daß lediglich die Angaben der Zustandsdiagramme als Grundlage dienen, d. h. man ordnet den Elementen eine bestimmte Anzahl von „Valenzelektronen" zu und berechnet aus der chemischen Zusammensetzung der Legierung die Auffüllung der BRILLOUIN-Zone. Dieses Verfahren mag für eine erste Orientierung genügen und die damit erzielten Erfolge können als Argument für seine Anwendbarkeit angesehen werden. Trotzdem bleibt es unbefriedigend. Denn es ist zu bedenken, daß neben den Abmessungen der

* Die folgende Darstellung zeigt den augenblicklichen Stand unserer Arbeiten auf diesem Gebiet. Die mitgeteilten experimentellen Ergebnisse sind endgültig. Hinsichtlich der Deutung müssen wir uns jedoch z. T. auf eine qualitative Betrachtung beschränken, da die entsprechenden theoretischen Rechnungen noch nicht abgeschlossen sind.

Brillouin-Zone die energetischen Verhältnisse an der Zonengrenze eine ausschlaggebende Rolle spielen. Ob daher eine Phasengrenze tatsächlich durch die Auffüllung der Zonen bedingt ist oder ob andere Einflüsse vorliegen, läßt sich mit einiger Sicherheit erst dann beurteilen, wenn man genaueren Einblick in den Aufbau des Fermi-Körpers hat. Weiterhin scheint es wünschenswert, die Frage zu klären, welcher Beitrag zur Valenzelektronenkonzentration von den Elementen der 8. Gruppe des Periodischen Systems geliefert wird. Mit Rücksicht auf die Einordnung der γ-Phasen in die Hume-Rotherysche Regel pflegt man diese Elemente in Legierungen mit Metallen wie Cu, Ag, Zn, Mg, Al usw. als nullwertig zu rechnen. Es gibt aber eine Reihe von Beispielen (*4*), die darauf deuten, daß diese für die γ-Phasen sicherlich zutreffende Annahme kaum verallgemeinert werden darf.

Um daher einen etwas eingehenderen Einblick in den Zustand des Elektronengases zu erhalten und um den Zusammenhang zwischen dem Zustand des Elektronengases und den Eigenschaften der Legierungen zu studieren, haben wir

1. die magnetische Susceptibilität,
2. die Wasserstofflöslichkeit

von zwei Legierungssystemen gemessen. Über die ersten Ergebnisse dieser Untersuchungen soll hier berichtet werden.

Bevor ich auf das eigentliche Thema zu sprechen komme, möchte ich zwei Bemerkungen vorausschicken:

I. Zuerst möchte ich einige Erläuterungen zur Auswahl der Legierungssysteme, an denen die Untersuchungen vorgenommen wurden, geben. Vor etwa 15 Jahren stellten Laves und Mitarbeiter (*5*) fest, daß in einer Anzahl ternärer Legierungssysteme, deren eine Komponente Magnesium ist, bei der Zusammensetzung MgX_2 ausgedehnte Mischkrystallreihen mit den Krystallstrukturen des $MgCu_2$, $MgNi_2$ und $MgZn_2$ auftreten. In Tab. 1 sind einige dieser Mischkrystallreihen zusammengestellt. Die Existenzgebiete der Strukturtypen sind in Valenzelektronen/Atom = Valenzelektronenkonzentrationen (VEK) angegeben. Die vier Beispiele zeigen übereinstimmend bei kleinen VEK die Struktur des $MgCu_2$, bei mittleren die des $MgNi_2$ und bei großen VEK die Struktur des $MgZn_2$. Die Phasengrenzen an der elektronenreichen Seite liegen für jeden Strukturtyp bei etwa derselben VEK.

Tabelle 1. *Existenzgebiete der Phasen mit $MgCu_2$, $MgNi_2$ bzw. $MgZn_2$-Struktur in ternären Magnesiumlegierungen, ausgedrückt in Valenzelektronen pro Atom.* Zuordnung der Valenzelektronen: Cu, Ag: 1; Mg, Zn: 2; Al: 3; Si: 4.

	$MgCu_2$-Typ	$MgNi_2$-Typ	$MgZn_2$-Typ
$MgCu_2$—$MgZn_2$	1,33—1,75	1,83—1,90	1,98—2,00
$MgCu_2$—$MgAl_2$	1,33—1,73	1,84—1,95	2,03—2,05
$MgCu_2$—$MgSi_2$	1,33—1,71	1,81—1,89	1,81—2,01
$MgAg_2$—$MgZn_2$	1,72—1,75	1,78—1,90	1,98—2,00

Die drei erwähnten Strukturtypen des $MgCu_2$, $MgNi_2$ und $MgZn_2$ stehen in einer sehr engen Beziehung (*6*) zueinander. In Abb. 1 ist das Bauelement dargestellt, aus dem sich diese drei Strukturtypen aufbauen lassen. Will man solche Bauelemente derart übereinanderlegen, daß eine möglichst dichte Packung entsteht, so müßte man auf eine erste Schicht die zweite so legen, daß sie aus der ersten durch Parallelverschiebung hervorgeht und der Punkt *B* der zweiten Schicht z. B. über den Punkt *A* der ersten Schicht zu liegen kommt. Dann liegt *C* der zweiten Schicht über *B* der ersten und *A* der zweiten Schicht über *C* der ersten. Die dritte Schicht könnte man dann so anordnen, daß z. B. Punkt *A* der dritten Schicht über Punkt *B* der zweiten Schicht liegt usw. Eine solche Folge wollen wir durch *A B A B A B* . . . kennzeichnen. Man kann sich leicht überlegen, daß auch andere Folgen möglich sind, wie z. B. *A B C A B C* . . . und *A B A C A B A C A B A C* . . .

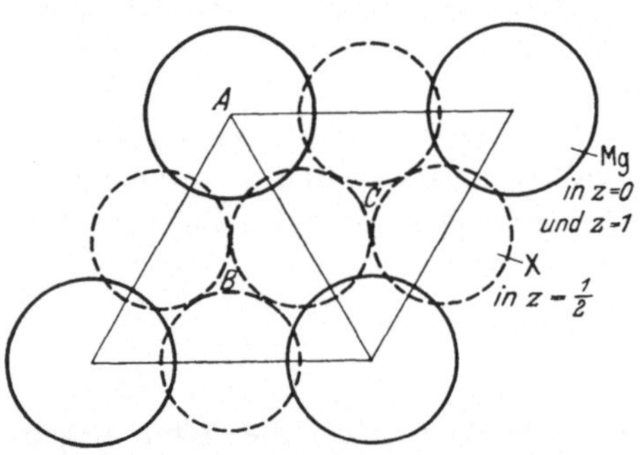

Abb. 1. Bauelement des $MgCu_2$ bzw. $MgNi_2$, $MgZn_2$-Strukturtyps. Die Magnesiumatome befinden sich in $z = 0$ und $z = 1$, die *X*-Atome (Cu, Zn, Ni) in $z = \frac{1}{2}$.

Bei allen diesen Anordnungen entsteht zwischen zwei aufeinanderfolgenden Schichten jeweils eine Lücke, und zwar immer an der Stelle, an der die Punkte *B* und *C* übereinander zu liegen kommen. In diese Lücken sind *X*-Atome einzubauen. Setzt man nun in der Folge *A B A B* . . . auf die Plätze der *X*-Atome Zink, so erhält man das $MgZn_2$ und mit entsprechender Besetzung allgemein

$A\,B\,A\,B\,A\,B\ldots$	$MgZn_2$
$A\,B\,C\,A\,B\,C\,A\,B\,C\ldots$	$MgCu_2$
$A\,B\,A\,C\,A\,B\,A\,C\ldots$	$MgNi_2$

Diese 3 Strukturtypen stehen also in einem ähnlich engen Zusammenhang wie die kubische und hexagonal dichteste Kugelpackung oder wie die Zinkblende- und Wurtzitstruktur. Radienquotienten können daher eine Rolle spielen, *ob* einer dieser drei Strukturtypen auftritt, nicht aber, *welcher* Strukturtyp auftritt. Treten daher noch andere Einflüsse auf, wie z. B. der Zustand des Elektronengases, so sollten sie sich bei diesen Legierungen am deutlichsten bemerkbar machen.

Für die erste Untersuchung haben wir folgende zwei Legierungsreihen ausgesucht:

1. $MgCu_2$—$MgZn_2$ (Abb. 8) (*7*).

Es treten nur Elemente auf, denen man eindeutige Valenzelektronenzahlen in den Legierungen zuordnen kann (Mg, Zn: 2, Cu: 1). An dieser Reihe, die relativ einfache Verhältnisse zeigt, wollten wir die grundlegenden Erscheinungen studieren.

2. $MgNi_2$—$MgZn_2$ (Abb. 11) (*7*).

Hier treten gegenüber der Reihe $MgCu_2$—$MgZn_2$ zwei Besonderheiten auf. Einmal ist unter den Legierungspartnern ein Übergangselement vorhanden, und wir hofften, auf diesem Wege Einblick in das Verhalten der Übergangselemente zu erhalten, d. h. insbesondere interessierte die bereits oben erwähnte Frage, wieviele Elektronen vom Nickel zum Elektronengas beigesteuert werden. Dann aber ist hier die Reihenfolge der Strukturtypen vertauscht; der $MgNi_2$-Typ tritt bei kleineren, der $MgCu_2$-Typ bei größeren VEK auf.

II. Für denjenigen Teil der Anwesenden, dem die hier vorgetragenen Gedankengänge ferner liegen, sollen mit wenigen Worten einige Begriffe aus der Elektronentheorie der Metalle erläutert werden, soweit sie für die späteren Überlegungen erforderlich sind. Ich bediene mich dabei der hübschen und sehr anschaulichen von Hume-Rothery (*2*) gegebenen Darstellung[1].

[1] Eine eingehendere Information kann der Leser aus den im Literaturverzeichnis unter (*8*) genannten Büchern erhalten.

1. Freie Elektronen.

Es liege ein Stück Metall vor, das der einfacheren Darstellung wegen die Form eines Würfels haben möge. Wir stellen uns die Aufgabe, den Zustand des Elektronengases in diesem Würfel zu kennzeichnen. Zu diesem Zweck wäre es erforderlich, Ort und Impuls eines jeden Elektrons anzugeben. Aus grundsätzlichen Überlegungen (HEISENBERGsche Unschärferelation) ist es unmöglich, eine genauere Ortsangabe für das Elektron zu machen als die, daß es sich in dem Metallwürfel befinden muß. Wir legen nun ein rechtwinkliges Koordinatensystem parallel zu den Würfelkanten und können den Bewegungszustand eines jeden Elektrons durch Angabe der Impulskoordinaten p_x, p_y, p_z festlegen. Zeichnen wir in ein rechtwinkliges Koordinatensystem (Impulsraum) diese Impulskomponenten ein, so ist damit der Bewegungszustand des Elektrons gekennzeichnet. Nun ist aber zu bedenken, daß sich die Impulskomponenten nicht beliebig genau angeben lassen. Infolge der HEISENBERGschen Ungenauigkeitsrelation gilt für jede Komponente, daß das Produkt des Fehlers der Ortskoordinate und des Fehlers der Impulskoordinate größer oder gleich h ist ($\Delta p_i \cdot \Delta q_i \geqq h$). Da nun der Fehler in der Ortskoordinate gleich der Kantenlänge l des Metallwürfels ist — wir hatten oben bereits festgestellt, daß eine genauere Ortsangabe unmöglich ist —, so ist jede Impulskomponente nur bis auf einen Fehler der Größe $\Delta p_i = \frac{h}{l}$ festzulegen, wenn wir uns bei der HEISENBERGschen Ungenauigkeitsrelation auf das Gleichheitszeichen beschränken. Wir sind daher nicht in der Lage, den Impuls eines Elektrons durch einen Punkt im Impulsraum zu kennzeichnen, sondern wir müssen um diesen Punkt ein kleines Volumen von der Form eines Würfels und der Kantenlänge $\frac{h}{l}$ abgrenzen, und wir können nur aussagen, daß der Punkt, der den Impuls des Elektrons repräsentiert, in diesem Würfel liegen muß. Dieses kleine Volumen $\frac{h^3}{l^3} = \frac{h^3}{V_M}$ (V_M = Volumen des Metallwürfels) bezeichnet man auch als eine Zelle des Impulsraumes.

Wir fragen nun, wieviele Elektronen des Elektronengases denselben Impuls besitzen können, so daß die entsprechenden Punkte in derselben Zelle des Impulsraumes liegen oder, in vereinfachter Ausdrucksform, wieviele Elektronen in *einer* Zelle des Impulsraumes enthalten sein können. Diese Frage kann man sofort beantworten, wenn man bedenkt, daß nach dem PAULI-Prinzip in einem System — in unserem Fall im gesamten Metallwürfel — niemals die Zustände zweier Elektronen in allen Quantenzahlen übereinstimmen können. Dann nämlich wären diese Zustände nicht mehr zu unterscheiden. Also kann man in einer Zelle des Impulsraumes nur ein Elektron unterbringen. Bedenkt man aber, daß die Elektronen einen Spin besitzen, so kann man in dieselbe Zelle ein zweites Elektron mit entgegengesetztem Spin bringen. Ein drittes Elektron läßt sich jedoch nicht mehr in der Zelle unterbringen.

Man teilt nun den gesamten Impulsraum in Zellen der Größe $\frac{h^3}{V_M}$ ein. Da die Energie der Elektronen um so größer ist, je weiter die Zellen, in denen sie sich befinden, vom Nullpunkt entfernt sind, und da die Elektronen am absoluten Nullpunkt den niedrigsten Energiezustand einnehmen, so werden — wenn N Elektronen im Elektronengas vorhanden sind — am absoluten Nullpunkt im Impulsraum $\frac{N}{2}$ Zellen der niedrigsten Energie mit je 2 Elektronen besetzt sein, so daß im Impulsraum eine Kugel (FERMI-Kugel) vom Volumen $\frac{N}{2} \cdot \frac{h^3}{V_M}$ mit 2 Elektronen je Zelle besetzt ist. Außerhalb der FERMI-Kugel ist jede Zelle mit null Elektronen besetzt. Am absoluten Nullpunkt ist also die Grenze zwischen besetzten und unbesetzten Bereichen im Impulsraum sehr scharf. Mit steigender Temperatur geht diese Schärfe im Übergang verloren. Bei den Temperaturen, die uns interessieren, können wir jedoch in vielen Fällen[1] mit guter Näherung das Bild benutzen, das für den absoluten Nullpunkt gilt.

Zweckmäßigerweise führen wir noch eine kleine Änderung in der Bezeichnung der Koordinaten ein. Man bezieht den Zustand der Elektronen nicht auf die Impulse, sondern auf die Wellenzahl $k = \frac{2\pi}{\lambda}$. Da nach DE BROGLIE Impuls und Wellenlänge durch die Gleichung $p = \frac{h}{\lambda}$ miteinander verknüpft sind, so haben wir unsere bisherigen Koordinaten p_x, p_y, p_z mit $\frac{2\pi}{h}$ zu multiplizieren und

[1] Das ist immer dann möglich, wenn die Entartungstemperatur [Definition s. z. B. (*8b*) S. 179] hoch ist.

erhalten damit das neue Koordinatensystem des Wellenzahlraumes (k-Raum) k_x, k_y, k_z.

Das bisher entwickelte Bild bleibt qualitativ im neuen Koordinatensystem erhalten. Insbesondere mag auf folgendes hingewiesen werden:

a) Die Energie steigt proportional zu k^2 an, da $E = \frac{p^2}{2m} = \frac{h^2}{8\pi^2 m} k^2$ ist (s. Abb. 2).

b) Die Zahl der Elektronenzustände ΔZ (= Zahl der Zellen) mit einer Energie zwischen E und $E + \Delta E$, bezogen auf die Energieeinheit = Dichte der Zustände bei der Energie E, ist

$$\frac{\Delta Z}{\Delta E} = N(E) = \frac{4\pi m}{h^3} \cdot V_M \cdot \sqrt{2mE}.$$

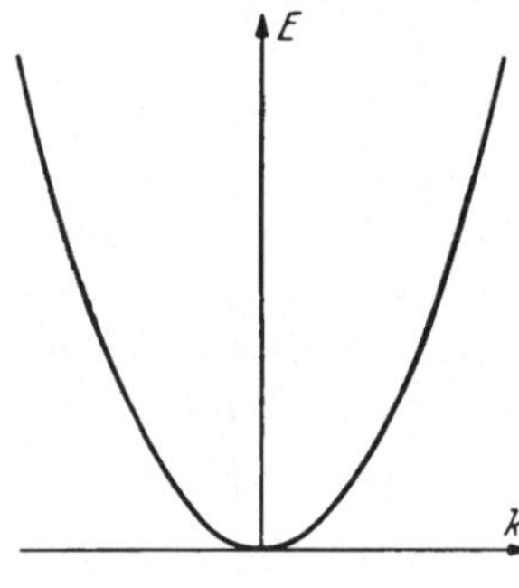

Abb. 2. Energie E als Funktion der Wellenzahl k (bei räumlich konstantem Potential).

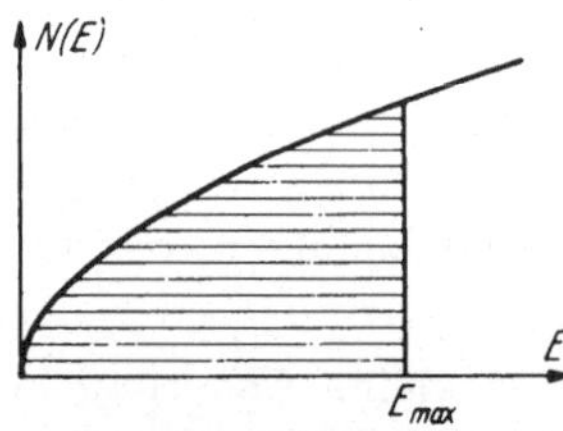

Abb. 3. Dichte der Energiezustände $N(E)$ als Funktion der Energie E (bei räumlich konstantem Potential). Am absoluten Nullpunkt sind alle Zustände unterhalb E_{max} mit Elektronen besetzt oberhalb E_{max} hingegen leer.

In dem oben erwähnten Beispiel (Metall am absoluten Nullpunkt) sind alle Zustände mit einer Energie $E < E_{max}$ mit je 2 Elektronen besetzt (schraffiert), während oberhalb E_{max} alle Zustände unbesetzt sind (s. Abb. 3).

c) In dem hier gezeichneten Bild ist die paramagnetische Susceptibilität des Elektronengases leicht zu deuten. Bringt man ein Metall in ein Magnetfeld, so werden die Elektronen versuchen, sich mit ihren Spins parallel zum Magnetfeld einzustellen. Einen Beitrag zur paramagnetischen Susceptibilität können aber nur alle diejenigen Elektronen liefern, die sich allein in einer Zelle des Impulsraumes befinden. Sind nämlich 2 Elektronen in einer Zelle des Impulsraumes, so heben sich die Wirkungen der antiparallelen Spins auf. Nun können die Elektronen aus dem magnetischen Feld der Feldstärke H die Energie $2\,\mu H$ aufnehmen, wenn μ das magnetische Moment eines Elektrons ist. Infolgedessen können die Elektronen, die sich an der oberen Grenze der FERMI-Kugel befinden, unter Energieaufnahme aus dem Feld in einen höheren

Zustand übergehen. Insgesamt erhält man an der Oberfläche der FERMI-Kugel einen Energiebereich der Breite $2\,\mu H$, in dem jede Zelle von nur einem Elektron besetzt ist. Dann ist die paramagnetische Susceptibilität $\chi_p = 2\,\mu^2\,N\,(E_{max})$, wenn E_{max} die Energie an der Oberfläche der FERMI-Kugel bedeutet. Hiervon sind in Abzug zu bringen:

1. der diamagnetische Anteil des Elektronengases, der $= {}^1/_3\,\chi_p$ ist,
2. der Diamagnetismus der Elektronenhüllen der Ionen.

2. *Einfluß des Gitters.*

Bisher haben wir mit keinem Wort der Tatsache Rechnung getragen, daß das Gitter aus Ionen aufgebaut ist, in deren Feld sich die Elektronen bewegen. Wir müssen daher berücksichtigen, daß ein vom Ort abhängiges Potential herrscht, dessen Verlauf dieselbe Periodizität und Symmetrie wie das Gitter besitzt. Hierdurch sind einige Änderungen an dem bisher gezeichneten Bild bedingt, zu denen man am einfachsten durch folgende Überlegung gelangt:

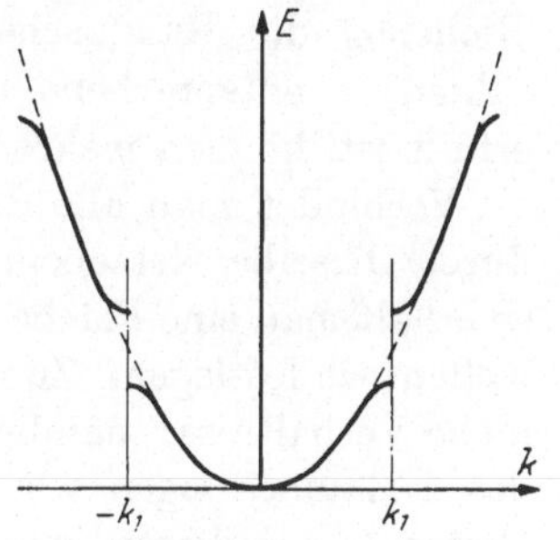

Abb. 4. Energie E als Funktion der Wellenzahl k unter Berücksichtigung der periodischen Struktur des Potentials (ausgezogene Kurve). Die parabolische Abhängigkeit von der Wellenzahl, die für räumlich konstantes Potential gilt (s. a. Abb. 2), ist gestrichelt gezeichnet. Man sieht, daß die Energieänderung gegenüber konstantem Potential desto größer ist, je näher die Wellenzahl des Elektrons der kritischen Wellenzahl k_1 kommt.

Fällt ein Elektronenstrahl auf einen Krystall, so kann er diesen, wenn man von der Absorption absieht, im allgemeinen durchdringen. Ist aber die BRAGGsche Gleichung $n \cdot \lambda = 2d \cdot \sin\varphi$ erfüllt, so tritt Reflexion ein, und liegt die reflektierende Netzebene parallel zur Oberfläche des Krystalls, so können die auftreffenden Elektronen den Krystall nicht durchsetzen. Wir müssen nun erwarten, daß auch für Elektronen, die sich im Gitter bewegen, dann, wenn die BRAGGsche Gleichung erfüllt ist, Besonderheiten auftreten.

Wir betrachten einmal alle diejenigen Elektronen, die sich im Gitter in einer ganz bestimmten Richtung bewegen, und tragen deren Energie als Funktion der Wellenzahl k auf (s. Abb. 4). Wir haben oben gesehen, daß im Falle eines konstanten Potentials die Energie proportional dem Quadrat der Wellenzahl zunimmt:

$E = \frac{h^2}{8\pi^2 m} k^2$ (gestrichelte Kurve). Nehmen wir nun an, in der betreffenden Richtung sei für $k = k_1$ die BRAGGsche Gleichung erfüllt, dann besitzen infolge der Interferenz die Elektronen in der Nähe von k_1 nicht mehr die Energie $E = \frac{h^2}{8\pi^2 m} k^2$, sondern eine Energie, die kleiner bzw. größer ist als dieser Wert (ausgezogene Kurve), und an der Stelle $k = k_1$ tritt ein Energiesprung auf.

Ohne auf Einzelheiten einzugehen, sei lediglich bemerkt, daß der Energiesprung desto größer ist, je stärker die betreffende Fläche Röntgenstrahlen reflektiert, genauer gesagt: je größer die Strukturamplitude für die betreffende Fläche ist (*9*). Ist die Strukturamplitude für eine Fläche Null, so ist auch der zugehörige Energiesprung Null. Da im allgemeinen in einer bestimmten Richtung die BRAGGsche Gleichung bei verschiedenen Wellenzahlen — entsprechend den verschiedenen Netzebenenserien — erfüllt ist, können mehrere Energiesprünge auftreten.

Verbindet man alle diejenigen Stellen im k-Raum, an denen durch dieselbe Netzebenenserie ein Energiesprung erzeugt wird, so erhält man eine Fläche der Energiediskontinuität. Diese Fläche wollen wir festlegen. Zu diesem Zweck wählen wir möglichst einfache Verhältnisse, nämlich einen kubischen Krystall. Die Achsen des k-Raumes legen wir parallel zu den Achsen des reziproken Gitters (die in diesem speziellen Fall parallel zu den Krystallachsen verlaufen). Wir wollen feststellen, auf welcher Fläche die durch die Netzebenenserie (100) bedingten Energiesprünge liegen. Da (100) parallel zur k_y- und k_z-Achse verläuft, so durchsetzen alle Elektronen, die im k-Raum auf OA liegen (Abb. 5), die Netzebenenserie (100) unter dem Glanzwinkel φ_1, wenn der Winkel zwischen OA und k_x gleich $(90 - \varphi_1)$ ist. Auf OA liege der Energiesprung bei C. Dann ist offenbar wegen $n\lambda_1 = 2d \sin\varphi_1$ und $k_1 = \frac{2\pi}{\lambda_1}$ für C die Gleichung

$$k_1 = \frac{\pi n}{d \sin\varphi_1}$$

erfüllt, wobei d den Netzebenenabstand von (100) ($d = a$) bedeutet und n, die Ordnung des Reflexes, in diesem speziellen Fall gleich 1 ist.

Betrachten wir nun irgendeine andere Richtung φ, so ist die Bedingung für den Energiesprung immer dann erfüllt, wenn

$$k \sin\varphi = \frac{\pi n}{d}$$

ist. Da aber $k \sin \varphi = k_{x_1}$ ist, so bedeutet dieses, daß sämtliche, durch die Netzebenenserie (100) bedingten Energiesprünge auf einer Ebene liegen, die parallel zu k_y und k_z im Abstand $\frac{\pi n}{d}$ vom Nullpunkt verläuft. Diese Fläche der Energiediskontinuität ist selbstverständlich denselben Symmetrieoperationen unterworfen wie die Krystallflächen, und da wir für unsere Betrachtungen einen kubischen Krystall vorausgesetzt haben, so treten also insgesamt 6 Flächen der Energiediskontinuität auf, die einen Würfel der Kantenlänge $\frac{2\pi}{a}$ einschließen. Dieses von den 6 Energiediskontinuitätsflächen eingeschlossene Volumen des k-Raumes nennt man eine Brillouin-Zone. Die Energiediskontinuitätsfläche einer Brillouin-Zone, die wir durch die Indices (h, k, l) der erzeugenden Netzebenenserie kennzeichnen, wollen wir hier der Einfachheit halber eine Brillouin-Fläche nennen. Das Volumen dieser Brillouin-Zone ist $V_B = \left(\frac{2\pi}{a}\right)^3$. Nun hatten wir oben gesehen, daß das Volumen einer Zelle im Impulsraum gleich $\frac{h^3}{V_M}$ (V_M = Metallvolumen) ist. Beim Übergang zum k-Raum geht das Zellvolumen in $\frac{h^3}{V_M}\left(\frac{2\pi}{h}\right)^3 = \frac{(2\pi)^3}{V_M}$ über. Dann enthält diese Brillouin-Zone also $\left(\frac{2\pi}{a}\right)^3 \frac{V_M}{(2\pi)^3} = \frac{V_M}{a^3} = N$ Zellen, und da a^3 das Volumen der kubischen Elementarzelle ist, so ist N die Zahl der Elementarzellen, die im Metallvolumen V_M enthalten ist. Handelt es sich speziell um ein einfach kubisches Gitter mit einem Atom je Elementarzelle, so enthält die Brillouin-Zone soviel Zellen, wie Atome in V_M enthalten sind, und da in jeder Zelle maximal zwei Elektronen untergebracht werden können, so kann diese Zone maximal zwei Elektronen pro Atom aufnehmen.

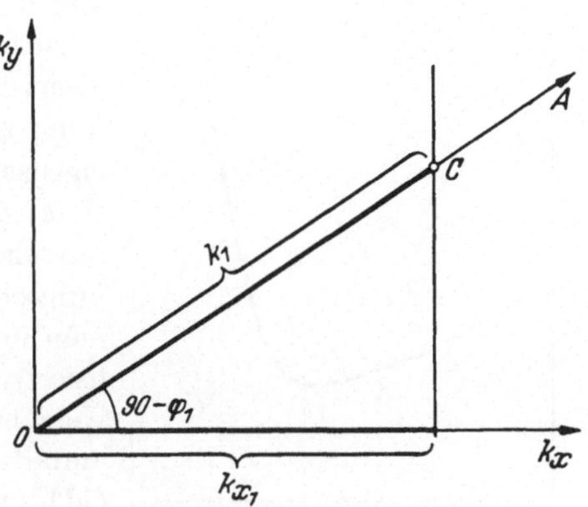

Abb. 5. Koordinatensystem zur Ableitung der Energiediskontinuitätsfläche (s. Text).

Die Überlegung ist hier an einem besonders einfachen Beispiel durchgeführt worden, ist aber insofern allgemeingültig, als jeder Netzebenenserie (sofern ihre Strukturamplitude nicht verschwindet) im k-Raum eine BRILLOUIN-Fläche entspricht, und daß aus diesen Flächen BRILLOUIN-Zonen gebildet werden, die ineinandergeschachtelt sind. Diese Zonen haben die charakteristische Eigenschaft, daß innerhalb einer Zone oder zwischen zwei ineinandergeschachtelten Zonen sich die Energie der Elektronen kontinuierlich ändert, daß aber beim Überschreiten der Zonenfläche Energiesprünge auftreten. Diese Erscheinung macht sich an vielen Metalleigenschaften bemerkbar.

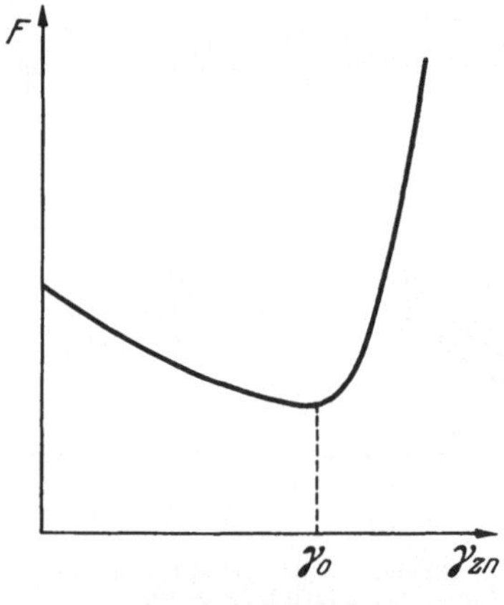

Abb. 6. Freie Energie F von Cu-Zn-Legierungen als Funktion der Zusammensetzung (s. Text).

a) *Phasengrenzen.* Wir betrachten ein Stück Kupfer. Da Kupfer kubisch flächenzentriert (mit 4 Atomen in der Elementarzelle) krystallisiert, so sind die beiden ersten Netzebenenserien, deren Strukturamplitude von Null verschieden ist, (111) und (200). Die erste BRILLOUIN-Zone ist daher ein Oktaeder $\{111,\}$ dessen Spitzen durch die Würfelflächen $\{200\}$ abgeschnitten sind. Diese erste BRILLOUIN-Zone enthält gerade soviel Zellen, daß zwei Elektronen pro Atom in ihr untergebracht werden können. Da jedes Kupferatom ein Elektron pro Atom in das Elektronengas abgibt, so ist die BRILLOUIN-Zone nur zur Hälfte mit Elektronen aufgefüllt.

In Abb. 6 ist die freie Energie F von Kupfer-Zink-Legierungen als Funktion des Molenbruchs an Zink (γ_{Zn}) dargestellt. Für $\gamma_{Zn} = 0$ erhält man zunächst die freie Energie des reinen Kupfers. Ersetzt man nun in zunehmendem Maße Kupfer durch Zink, so wird sich die freie Energie ebenfalls ändern, und zwar 1. infolge des Einbaues der zweiwertigen Zinkionen an Stelle der einwertigen Kupferionen. Die dadurch bedingte Änderung der freien Energie dürfte in groben Zügen proportional dem Molenbruch an Zink γ_{Zn} sein. 2. infolge der Vergrößerung der Energie durch die zusätzlich eingebrachten Elektronen. Der hierdurch bedingte Energiezuwachs wird dann besonders groß sein, wenn die BRILLOUIN-Zone weitgehend aufgefüllt ist und wenn u. U. weitere Elektronen bereits in der nächsthöheren Zone untergebracht werden müssen (es hängt von der Größe des Energiesprunges ab, bei welchem Auffüllungsgrad dieses der Fall ist). Bei der einem besonders großen Energiezuwachs der Elektronen entsprechenden Zusammensetzung (im Energie-Molenbruch-Diagramm Abb. 6 beim Molenbruch γ_0) nimmt auch die freie Energie schnell zu, d. h. die Phase wird gegenüber anderen möglichen Phasen instabil. Es besteht also ein enger Zusammenhang zwischen der Auffüllung der BRILLOUIN-Zone und der Lage der Phasengrenze, wenn die Phasengrenze tatsächlich durch die Auffüllung der Zone bedingt ist. Baut man hingegen in ein Metall ein zweites mit viel größerem Raumbedarf ein, so wird die Phasengrenze durch die Verzerrung des Gitters und nicht durch die Auffüllung der BRILLOUIN-Zone bedingt sein.

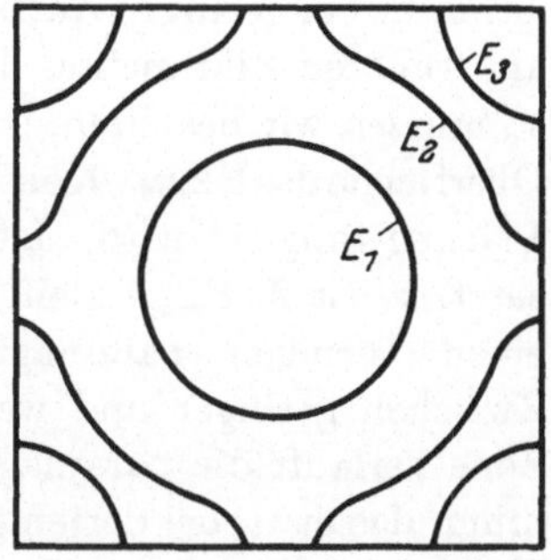

Abb. 7. Beeinflussung der Gestalt des FERMI-Körpers durch BRILLOUIN-Flächen, schematisch im Zweidimensionalen dargestellt. Angegeben sind die Kurven konstanter Energie innerhalb einer BRILLOUIN-Zone für verschiedene Energiewerte.

Im Fall der Cu-Zn-Legierung vermag das Kupfer soviel Zink aufzunehmen, daß 1,38 Elektronen/Atom in der ersten BRILLOUIN-Zone vorhanden sind, während die einbeschriebene Kugel, die {111} berührt, 1,36 Elektronen/Atom enthält. Bei einer ganzen Zahl anderer Legierungen liegen ähnliche Verhältnisse vor.

b) *Magnetische Susceptibilität.* Wir betrachten wieder die Auffüllung der BRILLOUIN-Zone und wollen dabei kurz besprechen, welche magnetischen Effekte zu erwarten sind. Zunächst ist zu ergänzen, daß die Kugelgestalt der FERMI-Kugel verloren geht, wenn die Oberfläche der FERMI-Kugel in die Nähe einer BRILLOUIN-Fläche kommt. Man spricht dann besser von einem FERMI-Körper, und in Abb. 7 sind im Zweidimensionalen[1] für verschiedene Energiewerte die Kurven konstanter Energie gezeichnet. Bei geringer

[1] Vgl. auch die dreidimensionale Darstellung bei SOMMERFELD-BETHE(*10*). Anm. b. d. Korrektur: S. Abb. 1 der anschließenden Diskussionsbemerkung von K. Schubert auf S. 299.

Auffüllung (E_1) kann man den FERMI-Körper als Kugel ansehen, die aber verzerrt wird, wenn die Oberfläche in die Nähe einer BRILLOUIN-Fläche kommt (E_2) und die eine von einer Kugel stark abweichende Gestalt (E_3) annimmt, wenn die Zone weitgehend aufgefüllt ist.

Wir hatten bereits oben festgestellt, daß die paramagnetische Susceptibilität des Elektronengases proportional zur Zahl der Zustände an der Oberfläche der FERMI-Verteilung ist, d. h. proportional zu $N(E_{max})$. Solange der FERMI-Körper nahezu kugelförmig ist, d. h. bei geringer Auffüllung der BRILLOUIN-Zone, ändert sich am früheren Bild nichts. Ist die Zone aber weitgehend aufgefüllt, so müssen wir beachten, daß $N(E_{max})$ lediglich durch den Teil der Oberfläche des FERMI-Körpers gegeben ist, der nicht von BRILLOUIN-Flächen tangiert wird. Ist also die BRILLOUIN-Zone fast voll besetzt, so ist $N(E_{max})$ klein und das Elektronengas liefert lediglich einen geringen paramagnetischen Anteil zur Susceptibilität. Zwischen geringer und weitgehender Auffüllung der BRILLOUIN-Zone verläuft die paramagnetische Susceptibilität über ein Maximum, das etwa bei derjenigen Auffüllung liegt, bei der der FERMI-Körper die BRILLOUIN-Zone eben berührt.

Zusätzlich ist der Diamagnetismus des Elektronengases zu berücksichtigen, und hier kann sich ein besonderer, zuerst wohl am γ-Messing beobachteter Effekt bemerkbar machen, der als „anomaler Diamagnetismus" bezeichnet wird. Dieser anomale Diamagnetismus tritt dann auf, wenn die Oberfläche der FERMI-Verteilung sich in unmittelbarer Umgebung der BRILLOUIN-Fläche befindet, und besonders auffällig ist dieser Effekt dann, wenn die BRILLOUIN-Zone aus einer großen Zahl von Flächen gebildet wird, die gleichen Abstand vom Nullpunkt haben (beim γ-Messing handelt es sich um die Zone aus {330} und {411}). In diesem Fall werden nämlich sämtliche Flächen bei fast derselben Auffüllung der BRILLOUIN-Zone vom FERMI-Körper berührt.

Theoretische Studien zu diesem Effekt liegen von PEIERLS (*11*) und JONES (*3*) vor.

Zur Ausführung der Messungen ist folgendes zu sagen:

Die magnetischen Messungen wurden nach der Zylindermethode (*19*) durchgeführt. Man hängt die Substanz, deren Susceptibilität man messen will, und der man die Form eines gestreckten Zylinders gegeben hat, so an einer Waage auf, daß die

Substanz selbst zwischen den Polen eines Elektromagneten hängt. Sodann schaltet man den Elektromagneten ein und bestimmt die Gewichtsänderung des Präparates gegenüber dem unmagnetisierten Zustand. Aus der Gewichtsänderung läßt sich die Susceptibilität berechnen. Die Messungen wurden speziell nach dem von KNAPPWOST (*20*) angegebenen Verfahren durchgeführt, um möglichst sorgfältig den Einfluß ferromagnetischer Verunreinigungen auszuschalten. Dabei wurde besonders darauf geachtet, daß auch tatsächlich eine Sättigung der ferromagnetischen Verunreinigung eingetreten war. Diese Bedingung der Ausschaltung ferromagnetischer Verunreinigungen ist sehr unangenehm und erschwert die Messungen im System $MgNi_2$–$MgZn_2$ bei tiefen Temperaturen beträchtlich.

Die Wasserstofflöslichkeit wurde bei konstanter Temperatur und unter konstantem Druck nach der volumetrischen Methode bestimmt. Die Volumenabnahme wurde in einer Mikrobürette gemessen und läßt sich in zwei Anteile aufteilen: einen Anteil, der auf das tote Volumen entfällt, und einen Anteil, der der Beziehung n_{H_2} (gelöst) $= k\sqrt{p_{H_2}}$ gehorcht. Nach mehreren Messungen bei konstanter Temperatur wurde der Löslichkeitskoeffizient k durch Ausgleichsrechnung ermittelt.

Ergebnisse.

I. System $MgCu_2$–$MgZn_2$.

Abb. 8 zeigt die Zusammenstellung der Ergebnisse im System $MgCu_2$–$MgZn_2$.

Die magnetischen Messungen zeigen im Bereich der $MgCu_2$-Phase nach einem anfänglichen Absinken eine Zunahme der Susceptibilität, die bei 20% $MgZn_2$ zu einem Haupt- und bei 40% $MgZn_2$ zu einem Nebenmaximum führt. Oberhalb 40% $MgZn_2$ nimmt die Susceptibilität stark ab und zeigt bei 60% $MgZn_2$ einen anomalen Diamagnetismus. Beim Überschreiten der Phasengrenze, die bei der VEK 1,75 liegt, nimmt die Susceptibilität wieder zu, ohne aber paramagnetisch zu werden, bleibt im Bereich der $MgNi_2$-Phase schwach diamagnetisch, um an der Phasengrenze etwas abzusinken, nimmt dann mit Überschreiten der bei der VEK 1,90 liegenden Phasengrenze wieder zu und wird beim $MgZn_2$

schwach paramagnetisch. Mit zunehmender Auffüllung der BRILLOUIN-Zone im $MgZn_2$ nimmt die Susceptibilität zunächst wieder ab.

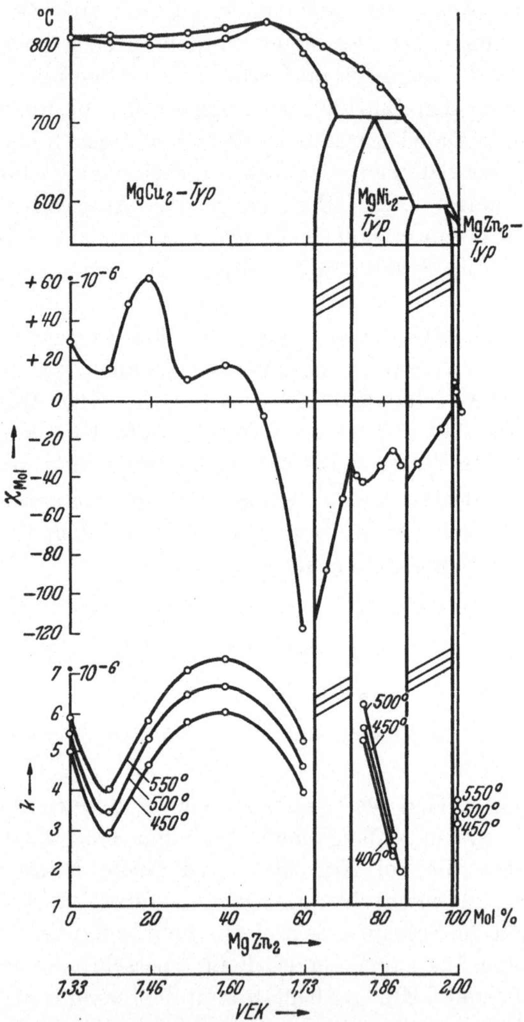

Abb. 8. Zusammenstellung der Ergebnisse im System $MgCu_2$—$MgZn_2$ als Funktion der Zusammensetzung bzw. der VEK. Oben: Zustandsdiagramm des Schnittes $MgCu_2$—$MgZn_2$, in der Mitte: Magnetische Susceptibilität, und unten: Löslichkeitskoeffizient der Wasserstofflöslichkeit. Die magnetische Susceptibilität oberhalb 100% $MgZn_2$ ist die Susceptibilität einer Legierung mit einem geringen Al-Gehalt. Der Punkt ist bei der entsprechenden VEK der Legierung eingetragen.

Zur Deutung des Verlaufs betrachten wir die Angaben über die BRILLOUIN-Zonen in Tab. 2. Im Bereich der $MgCu_2$-Struktur tritt als erste Zone {111} auf. Da sie maximal 0,38 Elektronen pro Atom enthält, das $MgCu_2$ aber 1,33 El/Atom besitzt, so kommt diese Zone für unsere Überlegung nicht mehr in Frage. Sie liegt im Inneren des FERMI-Körpers. Als zweite Zone tritt {220} auf. Sie enthält gerade 1,33 El/Atom. Aber der Energiesprung mit

Tabelle 2. *Zusammenstellung einiger Angaben über* BRILLOUIN-*Zonen der drei hier diskutierten Strukturtypen.*

Die erste Spalte gibt den Strukturtyp an, die zweite enthält die Indices der Netzebenenserien, die die BRILLOUIN-Zone erzeugen. Spalte 3 und 4 enthalten Angaben über den Inhalt der BRILLOUIN-Zone, ausgedrückt in Elektronen pro Atom, und zwar ist in Spalte 3 das Volumen der einbeschriebenen Kugel (wenn die Zone ausschließlich aus diesen BRILLOUIN-Flächen aufgebaut wäre), in Spalte 4 das Gesamtvolumen angegeben. Eine Klammer bedeutet, daß die betreffenden Flächen zusammen eine BRILLOUIN-Zone bilden. Die letzte Spalte gibt die Höhe des Energiesprunges (für das $MgCu_2$ bezw. $MgNi_2$, $MgZn_2$) an, wie man ihn nach der Elektronentheorie (*18*, *3*) berechnet. Es sei aber ausdrücklich betont, daß auf die Beträge der Energiesprünge weniger Wert zu legen ist als auf das Verhältnis der Energiesprünge verschiedener Flächen.

Strukturtyp	Zone aus den Flächen	Volumen in Elektr./Atom der einbeschr. Kugel	Volumen in Elektr./Atom der Zone	Energiesprung in Elektronenvolt
$MgCu_2$	{111}	0,23	0,38	9,4
	{220}	0,99	1,33	4,4
	{311}	1,59 }	1,83	11,1
	{222}	1,81 }		16,2
$MgNi_2$	{100}	0,19 }	0,66	6,3
	{004}	0,23 }		24,0
	{101}	0,21		5,6
	{106}	1,27		8,4
	{107}	1,79		8,6
	{008}	1,84 }	1,93	27,1
	{114}	1,60 }		18,6
	{202}	1,68 }		17,3
$MgZn_2$	{103}	1,27		6,7
	{112}	1,60 }	1,93	10,5
	{201}	1,68 }		11,4
	{004}	1,84 }		15,6
	{201}	1,68 }	2,32	11,4
	{004}	1,84 }		15,6

4,4 Volt ist — verglichen mit den Energiesprüngen an anderen Flächen — so gering, daß diese Zone kaum ein sehr wesentliches Hindernis für die Ausbildung des FERMI-Körpers darstellt. Da außerdem das $MgCu_2$ metallische Eigenschaften (besonders hinsichtlich der elektrischen Leitfähigkeit) besitzt, so können wir mit Sicherheit annehmen, daß bereits beim $MgCu_2$ die Grenzen dieser aus {220} gebildeten Zone überschritten sind. Als nächste Zone tritt {311} und {222} auf. Diese beiden Flächen weisen mit 11,1 und 16,2 Elektronenvolt die höchsten Energiesprünge auf und dürften auch auf die Ausbildung des FERMI-Körpers einen wesentlichen Einfluß ausüben. Die Zone enthält 1,83 El/Atom, d. h. mit 1,75 El/Atom ist diese Zone zu 95% aufgefüllt, und der starke Diamagnetismus an der Phasengrenze ist nun leicht verständlich, da hier weite Bereiche der Oberfläche des FERMI-Körpers von den BRILLOUIN-Flächen tangiert werden. Das ist um so eher zu verstehen, als die aus {311} und {222} gebildete Zone einer Kugel recht ähnlich ist (Abb. 9).

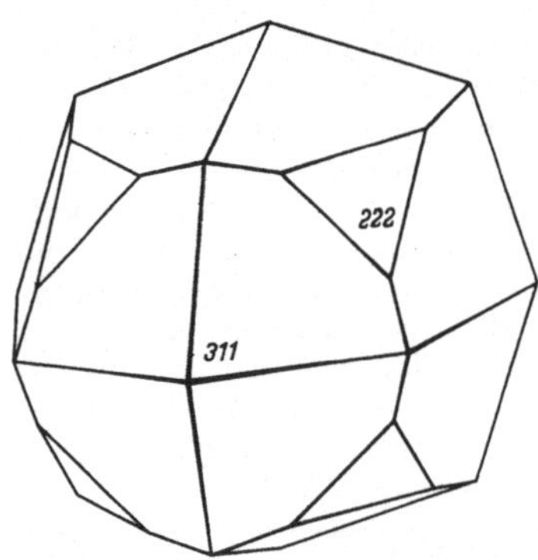

Abb. 9. BRILLOUIN-Zone für den $MgCu_2$-Typ aus {311} und {222}.

Der Verlauf der magnetischen Susceptibilität in der $MgCu_2$-Phase dürfte nun etwa folgendermaßen zu deuten sein:

Im reinen $MgCu_2$ ist die aus {220} gebildete BRILLOUIN-Zone weitgehend mit Elektronen aufgefüllt, während ein geringer Teil der Elektronen sich bereits in der nächsthöheren, von {222} und {311} begrenzten Zone befindet. Die Susceptibilität des $MgCu_2$ setzt sich dann aus folgenden Anteilen zusammen:

1. Diamagnetismus der Elektronenhüllen der Ionen,
2. Diamagnetismus des Elektronengases,
3. Paramagnetismus des Elektronengases.

Letzterer ist proportional zu $N(E_{max})$, d. h. der Paramagnetismus setzt sich zusammen aus den paramagnetischen Anteilen der Elektronen in {220} und der Elektronen in {222} + {311}.

Ersetzt man Kupfer durch Zink, so ändert sich der Diamagnetismus der Elektronenhüllen der Ionen sehr wenig. Auch der

Diamagnetismus des Elektronengases dürfte zunächst nur geringen Änderungen unterworfen sein. Dagegen ändern sich die paramagnetischen Anteile des Elektronengases wesentlich, und zwar nimmt der paramagnetische Anteil der Elektronen in {220} mit weiterer Auffüllung ab, der paramagnetische Anteil der Elektronen in {222} + {311} dagegen zu. Diese beiden gegenläufigen Effekte führen zu dem Minimum der Susceptibilität bei etwa 10% $MgZn_2$. Oberhalb 10% $MgZn_2$ überwiegt, insbesondere wohl wegen der Energiedepression an der BRILLOUIN-Fläche {311}, die Zunahme des paramagnetischen Anteils der Elektronen aus {222} + {311}, d. h. die paramagnetische Susceptibilität steigt bis auf den Maximalwert bei 20% $MgZn_2$. Wir vermuten, daß der anschließende Abfall durch den anomalen Diamagnetismus an {311} bedingt ist und daß das zweite Maximum bei 40% $MgZn_2$ durch die Energiedepression von {222} erzeugt wird. Der dann folgende starke Diamagnetismus dürfte durch das Absinken der Dichte der Zustände und durch anomalen Diamagnetismus an {311} und {222} verursacht sein. Eine genaue Analyse wird z. Z. durchgeführt.

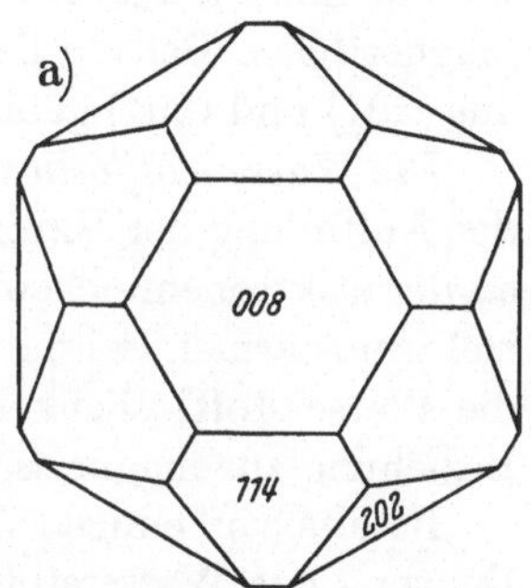

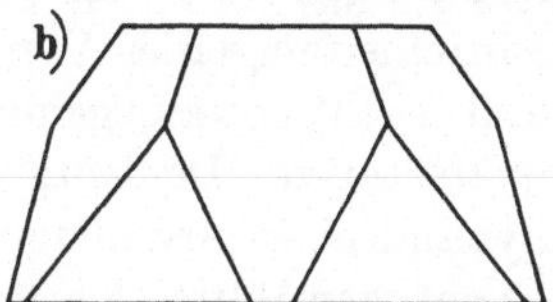

Abb. 10. BRILLOUIN-Zone für den $MgNi_2$-Typ aus {008}, {114} und {202} im Aufriß (*a*) und Seitenriß (*b*). Der Seitenriß ist nur zur Hälfte gezeichnet und muß durch Spiegelung an der Grundebene vervollständigt werden.

Die $MgNi_2$-Phase ist in ihrem ganzen Existenzgebiet diamagnetisch. Betrachten wir Tab. 2, so ist dieses leicht verständlich. Als BRILLOUIN-Zone der $MgNi_2$-Phase dürfte die aus den Flächen {008}, {114} und {202} (Abb. 10) gebildete Zone gelten. (Es ist allerdings möglich, daß die BRILLOUIN-Fläche {114} bereits überschritten ist.) Die Tabelle zeigt uns die besonders hohen Energiesprünge von 27,1, 18,6 und 17,3 Volt. Die Zone enthält 1,93 El/Atom, und auch hier haben wir, da die Phasengrenze bei 1,90 El/Atom liegt, eine weitgehend aufgefüllte Zone. Beim $MgNi_2$-Typ tritt aber als Besonderheit hinzu, daß hier eine ganze Reihe von Flächen mit Energiesprüngen auftreten, die zwar nicht groß sind, aber doch dazu beitragen, daß die Phase im ganzen

Bereich diamagnetisch ist. So enthält z. B. die aus den Flächen {008}–{114}–{202}–{107} gebildete Zone 1,84 El/Atom. Diese beiden Zonen sind ebenfalls recht gute Annäherungen an Kugeln, und der Diamagnetismus ist durchaus verständlich. Auch hier dürfte die Phasengrenze durch die Auffüllung der Zone bedingt sein.

Im Bereich der $MgZn_2$-Phase nimmt die Susceptibilität zunächst ab, wohl deshalb, weil die aus {112}, {201} und {004} gebildete Zone aufgefüllt ist und daher praktisch nur einen diamagnetischen Beitrag liefert. Weitere Elektronen füllen dann die aus {201} und {004} gebildete Zone auf (Tab. 2).

Die Wasserstofflöslichkeit zeigt ebenfalls eine Abhängigkeit von der Auffüllung der BRILLOUIN-Zone. Einerseits ist die Löslichkeit an der elektronenreichen Seite einer Phase immer kleiner als an der elektronenarmen Seite der folgenden Phase. Darüber hinaus zeigt die Wasserstofflöslichkeit im Bereich der $MgCu_2$-Phase eine enge Beziehung zur magnetischen Susceptibilität.

Bereits vor einigen Jahren hat sich C. WAGNER (*12*) mit der Deutung der Wasserstofflöslichkeit in Palladium und Palladiumlegierungen (Pd–Ag und Pd–B) beschäftigt. Ohne hier auf Einzelheiten seiner Vorstellung einzugehen, sei lediglich erwähnt, daß es WAGNER gelungen ist, eine qualitative und teilweise quantitative Deutung der Wasserstofflöslichkeit auf thermodynamischer Grundlage zu geben unter Verwendung einiger geeignet gewählter Korrektionsglieder für das thermodynamische Potential der Wasserstoffatome und der Elektronen. Auch einige Experimente W. HIMMLERs (*13*) lassen sich mit Hilfe dieser Vorstellung zumindest qualitativ deuten. Obwohl unsere Messungen eine eindeutige Aussage erst nach weiteren theoretischen und experimentellen Untersuchungen zulassen, möchten wir C. WAGNERs Vorstellung dahingehend modifizieren, daß die Wasserstofflöslichkeit u. a. proportional zur Dichte der Zustände an der Oberfläche des FERMI-Körpers, d. h. proportional zu $N(E_{max})$ ist, mit anderen Worten: das chemische Potential der Elektronen ist abhängig vom Aufbau der BRILLOUIN-Zone. Das wäre auch durchaus verständlich. Denn die Zahl der Protonen, die sich unter sonst gleichen Bedingungen im Gitter unterbringen läßt, dürfte vom mittleren Potentialverlauf im Gitter abhängen, d. h. bei gleichem Strukturtyp lediglich eine monotone Funktion der Zusammensetzung sein, solange der Gehalt an Wasserstoff in der Legierung nicht zu groß ist. Die Zahl der Elektronen, die unter gleichen Bedingungen eingebracht werden können, ist hingegen proportional der Dichte der Zustände an der Oberfläche des FERMI-Körpers, d. h. proportional $N(E_{max})$.

Akzeptiert man diese Vorstellung, dann ist der Verlauf der Löslichkeit etwa folgendermaßen zu deuten: Wie wir bereits oben bei der Diskussion der magnetischen Susceptibilität gesehen haben, nimmt, vom $MgCu_2$ ausgehend, die Dichte der Zustände mit zunehmendem Gehalt an $MgZn_2$ zunächst ab, durchläuft bei etwa 10% $MgZn_2$ ein Minimum und steigt dann wieder an. Bei weiterer Auffüllung der BRILLOUIN-Zone (gebildet aus {311} und {222}) nimmt die Dichte der Zustände weiterhin zu, läuft über ein Maximum bei 40% $MgZn_2$ — hier würde auch das Maximum der paramagnetischen Susceptibilität liegen, wenn es keinen anomalen Diamagnetismus gäbe — und nimmt mit weiterer Auffüllung der Zone stark ab.

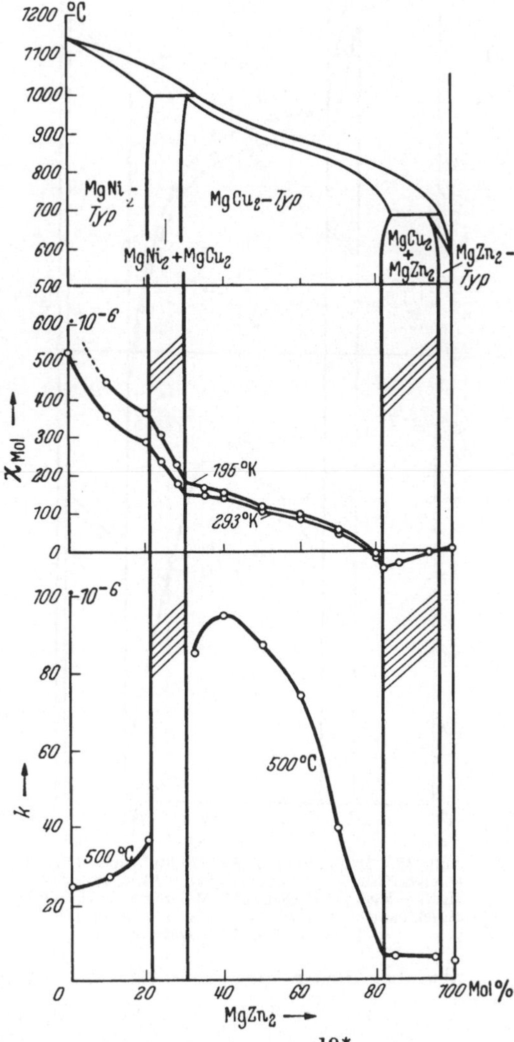

Abb. 11. Zusammenstellung der Ergebnisse im System $MgNi_2$—$MgZn_2$ als Funktion der Zusammensetzung. Oben: Zustandsdiagramm des Schnittes $MgNi_2$—$MgZn_2$, in der Mitte: Magnetische Susceptibilität und unten: Löslichkeitskoeffizient der Wasserslöslichkeit. Bei der magnetischen Susceptibilität und der Wasserstofflöslichkeit sind die Ordinatenmaßstäbe gegenüber Abb. 8 zu beachten.

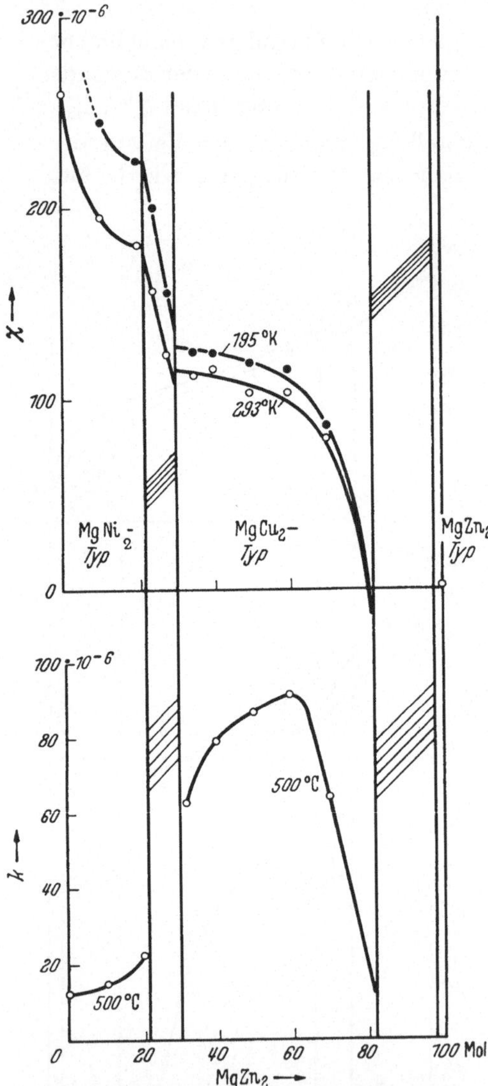

Abb. 12. Magnetische Susceptibilität und Löslichkeitskoeffizient der Wasserstofflöslichkeit im System $MgNi_2$—$MgZn_2$, bezogen auf 1 Mol reinen Nickels (bis einschließlich 70% $MgZn_2$. Die Susceptibilität bei 80% $MgZn_2$ ist nicht umgerechnet!).

Eine eingehende Untersuchung dieser Frage ist in Angriff genommen.

II. System $MgNi_2-MgZn_2$.

In Abb. 11 sind die Ergebnisse im System $MgNi_2-MgZn_2$ zusammengestellt.

Die magnetischen Messungen zeigen, daß bis etwa 70% $MgZn_2$ eine recht beträchtliche paramagnetische Susceptibilität, hervorgerufen durch das nur teilweise aufgefüllte *d*-Band des Nickels, vorhanden ist. Beginnen wir bei der Diskussion der magnetischen Effekte mit der Phase der $MgCu_2$-Struktur. An der elektronenreichen Seite dieser Phase ist die Susceptibilität, trotz des Gehaltes an Nickel, diamagnetisch. Das ist nur so zu erklären, daß bei dieser Zusammensetzung der Legierung das *d*-Band des Nickels voll aufgefüllt ist, d. h. das Nickel steuert keine Elektronen zum Elektronengas bei. Dann ist also bei dieser Zusammensetzung (82 Mol-% $MgZn_2$) die VEK:

$$\text{VEK} = 0{,}18 \cdot \tfrac{2}{3} + 0{,}82 \cdot 2 = 1{,}76,$$

während wir im System $MgCu_2$–$MgZn_2$ die Valenzelektronenkonzentration an der Phasengrenze zu 1,75 gefunden hatten. Also dürfte auch in diesem Fall die Phasengrenze durch die Auffüllung der BRILLOUIN-Zone {311} und {222} bedingt sein. Gehen wir nun zu kleineren Gehalten an $MgZn_2$ über, so nimmt die Susceptibilität recht beträchtlich zu. Da dieser Effekt auf das Nickel zurückzuführen ist, sind in Abb. 12 Susceptibilität und Wasserstofflöslichkeit, auf reines Nickel bezogen, dargestellt.

Die Susceptibilität der Legierung setzt sich aus drei Anteilen zusammen:

1. Paramagnetismus der d-Schale des Nickels.
2. Paramagnetismus des Elektronengases im Leitungsband der Legierung.
3. Diamagnetismus der Ionenrümpfe und des Elektronengases.

Im Grunde genommen müßte man nun so vorgehen, daß man von der insgesamt gemessenen Susceptibilität die Anteile 2 und 3 in Abrechnung bringt und aus dem paramagnetischen Resteffekt die Zahl der Löcher im d-Band des Nickels berechnet, die identisch ist mit der Zahl der Elektronen, die das Nickel in das Leitfähigkeitsband liefert. Aber für eine solche Rechnung sind die Unterlagen z. Z. noch nicht ausreichend. Außerdem dürften unsere Susceptibilitätsmessungen bei tiefen Temperaturen infolge der ferromagnetischen Verunreinigungen noch nicht so sicher sein, daß eine solche Aufteilung einen Sinn hätte. Um aber wenigstens einmal angenäherte Zahlenwerte zu erhalten, haben wir die Meßpunkte in der in Abb. 12 angegebenen Form interpoliert und aus den interpolierten Werten den Valenzelektronenbeitrag des Nickels berechnet. Im Gebiet großer Susceptibilitäten, in dem die unter 2 und 3 genannten Effekte nur einen prozentual sehr kleinen Einfluß ausüben, dürfte dieses Verfahren zu keinem wesentlichen Fehler führen.

Für die Berechnung des Valenzelektronenbeitrages des Nickels kann man prinzipiell zwei Wege einschlagen.

1. Wir benutzen die LANGEVINsche Formel

$$\chi = \frac{\mu^2}{3R(T-\Theta)} \qquad \mu = \text{Moment pro Mol}\,,$$

d. h. wir nehmen an, daß das Nickel z. T. in Form von Ionen in der Legierung vorliegt. Nun ist bekannt (*14*), daß in der d-Schale des Nickels entweder 2 Elektronen fehlen oder alle Elektronen vorhanden sind. Der Anteil der Nickelatome, bei denen nur ein Elektron in der d-Schale fehlt, kann als klein vernachlässigt werden. Setzt man schließlich noch den LANDÉschen g-Faktor gleich 2[1], so erhält man für die Zahl der Lücken im d-Band des Nickels:

$$x = \frac{\mu^2}{4\,\mu_B^2} \qquad \mu_B = \text{BOHRsches Magneton pro Mol.}$$

2. Wir benutzen die Formel der Elektronentheorie (*15*)

$$\chi = \frac{3}{2}\,\frac{x\,\mu_B^2}{R\,T_0}\left(1 - \frac{\pi^2}{12}\left(\frac{T}{T_0}\right)^2\right)$$

μ_B = BOHRsches Magneton, T_0 = Entartungstemperatur,

wobei in diesem Spezialfall des fast aufgefüllten Bandes x die Zahl der Löcher pro Atom bedeutet.

Es ist zu beachten, daß es sich hier um zwei ganz verschiedene Formeln handelt, die im Grunde genommen nicht zum gleichen Ergebnis führen sollten. In dem von uns untersuchten Temperaturbereich — einige Legierungen haben wir außer bei 293° K und 195° K auch bei der Temperatur der flüssigen Luft (81° K) gemessen — weicht jedoch die nach der elektronentheoretischen Formel rechnete Susceptibilität im Diagramm so wenig von einer geraden Linie ab, daß unsere Meßergebnisse, die sich im $\frac{1}{\chi} - T$-Diagramm ebenfalls als gerade Linie darstellen lassen, keine Entscheidung zulassen, welche der beiden Formeln hier anzuwenden ist.

Tab. 3, in der die Ergebnisse beider Berechnungsarten zusammengestellt sind, zeigt, daß beide Wege angenähert dieselbe Anzahl von Valenzelektronen (x) für das Nickel liefern. Diese Zahl nimmt mit steigendem Gehalt an $MgZn_2$ ab. Bei Benutzung der LANGEVINschen Formel geht x beim Übergang von der $MgNi_2$- zu der $MgCu_2$-Phase auf einen etwas größeren Wert. Ob dieser Anstieg reell ist oder ob der nach der elektronentheoretischen Formel berechnete Verlauf den Tatsachen besser entspricht, mag vorerst dahingestellt bleiben. Wir begnügen uns zunächst damit, aus der Tabelle den Schluß zu ziehen, daß der Valenzelektronenbeitrag des Nickels bei kleinen Zinkgehalten 0,20 El/Atom ist.

[1] SUCKSMITH [Helvet. phys. Acta 8, 205 (1935)] hat nachgewiesen, daß dies bei Nickel-Kupfer-Legierungen tatsächlich der Fall ist. Wir dürfen daher annehmen, daß auch hier $g = 2$ zu setzen ist.

Tabelle 3. *Zahl der Löcher (x) im 3d-Band des Nickels gleich Valenzelektronenbeitrag des Nickels als Funktion der Zusammensetzung,* berechnet nach der LANGEVINschen Formel und nach der Formel der Elektronentheorie der Metalle.

Zusammensetzung in % $MgZn_2$	Strukturtyp	LANGEVINsche Formel		Elektronentheorie	
		Θ	x	T_0	x
10	$MgNi_2$	—188	0,19	473	0,24
20	$MgNi_2$	—197	0,18	477	0,23
24	heterogen	—	—	—	—
28		—	—	—	—
30	$MgCu_2$	—836	0,26	702	0,17
40	$MgCu_2$	—810	0,25	690	0,16
50	$MgCu_2$	—683	0,21	650	0,15
60	$MgCu_2$	—610	0,18	625	0,13
70	$MgCu_2$	—385	0,10	550	0,10

Grundsätzlich erscheint ein Wert in dieser Größe plausibel, da im reinen Nickel (*14*) je Atom etwa 0,60 Elektronen im Leitungsband sind.

Benutzt man diesen Wert von 0,20 El/Atom, dann beginnt die Phase mit $MgCu_2$-Struktur bei etwa 1,20 El/Atom, und die Phase mit $MgNi_2$-Struktur endet bei 1,05 El/Atom. In diesem Fall ist es schwer möglich, eine definierte BRILLOUIN-Zone anzugeben, die für die Phasengrenze der $MgNi_2$-Phase wichtig wäre. Sicherlich stellt (Tab. 2) die BRILLOUIN-Fläche {004} einen wesentlichen Energiesprung dar, so daß die Überschreitung dieser Energiefläche zweifellos einen beträchtlichen Energiezuwachs bedeutet. Die anderen BRILLOUIN-Flächen (100), (101), (110) usw. sind aber mit so geringen Energiesprüngen verknüpft, daß man sie kaum für das Auftreten der Phasengrenzen verantwortlich machen kann. Jedenfalls ergibt sich mit Sicherheit, daß das $MgNi_2$ in einem ganz anderen Bereich der Auffüllung der Elektronenbänder existiert als etwa die Phase mit $MgNi_2$-Struktur im System $MgCu_2—MgZn_2$.

Übrigens läßt sich aus diesem Ergebnis eine interessante Folgerung ziehen. Wir haben gesehen, daß die $MgCu_2$-Phase im System $MgCu_2—MgZn_2$ und im System $MgNi_2—MgZn_2$ im Bereich derselben BRILLOUIN-Zone existiert. Da die Radien von Cu, Ni und Zn sehr ähnlich sind, darf man erwarten, daß eine

Mischkrystallreihe vom $MgCu_2$ zur $MgCu_2$-Phase im System $MgNi_2$–$MgZn_2$ existiert. Andererseits haben wir gefunden, daß das $MgNi_2$ und die Phase mit $MgNi_2$-Struktur im System $MgCu_2$–$MgZn_2$ in ganz verschiedenen Bereichen der Auffüllung der Elektronenbänder auftreten. Es ist daher nicht zu erwarten, daß eine Mischkrystallreihe vom $MgNi_2$ zur Phase mit $MgNi_2$-Struktur im System $MgCu_2$–$MgZn_2$ besteht. Abb. 13 zeigt das Dreistoffsystem[1] $MgCu_2$–$MgNi_2$–$MgZn_2$, aus dem die Existenzgebiete der einzelnen Phasen hervorgehen. Unsere Erwartung ist tatsächlich erfüllt; zwischen den beiden Phasen mit $MgNi_2$-Struktur ist keine Mischkrystallreihe vorhanden.

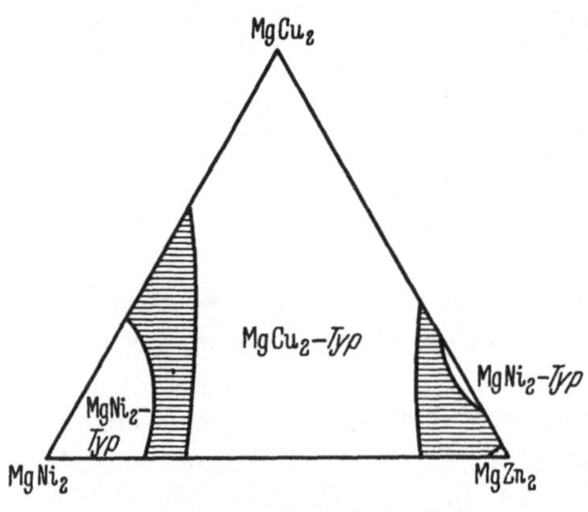

Abb. 13. Zustandsdiagramm des Systems $MgCu_2$—$MgNi_2$—$MgZn_2$.

Betrachten wir zum Schluß die Wasserstofflöslichkeit in diesem System (Abb. 11 bzw. Abb. 12), so fällt die wesentlich größere Löslichkeit gegenüber der Reihe $MgCu_2$–$MgZn_2$ auf. Im Bereich der $MgCu_2$-Phase nimmt die Löslichkeit im System $MgNi_2$–$MgZn_2$ bei kleinen Zinkgehalten Werte an, die um etwa eine Zehnerpotenz höher liegen als im System $MgCu_2$–$MgZn_2$. An der elektronenreichen Seite derselben Phase ist die Löslichkeit hingegen im System $MgNi_2$–$MgZn_2$ etwa ebenso groß wie im System $MgCu_2$–$MgZn_2$.

Die wesentlich erhöhte Löslichkeit des Wasserstoffs im System Mg–Ni–Zn ist — ebenso wie die magnetischen Erscheinungen — durch das nicht aufgefüllte 3 *d*-Band des Nickels bedingt. SLATER *(16)* hat gezeigt (s. Abb. 14), daß die Dichte der Zustände im 3 *d*-Band der Übergangselemente der Eisengruppe sehr viel größer ist als im 4 *s*-Band. Entsprechend unserer Vorstellung über die Löslichkeit des Wasserstoffs in Legierungen muß daher in diesen Nickellegierungen die Löslichkeit wesentlich größer sein als in den

[1] Die Existenz einer Mischkrystallreihe $MgCu_2$—MgNiZn wurde bereits von W. DÖRING [Metallwirtsch. 14, 918 (1935)] nachgewiesen.

Mg—Cu—Zn-Legierungen. Wenn aber das 3 *d*-Band des Nickels mit Elektronen aufgefüllt ist — und wir wissen aus den magnetischen Messungen, daß dieses an der elektronenreichen Seite der Phase mit $MgCu_2$-Struktur der Fall ist —, dann ist die Wasserstofflöslichkeit ausschließlich durch das *s*-Band bestimmt und nimmt daher denselben Wert an, den sie unter gleichen Bedingungen im System $MgCu_2$—$MgZn_2$ hat.

In Übereinstimmung mit der hier entwickelten Vorstellung sind die großen Wasserstofflöslichkeiten im Palladium und in

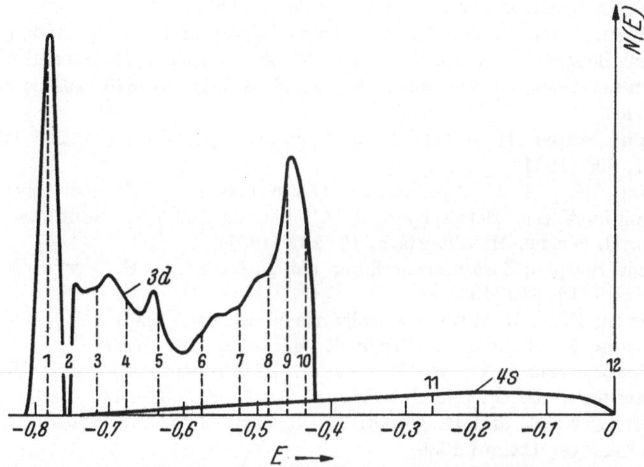

Abb. 14. Dichte der Zustände $N(E)$ als Funktion der Energie (in RYDBERG-Einheiten) im 3*d*- und 4*s*-Band für Übergangselemente der Eisengruppe. Die vertikalen Linien geben an, wie weit die Bänder aufgefüllt sind, wenn die den betreffenden Zahlen entsprechenden Elektronen vorhanden sind. Beim Nickel, das insgesamt 10 3*d*- bzw. 4*s*-Elektronen besitzt, ist das 3*d*-Band fast aufgefüllt, das 4*s*-Band dagegen noch weitgehend leer. Beim Kupfer (11 Elektronen) ist das 3*d*-Band voll, und das 4*s*-Band zur Hälfte besetzt. Die Abbildung ist einer Arbeit von J. C. SLATER (*16*) entnommen.

Palladiumlegierungen, die von SIEVERTS und Mitarbeitern (*17*) gemessen und von C. WAGNER (*12*) ausführlich diskutiert wurden. Bringt man das Palladium oder seine Legierungen in eine Wasserstoffatmosphäre unter relativ niedrigem Druck (etwa 10 Atm.), so nimmt das Metall gerade eine der Zahl der Löcher im *d*-Band äquivalente Menge Wasserstoffatome auf. Will man größere Mengen Wasserstoff in das Metall bringen, so muß man eine ganz wesentliche Druckerhöhung vornehmen. In unserem Bild ist dieses Ergebnis ohne weiteres verständlich. Da nämlich die

Dichte der Zustände im d-Band sehr groß ist steigt die Energie der Elektronen nur um einen geringen Betrag wenn man das 4 d-Band mit „Wasserstoffelektronen" auffüllt. Es genügt also ein verhältnismäßig kleiner Druck um diese Auffüllung zu erreichen. Die Dichte der Zustände ist jedoch im s-Band viel geringer. Man muß daher mit wesentlich höheren Drucken arbeiten, wenn man größenordnungsmäßig gleiche Mengen Elektronen in das s-Band bringen will.

Literatur.

1a. HUME-ROTHERY, W.: J. Inst. Metals **35**, 309 (1926).
1b. HUME-ROTHERY, W.: The Structure of Metals and Alloys. London 1936.
2. Zum Beispiel W. HUME-ROTHERY: Electrons, Atoms, Metals and Alloys. London 1948. — SCHUBERT, K.: Z. Metallkde. **38**, 349 (1947); **39**, 88 (1948).
3. Zum Beispiel H. JONES: Proc. Roy. Soc. (London) **144**, 225 (1934); **147**, 396 (1934).
4. Zum Beispiel U. DEHLINGER: Gitteraufbau metallischer Systeme. Handbuch der Metallphysik I, 1. Leipzig 1935. — SCHUBERT, K.: l. c. H. WITTE, Metallwirtsch. **16**, 237 (1937).
5. Zum Beispiel Zusammenstellung bei F. LAVES u. H. WITTE: Metallwirtsch. **15**, 840 (1936).
6. LAVES, F., u. H. WITTE: Metallwirtsch. **14**, 645 (1935).
7. LIESER, K. H., und H. WITTE: Z. Metallkde. Im Druck.
8a. SOMMERFELD, A., u. H. BETHE: Elektronentheorie der Metalle. Handbuch der Physik XXIV 2, 2. Aufl., S. 333—622. Berlin 1933.
8b. MOTT, N. F., and H. JONES: The Theory of the Properties of Metals and Alloys. Oxford 1936.
8c. FRÖHLICH, H.: Elektronentheorie der Metalle (Struktur und Eigenschaften der Materie XVIII). Berlin 1936.
8d. SEITZ, F.: The modern Theory of Solids. New York - London 1940.
9. Siehe z. B. N. F. MOTT and H. JONES: l. c. S. 154.
10. SOMMERFELD, A., u. H. BETHE: l. c. S. 400/401.
11. PEIERLS, R.: Z. Phys. **80**, 763 (1933); **81**, 186 (1933).
12. WAGNER, C.: Z. phys. Chem. **193**, 386, 407 (1944).
13. HIMMLER, W.: Z. phys. Chem. **195**, 244, 253 (1950).
14. MOTT, N. F., and H. JONES: l. c. S. 224.
15. MOTT, N. F., and H. JONES: l. c. S. 186.
16. SLATER, J. C.: Phys. Rev. **49**, 537 (1936).
17. SIEVERTS, A., E. JURISCH u. A. METZ: Z. anorg. Chem. **92**, 329 (1915). — SIEVERTS, A., u. H. HAGEN: Z. phys. Chem. (A) **174**, 247 (1935). — SIEVERTS, A., u. K. BRÜNING: Z. phys. Chem. (A) **168**, 411 (1934). — Siehe auch Zusammenstellung der Ergebnisse bei C. WAGNER (*12*).
18. SOMMERFELD, A., u. H. BETHE: l. c. S. 421ff.
19. Zum Beispiel in W. KLEMM: Magnetochemie. Leipzig 1936.
20. KNAPPWOST, A.: Z. phys. Chem.(A) **188**, 246 (1941).

Diskussion.

K. Schubert (Stuttgart): Wir haben uns im Max-Planck-Institut für Metallforschung in Stuttgart seit einer Reihe von Jahren mit der Frage der Anwendung des Bandmodells auf die Krystallchemie der Legierungen befaßt und sind dabei zur Auffassung gekommen, daß es weniger vorteilhaft ist, sich vorzustellen, daß gewisse Brillouin-*Zonen aufgefüllt* werden, als anzunehmen, daß ein im wesentlichen kugelförmiger Fermi-Körper (FK)

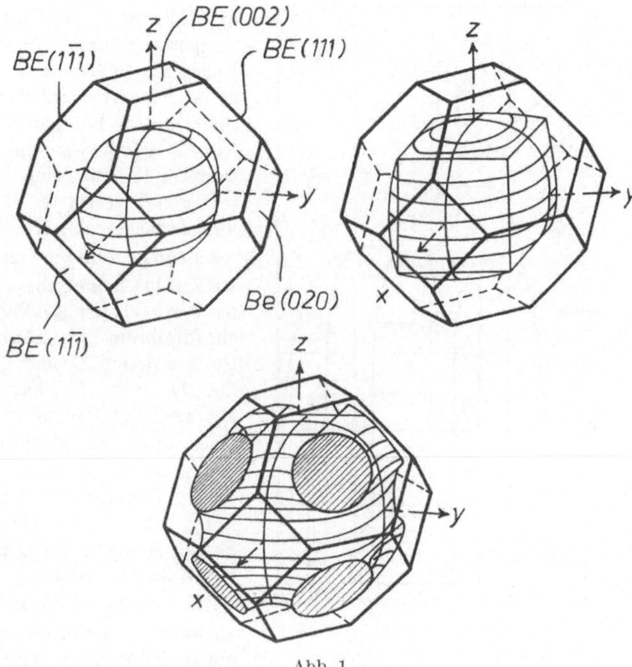

Abb. 1.

Brillouin-*Ebenen* (BE) hoher Strukturamplitude *berührt*. Dies ist eine Arbeitshypothese, die gewonnen wurde aus Deutungsversuchen metallchemischer Erscheinungen mit Hilfe des Bandmodells, und es ist vielleicht zweckmäßig, wenn wir uns dazu einige Bilder betrachten, die sich auf solche Deutungsversuche beziehen.

In Abb. 1 (nach A. Sommerfeld u. H. Bethe 1933) sehen wir noch einmal die Valenzelektronenverhältnisse für eine kubisch-dichteste Packung (*A1*-Typ) im Wellenzahlraum räumlich dargestellt. Das linke obere Bild entspricht einem nicht tangierenden Fermi-Körper, das rechte obere Bild dem Beginn der Taktion, und das untere Bild entspricht einem Zustand kurz vor der Überragung des FK über BE(111), d. h. einer Valenzelektronenkonzentration (VEK), die nur dadurch vergrößert werden kann, daß auch

Wellenzahlen jenseits der BRILLOUIN-Ebene besetzt werden. Man sieht leicht ein, daß dieser letzte Zustand energetisch bevorzugt ist. Ersetzt man nun einfach den FERMI-Körper durch eine tangierende FERMI-Kugel, so kommt man zu dem Begriff der *Taktions-VEK*, der bei krystallchemischen Überlegungen sehr wertvoll ist. In Abb. 2 sehen wir nun das System Ni—Zn (nach SCHRAMM 1938), das dem System Cu—Zn, an dem HUME-ROTHERY seine Regeln formulierte, chemisch eng verwandt ist. Gegen Zn-reichere Konzentrationen schließt sich an den *A1*-Mischkrystall hier bei Zimmertemperatur nicht eine *A2*-Phase an, sondern eine tetragonal verzerrte *A1*-Packung (hier mit β_1 bezeichnet). In Abb. 3 sehen wir die Taktions-VEK für eine solche tetragonal verzerrte *A1*-Packung ausgerechnet. Überraschend ist, daß die Taktions-VEK (111) beim Achsverhältnis $c/a = 1$ der *A1*-Packung ein Minimum hat. Durch die Punkte *A* und *B* sind gerade die *A1*- und *A2*-Phasen gekennzeichnet. Wenn also in einem den Messinglegierungen verwandten System eine durch COULOMB-Wechselwirkung oder einen ähnlichen Faktor energetisch begünstigte Zusammensetzung eine VEK zwischen 1,36 und 1,48 aufweist, so kann eine tetragonal deformierte Phase auftreten! Aus dieser Deutung der tetragonal verzerrten *A1*-Phasen folgt nun eine Voraussage über die Abhängigkeit des Achsverhältnisses von der VEK: mit wachsender VEK sollte das Achsverhältnis abfallen. Die Voraussagen konnten wir, wie Tab. 1 zeigt, durch Gitterkonstantenmessungen verifizieren (+-Punkte), mit Ausnahme von 2 Fällen (—-Punkte), die gerade die atomare Zusammensetzung 1:1 aufweisen. Auch die Minuspunkte sind vermutlich keine Versager der Deutung; es tritt nämlich hier wahrscheinlich die von A. J. BRADLEY und TAYLOR vor etwa 15 Jahren an der Phase NiAl aufgefundene Erscheinung der Lückenbildung ein, so daß man nicht mehr mit der VEK rechnen darf, sondern mit der Zahl der Valenzelektronen je Elementarzelle. Die von uns ausgeführten Hochtemperaturuntersuchungen setzen den temperaturabhängigen Valenzelektronenbeitrag des Nickels, der

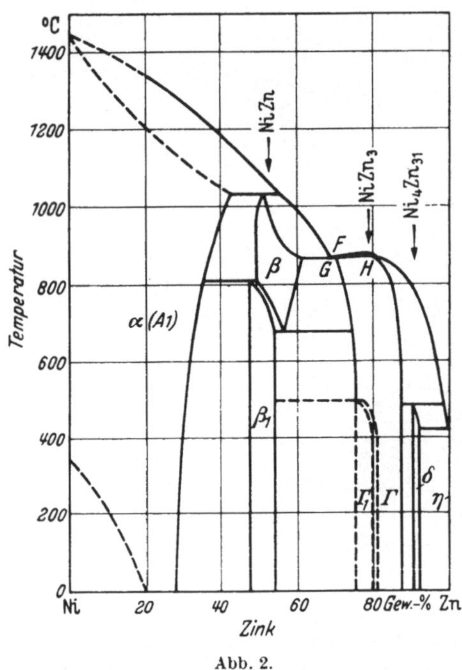

Abb. 2.

wohl zuerst von E. C. STONER (1934) angenommen wurde und den auch Herr Prof. WITTE erwähnte, sozusagen krystallchemisch in Evidenz. Nach einer Durchsicht der bekannten magnetischen Daten schätzen wir den VE-Beitrag des Nickels in Legierungen niedriger VEK (z. B. in der Phase NiZn) auf etwa 1,0 bei 1000° C im Gegensatz zum Wert von 0,6 beim absoluten Nullpunkt, der von MOTT und JONES (1936) genannt wird. In den

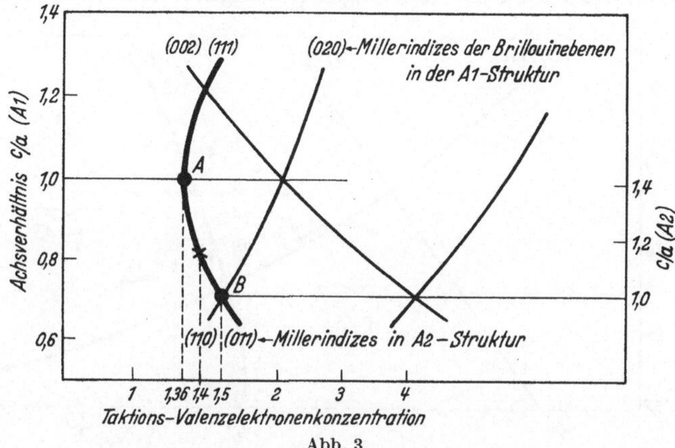

Abb. 3.

Ni—Mg-Legierungen von Herrn Prof. WITTE kann man natürlich die obigen Zahlen nicht ohne weiteres verwenden, und deshalb sind die ausgeführten magnetischen Messungen offenbar von großem Interesse.

Tabelle 1.

Untersuchte Phasen	Achsverhältnis in Funktion der Konzentration	Achsverhältnis in Funktion der Temperatur	Bearbeiter
NiZn	—	+	J. SCHRAMM, K. SCHUBERT u. W. MAHLER
Ni_2Ga	+	+	K. SCHUBERT u. W. MAHLER
PdZn	—	0	W. KÖSTER u. U. ZWICKER
Pd_3In	+	+	K. SCHUBERT u. H. PFLUMM
PdCd	+ ?	0	K. SCHUBERT u. A. NOWIKOW
Noch nicht auf das $\frac{c}{a}$-Verhalten untersuchte Phasen	Verkürztes Achsverhältnis		Verlängertes Achsverhältnis
	FePd Mn_2Pd_3 MnAu Mn_3Au	CoPt NiPt CuAu	Au_3Zn Au_3Cd

0 = Nicht untersuchte Phasen.

Ein weiterer Hinweis darauf, daß man vorteilhafterweise die *Taktion* der FK betrachtet, ist zu entnehmen aus der folgenden Darstellung für die hexagonal dichtest gepackten Phasen in messingartigen Systemen (Abb. 4). Durch die Kurven ist wieder das Achsverhältnis mit der Taktions-VEK verknüpft. Die Punkte geben z. T. nach einer Zusammenstellung von K. LÖHBERG (1949) Experimentaldaten wieder. Verbundene Punkte bedeuten Achsverhältnisse im Homogenitätsbereich einer und derselben Verbindung. Mit den *A3*-Phasen beschäftigte sich die für die Anwendung des Bandmodells auf die Krystallchemie der Legierungen grundlegende Arbeit von H. JONES

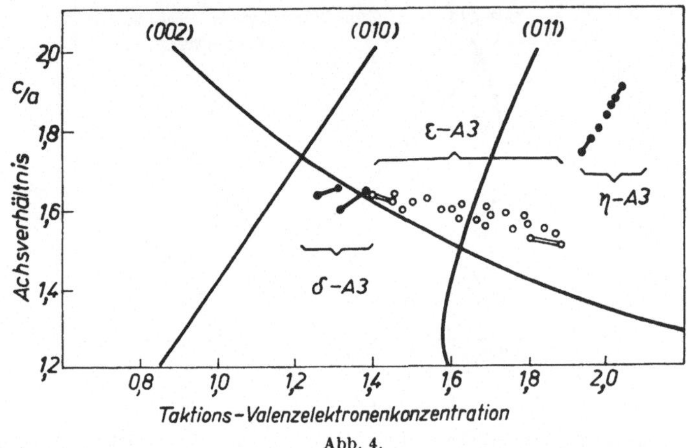

Abb. 4.

(1934). Da wir jedoch der Ansicht sind, daß die Überlegung von JONES für Zwecke der krystallchemischen Betrachtung vereinfacht werden darf, sind wir bei obiger ganz einfacher Argumentation stehengeblieben, daß es im wesentlichen auf eine Taktion der FK an bestimmten BE ankommt. Wir entnehmen daraus die Aussage, daß in „*δ-A3*-Phasen" die BE (010) tangiert wird in „*ε-A3*-Phasen" BE(002) und in „*η-A3*-Phasen" BE(011). Bei Vergrößerung der VEK wird die BE sozusagen vor dem FK hergeschoben, wodurch die c/a-Änderung entsteht. Die Verschiebung der experimentellen Punkte nach größerer VEK gegenüber den Kurven bezeichnen wir als „Ausbauchungseffekt", um damit anzudeuten, daß sie durch die nichtkugelförmige Gestalt des FK erklärt werden kann.

Wir haben noch eine ganze Anzahl von weiteren krystallchemischen Fragen durchdiskutiert und wollen uns im Tab. 2 nur noch unsere Überlegungen bezüglich der LAVES-Phasen ansehen. Aus Bequemlichkeitsgründen sind nicht die Strukturamplituden, sondern die davon etwas abweichenden Intensitäten von Röntgenpulveraufnahmen eingetragen; die dick ausgezogene Linie hat eine große Strukturamplitude: BE(222) von Cu_2Mg geht bei dem im Strukturbericht 1 genannten Substitutionsprozeß aus BE(111) von Cu hervor. Ihr entsprechen (004) von Zn_2Mg und (008) von Ni_2Mg. Die Taktions-VEK 1,8, die von F. LAVES und H. WITTE (1936) gefunden worden war, entspricht also der bekannten Zahl 1,36 für die Grenzkonzentration von α-Messingphasen. Die Morphotropie *C*15—*C*36—*C*14 ist nun nach unserer Auffassung durch die BE(023) von Ni_2Mg bzw. BE(022) von Zn_2Mg gegeben, die sich vor die BE(400) von Cu_2Mg einschieben. Weitere Gründe, z. B. solche der Ortskorrelation der Valenzelektronen (vgl. K. SCHUBERT 1950) können natürlich wirksam sein.

Tabelle 2. *Bandstruktur von Cu_2Mg, Zn_2Mg und Ni_2Mg.*

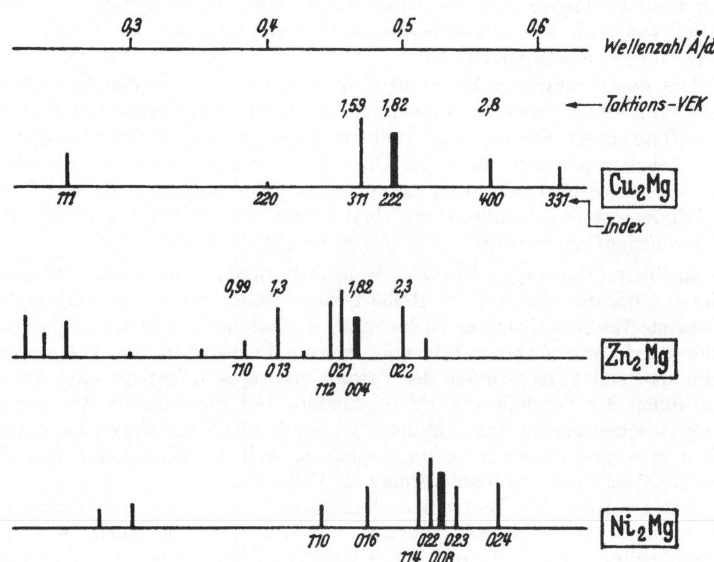

Die Linie Zn_2 *Mg* (004) entspricht *Zn* (002)
„ „ Cu_2 *Mg* (222) „ *Cu* (111)
Dick ausgezogen ist jeweils die Linie, die *BE* (111) (*A 1*) bzw. *BE* (002) (*A 3*) entspricht.
Über Achsverhältnisänderung kann wegen der komplizierten *BE*-Struktur von Zn_2 *Mg* nichts ausgesagt werden.
Bei *VEK* > 1,8 wird die hexagonale Struktur stabil wegen *BE* (022).
Das Ni_2 *Mg* wird im Zwischengebiet bevorzugt, vermutlich teilweise wegen *BE* (023).

Wir haben so einen kleinen Ausschnitt von in der Krystallchemie bereits vorhandenen Bandmodelldeutungen gesehen. Selbstverständlich ist die Krystallchemie der Legierungen nur ein Teil des mit dem Bandmodell zu erfassenden Erfahrungsmaterials. Es erscheint daher sehr bedeutsam, daß systematische magnetische Untersuchungen im Hinblick auf das Bandmodell unternommen werden. Ebenso wäre es wünschenswert, daß systematische Messungen der Leitfähigkeit vorgenommen würden. Alle diese Erfahrungsgebiete werden allmählich dazu beitragen, daß man ein einheitliches Bild vom Valenzelektronenaufbau der Legierungsphasen erhält. Der

Zustand auf diesem Gebiet ist etwa der, der vor 30 Jahren bei der Aufstellung eines einheitlichen Atomradiensystems geherrscht hat. Die Aufstellung eines solchen Systems von empirischen Kenngrößen, das sich von hohem Wert erweisen wird bei Forschungsaufgaben wie z. B. der Aufklärung verwickelter Konstitutions- bzw. Krystallstrukturfälle, geht natürlich nicht in kurzer Zeit vor sich, sondern ist ein komplizierter Prozeß, in dem wohl Fehldeutungen und Rückschläge nicht fehlen werden, aber zum Schluß wird sich doch ein einheitliches Bild herausstellen, das für die Festkörperkunde bedeutungsvoll ist.

Die Bemerkung von Herrn Prof. Witte, daß wir bei den Übergangsmetallen noch im Dunkeln tappen, möchte ich unterstreichen. Der Elektronenaufbau dieser Elemente ist unübersichtlich, so daß wir in Stuttgart es auch bei dem jetzigen Stand der Dinge für zweckmäßig angesehen haben, erst einmal solche Legierungsphasen und Krystallstrukturen in eine Bandmodellsystematik einzubeziehen, bei denen ein weniger komplizierter Elektronenaufbau vorliegt.

E. Vogt (Marburg): Ebenso wie in dem zuletzt von Herrn Witte gezeigten Bild, das sich auf die Reihe Silber—Palladium bezog, verläuft die Wasserstofflöslichkeit in der Reihe Gold—Palladium. An dieser Legierungsreihe wurde vor längerer Zeit von mir die Parallelität von Wasserstoffaufnahme und Verschwinden des Paramagnetismus aufgezeigt und mit der Auffüllung der d-Schale des Pd begründet. Der quantitative Zusammenhang zwischen beiden Erscheinungen ist bei den Ni-Legierungen vermutlich schon deswegen schwerer zu durchschauen, weil das Nickel nur sehr viel weniger Wasserstoff zu lösen vermag als Palladium.

Die Deutung der Temperaturabhängigkeit des Paramagnetismus von Legierungen ist leider recht unsicher wegen der verschiedenen Deutungsmöglichkeiten. Zwei davon, die Langevin-Formel und die Paulische Elektronengasformel, hat Herr Witte zur Berechnung der Valenzelektronenkonzentration benutzt. Ich möchte hinweisen auf die Überlegungen von K. Schubert (Stuttgart), nach denen auch eine Temperaturabhängigkeit der d-Bandbesetzung in Frage zu ziehen ist.

E. Schmid (Hanau): Da keine weiteren Wortmeldungen vorliegen, möchte ich zum Schluß in Ihrer aller Namen Herrn O'Daniel für die Einberufung dieser Tagung aufrichtigen Dank sagen. Das lebhafte Interesse, das durch die Diskussionen sehr sinnfällig zum Ausdruck gekommen ist, wird Ihnen gezeigt haben, wie sehr er einem Anliegen der Teilnehmer, sowohl was die Auswahl der Vorträge als auch die Art der Durchführung der Tagung anbetrifft, entgegengekommen ist.

H. O'Daniel (Frankfurt a. M.): Ich danke Herrn Kollegen Schmid für die freundlichen Worte, und ich danke vor allem meinen Mitarbeitern, die zum Gelingen dieses Zusammenkommens beigetragen haben. Ich danke den Vortragenden, den Diskussionsrednern sowie auch den Vorsitzenden unserer vier halben Tage für die Leitung der Diskussionen. Es war sinnvoll, so glaube ich, daß wir zusammengekommen sind, und ich bin sicher, daß wir mit Nutzen aus diesen Tagen nach Hause gehen. Ich hoffe, daß wir gelegentlich ein solches Zusammentreffen wieder haben werden.